"十二五"职业教育国家规划教材
经全国职业教育教材审定委员会审定

电工实训

第3版

DianGong ShiXun

主　编◎仇　超
副主编◎庞宇峰　徐文媛　杨　海
主　审◎夏春风

北京理工大学出版社
BEIJING INSTITUTE OF TECHNOLOGY PRESS

内容简介

本书内容包括：电工安全用电基本知识；常用电工工具、仪表的使用；电工操作基本技能；家庭用电线路设计与安装；认识和使用电动机、变压器；电气控制线路分析与安装调试；典型机床电气控制线路分析与故障排除；电气控制线路设计、改造与绘图等。

本书是根据高职高专电子信息/机电类专业人才培养目标，以项目化课程改革成果为依托，以“产教结合、校企合作”模式为指导，以培养装备制造业人才为宗旨，积极吸收星级校企合作企业、行业技术人员参与开发的高职相关专业实训教学参考用书。教材分为基本知识基本技能与电工技术实训两大部分，共有八个项目，每个项目由若干模块组成，模块由理论知识、技能训练、技能考核、练习与提高四部分构成，较为符合实训教学规律，又具有相对独立的体系。项目、模块设置有较为适当的学习目标，学员通过学习应基本达到国家维修电工职业技能（中级）鉴定要求。

本书内容浅显易懂，实用性强，贴近生产一线，突出表现了电工实训的职业教育特色，可供相关专业电工实训教学使用，也可供相关人员自学使用。

图书在版编目（CIP）数据

电工实训 / 仇超主编．—3 版．—北京：北京理工大学出版社，2015.1（2020.1 重印）
ISBN 978-7-5640-9776-9

Ⅰ．①电…　Ⅱ．①仇…　Ⅲ．①电工技术-高等职业教育-教材　Ⅳ．①TM

中国版本图书馆 CIP 数据核字（2014）第 215182 号

出版发行 / 北京理工大学出版社有限责任公司
社　　址 / 北京市海淀区中关村南大街 5 号
邮　　编 / 100081
电　　话 / （010）68914775（总编室）
　　　　　82562903（教材售后服务热线）
　　　　　68948351（其他图书服务热线）
网　　址 / http://www.bitpress.com.cn
经　　销 / 全国各地新华书店
印　　刷 / 唐山富达印务有限公司
开　　本 / 787 毫米×1092 毫米　1/16
印　　张 / 21
字　　数 / 481 千字
版　　次 / 2015 年 1 月第 3 版　2020 年 1 月第 7 次印刷
定　　价 / 49.80 元

责任编辑 / 王艳丽
文案编辑 / 王艳丽
责任校对 / 周瑞红
责任印制 / 李志强

前言 Preface

本书自出版以来，被多所高职院校选为电工实训、电工实习及维修电工（中级工）考证培训用书，也被许多企业选为职工培训用书，教材得到广大教师、企业认可，也深得学生、职工欢迎。常州机电职业技术学院以数控技术、电气自动化技术、模具设计与制造等专业为试点，实施项目化课程改革，课程改革有力地推动了课程建设、教材建设、师资队伍建设。本次修订，集中反映了我院教师先进的教学改革思想、长期积累的丰富教学经验及广大读者真诚的意见和建议。

本书遵循从元件到线路、从简单到复杂、从基础到提高的思路编写，既注重电工基本技能训练，又突出新技术、新知识。与第2版相比，本书仍然按“项目—模块”的整体框架编写；模块内部架构由原有的“教学目标—准备知识—技能训练—技能考核—课后思考与练习”修改为“学习目标—理论知识—技能训练—技能考核—练习与提高”，更体现学生的主体作用，更接近教学实际，同时也维持了老读者的使用习惯。内容修订比例为30%～40%，删除了低压安全电源和安全灯、分立件配电板安装、电动机及变压器拆装等内容，增添了电气火灾扑救及预防、常用安装工具使用、常用电工仪表使用、终端组合式配电箱安装、电气控制线路PLC改造等。

经过本次修订，教材结构体系更加科学、合理，层次更加清晰，循序渐进，符合教学要求，符合高职学生认知规律；基础理论相对完整，注重工程实践和技能培养，为相关专业人才培养服务；在教学硬件要求方面具有广泛的适应性和实用性，能满足大多数高职院校教学条件要求；以平面内容（教材、教案、配套测试题等）为基础，建设有课程网站、教学课件、教学视频等，提供了丰富的数字化教学资源，后续还将建设在线学习系统、在线测试系统，以满足学生、企业人员、社会人员自主学习、自主提高的需求。

本书共有8个项目、25个模块，教学中可根据各校具体情况分段实施：第一阶段可结合“电工技术”、“电工实习”类课程实施基本电工实训（包括项目一、二、三、四等）；第二阶段可结合维修电工（中级工）考证培训实施集中实训（包括项目五、六、七、八等）。各校可根据相关专业课的开设情况及专业要求作适当调整、补充。具体安排如下，仅供参考。

项　目	参考学时	教学建议
项目一　电工安全用电基本知识	4	可穿插于专业基础课实施教学，采用多媒体教学手段或现场教学方式

续表

项　　目	参考学时	教学建议
项目二　常用电工工具、仪表的使用	8	以实际项目为载体讲练结合，掌握正确的操作方法、基本技能，在实践中逐步熟练、提高
项目三　电工操作基本技能	24	
项目四　家庭用电线路设计与安装	16	如有条件，可引入校企合作项目作为载体，与现场零距离，可以提高学生分析、解决实际问题能力
项目五　认识和使用电动机、变压器	12	
项目六　电气控制线路分析与安装调试	24	
项目七　典型机床电气控制线路分析与故障排除	24	
项目八　电气控制线路设计、改造与绘图	8	
总　　计	120	

本书由常州机电职业技术学院仇超教师任主编，负责全书的内容结构设计、编审协调及统稿工作；常州机电职业技术学院庞宇峰、徐文媛、湖南机电职业技术学院杨海任副主编；参加编写的有仇超、徐文媛、庞宇峰、杨海、王青、马仕麟、汤雪彬等；常州天发动力总成制造有限公司恽志宏高级工程师、江苏通光电缆股份有限公司周浩新高级工程师等企业技术专家全程参与课程开发、教材编写。全书由苏州农业职业技术学院夏春风教授审稿。

在本书使用过程中，有关院校、行业企业及北京理工大学出版社的同志们提出了不少宝贵的意见和建议，在此一并表示感谢。

由于编者水平有限，本书虽进行了改进，但疏漏及不妥之处在所难免，恳请广大读者朋友提出批评和改进意见，以便今后不断提高。

编　者

目录 Contents

项目一 电工安全用电基本知识

学习目标

- 会使用电气安全用具
- 掌握安全用电常识，能处理一般安全事故
- 掌握触电急救方法
- 掌握电气火灾的扑灭及预防方法

模块一　认识电气安全用具

学习目标

- 能了解各种电气安全用具的原理
- 会使用电气安全用具

一、理论知识

电气安全用具是用来防止电气工作人员在工作中发生触电、电弧灼伤、高空摔跌等事故的重要工具。电气安全用具分绝缘安全用具和一般防护安全用具两大类。绝缘安全用具有绝缘杆、绝缘夹钳、验电器、绝缘手套、绝缘靴、绝缘垫、绝缘站台等。一般防护安全用具有携带型接地线、临时遮栏、标示牌、安全带、防护眼镜等，这些安全用具是用来防止工作人员触电、电弧灼伤及高空摔跌，它与上述绝缘安全用具不同之处是它们本身不是绝缘物。

1. 认识基本电气安全用具

绝缘杆、绝缘夹钳、验电器的绝缘强度能长期承受工作电压并能在该电压等级内产生过

电压时保证工作人员的人身安全，常称它们为基本安全用具。

1）绝缘杆

绝缘杆又称绝缘棒、操作杆。其主要作用是用来断开或闭合高压隔离开关（刀闸）、跌落式熔断器，安装和拆除携带型接地线，以及进行带电测量和试验等工作。

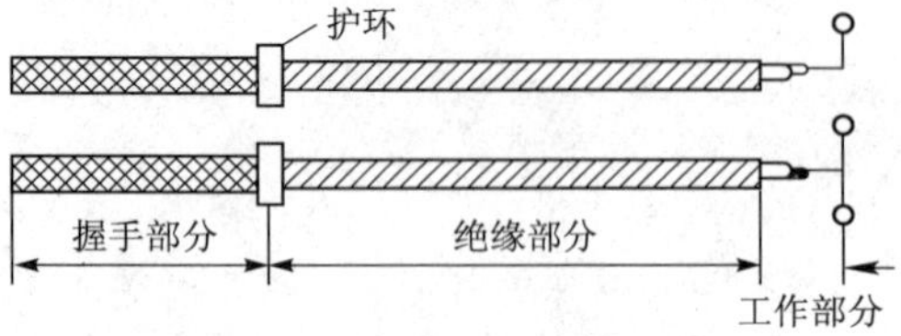

图1－1－1　绝缘杆结构

绝缘杆的结构如图1－1－1所示，由工作部分、绝缘部分以及握手三部分组成。工作部分用来完成操作功能，一般用金属材料制作，也可用玻璃钢等机械强度较高的绝缘材料制成。其长度在满足工作需要的情况下应尽量缩短，一般在5～8 cm，以避免由于过长而在操作时引起相间或接地短路。绝缘部分用来作为绝缘隔离，一般用电木、胶木、环氧玻璃棒或环氧玻璃布管制成。握手部分用来使用时握手，制作材料与绝缘部分相同。绝缘部分与握手部分之间一般用绝缘护环隔开，绝缘护环的制作材料也与绝缘部分材料相同。

绝缘杆使用注意事项：

① 绝缘杆必须具备与被操作设备相适应的足够的绝缘强度，并要有足够的机械强度，各部分的连接应牢固。

② 雨天在室外使用绝缘杆，为阻隔雨水下流和保持一定的干燥表面，应在绝缘杆上按规定要求装设防雨罩。

③ 绝缘杆只能在与其绝缘性能相适应的电气设备上使用。使用时操作人员的手应放在握手部分，不能超过护环，同时要戴绝缘手套，穿绝缘靴（鞋）。

④ 使用绝缘杆时，绝缘杆禁止装接地线。

⑤ 绝缘杆使用完后，应垂直悬挂在专用的架上，以防棒弯曲。

⑥ 绝缘杆每年要进行一次绝缘试验，保证绝缘杆绝缘强度和完好，绝缘杆各项性能必须符合现行技术标准规定的质量要求，超过检验合格期的严禁使用。

2）绝缘夹钳

绝缘夹钳主要用于35 kV及以下电压等级的电气设备上带电作业装拆熔断器等工作。绝缘夹钳如图1－1－2所示。

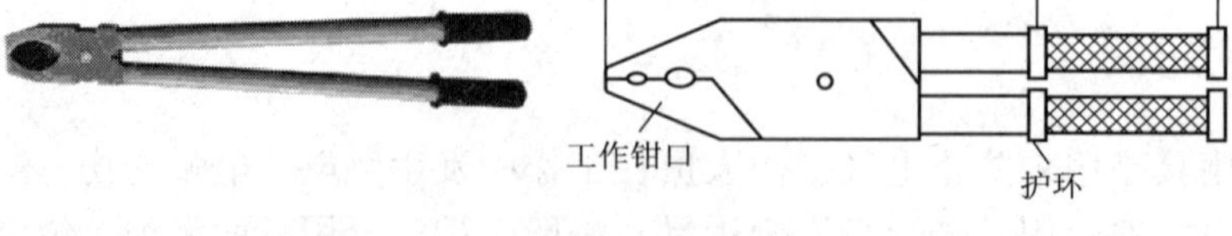

图1－1－2　绝缘夹钳

绝缘夹钳由工作钳口、绝缘部分和握手部分组成。各部分所用材料与绝缘杆相同。绝缘夹钳的钳口必须要保证能夹紧熔断器。

绝缘夹钳使用注意事项：

① 使用绝缘夹钳进行高压带电作业人员须经过专门培训考核，有合格的操作证。夹取

熔断器时，操作人员的头部不可超过握手部分，并应戴防护眼镜、绝缘手套，穿绝缘靴（鞋）或站在绝缘台（垫）上。

② 操作人员手握绝缘夹钳时，要保持平衡和精神集中。

③ 绝缘夹钳的定期试验周期为每年一次，不合格的绝缘夹钳严禁使用。

3）高压验电器

高压验电器又称为高压测电器。主要类型有发光型高压验电器、声光型高压验电器。高压验电器用于测量高压电气设备或线路上是否带有电压（包括感应电压）。

高压验电器使用注意事项：

① 使用前首先确定高压验电器额定电压必须与被测电气设备的电压等级相适应，以免危及操作者人身安全或产生误判。

② 验电时操作者应戴绝缘手套，手握在护环以下部分，同时设专人监护。

③ 应在有电设备上先验证验电器性能完好，然后再对被验电设备进行检测。注意操作中是将验电器渐渐移向设备，在移近过程中若有发光或发声指示则立即停止验电。使用高压验电器验电时的握法如图 1－1－3 所示。

④ 高压验电器每 6 个月要进行一次预防性试验，试验不合格不准使用。

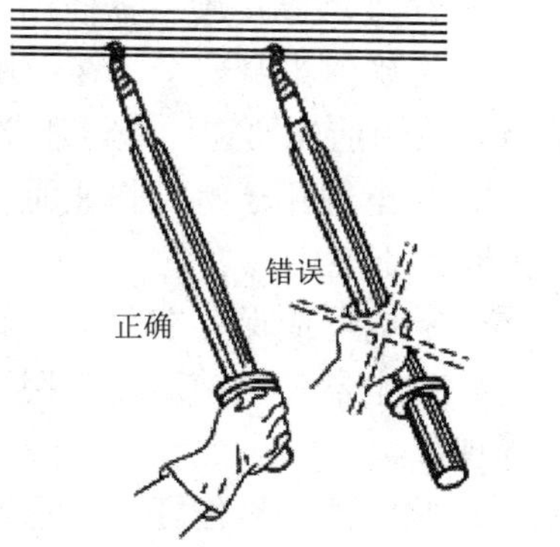

图 1－1－3　使用高压验电器的握法

不同结构形式高压验电器使用方法如下所述。

（1）声光型高压验电器

① 结构。声光型高压验电器的结构如图 1－1－4 所示，由声光显示器（电压指示器）和全绝缘自由伸缩式操作杆两部分组成。

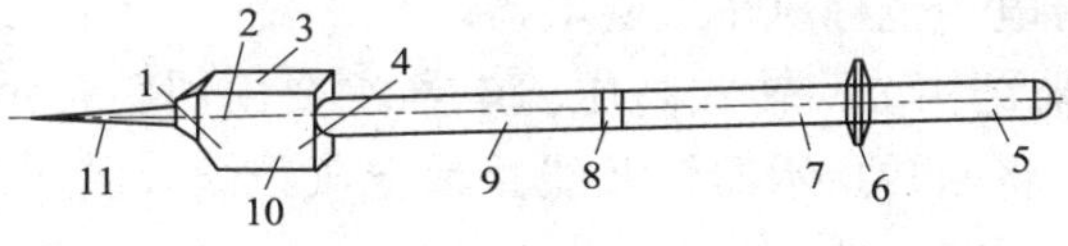

图 1－1－4　声光型高压验电器结构

1—欠压指示灯；2—电源指示灯；3—自检按钮；4—蜂鸣指示器；5—手柄；
6—护环；7—外管；8—色标；9—内管；10—指示器；11—探头

声光显示器（电压指示器）的电路采用先进的集成电路屏蔽工艺，可保证集成元器件在高电压强电场下安全可靠地工作。

操作杆采用内管和外管组成的拉杆式结构，能方便地自由伸缩，采用耐潮、耐酸碱、防霉、耐日光照射、耐弧能力强和绝缘性能优良的环氧树脂、无碱玻璃纤维制作。

② 声光型高压验电器使用方法。

a. 从包装匣（袋）内取出电压等级合适而且合格的验电器操作杆和指示器。

b. 拉出操作杆的内管，使内管上的色标显露，把经自检试验合格的指示器装在操作杆上拧紧。

c. 用清洁干燥软布擦干净操作杆和指示器，确保指示器和操作杆表面整洁。

d. 检查指示器电路和电池是否正常。按下“自检”按钮，观察电源灯、欠压灯、声光报警功能状态。正常状态下声光报警、电源灯亮、欠压灯熄。若无声光信号，则请制造厂维修；若欠压灯亮，则需更换电池；若电源灯熄，则应检查是否没有安装电池或电池电压已低需要更换。

e. 验电时手握在验电器的手柄处，将验电器的接触电极渐渐接近被测设备或线路，直至接触被测设备或线路的测试部分。如果测试部分带电，则验电器发出声光报警信号；反之，则不发出声光报警信号。

f. 验电完毕，将验电器操作杆和指示器擦拭干净，拆下指示器，缩回操作杆的内管，放回包装匣（袋）。

③ 声光型高压验电器使用注意事项。

a. 为确保人身安全，在使用中必须严格按《电业安全工作规程》及有关操作规程规定进行。使用前先要在同等电压带电设备上进行试验，确证验电器良好，才能使用。

b. 验电器用于室外作业时，必须在良好的气候条件下进行。雨、雪、雾天及空气湿度较大时禁止使用。

c. 验电器应保存在阴凉、通风、干燥处。若长期不使用，应将电池取出。

d. 验电器使用前后均应用清洁干燥软布将操作杆擦拭干净，以防使用中发生闪络、爬电等现象。

e. 验电器的操作杆、指示器严禁受碰撞、敲击及剧烈震动，严禁擅自拆卸，以免损坏。

f. 验电器在携带与保管中，要避免跌落、挤压和强烈冲击振动。不要用带腐蚀性的化学溶剂和洗涤剂等溶液擦拭。不能放在露天烈日下暴晒，需经常保持清洁。

目前还有其他一些型号、规格、类型不同的高压验电器也在应用，在使用前必须认真阅读产品使用说明书，要严格按使用规定使用。

（2）回转式高压验电器

回转式高压验电器是利用带电导体尖端电晕放电产生的电晕风来驱动指示叶片旋转，从而检查设备或导体是否带电，也称风车式验电器。

① 回转式高压验电器结构。回转式高压验电器主要由回转指示器和长度可以自由伸缩的绝缘杆组成。使用时，将回转指示器触及线路或电气设备，若设备带电，指示叶片旋转；反之则不旋转。

电压等级不同，回转式高压验电器配用的绝缘杆的节数及长度不同，使用时应选择合适的绝缘杆，保证测试人员的安全。

高压验电器具有灵敏度高，选择性强，信号指示明确，操作方便等优点。不论在线路、杆塔上或是在变电所内部都能够正确、明显地指示电力设备有无电压。它适用于6 kV及以上的交流系统。

② 回转式高压验电器使用注意事项。

a. 使用前，要按所测设备（线路）的电压等级，选用合适型号的回转指示器和绝缘杆，并对回转指示器进行检查，证实良好方可使用。

b. 把检验过的回转指示器在绝缘杆上固定，并用绸布将其表面拭净，然后转动至所需角度，以便使用时观察方便。

c. 根据电力设备所需测试的电压等级，将绝缘杆拉伸至规定长度。绝缘杆上标有红线，红线以上部位表示内有电容元件，且属带电部分，该部分应按《电业安全工作规程》要求与临近导体或接地体保持必要的安全距离。

d. 使用验电器时，工作人员的手必须握在绝缘杆护环以下的部位，不准超过护环。

e. 在测试时，应逐渐靠近被测设备。一旦指示器叶片开始正常回转，即说明该设备有电，应随即离开被测设备。验电器叶片不能长期回转，以保证验电器的使用寿命。

f. 本验电器在多回路平行架空线上对其中任一回路进行验电时，均不受其他运行线路感应电压的影响。当电缆或电容器上存在残余电荷电压时，回转指示器叶片仅短时缓慢转动几圈，即自行停转，因此它可以准确鉴别设备停电与否。

g. 回转指示器应妥善保管，不得强烈振动或冲击，也不准擅自调整拆装。

h. 回转验电器只适用于户内或户外良好天气下使用，在雨、雪等环境下禁止使用。

i. 每次使用完毕，在收缩绝缘杆及取下回转指示器放入包装袋之前，应将表面尘埃拭净，并存放在干燥通风的地方，避免受潮。

2. 认识辅助电气安全用具

绝缘手套、绝缘靴、绝缘垫、绝缘站台等安全用具的绝缘强度不能承受电气设备或线路的工作电压，只能加强基本安全用具的保安作用，主要用来防止接触电压、跨步电压对工作人员的危害，不能直接接触电气设备的带电部分，常称它们为辅助安全用具。

1）绝缘手套、绝缘靴（鞋）

绝缘手套、绝缘靴（鞋）是用特种橡胶制成的，具有较高的绝缘强度。但它是辅助安全用具，不能直接接触电气设备带电部分，主要用来防止接触电压对工作人员的伤害。绝缘手套、绝缘靴（鞋）外形见图 1－1－5。

图 1－1－5　绝缘手套和绝缘靴（鞋）

绝缘手套使用注意事项：

① 绝缘手套在使用前应检查有无漏气或裂口等缺陷。若发现绝缘手套有粘胶破损或漏气应停止使用。

② 戴绝缘手套时，应将外衣袖口放入手套的伸长部分。最好先戴上一双棉纱手套，夏天可防止出汗动作不方便，冬天可以保暖。操作时出现弧光短路接地，可防止橡胶熔化灼烫手指。

③ 绝缘手套用后应擦净晾干，撒上一些滑石粉以免粘连，并应放在通风、阴凉的柜子里。不可放在过冷、过热、阳光暴晒或有酸、碱、油类的地方，以防胶质老化，降低绝缘性能。也不要与其他工具、用具放在一起，以防触碰损坏胶质。

④ 绝缘手套每半年定期进行一次电气试验。试验合格应有明显标志和试验日期。

⑤ 普通的医疗、化验用的手套不能代替绝缘手套。

绝缘靴（鞋）使用注意事项：

① 当发现绝缘靴（鞋）底磨损露出黄色面胶（绝缘层）时，不宜再使用。

② 绝缘靴（鞋）要放在柜子内，并应与其他工具分开放置。

③ 绝缘靴（鞋）每半年定期进行一次电气试验，保证其安全可靠。试验合格应有明显标志和试验日期，试验不合格则严禁继续使用。

2）绝缘垫、绝缘毯和绝缘站台

（1）绝缘垫和绝缘毯

绝缘垫和绝缘毯由特种橡胶制成，表面有防滑槽纹，其厚度不应小于5 mm，如图1－1－6所示。

图1－1－6　绝缘垫（毯）

绝缘垫（毯）一般铺设在高、低压开关柜前，作为固定的辅助安全用具。用以提高操作人员对地的绝缘，防止接触电压和跨步电压对人体的伤害。

绝缘垫（毯）在使用中，不可与酸、碱、油类和化学药品等接触，以免胶质老化脆裂或变粘，降低绝缘性能。也不可与热源直接接触，并应避免阳光直射，防止胶质迅速老化变质，降低绝缘性能。同时在使用中，还应注意不能被锐利的金属件划破，要保证绝缘垫（毯）良好。绝缘垫（毯）每隔半年要用低温水清洗一次，保证清洁和绝缘良好。

绝缘垫（毯）应定期进行检查试验，试验标准按规程进行，试验周期每两年一次。

（2）绝缘站台

绝缘站台用干燥的木板或木条制成，站台四角用绝缘瓷瓶作为台脚，如图1－1－7所示。绝缘站台定期试验周期为3年。

3. 认识一般防护安全用具

1）携带型接地线

携带型接地线如图1－1－8所示，是用来防止在停电检修设备或线路上工作时突然来电，造成人身触电事故的安全用具。装设接地线后，如果突然来电，就构成接地短路，低压

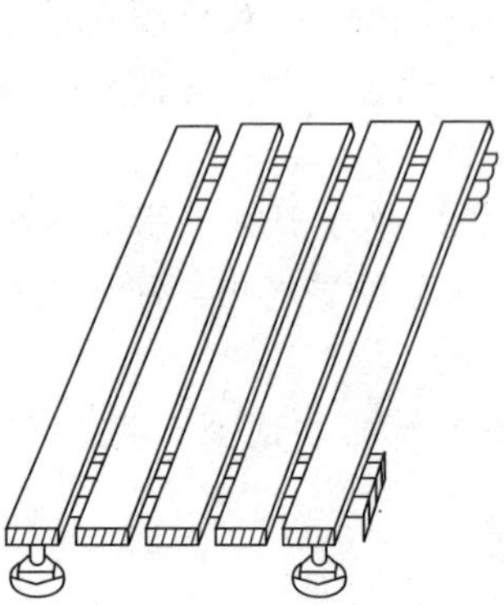

图1－1－7　绝缘站台

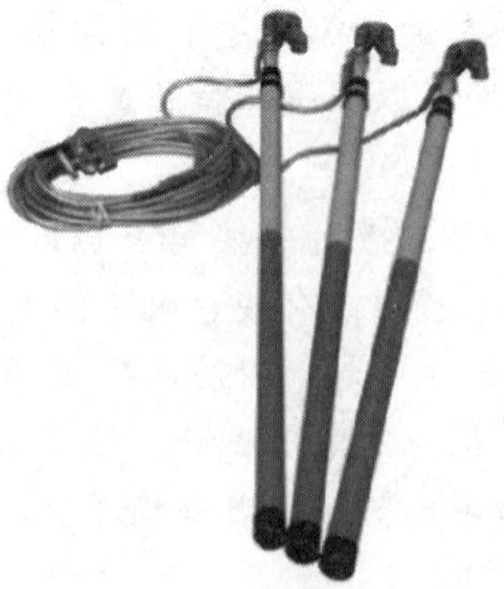

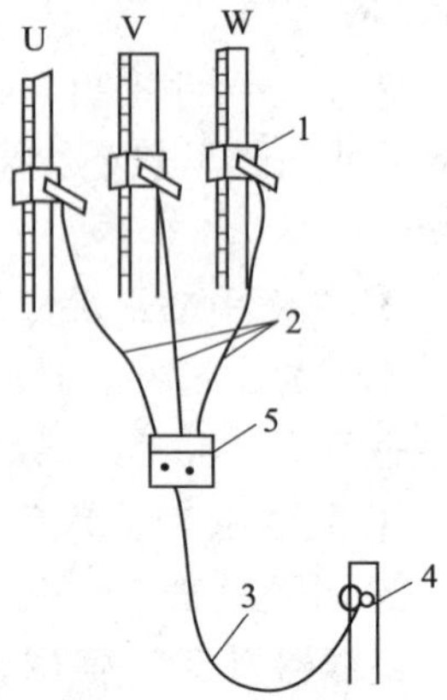

图1－1－8　携带型接地线

1、4、5—专用夹头（线夹）；2—三相短路；3—接地线

断路器就自动跳闸或熔断器熔丝熔断，切断电路，这样可避免发生人身触电事故。另外，装设接地线后可以消除工作地点邻近的感应电压和释放停电检修设备或线路上的剩余电荷。

携带型接地线装、拆注意事项：

① 装设接地线时要先将地线的接地端接好，然后接导体端。拆除接地线时顺序相反。即先拆导体端，后拆接地端。

② 接地线与接地板的连接要牢固可靠，不准用缠绕方式进行连接，禁止使用短路线或其他导线代替接地线。对于无接地引下线的杆塔或设备处无接地网引出线时，可采用临时接地体。接地体的截面积不得小于 190 mm^2（如 ϕ16 圆钢），接地体在地面下的深度不得小于 0.6 m。对于岩石、瓦砾、砂土等土壤电阻率较高地区，应采取措施改善接地电阻。

③ 装设接地线时，可能来电的线路都要装设。接地线要用专门线夹（夹头）固定在导体上，严禁用缠绕的方法连接。

④ 为了确保操作人员的人身安全，装、拆接地线时，应戴绝缘手套，人体不得接触接地线或未接地的导体。

⑤ 严禁工作人员或其他人员移动已挂接好的接地线。

⑥ 接地线由一根接地段与三根或四根短路段组成。接地线必须采用多股软裸铜线，每根截面不得小于 25 mm^2。严禁使用其他导线作为接地线。

⑦ 携带型接地线要统一编号，存放在固定的地方。存放处也要编号，对号存放，使用时要做好记录。交接班时要交接清楚。接地线有损伤时，应及时修补或更换。

⑧ 携带型接地线在使用前，应紧固各连接部件，确保连接紧密可靠。

2）遮栏

高压电气设备部分停电检修时，为防止检修人员走错位置，误入带电间隔及过分接近带电部分，一般采用遮栏进行防护。此外，分为遮栏也用作检修安全距离不够时的安全隔离装置。

遮栏分为栅遮栏，绝缘挡板和绝缘罩三种，如图 1－1－9 所示。遮栏用干燥的绝缘材料制成，不能用金属材料制作，遮栏高度不得低于 1.7 m，下部边缘离地不应超过 10 cm。

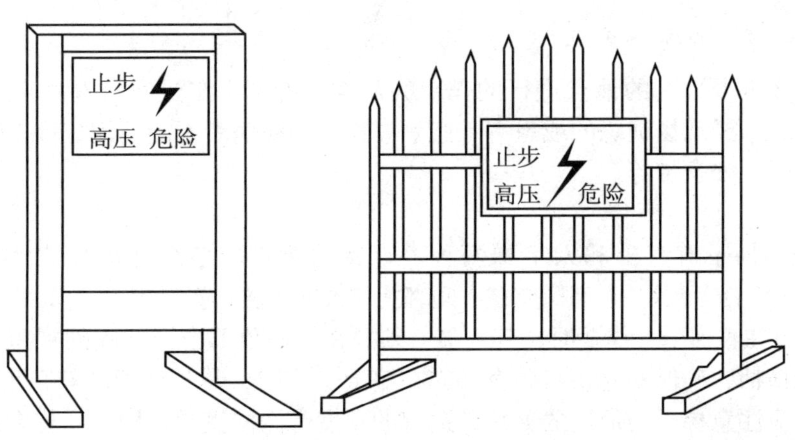

图 1－1－9　遮栏

此外，遮栏也用作检修安全距离不够时的安全隔离装置。遮栏必须安置牢固，所在位置不能影响工作，遮栏与带电设备的距离不小于规定的安全距离。在室外进行高压设备部分停电工作时。用线网或绳子拉成的临时遮栏，一般可在停电设备的周围插上铁棍，将线网或绳子挂在铁棍或特设的架子上。这种遮栏要求对地距离不小于1 m。

3）安全标示牌

安全标示牌如图1－1－10所示，是用醒目的颜色和图像，配合一定的文字说明，提醒工作人员对危险因素引起注意，防止事故发生的防护安全用具。按标示牌的用途，安全标示牌分为警告、提示、允许和禁止等类型。警告类如“止步，高压危险”；提示类如“从此上下”；允许类如“在此工作”；禁止类如“禁止合闸，有人工作”等。标示牌用干燥木材或其他绝缘材料制作。标示牌尺寸及书写文字和格式都有严格规定，不可随意书写和制作。悬挂场所应严格按《电业安全工作规程》的规定执行。

图1－1－10　安全标示牌

4. 认识高空作业安全用具

在离地面2 m及以上的地点进行的作业为高空作业。电工进行登高作业时，登高工具必须牢固可靠，未经现场训练的或患有不宜登高作业的疾病者不能使用登高工具。电工常用登高工具有梯子、安全带等。

1）梯子

电工常用的梯子有直梯和人字梯两种。直梯的两脚应各绑扎胶皮之类的防滑材料，如图1－1－11（a）所示。人字梯应在中间绑扎一根绳子防止自动滑开，如图1－1－11（b）所示。工作人员在直梯子上作业时，其人员必须登在距梯顶不少于1 m的梯蹬上工作，且用脚勾住梯子的横档，确保站立稳当。直梯靠在墙上工作时，其与地面的斜角度以60°左右为宜。人字梯也应注意梯子与地面的夹角，适宜的角度范围同直梯，即人字梯在地面张开的距离应等于直梯与墙间距离范围的两倍。人字梯放好后，要检查四只脚是否都稳定着地，而且也应避免站在人字梯的最上面一档作业，站在人字梯的单面上工作时，也要用脚勾住梯子的横档。

图 1－1－11　电工用梯
（a）直梯；（b）人字梯
1—防滑胶皮；2—防滑拉链

梯子使用注意事项：

① 使用前，检查梯子是否牢固、无损坏。人字梯顶部铁件螺栓连接紧固良好，限制张开的拉链应牢固。

② 梯子放置应牢靠、平稳，不得架在不牢靠的支撑物和墙上。

③ 梯子根部应做好防止滑倒的措施。

④ 使用梯子时，梯子与地面的夹角应符合要求。

⑤ 工作人员在梯子上部作业，应设有专人扶梯和监护。同一梯子上不得有两人同时工作，不得带人移动梯子。

⑥ 搬动梯子时，应与电气设备保持足够的安全距离。

⑦ 梯子如需接长使用，应绑扎牢固。在通道处使用梯子，应有人监护或设置围栏。

⑧ 使用竹（木）梯应定期进行检查、试验。其试验周期每半年一次，每月应进行一次外表检查。

2）登高作业用品

（1）登高用具

① 升降板。升降板由脚踏板和吊绳组成。脚踏板用硬质木材制作，一般长 630 mm、宽 75 mm、厚 25 mm，脚踏板表面刻有防滑斜纹。吊绳一般用直径为 16 mm 的优质棕绳制作，呈三角形，上端固定有金属挂钩，下端两头固定在脚板上，其外形如图 1－1－12 所示。

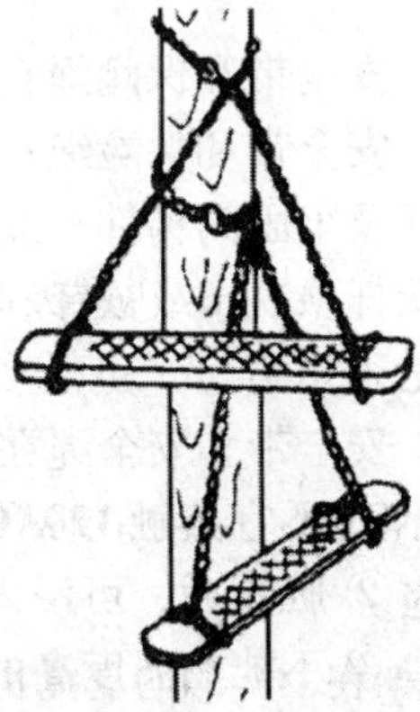

图 1－1－12　升降板

② 脚扣。脚扣用钢质材料或铝合金材料制作，呈圆环形。有登木杆用的脚扣和登钢筋混凝土杆用的脚扣两种，其外形如图 1－1－13 所示。

升降板和脚扣都必须有足够的机械强度，必须符合规定要求，各部件连接必须牢固、可靠。使用前，必须进行检查，如有损坏，

图1-1-13　脚扣

严禁使用。将升降板和脚扣系在电杆上离地0.5 m左右处，人站在升降板的踏板上和脚扣上，双手抱杆，借人体重量猛力向下踩蹬，要求绳索不断股，踏脚板不折裂，脚扣不变形、不损坏，否则不准使用。

按规定升降板每半年定期进行试验，脚扣应每年定期进行试验，每月进行一次外观检查，无试验合格标志及超过试验期合格期的严禁使用。

（2）安全带和安全腰绳

安全带和安全腰绳是高空作业时，防止发生高空摔跌的重要安全用具。安全带和安全腰绳都必须具有足够的、符合安全规程规定的机械强度。电工安全带和安全腰绳如图1-1-14所示。

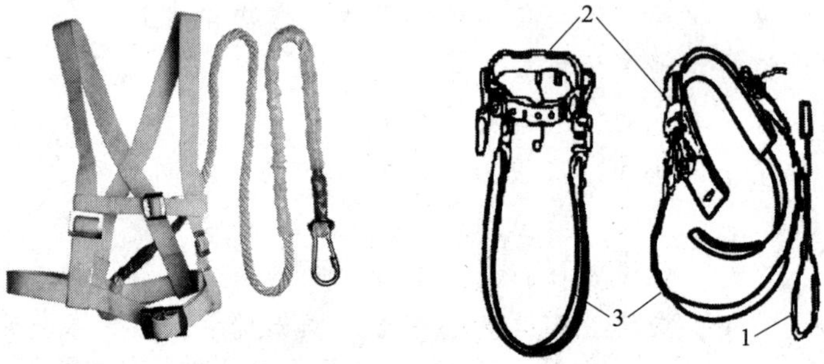

图1-1-14　安全带

1—保险绳；2—腰带；3—腰绳

安全带和保险绳在使用前，必须仔细检查，如有破损、变质情况，应禁止使用。

安全带和保险绳在使用时，必须注意系挂位置。高空作业时，安全带（绳）应系挂在电杆及牢固的构件上或专为系挂安全带用的钢架或钢丝绳上。并不得低挂高用，应防止安全带从杆顶脱出或被锋利物伤害。禁止系挂在转动或不牢固的物件上，系安全带后必须检查扣环是否扣牢。

安全带和安全绳在使用和日常保管、保养中应注意：

① 不宜接触120 ℃以上的高温、明火、酸类物质及有锐角的坚硬物体。

② 脏污后，可浸入低温水中用肥皂轻擦漂洗干净，然后晾干。

③ 不能用温度高的热水清洗或放在日光下暴晒、火烤。

④ 使用后应存放在干燥、清洁的工具架上或吊挂，不得接触潮湿的墙或放在潮湿的地面上。

安全带和安全腰绳应按规定每年定期进行试验，其中牛皮带试验周期为半年，每月进行一次外观检查，无试验合格标志及超过试验合格期的不准使用。

（3）吊袋和吊绳

吊袋和吊绳是电工高空作业时用来传递零件和工具的用品，吊带一端系在高空作业人员的腰带上，另一端垂向地面。吊袋用来盛放小件物品或工具，使用时系在吊绳上，与地面人员配合上下传递工具和物品，严禁在使用时上下抛掷传送物品和工具。

3）安全帽

安全帽是用来防护高空落物、减轻头部受落物冲击伤害的安全防护用具。它由帽壳和帽衬两部分组成。帽壳采用椭圆半球形薄壳结构，表面很光滑，这样可使物体坠落到帽壳时容易滑走。帽壳顶部设有增强顶筋，可以提高帽壳承受冲击的强度。帽衬是帽壳内所有部件的总称，如帽箍、顶带、后枕箍带、吸汗带、垫料、下颏系带等。帽衬起冲击力的吸收作用，它是安全帽防护高空落物极其重要的部件。

安全帽有多种外形，其帽衬如图 1－1－15 所示。

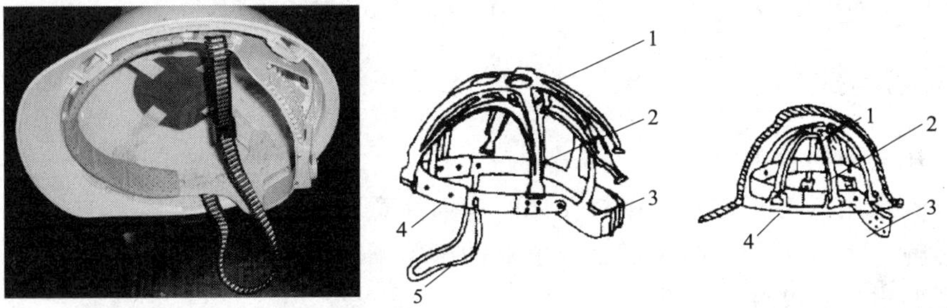

图 1－1－15　安全帽的帽衬的外形及示意图

1—顶带；2—帽箍；3—后枕箍带；4—吸汗带；5—下颏系带

进入施工现场须戴安全帽，安全帽使用时的注意事项：

① 帽壳必须完整无裂纹或损伤。

② 帽衬组件（包括帽箍、顶带、后枕箍带、吸汗带、下颏系带等）齐全、牢固。

③ 永久性标志清楚（包括制造厂名称及商标、型号，制造年、月，许可证编号等）。

④ 使用的安全帽必须是符合国家标准，质量合格，并由国家定点厂生产的产品。

⑤ 安全帽使用前，应仔细检查帽壳、帽衬、顶带、下颏系带等附件完好无损。使用时，应将下颏系带系好，防止工作中前倾后仰或其他原因造成滑落。

⑥ 安全帽应按规定进行试验，无试验合格标志及超过试验期合格期的不准使用。

5. 其他安全用具

防护眼镜：防护眼镜是在操作、维护和检修电气设备或线路时，用来保护工作人员眼睛免受电弧灼伤和防止脏物落入眼内的安全用具。防护眼镜应是封闭型的，镜片玻璃要能耐热，并能在一般机械力的作用下不破碎。防护眼镜式样如图 1－1－16 所示。

图 1－1－16　防护眼镜

二、技能训练

1. 实训器材

电气安全用具。

2. 实训内容及要求

① 识别安全用具。
② 安全带和安全腰绳使用前检查练习。
③ 穿戴安全手套与绝缘靴（鞋）练习。
④ 戴安全帽与防护眼镜练习。
⑤ 安全用具操作练习。

三、技能考核

学生能否正确选择与使用安全用具，操作是否符合安全规范。

四、练习与提高

① 安全用具如何分类？
② 辅助安全用具与基本安全用具使用时有何注意事项？
③ 绝缘棒、绝缘手套、绝缘靴、验电器的试验周期如何规定？
④ 高压验电有哪些注意事项？

模块二　触电急救与触电预防

学习目标

- 能掌握触电急救基本知识，会触电急救
- 能掌握触电预防措施

一、理论知识

电流通过人体后，能使肌肉收缩产生运动，造成机械损伤，电流产生的热效应和化学效应可引起一系列急骤的病理变化，使机体遭受到严重的损害，特别是电流流经心脏，对心脏的损害极为严重，极小的电流可引起心室纤维性回动，可导致死亡。

人身触电时电流对人体的伤害，是由电流的能量直接作用于人体或转换成其他形式的能量作用于人体造成伤害，按伤害程度的不同，可以分为电击和电伤两类。

① 电击：电击是指因电流通过人体而使内部器官受伤的现象，它是最危险的触电事故。

② 电伤：电伤是指人体外部由于电弧或熔丝熔断时飞溅起的金属沫等造成烧伤的现象，

分电烧伤、电烙印、皮肤金属化等。

a. 电烧伤：电烧伤是常见的电伤，大部分触电事故都伴有电烧伤。电烧伤可分为电流灼伤和电弧烧伤两种。电流灼烧一般发生在低压触电事故中，由于人体与带电体接触面积一般不大，加之皮肤电阻又比较高，使得皮肤与带电体的接触部位热量集中，受到比体内严重得多的灼伤，当电流较大时也可能灼伤至皮下组织。电弧烧伤是电弧放电引起的烧伤，它又分为直接电弧烧伤和间接电弧烧伤。直接电弧烧伤是由于人体过分接近高压带电体，其间距小于放电距离时，带电体与人体之间发生电弧并伴有电流通过人体的烧伤；间接电弧烧伤是电弧发生在人体附近对人体的烧伤，而且包含被熔化金属溅落的烫伤。在配电系统中错误的操作（如带负荷拉、合隔离刀闸，带地线合闸）以及其他的短路事故都可能造成弧光短路事故，产生强烈的电弧，导致严重的烧伤。

b. 电烙印：电烙印是人体与带电体直接接触，电流通过人体后，在接触部位留下和接触带电体形状相似的斑痕。斑痕处皮肤硬变，边缘明显，失去原有弹性和色泽，表层坏死，失去知觉。

c. 皮肤金属化：由于电气设备的弧光短路事故，高温电弧使周围金属物熔化、蒸发并飞溅渗透到人体皮肤表层所形成的，受伤部位表面粗糙、坚硬。金属化后的皮肤通常经过一段时间能自行脱落，不会有不良的后果。

触电事故发生都很突然，出现“假死”时，心跳、呼吸已停止，因此要采用在现场急救方法，使触电病人迅速得到气体交换和重新形成血液循环，以恢复全身的各组织细胞的氧供给，建立病人自身的心跳和呼吸。所以触电现场急救，是整个触电急救过程中一个重要环节。如处理得及时正确，就能挽救许多病人的生命，反之不管实际情况，不采用任何抢救措施，将病人送往医院抢救或单纯等待医务人员来，那必然会失去抢救的时机，带来永远不可弥补的损失。因此现场急救法是每一个电工必须熟练掌握的急救技术，一旦发生事故后，就能立即正确地在现场进行急救，同时向医务部门告急救援，这样，能抢救不少触电者的生命。

1. 触电与急救

1）人体触电的种类

（1）单相触电

当人站在地面上，碰触带电设备的其中一相时，电流通过人体流入大地，这种触电方式称为单相触电。

① 低压中性点直接接地的单相触电。低压中性点直接接地的单相触电如图 1－2－1 所示。当人体触及一相带电体时，该相电流通过人体经大地回到中性点形成回路，由于人体电阻比中性点直接接地的电阻大得多，电压几乎全部加在人体上，造成触电。

② 低压中性点不接地的单相触电。低压中性点不接地的单相触电如图 1－2－2 所示。在 1 000 V 以下，人碰到任何一相带电体时，该相电流通过人体经另外两根相线对地绝缘电阻和分布电容而形成回路，如果相线对地绝缘电阻较高，一般不至于造成对人体的伤害。当电气设备、导线绝缘损坏或老化，其对地绝缘电阻降低时，同样会发生电流通过人体流入大地的单相触电事故。在 6～10 kV 高压中性点不

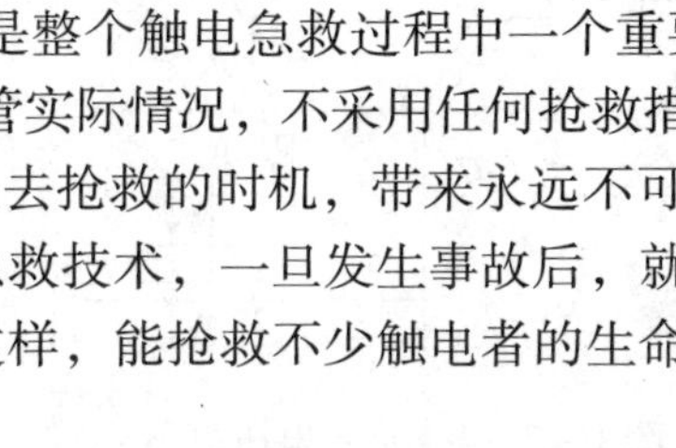

图 1－2－1　低压中性点直接接地的单相触电

接地系统中，特别是在较长的电缆线路上，当发生单相触电时，另两相对地电容电流较大，触电的危害程度较大。

（2）两相触电

电流从一根导线进入人体流至另一根导线的触电方式称为两相触电，如图1－2－3所示。

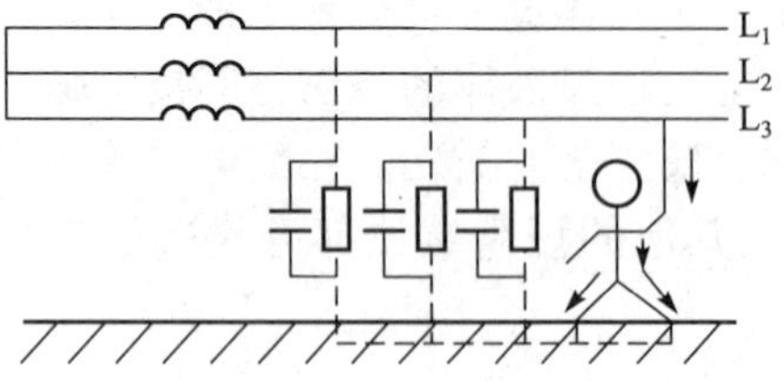

图1－2－2　低压中性点不接地的单相触电

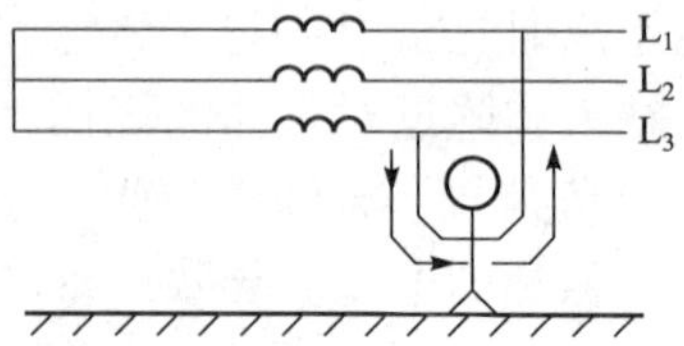

图1－2－3　两相触电

两相触电时，加在人体上的电压为线电压，在这种情况下，触电者即使穿上绝缘鞋或站在绝缘台上也起不了保护作用。对于380 V的线电压，两相触电时通过人体的电流能达到200～270 mA，这样大的电流只要经过0.186 s就可能致触电者死亡。所以两相触电比单相触电危险得多。

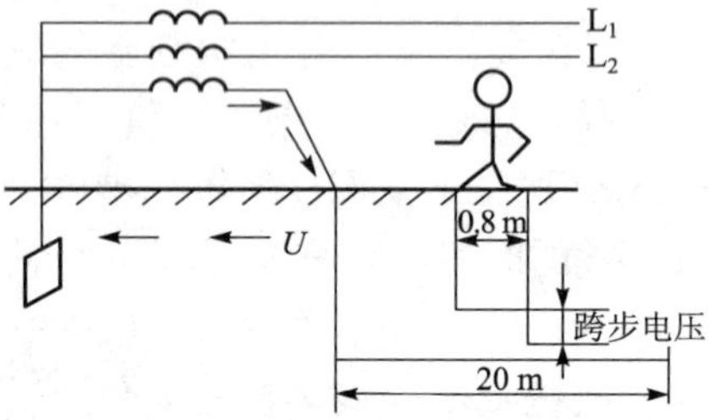

图1－2－4　跨步电压触电

（3）跨步电压触电

当某相导线断线落地或运行中的电气设备因绝缘损坏漏电时，电流向大地流散，以落地点或接地体为圆心，半径为20 m的圆面积内形成分布电位，如有人在落地点周围走过时，其两脚之间（按0.8 m计算）的电位差称为跨步电压，如图1－2－4所示。跨步电压触电时，电流从人的一只脚经下身，通过另一只脚流入大地形成回路。触电者先感到两脚麻木，然后跌倒。人跌倒后，由于头与脚之间的距离加大，电流将在人体内脏重要器官通过，人就有生命危险。

2）电流对人体的危害

电流危害的程度与通过人体的电流强度、频率、通过人体的途径及持续时间等因素有关。

（1）电流强度对人体的危害

按照电流流过人体时的不同生理反应，可分为三种情况。

① 感觉电流：使人体有感觉的最小电流称为感觉电流。工频交流电的平均感觉电流，成年男性约为1.1 mA，成年女性约为0.7 mA；直流电的平均感觉电流约为5 mA。

② 摆脱电流：人体触电后能自主摆脱电源的最大电流称为摆脱电流。工频交流电的平均摆脱电流，成年男性为16 mA以下，成年女性为10 mA以下；直流电的平均摆脱电流约为50 mA。

③ 致命电流：在较短的时间内危及生命的最小电流称为致命电流。一般情况下，通过人体的工频电流超过50 mA时，心脏就会停止跳动，发生昏迷，并出现致命的电灼伤；工频100 mA的电流通过人体时很快使人致命。不同电流强度对人体的作用如表1－2－1所示。

（2）电流频率对人体的影响

在相同电流强度下，不同的电流频率对人体影响程度不同。一般为 28～300 Hz 的电流频率对人体影响较大，最为严重的是 40～60 Hz 的电流。当电流频率大于 20 000 Hz 时，所产生的损害作用明显减小。

表 1-2-1　电流对人体的影响

电流/mA	作用的特征	
	交流电（50～60 Hz）	直流电
0.6～1.5	开始有感觉，手轻微颤抖	没有感觉
2～3	手指强烈颤抖	没有感觉
5～7	手部痉挛	感觉痒和热
8～10	手部剧痛，勉强可摆脱电源	热感觉增加
20～35	手迅速剧痛麻痹，不能摆脱带电体呼吸困难	热感觉更大，手部轻微痉挛
50～80	呼吸困难麻痹，心室开始颤动	手部痉挛，呼吸困难
90～100	呼吸麻痹，心室经 3 s 即发生麻痹而停止跳动	呼吸麻痹

（3）电流流过途径的危害

电流通过人体的头部会使人昏迷而死亡；电流通过脊髓，会导致截瘫及严重损伤；电流通过中枢神经或有关部位，会引起中枢神经系统强烈失调而导致死亡；电流通过心脏会引起心室颤动，致使心脏停止跳动，造成死亡。实践证明，从左手到脚是最危险的电流途径，因为心脏直接处在电路中，从右手到脚的途径危险性较小，但一般也能引起剧烈痉挛而摔倒，导致电流通过人体的全身。

（4）电流的持续时间对人体的危害

由于人体发热出汗和电流对人体组织的电解作用，如电流通过人体的时间较长，会使人体电阻逐渐降低。在电源电压一定的情况下，会使电流增大，对人体的组织破坏更大，后果更严重。

3）人体电阻及安全电压

（1）人体电阻

人体电阻主要包括人体内部电阻和皮肤电阻，人体内部电阻是固定不变的，并与接触电压和外部条件无关，一般约为 500 Ω。皮肤电阻一般是手和脚的表面电阻。它随皮肤的清洁、干燥程度和接触电压等而变化。一般情况下，人体的电阻为 1 000～2 000 Ω，在不同条件下的人体电阻值如表 1-2-2 所示。

表 1-2-2　人体电阻

接触电压/V	人体皮肤电阻/Ω（注：电流途径为双手至双足）			
	皮肤干燥	皮肤潮湿	皮肤湿润	皮肤浸入水中
10	7 000	3 500	1 200	600
25	5 000	2 500	1 000	500
50	4 000	2 000	875	440

续表

接触电压/V	人体皮肤电阻/Ω（注：电流途径为双手至双足）			
	皮肤干燥	皮肤潮湿	皮肤湿润	皮肤浸入水中
100	3 000	1 500	770	375
220	1 500	1 000	650	325

（2）安全电压

我国的安全电压，以前多采用36 V或12 V，1983年我国发布了安全电压国家标准GB 3805—1983，对频率为50～500 Hz的交流电，把安全电压的额定值分为42 V、36 V、24 V、12 V和6 V等五级。安全电压等级和选用如表1－2－3所示。

表1－2－3　安全电压等级及选用

安全电压（交流有效值）/V		选用举例
额定值	空载上限值	
42	50	在有触电危险的场所使用的手持式电动工具等
36	43	潮湿场合，如矿井，多导电粉尘及类似场合使用行灯
24	29	工作面积狭窄、操作者较大面积接触带电体的场所，如锅炉、金属容器内
12	15	人体需要长期触及器具及器具上有带电体的场所
6	8	

4）触电急救

（1）使触电者迅速脱离电源

触电事故附近有电源开关或插座时，应立即断开开关或拔掉电源插头。若无法及时找到并断开电源开关时，应迅速用绝缘工具切断电线，以断开电源。

在抢救触电者脱离电源时应注意的事项：

① 救护人员不得采用金属和其他潮湿的物品作为救护工具。

② 未采取任何绝缘措施，救护人员不得直接触及触电者的皮肤或潮湿衣服。

③ 在使触电者脱离电源的过程中，救护人员最好用一只手操作，以防自身触电。

④ 当触电者站立或位于高处时，应采取措施防止触电者脱离电源后摔跌。

⑤ 夜晚发生触电事故时，应考虑切断电源后的临时照明，以利救护。

（2）伤情诊断

触电者脱离电源后，对触电者应在10 s内用看（看触电者的胸部、腹部有无起伏动作）、听（用耳贴近触电者的口鼻处，听有无呼吸的声音）、试（试触电者口鼻有无呼吸的气流，用两指轻试喉结旁凹陷处的颈动脉有无搏动）的方法迅速正确判断其触电程度，有针对性地实施现场紧急救护。

① 触电者神志清醒：感觉心慌、四肢发麻、全身无力、呼吸急促、面色苍白或者曾一度昏迷，但未失去知觉。应抬至空气新鲜、通风良好的地方使其就地平躺，严密观察，休息1～

2 h，暂时不要使其站立或走动，并注意保温。

② 触电者神志不清：应使其就地平躺，且确保气道畅通，并且用5 s时间呼叫触电者或轻拍其肩部，以判断是否意志丧失，禁止摇动触电者头部呼叫触电者。

③ 有呼吸但心跳停止：采用“胸外心脏挤压法”。

④ 心脏有跳动，但呼吸停止：采用“口对口人工呼吸法”。

⑤ 心脏、呼吸均停止：应同时采取“口对口人工呼吸法”和“胸外心脏挤压法”。

（3）心肺复苏

① 将脱离电源的触电者迅速移至通风、干燥处，将其仰卧，并将上衣和裤带放松，观察触电者是否有呼吸，摸一摸颈部动脉的搏动情况。

② 观察触电者的瞳孔是否放大，当处于假死状态时，大脑细胞严重缺氧处于死亡边缘，瞳孔就自行放大，如图1－2－5所示。

（a）　　（b）

图1－2－5　检查瞳孔

（a）瞳孔正常；（b）瞳孔放大

③ 用“口对口人工呼吸法”进行急救。对有心跳而呼吸停止的触电者，应采用“口对口人工呼吸法”进行急救，其步骤如下。

a. 清除口腔阻塞。将触电者仰卧，解开衣领和裤带，然后将触电者头偏向一侧，张开其嘴，用手清除口腔中假牙或其他异物，使呼吸道畅通，如图1－2－6所示。

b. 鼻孔朝天头后仰。抢救者在触电病人一边，使其鼻孔朝天后仰，如图1－2－6（b）所示。

c. 贴嘴吹气胸扩张。抢救者在深呼吸2～3次后，张大嘴严密包绕触电者的嘴，同时用放在前额手的拇指、食指捏紧其双侧鼻孔，连续向肺内吹气2次，如图1－2－6中（c）所示。

d. 放开嘴鼻好换气。吹完气后应放松捏鼻子的手，让气体从触电者肺部排出，如此反复进行，以每5 s吹气一次，坚持连续进行。不可间断，直到触电者苏醒为止。如图1－2－6（d）所示。

④ 用“胸外心脏挤压法”进行急救　对“有呼吸而心脏停跳”的触电者，应采用“胸外心脏挤压法”进行急救，如图1－2－7所示。其步骤如下。

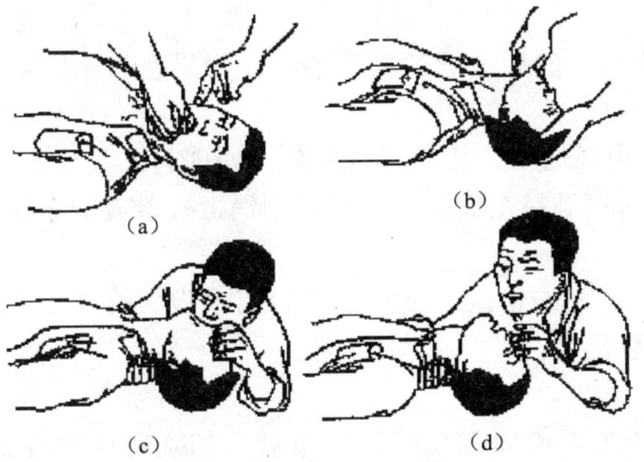

图1－2－6　口对口人工呼吸法

（a）清理口腔阻塞；（b）鼻孔朝天后仰；

（c）贴嘴吹气胸扩张；（d）放开嘴鼻好换气

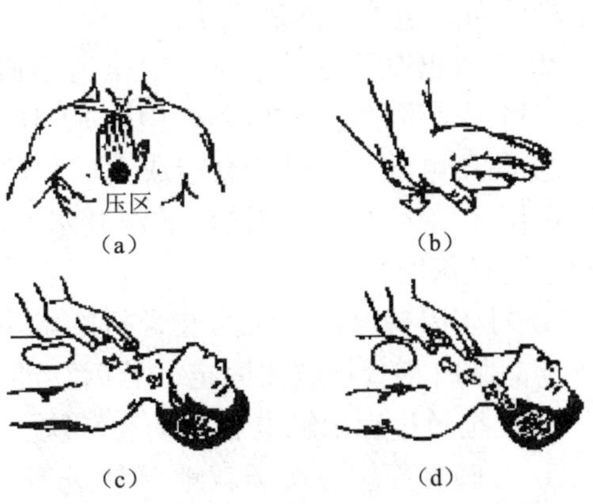

图1－2－7　胸外心脏挤压法

（a）中指对凹膛，当胸一手掌；

（b）掌根用力向下压；（c）慢慢向下；（d）突然放松

a. 将触电者仰卧在硬板或地面上，颈部枕垫软物使头部稍后仰，松开衣服和裤带，急救者跨跪在触电者的腰部。

b. 急救者将后手掌根部按于触电者胸骨下1/2处，中指指尖对准其颈部凹陷的下缘，当胸一手掌，左手掌复压在右手背上，如图1－2－7（a）和图1－2－7（b）所示。

c. 掌根用力下压3～4 cm后，突然放松，如图1－2－7（c）和图1－2－7（d）所示，挤压与放松的动作要有节奏，每秒钟进行一次，必须坚持连续进行，不可中断，直到触电者苏醒为止。

⑤ 用“口对口人工呼吸法”和“胸外心脏挤压法”进行急救。对呼吸和心脏都已停止的触电者，应同时采用口对口人工呼吸和胸外心脏挤压法进行急救，其步骤如下。

a. 单人抢救法。两种方法应交替进行，即吹气2～3次，再挤压10～15次，且速度都应快些，如图1－2－8所示。

b. 双人抢救法。由两人抢救时，一人进行口对口吹气，另一人进行挤压。每5 s吹气一次，每秒钟挤压一次，两人同时进行，如图1－2－9所示。

图1－2－8　单人抢救法

图1－2－9　双人抢救法

（4）外伤处理

对于电伤和摔跌造成的人体局部外伤，在现场救护中也不能忽视。必须做适当处理，防止细菌侵入感染，防止摔跌骨折刺破皮肤及周围组织、刺破神经和血管，避免引起损伤扩大。然后迅速送医院治疗。

① 一般性的外伤表面，可用无菌盐水或清洁的温开水冲洗后，用消毒纱布、防腐绷带或干净的布片包扎，然后送医院治疗。

② 伤口出血严重时，应采用压迫止血法止血，然后迅速送医院治疗。如果伤口出血不严重，可用消毒纱布叠几层盖住伤口，压紧止血。

③ 高压触电时，可能会造成大面积严重的电弧灼伤，往往深达骨骼，处理起来很复杂，现场可用无菌生理盐水或清洁的温开水冲洗，再用酒精全面消毒，然后用消毒被单或干净的布片包裹送医院治疗。

④ 对于因触电摔跌而四肢骨折的触电者，应首先止血、包扎，然后用木板、竹竿、木棍等物品临时将骨折肢体固定，然后立即送医院治疗。

（5）抢救过程中触电者移动与转院

① 心肺复苏应在现场就地坚持进行，不要为方便而随意移动触电者，如确需移动时，抢救中断时间不应超过30 s。

② 移动触电者或将触电者送医院时，应使其平躺在担架上，并在其背部垫以平硬宽木板。在移动或送医院过程中，应继续抢救。心跳、呼吸停止者要继续用心肺复苏法抢救，在

医务人员未接替救治前不能中止。

③ 应创造条件，用塑料袋装入碎冰屑作成帽子状包绕在触电者头部，露出眼睛，使脑部温度降低，争取心、肺、脑完全复苏。

（6）触电者好转后处理

如果触电者的心跳和呼吸经抢救后均已恢复，则可暂停心肺复苏法操作。但心跳、呼吸恢复的早期有可能再次骤停，应严密监护，不能麻痹，要随时准备再次抢救。

初期恢复后，触电者可能神志不清或精神恍惚、躁动，应设法使其安静。

现场急救注意事项：

① 现场急救贵在坚持。

② 心肺复苏应在现场就地进行。

③ 现场触电急救，没有医务人员的诊断，不得乱用药物。对采用肾上腺素等药物应持慎重态度，如果没有必要的诊断设备和足够的把握，不得乱用。

④ 对触电过程中的外伤特别是致命外伤（如动脉出血等）也要采取有效的方法处理。

2. 触电预防

1）预防措施

（1）直接触电的预防

① 绝缘措施：良好的绝缘是保证电气设备和线路正常运行的必要条件，是防止触电事故的重要措施。选用绝缘材料必须与电气设备的工作电压、工作环境和运行条件相适应。不同的设备或电路对绝缘电阻的要求不同。例如：新装或大修后的低压设备和线路，绝缘电阻不应低于0.5 MΩ；运行中的线路和设备，绝缘电阻要求每伏工作电压1 kΩ以上；高压线路和设备的绝缘电阻不低于每伏1 000 MΩ。

② 屏护措施：采用屏护装置，如常用电器的绝缘外壳、金属网罩、金属外壳、变压器的遮栏、栅栏等将带电体与外界隔绝开来，以杜绝不安全因素。凡是金属材料制作的屏护装置，应妥善接地或接零。

③ 间距措施：为防止人体触及或过分接近带电体，在带电体与地面之间、带电体与其他设备之间，应保持一定的安全间距。安全间距的大小取决于电压的高低、设备类型、安装方式等因素。

（2）间接触电的预防

① 加强绝缘：对电气设备或线路采取双重绝缘的措施，可使设备或线路绝缘牢固，不易损坏。即使工作绝缘损坏，还有一层加强绝缘，不致发生金属导体裸露造成间接触电。

② 电气隔离：采用隔离变压器或具有同等隔离作用的发电机，使电气线路和设备的带电部分处于悬浮状态。即使线路或设备的工作绝缘损坏，人站在地面上与之接触也不易触电。必须注意，被隔离回路的电压不得超过500 V，其带电部分不能与其他电气回路或大地相连。

③ 自动断电保护：在带电线路或设备上采取漏电保护、过流保护、过压或欠压保护、短路保护、接零保护等自动断电措施，当发生触电事故时，在规定时间内能自动切断电源，起到保护作用。

（3）其他预防措施

① 加强用电管理，建立健全安全工作规程和制度，并严格执行。

② 使用、维护、检修电气设备，严格遵守有关安全规程和操作规程。

③ 尽量不进行带电作业，特别在危险场所（如高温、潮湿地点），严禁带电工作；必须带电工作时，应使用各种安全防护工具，如使用绝缘棒、绝缘钳和必要的仪表，戴绝缘手套，穿绝缘靴等，并设专人监护。

④ 对各种电气设备按规定进行定期检查，如发现绝缘损坏、漏电和其他故障，应及时处理；对不能修复的设备，不可使用其带“病”进行，应予以更换。

⑤ 根据生产现场情况，在不宜使用380/220 V电压的场所，应使用12～36 V的安全电压。

⑥ 禁止非电工人员乱装乱拆电气设备，更不得乱接导线。

⑦ 加强技术培训，普及安全用电知识，开展以预防为主的反事故演习。

电工安全操作知识：

① 停电检修的安全操作规程。

a. 停电检修工作的基本要求。停电检修时，对有可能送电到检修设备及线路的开关和闸刀应全部断开，并在已断开的开关和闸刀的操作手柄上挂上“禁止合闸，有人工作”的标示牌，必要时要加锁，以防止误合闸。

b. 停电检修工作的基本操作顺序。首先应根据工作内容，做好全部停电的倒闸操作。停电后对电力电容器、电缆线等，应装设携带型临时接地线及绝缘棒放电，然后用试电笔对所检修的设备及线路进行验电，在证实确实无电时，才能开始工作。

c. 检修完毕后的送电顺序。检修完毕后，应拆除携带型临时接地线，并清理好工具，然后按倒闸操作内容进行送电合闸操作。

② 带电检修的安全操作规程。如果因特殊情况必须在电气设备上带电工作时，应按照带电工作安全规程进行。

a. 在低压电气设备和线路上从事带电工作时，应设专人监护，使用合格的有绝缘手柄的工具，穿绝缘鞋，并站在干燥的绝缘物上。

b. 将可能碰及的其他带电体及接地物体用绝缘物隔开，防止相间短路及触地短路。

c. 带电检修线路时，应分清相线和零线。断开导线时，应先断开相线，后断开零线。搭接导线时，应先接零线，再接相线。接相线时，应先将两个线头搭实后再进行缠接，切不可使人体或手指同时接触两根导线。

2）触电预防的基本常识

为了更好地使用电能、防止触电事故的发生，必须采取以下一些安全措施。

① 各种电气设备尤其是移动式电气设备，建立经常与定期的检查制度，如发现故障或与有关的规定不符合时应及时加以处理。

② 使用各种电气设备时应严格遵守操作制度，不得将三脚插头擅自改为二脚插头，也不得直接将线头插入插座内用电。

③ 尽量不要带电工作，特别是在危险场所（如工作地很狭窄，工作地周围有电压在250 V以上的导体等）禁止带电工作。如果必须带电工作时，应采取必要的安全措施（如站在橡胶毡上或穿绝缘橡胶靴，附近的其他导电体或接地处都应用橡胶布遮盖，并需要有专人

监护等）。

④ 带金属外壳的家用电器的外接电源插头一般都用三脚插头，其中有一根为接地线。

⑤ 静电可能引起危害，重则可引起爆炸与火灾，轻则可使人受到电击，引起严重后果。消除静电首先应尽量限制静电电荷的产生或积聚方法。

a. 良好的接地，以消除静电电荷的积累。

b. 提高设备周围的空气湿度至相对湿度为70%以上，使静电荷逸散。

⑥ 有条件时还可采用性能可靠的漏电保护器。

⑦ 严禁利用大地作为中性线，即严禁采用三线一地、二线一地或一线一地制。

电器设备安全知识：

① 保护接地和保护接零的作用。

a. 保护接地。将电气设备正常运行下不带电的金属外壳和架构通过接地装置与大地土壤连接，它是用来防护间接触电的。

保护接地的作用。在中性点不接地的三相三线低压（380 V）电网中，当电气设备因一相绝缘损坏而使金属外壳带电时，如果设备上没有采取接地保护，则设备外壳存在着一个危险的对地电压，这个电压的数值接近于相电压，此时如果有人触及设备外壳，就会有电流通过人体，造成触电事故。

b. 保护接零。将电气设备正常运行下不带电的金属外壳和架构与配电系统的零线直接进行电气连接。由于它也是用来保护间接触电的，称作保护接零。

保护接零的作用。采用保护接零时，电气设备的金属外壳直接与低压配电系统的零线连接在一起，当其中任何一相的绝缘损坏而使外壳带电时，形成相线和零线短路。由于相零回路阻抗很小，所以短路电流很大，促使线路上的保护装置（如熔断器、自动空气断路器等）迅速动作，切断故障设备的电源，从而起到防止人身触电的保护作用及减少设备损坏的机会。

② 接地和接零的注意事项。

a. 在中性点直接接地的低压电网中，电力装置宜采用接零保护；在中性点不接地的低压电网中，电力装置应采用接地保护。

b. 在同一配电线路中，不允许一部分电气设备接地，另一部分电气设备接零，以免接地设备一相碰壳短路时，可能由于接地电阻较大，而使保护电器不动作，造成中性点电位升高，使所有接零的设备外壳都带电，反而增加了触电的危险性。

c. 由低压共用电网供电的电气设备，只能采用保护接地，不能采用保护接零，以免接零的电气设备一相碰壳短路时，造成电网的严重不平衡。

d. 为防止触电危险，在低压电网中，严禁利用大地作为相线或零线。

e. 用于接零保护的零线上不得装设开关或熔断器，单相开关应装在相线上。

二、技能训练

1. 实训器材

① 模拟人。

② 医用酒精、面纱。

2. 实训内容及要求

触电急救的步骤如下。

（1）伤情诊断

现场诊断，用看、听、试的方法判断触电者伤势，决定采取何种急救方法。

（2）畅通气道

采用仰头抬颏法使触电者保持气道通畅，如发现触电者口内有异物，偏转触电者头部清除异物。让触电者头部尽量后仰，鼻孔朝天，避免舌下坠致使呼吸道梗塞。

（3）口对口人工呼吸

① 捏鼻掰嘴。救护人用一只手捏紧触电者的鼻孔（不要漏气），另一只手食指、中指并拢向下推触电者的下颌骨，使嘴张开（嘴上可盖一块纱布或薄布），使其保持气道畅通。

② 贴近吹气。救护人作深呼气后，用自己的嘴唇包住触电者的嘴（不要漏气）吹气，先连续大口吹气两次，每次1～1.5 s，要求快而深。

③ 放松换气。救护人吹气完毕准备换气时，应立即离开触电者的嘴，并放松捏紧的鼻孔。除开始大口吹气两次外，正常口对口（鼻）呼吸的吹气量不需过大，以免引起胃膨胀；吹气和放松时要注意伤员胸部应有起伏的呼吸动作，吹气时如有较大的阻力，可能是头部后仰不够，应及时纠正。

（4）胸外心脏挤压

① 找准正确压点。使触电者仰面躺在平的地方，保持呼吸道畅通，背部着地处应平整稳固，以保证按压效果。救护者右手的食指和中指沿触电者的右侧肋骨弓下缘向上找到肋骨和胸骨结合处的中点，两手指并齐，中指放在切迹中点，食指放在胸骨下部，另一只手的掌根紧挨食指上缘至于胸骨上，即为正确的按压位置。

② 按压心脏。救护人员站立或跪在触电者一侧肩旁，上身前倾，两肩位于伤员胸骨正上方，两臂伸直，肘关节固定不屈，两手掌要相叠，手指翘起不接触触电者的胸壁，以髋关节为支点，利用上身的重量，垂直将正常人胸骨压陷3～5 cm（儿童及瘦弱者酌减）。压至要求程度后，立即放松，上抬要充分，但放松时救护人员的掌根不得离开胸壁。按压频率为每分钟60～100次。按压和放松的频率相等。按压必须有效，其标志是按压过程中可以触及颈动脉搏动。

三、技能考核

对模拟人进行救护，急救方法是否正确，整个急救过程动作是否熟练、准确。

四、练习与提高

① 人体触电的类型有哪些？若发生应如何紧急处理？

② 在触电急救中如何使触电者迅速脱离电源？

③ 触电急救中实施心肺复苏，如何畅通触电者气道？

④ 触电急救中实施心肺复苏，如何正确进行口对口（鼻）人工呼吸？如何正确进行胸外按压？

模块三　电气火灾扑灭与预防

学习目标

- 会科学扑灭电气火灾
- 能掌握电气火灾预防措施
- 会合理选择、使用常用灭火器

一、理论知识

电气火灾和爆炸事故是指由电气原因引起的火灾和爆炸，在火灾和爆炸事故中电气火灾和爆炸事故占有很大比例。电气火灾和爆炸事故除可能造成人身伤亡和设备损坏、财产损失外，还可能造成电力系统事故，引起大面积停电或长时间停电。

电气火灾有两大特点：一是着火后电气装置或设备可能仍然带电，而且因电气绝缘损坏或带电导线断落接地，在一定范围内会存在跨步电压和接触电压，如不注意，可能引起触电事故；二是有些电气设备内部充有大量油（如电力变压器、电压互感器等），着火后受热，油箱内部压力增大，可能会发生喷油，甚至爆炸，造成火势蔓延。

电气火灾的危害很大，因此要坚决贯彻“预防为主”的方针。在发生电气火灾时，必须迅速采取正确有效的措施，及时扑灭电气火灾。

1. 扑灭电气火灾

1）断电灭火

当电气装置或设备发生火灾或引燃附近可燃物时，首先要切断电源。室外高压线路或杆上配电变压器起火时，应立即与供电公司联系切断电源；室内电气装置或设备发生火灾时应尽快断开开关切断电源，并及时正确选用灭火器进行扑救。

断电灭火时注意事项：

① 断电时，应按规程所规定的程序进行操作，严禁带负荷拉隔离开关（刀闸）。在火场内的开关和闸刀，由于烟熏火烤，其绝缘可能降低或损坏，因此，操作时应穿戴绝缘手套、绝缘靴，并使用相应电压等级的绝缘工具。

② 紧急切断电源时，切断地点选择适当，防止切断电源后影响扑救工作的进行。切断带电线路导线时，切断点应选择在电源侧的支持物附近，以防导线断落后触及人身、短路或引起跨步电压触电。切断低压导线时应分相在不同部位剪断，剪的时候应使用有绝缘手柄的电工钳。

③ 夜间发生电气火灾，切断电源时，应考虑临时照明，以利于扑救。

④ 需要电力部门切断电源时，应迅速用电话联系，说清情况。

2）带电灭火

发生电气火灾时应首先考虑断电灭火，因为断电后火势可减小下来，同时扑救比较安全。但有时在危急情况下，如果等切断电源后再进行扑救，会延误时机，使火势蔓延，扩大燃烧面积，或者断电会严重影响生产，这时就必须在确保灭火人员安全的情况，进行带电灭火。带电灭火一般限在 10 kV 及以下电气设备上进行。

带电灭火很重要的一条就是正确选用灭火器材。绝对不准使用泡沫剂对有电的设备进行灭火，一定要用不导电的灭火剂灭火，如二氧化碳、四氯化碳、二氟 - 氯 - 溴甲烷（简称“1211”）和化学干粉等灭火剂。

带电灭火时，为防止发生人身触电事故，必须注意以下几点：

① 扑救人员及所使用的灭火器材与带电部分必须保持足够的安全距离，并应戴绝缘手套。

② 不准使用导电灭火剂（如泡沫灭火剂、喷射水流等）对有电设备进行灭火，一定要用不导电的灭火剂灭火。

③ 使用水枪带电灭火时，扑救人员应穿绝缘靴、戴绝缘手套并应将水枪金属喷嘴接地。

④ 在灭火中电气设备发生故障，如电线断落在地上，局部地区会形成跨步电压，在这种情况下，扑救人员必须穿绝缘靴。

⑤ 扑救架空线路的火灾时，人体与带电导线之间的仰角不应大于45°，并应站在线路外侧，以防导线断落触及人体发生触电事故。

3）充油设备火灾扑救

充油电气设备容器外部着火时，可以用二氧化碳、“1211”、干粉、四氯化碳等灭火剂带电灭火。灭火时要保持一定安全距离。用四氯化碳灭火时，灭火人员应站在上风方向，以防灭火时中毒。

如果充油电气设备容器内部着火，应立即切断电源，有事故储油池设备的应立即设法将油放入事故储油池，并用喷雾水灭火，不得已时也可用砂子、泥土灭火；但当盛油桶着火时，则应用浸湿的棉被盖在桶上，使火熄灭，不得将黄砂抛入桶内，以免燃油溢出，使火焰蔓延。对流散在地上的油火，可用泡沫灭火器扑灭。

4）旋转电机火灾扑救

发电机、电动机等旋转电机着火时，不能用砂子、干粉、泥土灭火，以免矿物性物质、砂子等落入设备内部，严重损伤电机绝缘，造成严重后果。可使用“1211”、二氧化碳等灭火器灭火。另外，为防止轴和轴承变形，灭火时可使电机慢慢转动，然后用喷雾水流灭火，使其均匀冷却。

5）电缆火灾扑救

电缆燃烧时会产生有毒气体，如氯化氢、一氧化碳、二氧化碳等。据资料介绍，当氯化氢浓度高于0.1%时，或一氧化碳浓度高于1.3%时，或二氧化碳浓度高于10%时，人体吸入会导致昏迷和死亡。所以电缆火灾扑救时需特别注意防护。

扑救电缆火灾时注意事项：

① 电缆起火应迅速报警，并尽快将着火电缆退出运行。

② 火灾扑救前，必须先切断着火电缆及相邻电缆的电源。

③ 扑灭电缆燃烧，可使用干粉、二氧化碳、“1211”、“1301”等灭火剂，也可用黄土、干砂或防火包进行覆盖。火势较大时可使用喷雾水扑灭。装有防火门的隧道，应将失火段两端的防火门关闭。有时还可采用向着火隧道、沟道灌水的方法，用水将着火段封住。

④ 进入电缆夹层、隧道、沟道内的灭火人员应佩戴正压式空气呼吸器，以防中毒和窒息。在不能肯定被扑救电缆是否全部停电时，扑救人员应穿绝缘靴、戴绝缘手套。扑救过程

中，禁止用手直接接触电缆外皮。

⑤ 在救火过程中需注意防止发生触电、中毒、倒塌、坠落及爆炸等伤害事故。

⑥ 专业消防人员进入现场救火时需向他们交代清楚带电部位、高温部位及高压设备等危险部位情况。

2. 电气火灾预防

1）电力变压器火灾预防

电力变压器大多是油浸自然冷却式。变压器油闪点（起燃点）一般为140 ℃左右，并易蒸发和燃烧，同空气混合能构成爆炸性混合物。变压器油中如有杂质，则会降低油的绝缘性能而引起绝缘击穿，在油中发生火花和电弧，引起火灾甚至爆炸事故。因此对变压器油有严格要求，油质应透明纯净，不得含有水分、灰尘、氢气、烃类气体等杂质。对于干式变压器，如果散热不好，就很容易发生火灾。

（1）油浸式变压器发生火灾危险的主要原因

① 变压器线圈绝缘损坏，发生短路。

② 接触不良。

③ 铁心过热。

④ 油中电弧闪络。

⑤ 外部线路短路。

（2）预防措施

① 保证油箱上防爆管完好。

② 保证变压器装设的保护装置正确、可靠。

③ 变压器的设计安装必须符合规程规范规定。如变压器室应按一级防火考虑，并有良好通风；变压器应有蓄油坑、贮油池；相邻变压器之间需装设隔火墙时一定要装设等。施工安装应严格按规程、规范和设计图纸进行精心安装，保证质量。

④ 加强变压器的运行管理和检修工作。

⑤ 可装设离心式水喷雾、“1211”灭火剂组成的固定式灭火装置及其他自动灭火装置。

对于干式变压器通风冷却极为重要，一定要保证干式变压器运行中不能过热，必要时可采取人为降温措施降低干式变压器工作环境温度。

2）电动机火灾预防

（1）电动机发生火灾原因

① 电动机在运行中，由于线圈发热、机械损伤、通风不良等原因而烤焦或损坏绝缘，使电动机发生短路引起燃烧。

② 电动机因带动负载过大或电源电压降低使电动机转矩减小引起过负荷；电动机运行中电源缺相（一相断线）造成电动机转速降低而在其余二相中发生严重过负荷等。电动机长时过负荷会使绝缘老化加速，甚至损坏燃烧。

③ 电动机定子线圈发生相间短路、匝间短路、单相接地短路等故障，使线圈中电流急增，引起过热而使绝缘燃烧。在绝缘损坏处还可能发生对外壳放电而产生电弧和火花，引起绝缘层起火。

④ 电动机轴承内的润滑油量不足或润滑油太脏，会卡住转子使电动机过热，引起绝缘燃烧。

⑤ 电动机拖动的生产机械被卡住，使电动机严重过电流，使线圈过热而引起火灾。

⑥ 电动机接线端子处接触不好，接触电阻过大，产生高温和火花，引起绝缘或附近的可燃物燃烧。

⑦ 电动机维修不良，通风槽被粉尘或纤维堵塞，热量散不出去，造成线圈过热起火。

（2）预防措施

① 选择、安装电动机要符合防火安全要求。在潮湿、多粉尘场所应选用封闭型电动机；在干燥清洁场所可选用防护型电动机；在易燃、易爆场所应选用防爆型电动机。

② 电动机应安装在耐火材料的基础上。如安装在可燃物的基础上时，应铺铁板等非燃烧材料使电动机和可燃基础隔开。电动机不能装在可燃结构内。电动机与可燃物应保持一定距离，周围不得堆放杂物。

③ 每台电动机要有独立的操作开关和短路保护、过负荷保护装置。对于容量较大的电动机，在电动机上可装设缺相保护或装设指示灯监视电源，防止电动机缺相运行。

④ 电动机应经常检查维护，及时清扫，保持清洁；对润滑油要做好监视并及时补充和更换润滑油；要保证电刷完整、压力适宜、接触良好；对电动机运行温度要加强控制，使其不超过规定值。

⑤ 电动机使用完毕应立即拉开电动机电源开关，确保电动机和人身安全。

3）电缆火灾事故预防

（1）电缆火灾原因

① 电缆本身故障引发火灾。

② 电缆外部火灾引燃电缆。

（2）预防措施

① 保证施工质量，特别是电缆头制作质量一定要严格符合规定要求。

② 加强对电缆的运行监视，避免电缆过负荷运行。

③ 定期进行电缆测试，发现不正常及时处理。

④ 电缆沟、隧道要保持干燥，防止电缆浸水，造成绝缘下降，引起短路。

⑤ 加强电缆回路开关及保护的定期校验和维护，保证动作可靠。

⑥ 电缆敷设时要保持与热力管道足够距离，一般控制电缆不小于0.5 m，动力电缆不小于1 m。控制电缆与动力电缆应分槽、分层并分开布置，不能层间重叠放置。对不符合规定的部位，电缆应采取阻燃、隔热措施。

⑦ 定期清扫电缆上所积煤粉，防止积粉自燃而引起电缆着火。

⑧ 安装火灾报警装置，及时发现火情，防止电缆着火。

⑨ 采取防火阻燃措施。电缆的防火阻燃措施如下。

a. 将电缆用绝热耐燃物封包起来，当电缆外部着火时，封包体内的电缆被绝热耐燃物隔离而免遭烧毁。如果电缆自身着火，因封包体内缺少氧气而使火自灭，并避免火势蔓延到封包外。

b. 将电缆穿过墙壁、竖井的孔洞用耐火材料封堵严密，防止电缆着火时高温烟气扩散蔓延造成火灾面扩大。

c. 在电缆表面涂刷防火涂料。

d. 用防火包带将电缆需防燃的部位缠包。

e. 在电缆层间设置耐热隔火板，防止电缆层间窜燃，扩大火情。

f. 在电缆通道设置分段隔墙和防火门，防止电缆窜燃，扩大火情。

⑩ 配备必要的灭火器材和设施。架空电缆着火可用常用的灭火器材进行扑救，但在电缆夹层、竖井、沟道及隧道等处宜装设自动或远控灭火装置，例如“1301”灭火装置、水喷雾灭火装置等。

4）室内电气线路火灾预防

（1）电气线路短路引起的火灾预防

① 线路安装好后要认真严格检查线路敷设质量；测量线路相间绝缘电阻及相对地绝缘电阻（用500 V兆欧表测量，绝缘电阻不能小于0.5 MΩ）；检查导线及电气器具产品质量，都应符合国家现行技术标准和要求。

② 定期检查测量线路的绝缘状况，及时发现缺陷并进行修理或更换。

③ 线路中保护设备（熔断器、低压断路器等）要选择正确，动作可靠。

（2）电气线路导线过负荷引起的火灾预防

① 导线的截面积要根据线路最大工作电流正确选择。而且导线质量一定要符合现行国家技术标准。

② 不得在原有的线路中擅自增加用电设备。

③ 经常监视线路运行情况，如发现有严重过负荷现象时，应及时切除部分负荷或加大导线截面。

④ 线路保护设备应完备，一旦发生严重过负荷或过负荷时间已较长而且过负荷电流很大时，应切断电路，避免事故发生。

（3）预防由于电气线路连接部分接触电阻过大引起的火灾

① 导线连接以及导线与设备连接必须严格按规范进行，必须接触紧密。

② 在管子内配线、槽板内配线等，不准有接头。

③ 导线连接要求：

a. 连接后的导线电阻与未连接时的导线电阻应一样。

b. 导线连接后恢复绝缘的绝缘电阻应与未连接时的绝缘电阻一样。

c. 连接后导线的机械强度不能减小到80%以下。

④ 平时运行中监视线路和设备的连接部分，如发现有松动或过热现象应及时处理或更换。

⑤ 在有电气设备和电气线路的车间等场所，应设置一定数量的灭火器材（例如“1211”灭火器等）。

5）预防电加热设备的火灾

（1）电加热设备火灾的原因

电熨斗、电烙铁、电炉等电加热设备表面温度很高，可达数百摄氏度，甚至更高。如果这些设备碰到可燃物，就会很快燃烧起来。这些设备如果电源线过细，运行中电流大大超过导线允许电流，或者不用插头而直接用线头插入插座内，以及插座电路无熔断装置保护等都会因过热而引发火灾事故。

（2）预防措施

① 正在使用的电加热设备必须有人看管，人离开时必须切断电源。

② 电加热设备必须设置在陶瓷、耐火砖等耐热、隔热材料上。使用时应远离易燃和可燃物。

③ 电加热设备在导线绝缘损坏或没有过电流保护（熔断器或低压断路器）时，不得使用。

④ 电源导线的安全载流量必须满足电加热设备的容量要求。电源插座的额定电流必须满足电加热设备容量要求。

3. 常用灭火器的使用

灭火器是一种可由人力移动的轻便灭火器具，它能在其内部压力作用下，将所充装的灭火剂喷出，用来扑救火灾。

1）灭火器种类

灭火器种类繁多，其适用范围也有所不同，只有正确选择灭火器的类型，才能有效地扑救不同种类的火灾，达到预期的效果。我国现行的国家标准将灭火器分为手提式灭火器（总重量不大于20 kg）和推车式灭火器（总重量不大于40 kg）。

灭火器按充装的灭火剂可分为五类：干粉类的灭火器（充装的灭火剂主要有两种，即碳酸氢钠和磷酸铵盐灭火剂）、二氧化碳灭火器、泡沫型灭火器、水型灭火器、卤代烷型灭火器（俗称“1211”灭火器和“1301”灭火器）。

灭火器按驱动灭火器的压力形式可分为三类：化学反应式灭火器（灭火剂由灭火器内化学反应产生的气体压力驱动的灭火器）、贮气式灭火器（灭火剂由灭火器上的贮气瓶释放的压缩气体或液化气体的压力驱动的灭火器）、贮压式灭火器（灭火剂由灭火器同一容器内的压缩气体或灭火蒸汽的压力驱动的灭火器）。

2）常见灭火器的使用

（1）常见灭火器标志的识别

灭火器铭牌常贴在筒身上或印刷在筒身上，并应有下列内容，在使用前应详细阅读。

① 灭火器的名称、型号和灭火剂类型。

② 灭火器的灭火种类和灭火级别。要特别注意的是，对不适用的灭火种类，其用途代码符号是被红线划过去的。

③ 灭火器的使用温度范围。

④ 灭火器驱动器气体名称和数量。

⑤ 灭火器生产许可证编号或认可标记。

⑥ 灭火器的生产日期、制造厂家名称。

（2）常见灭火器的使用方法

常用的手提式灭火器有三种（如图1－3－1所示）：干粉灭火器、二氧化碳灭火器和卤代型灭火器。

① 干粉灭火器。

a. 使用：将手提式灭火器拿到距火区3～4 m处。拔去保险销，将喷嘴对准火焰根部，手握导杆提环，压下顶针，即喷出干粉，并可从近至远反复横扫。

b. 保养：保持干燥、密封，避免暴晒，半年检查一次干粉是否结块，每3个月检查一次二氧化碳重量，总有效期一般为4～5年。

② 二氧化碳灭火器。

（a）　　　　（b）　　　　（c）

图 1-3-1　常见手提式灭火器
（a）干粉灭火器；（b）二氧化碳灭火器；（c）卤代型灭火器

a. 使用：一手拿喷筒对准着火物，一手拧开梅花轮（手轮式）或一手握紧鸭舌（鸭嘴式），气体即可喷出。注意现场风向，逆风使用时效能低。二氧化碳灭火器一般用在 600 V 以下电气装置或设备灭火。电压高于 600 V 的电气装置或设备灭火时需停电灭火。二氧化碳灭火器可用于珍贵仪器设备灭火，而且可扑灭油类火灾，但不适用于钾、钠等化学产品的火灾扑救。注意使用时不可手摸金属枪，不可把喷筒对人。

b. 保养：二氧化碳灭火器怕高温，存放地点温度不可超过 42 ℃，也不可存放在潮湿地点。每 3 个月要查一次二氧化碳重量，减轻重量不可超过额定总重量的 10%。

③ 卤代型灭火器（“1211” 灭火器）。

a. 使用：使用手提式“1211” 灭火器需先拔掉红色保险圈，然后压下把手，灭火剂就能立即喷出。使用推车式灭火器，需取出喷管，伸展胶管，然后逆时针转动钢瓶手轮，即可喷射。

b. 保养：“1211” 灭火器应定期检查，减轻的重量不可超过额定总重量的 10%，定期检查氮气压力，低于 1.5 MPa（15 kg/cm^2）时应充氮。

火灾分类及灭火器的选择：

① 火灾的种类。

A 类火灾：指固体物质火灾，如木材、棉、毛、麻、纸张。

B 类火灾：指液体火灾和可熔性的固体物质火灾，如汽油、煤油、原油、甲醇、乙醇、沥青等。

C 火灾：指气体火灾，如煤气、天然气、甲烷、丙烷、乙炔、氢气。

D 类火灾：指金属火灾，如钾、钠、镁、钛、锆、锂、铝镁合金等。

E 类火灾：指电器火灾。

② 灭火器的选择。

a. 干粉类的灭火器。又分碳酸氢钠和磷酸铵盐灭火剂。碳酸氢钠灭火剂用于扑救 B、C 类火灾；磷酸铵盐灭火剂用于扑救 A、B、C、E 类火灾。

b. 二氧化碳灭火器。用于扑救 B、C、E 类火灾。

c. 泡沫型灭火器。用于扑救 A、B 类火灾。

d. 水型灭火器。用于扑救 A 类火灾。

e. 卤代烷型灭火器。扑救 A、B、C、E 类火灾。

二、技能训练

1. 实训器材

各种类型灭火器。

2. 实训内容及要求

① 根据火灾类型，选择灭火器的种类。
② 使用灭火器扑灭火灾。

三、技能考核

使用灭火器扑灭火灾，灭火器选择是否正确，使用方法是否正确。

四、练习与提高

① 电气火灾扑救中，断电灭火时有哪些注意事项？
② 电气火灾扑救中，带电灭火有哪些注意事项？
③ 常用的电气火灾灭火器材有哪些？如何正确使用？
④ 室内电气线路火灾有哪些预防措施？

项目二 常用电工工具、仪表的使用

学习目标

- 能熟练使用常用电工工具
- 会正确使用电工仪表

模块一 认识和使用常用电工工具

学习目标

- 能熟练使用常用电工工具

一、理论知识

电工常用工具是指电工维修必备的工具，包括验电笔、钢丝钳、尖嘴钳、电工刀、螺钉旋具和扳手等。维修电工使用工具进行带电操作之前，必须检查工具绝缘把套的绝缘是否良好，以防绝缘损坏，发生触电事故。

1. 螺钉旋具

螺钉旋具又称螺丝刀、起子、螺丝批或旋凿，分为一字形和十字形两种，以配合不同槽形螺钉使用。常用的规格有50、100、150和200 mm等，电工不可使用金属杆直通柄顶的螺钉旋具（俗称通心螺丝刀）。为了避免金属杆触及皮肤或邻近带电体，应在金属杆上加套绝缘管。不能用锤子打击螺钉旋具手柄，以免手柄破裂。不许用螺钉旋具代替凿子使用。螺钉旋具不能用于带电作业。其结构如图2－1－1所示。

螺钉旋具的使用：图2－1－2标示了螺钉旋具的使用握法。如图2－1－2（a）所示为大螺钉旋具的使用方法，一般是用来旋紧或旋松大螺钉；如图2－1－2（b）所示为小螺钉旋具的使用手形。

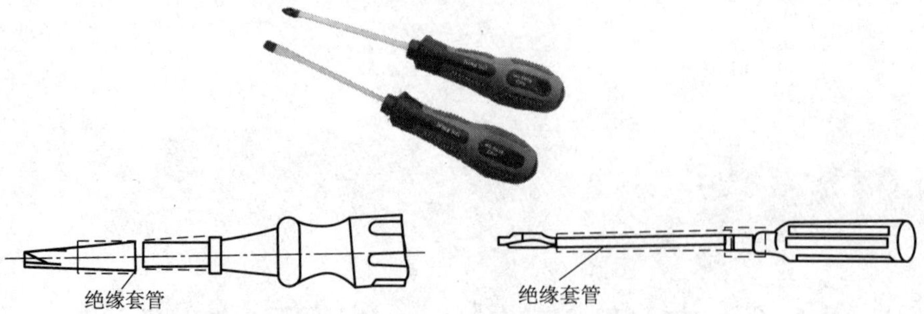

（a）　　（b）

图2－1－1　螺钉旋具

（a）十字口螺钉旋具；（b）一字口螺钉旋具图

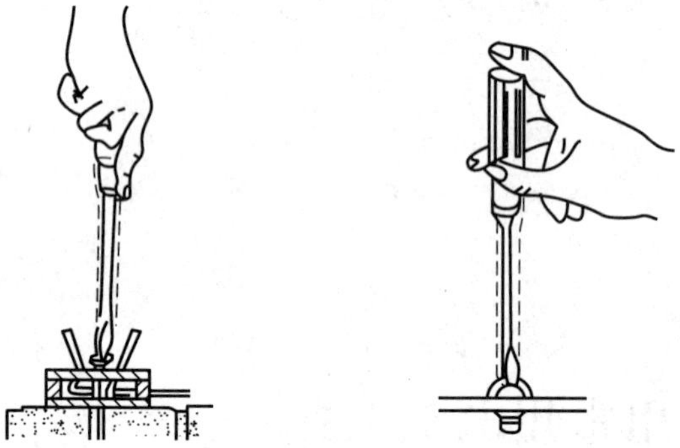

（a）　　（b）

图2－1－2　螺钉旋具的使用方法

（a）大螺钉旋具的用法；（b）小螺钉旋具的用法

2. 低压验电器

1）结构

低压验电器又称试电笔，主要用来检查低压电气设备或低压线路是否带电。常用验电器有钢笔式、旋具式。一般钢笔式和旋具式的电笔，是由金属探头、氖管、安全电阻、笔尾的金属体、弹簧和观察小窗组成，弹簧与后端外部的金属部分相接触。如图2－1－3所示。

使用电笔时，必须按照图2－1－4所示的正确方法进行操作，手指应触及笔尾的金属体，使氖管小窗背光朝向使用者，以便于观察。当电笔触及带电体时，带电体经电笔、人体到大地形成通电回路，只要带电体与大地之间的电位差超过60 V时，电笔中的氖管就能发出红色的辉光。

2）使用低压验电器的安全知识

使用电笔前，一定要在有电的电源上检查氖泡能否正常发光。

使用测电笔时，由于人体与带电体的距离较为接近，应防止人体与金属带电体的直接接触，更要防止手指皮肤触及笔尖金属体，以避免触电。

3. 钢丝钳

钢丝钳是钳夹和剪切工具，由钳头和钳柄两部分组成，钳头包括有钳口、齿口、刀口和铡口，其结构如图2－1－5（a）所示。电工所用的钢丝钳，在钳柄上必须套有耐压为500 V以上的绝缘套管，它的规格用全长表示，有150、175和200 mm三种。使用时的握法如图2－1－5（b）所示，其刀口应朝向使用者面部。

它的功能较多：钳口主要用来弯绞或钳夹导线线头；齿口用来固紧或起松螺母；刀口用来剪切导线或剖切软导线绝缘层；铡口用来铡切导线线芯或铅丝、钢丝等较硬金属丝。图2－1－6示出了各部分的用法。

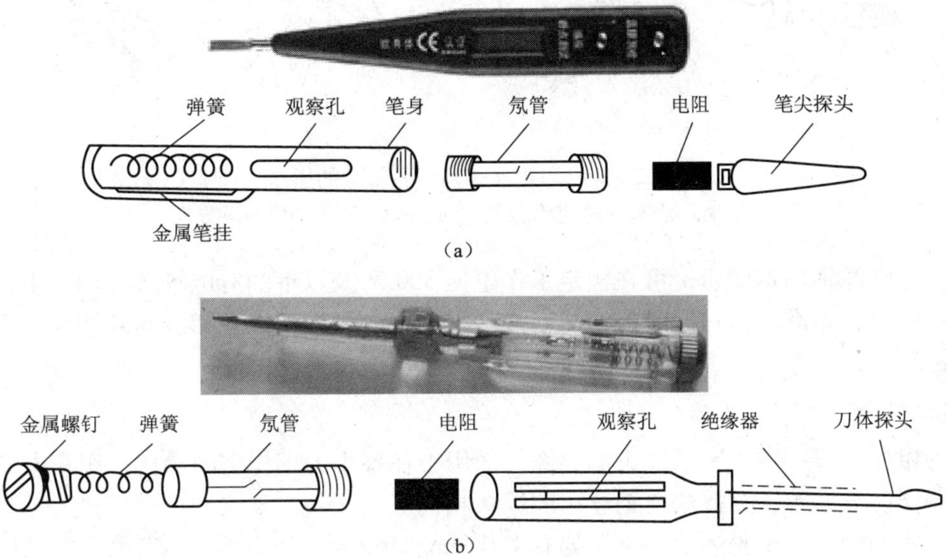

图 2-1-3　电笔

(a) 钢笔式；(b) 旋具式

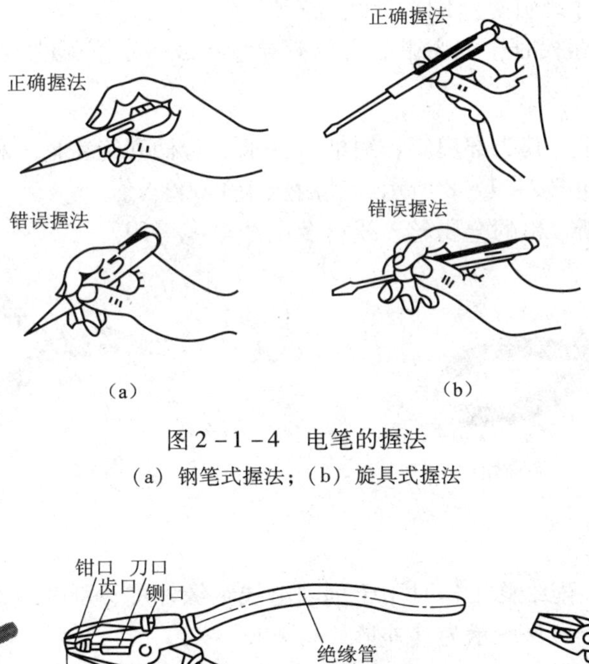

图 2-1-4　电笔的握法

(a) 钢笔式握法；(b) 旋具式握法

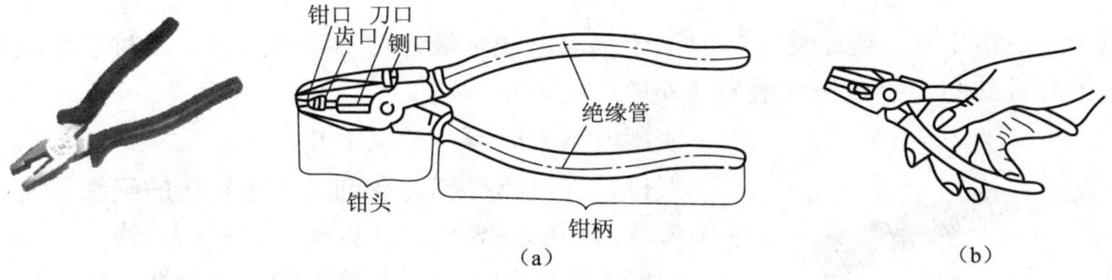

图 2-1-5　钢丝钳

(a) 构造；(b) 握法

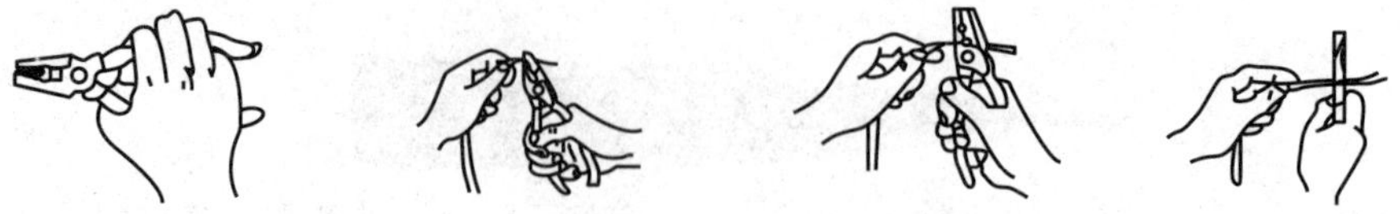

（a）　（b）　（c）　（d）

图2－1－6　电工钢丝钳各部分的用途

（a）紧固螺母；（b）弯绞导线；（c）剪切导线；（d）铡切导线

有良好绝缘柄的钢丝钳，可在额定工作电压500 V及以下的有电场合使用。用钢丝钳剪切带电导线时，不准用钳口同时剪切两根或两根以上的导线，以免相线间或相线与零线间发生短路故障。

4. 尖嘴钳

尖嘴钳如图2－1－7所示，头部尖细，适用于在狭小的工作空间操作，用来夹持较小的螺钉、垫圈、导线等，其握法与钢丝钳的握法相同。

尖嘴钳的规格以全长表示，常用的有130 mm、160 mm和180 mm三种，电工用尖嘴钳在钳柄套有耐压强度为500 V的绝缘套管。

尖嘴钳的用途：

① 有刃口的尖嘴钳能剪断细小金属丝。

② 嘴钳能夹持较小螺钉、垫圈、导线等零件。

③ 在装接控制电路板时，尖嘴钳能将单股导线弯成一定圆弧的接线鼻子。

5. 断线钳

断线钳又称斜口钳，其头部扁斜，钳柄有铁柄、管柄和绝缘柄三种形式，其中电工用的绝缘柄断线钳的外形如图2－1－8所示，其耐压为1 000 V。

断线钳是专供剪断较粗的金属丝、线材及电线电缆等用。

图2－1－7　尖嘴钳

图2－1－8　断线钳

6. 电工刀

电工刀是电工在装配维修工作时用于剖削电线绝缘外皮、割削绳索、木桩、木板等物品的常用工具。如图2－1－9所示为其外形。

图2－1－9　电工刀

使用电工刀时要注意以下几点：

刀口朝外进行操作。在剖削绝缘导线的绝缘层时，必须使圆弧状刀面贴在导线上，以免刀口损伤芯线。

一般电工刀的刀柄是不绝缘的，因此严禁用电工刀在带电导体或器材上进行剖削作业，以防止触电。

电工刀的刀尖是剖削作业的必需部位，应避免在硬器上划损或碰缺，刀口应经常保持锋利，磨刀宜用油石为好。

7. 剥线钳

剥线钳用来剥削截面为 6 mm^2 以下的塑料或橡胶绝缘导线的绝缘层，由钳头和钳柄两部分组成，如图 2-1-10 所示。钳头部分由压线口和切口构成，分为 0.5 ~ 3 mm 多个直径切口，用于不同规格的芯线剥削。

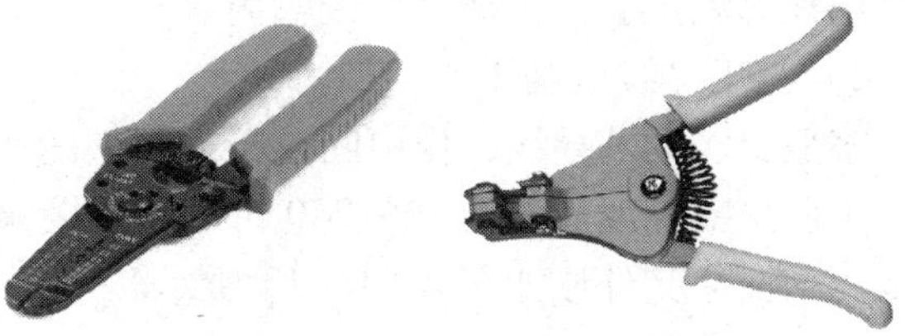

图 2-1-10　剥线钳

使用时，左手持导线，右手握钳柄，右手向内紧握钳柄，导线端部绝缘层被剖断后自由飞出。使用时应将导线放在大于芯线直径的切口上切削，以免切伤芯线。

剥线钳不能用于带电作业。

8. 活络扳手

活络扳手是用来紧固和拧松螺母的一种专用工具，它由头部和柄部组成，而头部则由活络扳唇、呆扳唇、扳口、涡轮和轴销等构成，如图 2-1-11 所示。旋动涡轮可以调节扳口的大小。常用的活络扳手有 150 mm、200 mm、250 mm 和 300 mm 四种规格。由于它的开口尺寸可以在规定范围内任意调节，所以特别适用于在螺栓规格多的场合使用。

使用时，应将扳唇紧压螺母的平面。扳动大螺母时，手应握在接近柄尾处。扳动较小螺母时，应握在接近头部的位置。施力时手指可随时旋调涡轮，收紧活络扳唇，以防打滑。

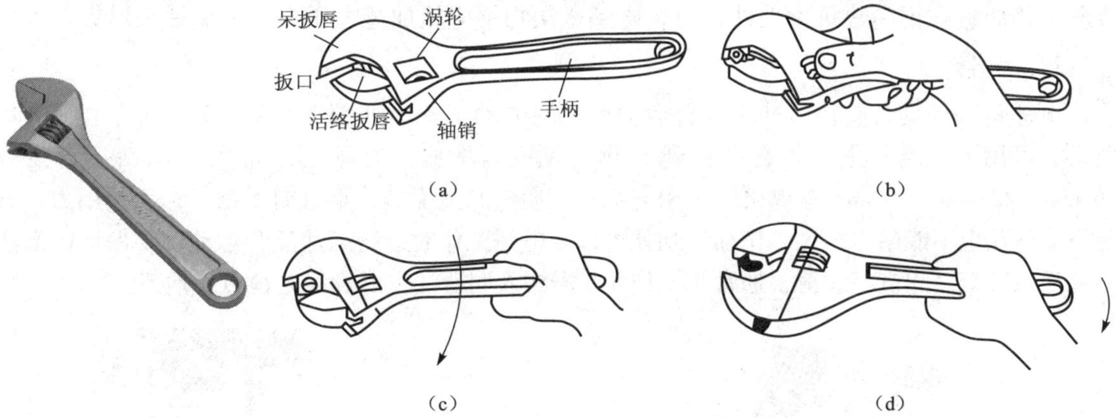

图 2-1-11　活络扳手

(a) 活络扳手结构；(b) 扳较小螺母时握法；(c) 扳较大螺母时握法；(d) 错误握法

9. 压接钳

1）阻尼式手握型压接钳

阻尼式手握型压接钳如图 2-1-12 所示，是适用于截面较小的铜、铝导线用压线帽进行钳压连接的手动工具。其使用注意事项如下：

① 根据导线和压线帽规格给压接钳加压模块。

② 为了便于压实导线，压线帽内应填实，可用同材质同线径的线芯插入压线帽内填补，

也可用线芯剥出后回折插入压线帽内。

2）液压导线压接钳

多股铝、铜芯导线，作中间连接或封端的压接，一般采用液压导线压接钳，根据压模规格，可压接铝导线截面为16～240 mm^2，压接铜导线截面为16～150 mm^2，压接形式为六边形围压截面，其外形如图2－1－13所示。

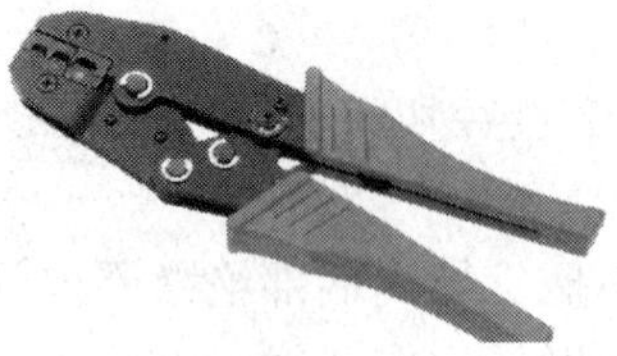

图2－1－12　阻尼式手握型压接钳

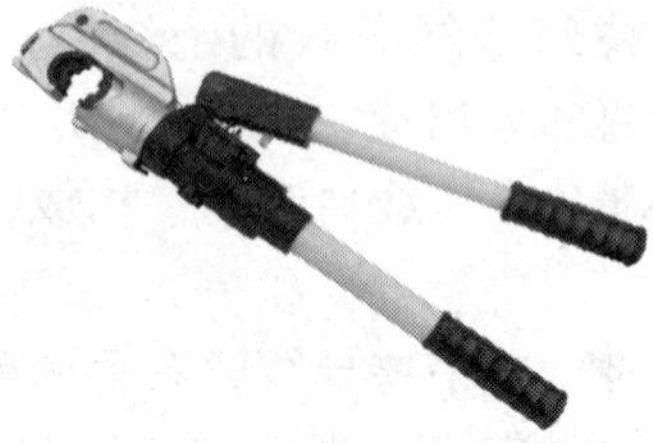

图2－1－13　液压导线压接钳

10. 冲击钻

冲击钻是一种电动工具，具有两种功能。一种可作为普通电钻使用，使用时应把调节开关调到标记为“钻”的位置；另一种可用来冲打砌块或砖墙等建筑面的穿越孔和木榫孔，这时可把调节开关调到标记为“锤”的位置。如图2－1－14所示。冲击钻通常可冲打直径为6～16 mm的圆孔。有的冲击钻通常尚可调节转速，有双速和三速之分。在调速或调挡（“钻”和“锤”）时，均应停转。用冲击钻开凿墙孔时，需配用专用的冲击钻头，其规格按所需孔径选配，常用的有8、10、12和16 mm等。在冲钻墙孔时，应经常把钻头拔出，以利于排屑；在钢筋建筑物上冲孔时，碰到坚实物不应施加过大压力，以免钻头退火。

11. 电锤

电锤是一种具有旋转、冲击复合运动机构的电动工具，如图2－1－15所示。电锤的功能多，可用来在混凝土、砖石结构建筑物上钻孔、凿眼、开槽等。常用电锤钻头直径有16 mm、22 mm、30 mm等规格。使用电锤时，握住两个手柄，垂直向下钻孔，无须用力，其他方向钻孔也不能用力过大，稍加使劲就可以。电锤工作时进行高速复合运动，要保证内部活塞和活塞转套之间良好润滑，通常每工作4 h需注入润滑油，以确保电锤可靠地工作。

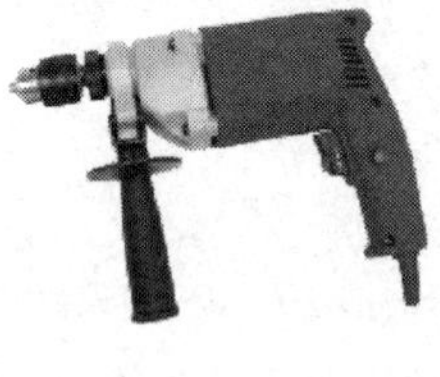

图2－1－14　冲击钻

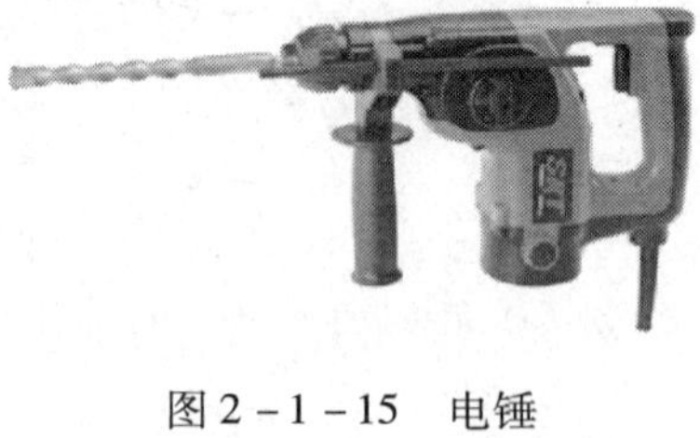

图2－1－15　电锤

二、技能训练

1. 实训器材

常用电工工具。

2. 实训内容及要求

① 用低压验电器按下列要求进行测试。

a. 区别相线与零线：在交流电路中，正常情况下，当验电器触及相线时，氖管会发亮，触及零线时，氖管不会发亮。

b. 区别电压的高低：氖管发亮的强弱由被测电压高低决定，电压高，氖管亮，反之则暗。

c. 区别直流电与交流电：交流电通过验电笔时，氖管中的两个电极同时发亮；直流电通过验电笔时，氖管中只有一个电极发亮。

d. 区别直流电的正负极：把验电笔连接在直流电的正负极之间，氖管发亮的一端即为直流电的负极。

e. 识别相线碰壳：用验电笔触及未接地的用电器金属外壳时，若氖管发亮强烈，则说明该设备有碰壳现象；若氖管发亮不强烈，搭接接地线后亮光消失，则该设备存在感应电。

f. 识别相线接地：在三相三线制星形交流电路中，用验电笔触及相线时，有两根比通常稍亮，另一根稍暗，说明亮度暗的相线有接地现象，但不太严重。如果有一根不亮，则这一相已完全接地。在三相四线制电路中，当单相接地后，中性线用验电笔测量时，也可能发亮。

② 用电工刀对废旧塑料单芯硬线作剖削练习（要求：逐渐做到不剖伤芯线）。

③ 进行螺钉旋具的基本功练习。

④ 进行钢丝钳的使用练习。

⑤ 用剥线钳对废旧电线作剖削练习。

⑥ 用尖嘴钳做羊眼圈练习。

⑦ 用压接钳压接线头。

⑧ 用电钻、电锤钻孔。

三、技能考核

根据常用电工工具的使用方法，检查练习情况。考核及评分标准见表 2－1－1。

表 2－1－1　技能考核评分表

序号	工作内容	权重	评分标准	得分
1	相线、零线的区别	10	1. 握笔正确 4 分 2. 判断正确 6 分	
2	区别电压的高低	5	判断正确 5 分	
3	直流、交流电的区别	5	判断正确 5 分	
4	直流电正负极的区别	5	判断正确 5 分	
5	相线碰壳识别	5	判断正确 5 分	
6	电工刀剖削塑料单芯硬线	20	1. 方法正确 6 分 2. 工艺合格 14 分	
7	螺钉旋具使用	10	1. 工具选择正确 4 分 2. 使用步骤正确 6 分	

续表

序号	工作内容	权重	评分标准	得分
8	钢丝钳使用	10	1. 工具选择正确4分 2. 使用步骤正确6分	
9	尖嘴钳使用	10	1. 握法正确4分 2. 羊眼圈质量6分	
10	压接钳使用	10	1. 握法正确4分 2. 接线头质量6分	
11	电钻、电锤使用	10	1. 握法正确4分 2. 钻孔质量6分	

四、练习与提高

① 常用电工工具有哪些？各有什么用途？

② 低压验电笔的基本构造是怎样的？使用时应注意哪些事项？

模块二　认识和使用常用电工仪表

学习目标

- 掌握电工测量的基本方法
- 会正确使用电工仪表进行测量

一、理论知识

通常把对各种电量和磁量的测量称为电工测量，而用于测量电量或磁量的仪器仪表称为电工仪表。

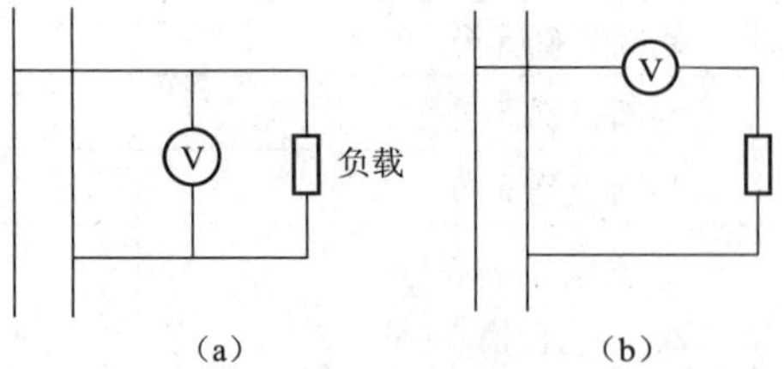

图2-2-1　电压表的接线

(a) 正确接线；(b) 错误接线

1. 电压、电流表

1）电压表使用

测量电路中电压的仪表称电压表，它必须并联在被测电路的两端，如图2-2-1所示。

(1) 直流电压的测量

测量直流电压，如选用磁电系仪表，要注意接线端钮的极性，电压表的“+”极接入被测电路的高电位端，以免指针反偏损坏仪表。如图 2-2-2（a）所示，把电压表并联在被测电路上，流过电压表的电流随被测电压大小而变化，便可获得读数。

电压表的内阻直接影响到测量的准确度，内阻愈大，测量误差愈小，故电压表的内阻应尽量大些。

（2）交流电压的测量

测量交流电压，可将适当量程的交流电压表直接并联在被测电压两端，如图 2-2-2（b）所示。

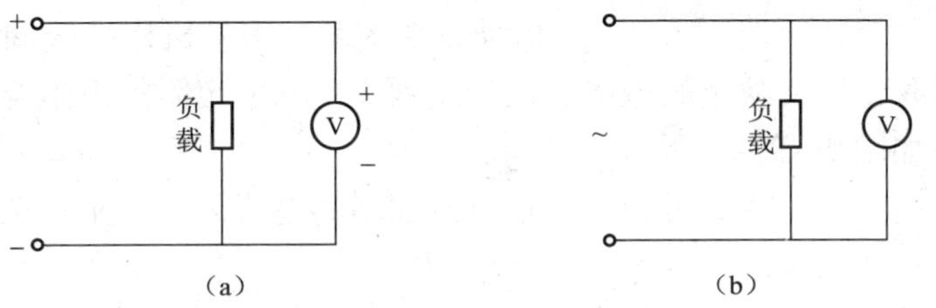

图 2-2-2 测量电压接线图

（a）直流电压测量；（b）交流电压测量

2）电流表使用

测量电路中电流的仪表称电流表，它必须串联在被测电路的两端。

在测量电流时，要根据电流的种类和大小来选择仪表，一般在测量直流时选用磁电系仪表，而在测量交流电时选用电磁系或电动系仪表。

要根据电流大小选择适当量程的电流表，不能使电流大于电流表的最大量程，否则就会烧坏仪表。在被测电路不能估计其电流大小时，最好先选择量程足够大的电流表，粗测一下，然后根据测量结果，正确选用量程适当的仪表。

（1）直流电流的测量

测量直流电流时，要将电流表串联在被测电路中，要注意电流表的量程和极性。电流表直接接入电路如图 2-2-3 所示。

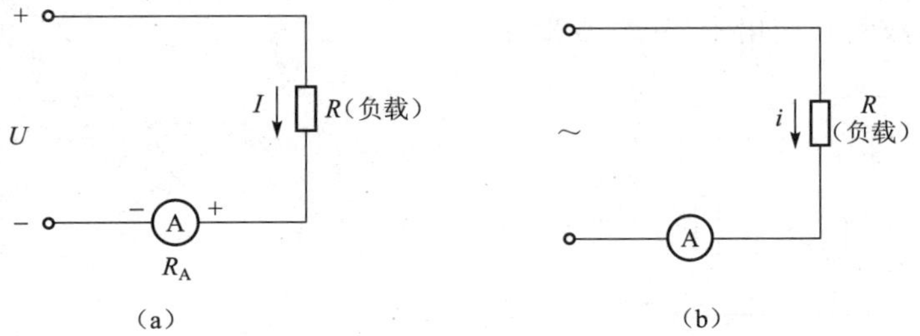

图 2-2-3 测量电流的接线

（a）直流电流测量；（b）交流电流测量

电流表直接接入电路时，仪表本身的内阻会造成功率损耗，影响测量的准确度。因此在选择电流表时，其内阻越小，测量的准确度越高。

（2）交流电流的测量

在测量交流电时，应选用电磁系仪表。当被测电流大于电流表量程时，可借助电流互感

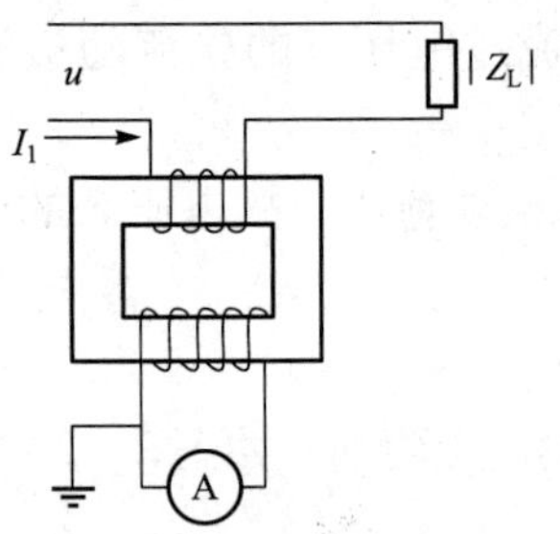

图2－2－4　扩大电流表的量程的接线

器来扩大仪表的量程，其接线如图2－2－4所示。测量时电路电流通过电流互感器的一次绕组，电流表串联在二次绕组中，电流表的读数应乘以电流互感器的变比才是实际电流值。应注意配套的电流表，其表盘标度如已按变比标出，可以直接读数。

2. 功率表

1）功率表工作原理

电动系功率表其测量机构的线圈是这样安排的：固定线圈1与负载串联，以反映负载电流，活动线圈2串联一定附加电阻与负载并联，以反映负载电压。其电路如图2－2－5所示。

直流电路中，由图2－2－5可知，通过电流线圈的电流 I_1，就是负载电流 I，即：

$$I_1 = I \tag{2-2-1}$$

通过电压线圈的电流 I_2，在并联支路电阻不变时，与负载电压成正比：

$$I_2 = \frac{U}{R_2} = K'U \tag{2-2-2}$$

$$R_2 = R_2' + R_{fj}$$

R_2'为电压线圈电阻。

故功率表用于直流电路时，其偏转角 α 决定于：

$$\alpha = KI_1I_2 = K'I\frac{U}{R_2} = K_PIU = K_PP \tag{2-2-3}$$

在交流电路中，用电动系功率表测量时，其偏转角由下式决定：

$$\alpha = KI_1I_2\cos\psi \tag{2-2-4}$$

ψ——I_1与 I_2电流间的相位差角。

可见，电动系功率表测交流功率，除了满足 $I_1 = I$ 和 $I_2 = \frac{U}{Z_2} = K'U$ 的条件外（Z_2为电压支路总阻抗），还必须满足相位条件，即 I_1与 I_2间的相位差角 ψ，应等于 U 与 I 的相位差角 φ（即负载的功率因数角），如图2－2－6所示。

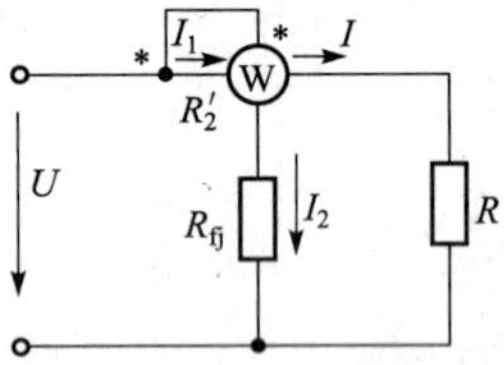

图2－2－5　功率测量电路

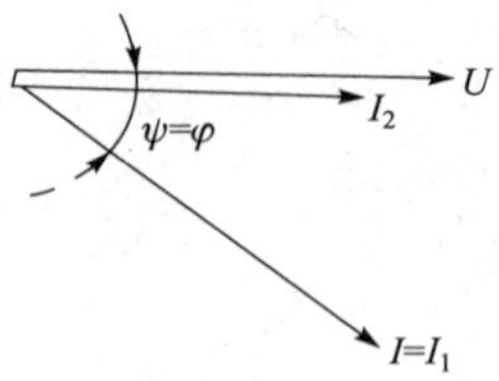

图2－2－6　相量图

因 R_{fj}很大，故并联支路的感抗可忽略不计，其阻抗性质认为是纯阻性的。可见，并联支路的电流 I_2与电压 U 同相，有：

$$\varphi = \psi$$

则功率表测交流时，其偏转角 α 取决于：

$$\alpha = KI_1I_2\cos\psi = KK'IU\cos\varphi = K_PP \tag{2-2-5}$$

2）功率表使用

（1）功率表的正确接线

电动系仪表转矩方向与两线圈的电流方向有关。为此，要规定使指针正向偏转的电流方向，即功率表的接线要遵守“发电机端”守则。

“发电机端”用符号“＊”、“±”或“↑”等表示。接线时，要使电流和电压线圈的“发电机端”的端子接到电源的同一极性上，从而保证两线圈的电流都从该端子流入。按此原则，功率表的正确接线有两种方式，见图2－2－7。

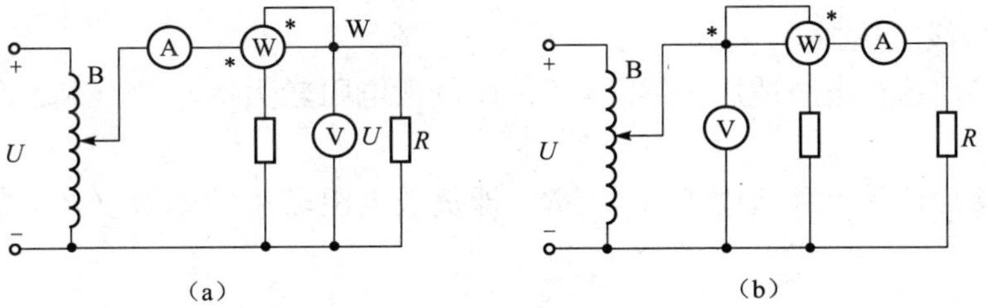

图2－2－7　功率表的正确接线

（a）电压线圈接后；（b）电压线圈接前

图2－2－8是功率表的几种错误接线，按实线或虚线连接都是错误的。

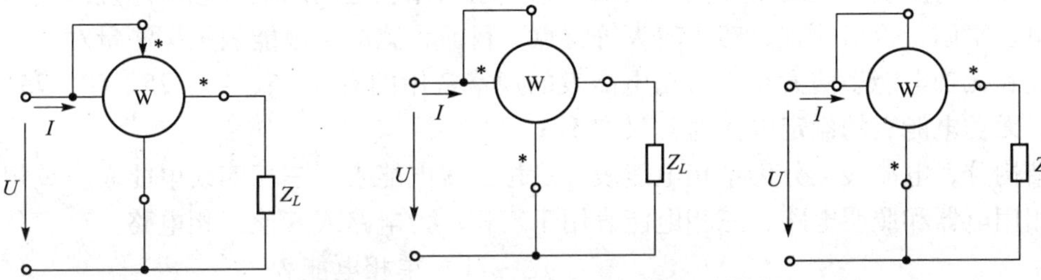

图2－2－8　功率表的几种错误接线

（2）量程的选择

功率表的量程包括功率、电流、电压三种量程。功率的量程是表示：负载功率因数 $\cos\varphi=1$，电流和电压均为额定值时的乘积；若 $\cos\varphi<1$，即使电压和电流已达额定值，但功率也不会达到额定值。可见，功率表的量程选择，实质就是电流和电压的量程选择。在实际测量中，为保护功率表，使负载电流和电压不超过电流量程和电压量程，需要接入电流表和电压表，以监测负载电流和电压。

如同其他仪表一样，功率表的电流和电压量程，应大于或等于被测负载的电流和电压的最大值。

（3）功率表的读数

通常功率表有几种电流和电压量程，但标尺只有一条，故功率表的标尺不标瓦特数，而只能标分格数。

被测功率的结果，需用功率表常数进行换算而得出，而不能直接从标尺上读取。

功率表常数 C，是表示每一分格的瓦特值，即

$$C=\frac{U_H I_H}{\alpha_m} \tag{2-2-6}$$

式中　U_H——所接电压量程的额定值。

I_H——所接电流量程的额定值。

α_m——功率表标尺的满刻度格数。

有了功率表常数，便可求出被测功率。

$$P=Cn \tag{2-2-7}$$

式中　n——被测功率产生的指针偏转格数。

（4）正确接线的选择

电压线圈接前这种电路适用于 $R_{WA} \ll R$，即负载电阻较大的场合（R_{WA}为功率表电流线圈电阻）。

电压线圈接后这种电路适用于 $R_{WV} \gg R$，即负载电阻较小的场合（R_{WV}为功率表电压线圈电阻）。

3. 电能表

电能表是一种专门测量电能的仪表，不论是家庭照明用电或工农业生产用电，都需要用电能表来计量在一段时间里所耗用的电能。

电能表种类很多，按工作原理分为电动系和感应系两类。电动系电能表一般用于直流的测量，感应系电能表一般用于交流的测量。感应系电能表是利用电磁感应原理制成的，具有结构简单、牢固、价格便宜、转矩较大等特点。目前，感应系电能表根据测量对象，分为有功电能表和无功电能表两大类。有功电能表的规格常用的有3、5、10、25、50、75、100 A等多种，无功电能表的额定电流通常只有5 A。

按结构分，电能表又分为单相电能表、三相三线电能表、三相四线电能表。单相电能表用于单相用电器和照明电路，三相电能表用于三相动力电路或其他三相电路。

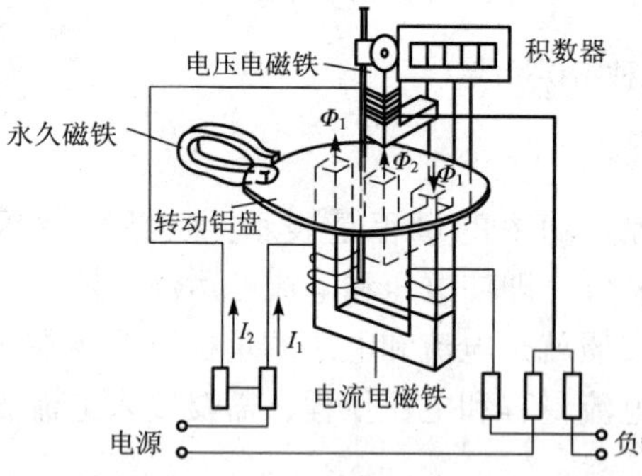

图2-2-9　单相感应系电能表的结构原理图

1）单相电能表

（1）结构

目前，人们所用的电能表绝大多数属于感应系电能表。图2-2-9为单相感应系电能表的结构原理图。

（2）单相电能表的选用

选用电能表应注意以下三点。

选型应选用换代的新产品，如DD861、DD862、DD862a型，这种新产品具有寿命长、性能稳定、过载能力大、损耗低等优点。因此，选型时，应优先选用86系列单相电能表。

电能表的额定电压必须符合被测电路电压的规格。例如，照明电路的电压为220 V，电能表的额定电压也必须是220 V。

电能表的额定电流必须与负载的总功率相适应。在电压一定（220 V）的情况下，根据公式 $P=IU$ 可以计算出对于不同安培数的单相电能表，可装用电器的最大总功率见表2-2-1。

表2－2－1　不同规格的单相电能表可装用电器最大功率

单相电能表安培数	1	2.5	3	5	10
可装用电器最大总功率	220	550	660	1 100	2 200

注意：若照明电路中用电器不完全是照明灯具，如有带单相电动机的家用电器，则电路的功率、电压、电流的关系是：$P=UI\cos\varphi$，所以表2－2－1中单相电能表安培数对应的可装用电器最大总功率数应小于对应表中的数值。即电能表的额定电压、电流的选择原则是，必须使负载电压、电流等于或小于其额定值。

（3）电能表的使用

电能表的正确接线。电能表的接线比较复杂，在接线前要查看附在电能表上的说明书，根据说明书的要求和接线图把进线和出线依次对号接在电能表的接线端子上。接线时遵循“电压线圈并联在被测线路上，电流线圈串联在被测线路中”的原则。各种电能表的接线端子均按由左至右的顺序编号。国产单相有功电能表统一规定为1、3接进线，2、4接出线。如图2－2－10所示。

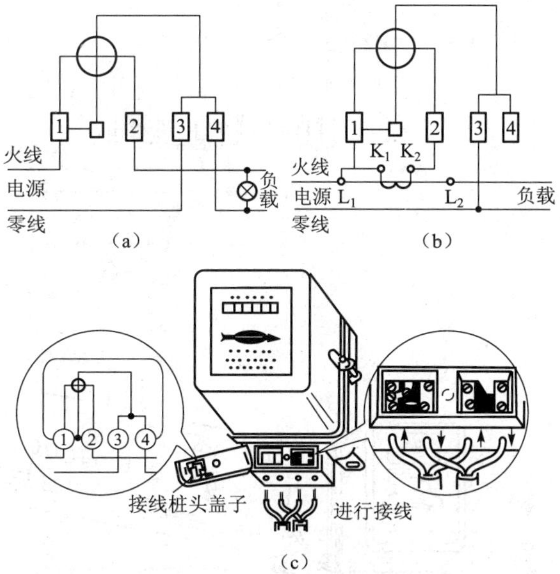

图2－2－10　DD型单相电能表的正确接线

（a）直接接入；（b）经电流互感器接入；（c）直接接入接线示意图

正确读数。当电能表不经互感器而直接接入电路时，可以从电能表上直接读出实际电度数（kW·h即度）；如果电能表利用电流互感器或电压互感器扩大量程时，实际消耗电度数应为电能表的读数乘以电流变比或电压变比。

（4）电能表的安装要求

① 电能表应装在干燥处，不能装在高温、潮湿或有腐蚀性气体的地方。

② 电能表应装在没有振动的地方，因为振动会使零件松动，使计量不准确。

③ 安装电能表不能倾斜，一般电能表倾斜5°会引起1%的误差，倾斜太大会引起铝盘不转。

④ 电能表应装在厚度为25 mm的木板上，木板下面及四周边缘必须涂漆防潮。允许和配电板共用一块木板，木板离地面的高度不得低于1.4 m，但也不能过高，通常高度在2 m为适宜。如需并列安装多只电能表时，则两表间的中心距离不得小于200 mm。

⑤ 为了有利于线路的走向简洁，以保证配电装置的操作安全，电能表必须装在配电装置的左方或下方，切不可装在其右方或上方。

2）三相电能表

根据被测电能的性质，三相电能表可分为有功电能表和无功电能表。

（1）三相有功电能表

根据被测线路的不同，三相有功电能表分为三相四线制和三相三线制两种。三相四线制有功电能表有 DT1～DT28、DT862、DT864 等系列（字母 D 代表电能表，T 代表三相四线制，后面的数字为设计序号）；三相三线制有功电能表有 DS1～DS28、DS862、DS864 等系列（S 代表三相三线制）。

① 三相四线制有功电能表。测量三相四线制用电量，通常用 DT1 或 DT2 型三元件三相电能表，该表接线盒内有 11 个接线端子，从左至右由 1 到 11 依次编号。如图 2－2－11（a）所示是直接接入时的接线，如图 2－2－11（b）所示是经电流互感器接入时的接线，如图 2－1－11（c）所示是接线端子及进出线的连接法。如果三相四线制各相负载用电平衡时，理论上可以只装一只单相电能表，三相电能表读数等于单相电能表读数的 3 倍。

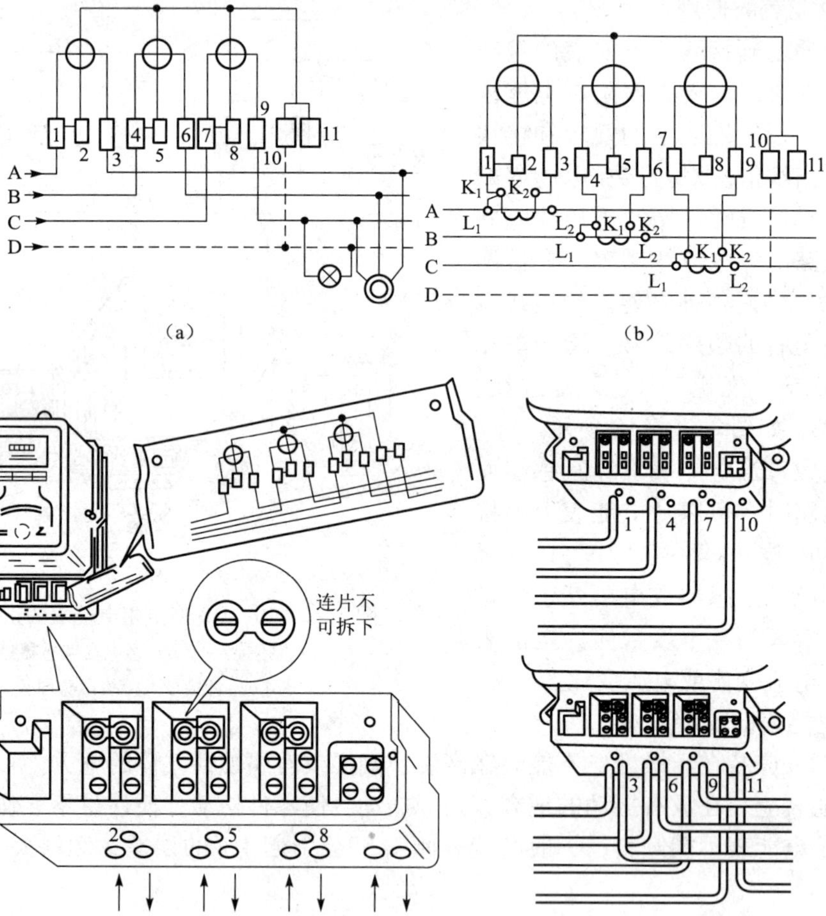

图 2－2－11　DT 型三相四线制电能表的正确接线

（a）直接接入时的原理图；（b）经电流互感器接入时的原理图；（c）安装接线示意图

图中接线端子 1～11 位于接线盒内，端子 1、4、7 分别与 2、5、8 已在电能表内部连接好。

三相四线制三元件电能表可能发生的接线错误有：

a. 一相电流开路或一相电压断线，电能表都只计两相电度。

b. 两相电流开路或一相电流反接，电能表都只计一相电度。

c. 两相电流反接或三相电流全反接，电能表反转。

d. 两相电流、电压不接在相应的同一相上，电能表不转。

三相电流、电压不接在相应的同一相上，电能表计量没有意义。

② 三相三线制有功电能表。测量三相三线制用电量，可用一只 DT 型三相四线制电能表（这时接线端子 10、11 空着），但通常是用一只 DS 型两元件三相电能表去测量。该表接线盒内有 8 个接线端子，其中端子 1、6 分别与 2、7 已在电能表内部连接好。

三相三线制有功电能表由两个驱动元件组成，两个铝盘固定在同一个转轴上，故称为两元件电能表，其结构原理如图 2－2－12 所示。

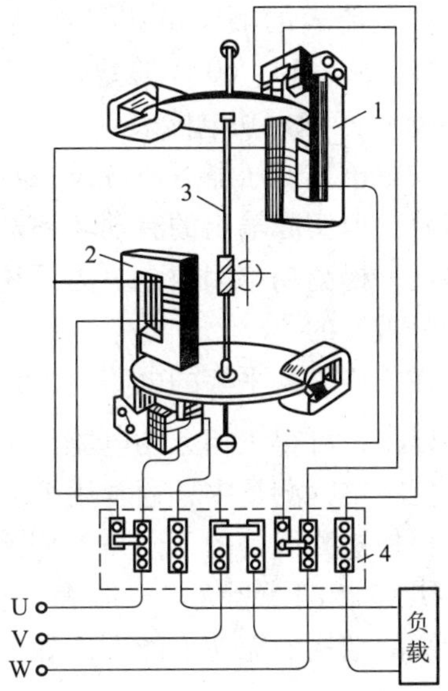

图 2－2－12　三相三线制电能表的结构原理图

三相三线有功电能表用于三相三线制电路中，第一个元件的电压线圈和电流线圈分别接 U_{UV}、I_U，第二个元件的电压线圈和电流线圈分别接 U_{WV}、I_W。接线时，如果将任一端子接错，就会使铝盘反转，或虽然正转但读数不等于三相电路所消耗的电能，这一点要特别注意。

三相三线制有功电能表的接线如图 2－2－13 所示。如图 2－2－13（a）所示是直接接入时的原理，如图 2－2－13（b）所示是其直接接入时的接线示意，如图 2－2－13（c）所示经电流互感器接入时的原理，如图 2－2－13（d）所示是其经电流互感器接入时的接线示意。

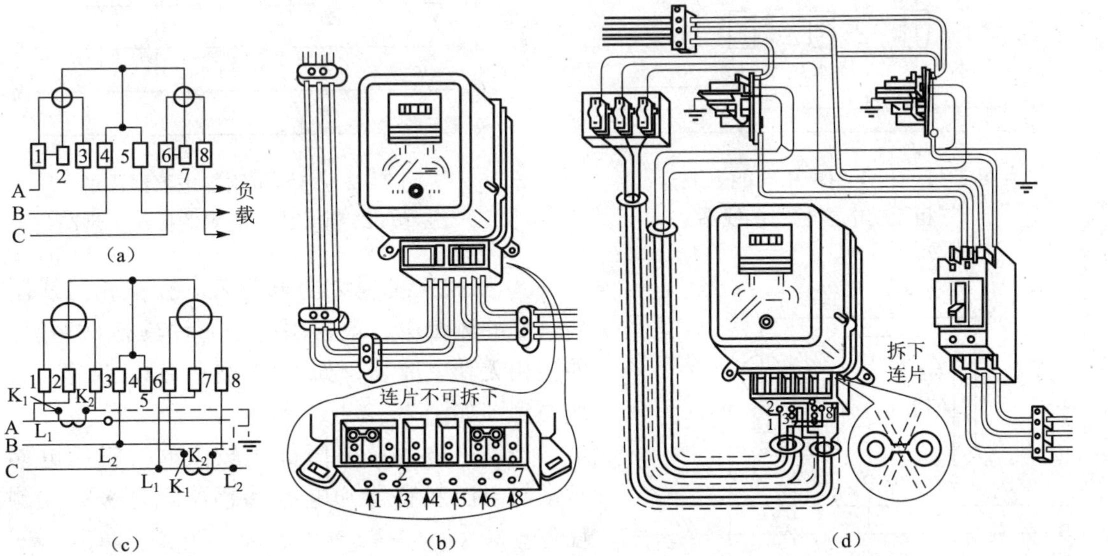

图 2－2－13　三相三线制电能表的正确接线

（a）直接接入时的原理图；（b）直接接入时的接线示意图；

（c）经电流互感器接入时的原理图；（d）经电流互感器接入时的接线示意图

三相四线有功电能表的额定电压一般为220 V，额定电流有1.5、3、5、6、10、15、20、25、30、40、60 A等数种，其中额定电流为5 A的可经电流互感器接入电路。三相三线有功电能表的额定电压（线电压）一般为380 V，额定电流有1.5、3、5、6、10、15、20、25、30、40、60 A等数种，其中额定电流为5 A的可经电流互感器接入电路。

（2）三相无功电能表

发电机或变压器等电源设备都有一定的容量，在负载功率因数较低时，虽然供电设备已经满载，但实际输出的有功功率却很低，这既降低了供电设备的效率，又增加了线路上功率的损耗。提高功率因数是电力系统挖掘供电潜力的一项重要措施。因此，无功电能的测量也是十分重要的。

在三相负载平衡的电路中，理论上可用一只单相电能表如图2－2－14所示接线，将读数乘以$\sqrt{3}$，可得三相无功电能。

但在实际测量中，通常用DX型三相无功电能表来测量无功电能。

根据被测线路的不同，三相无功电能表分为三相四线制和三相三线制两种。

① 三相四线制无功电能表。在三相四线制无功电能的测量中，最常用的是一种带附加电流线圈结构的无功电能表，如DX1型、DX15型和DX18型等，其接线原理如图2－2－15所示。

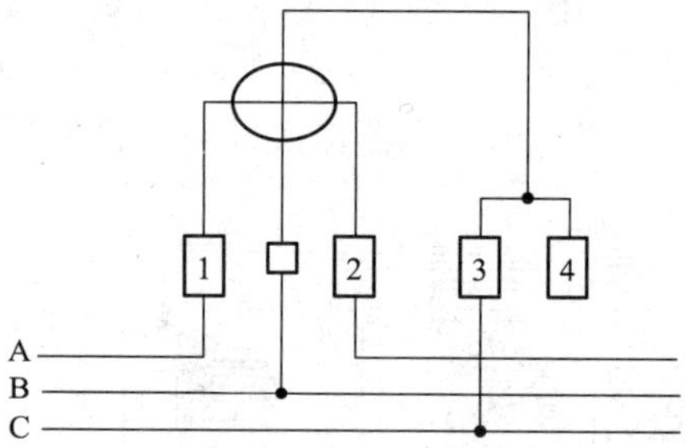

图2－2－14　用单相电能表测量三相无功电能时的接线图

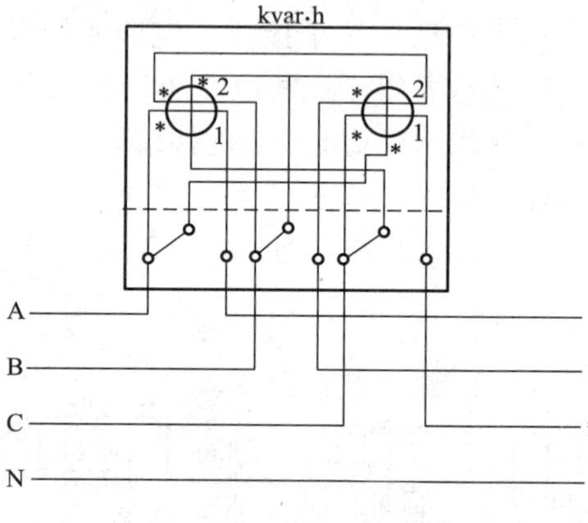

图2－2－15　带附加电流线圈的三相四线制无功电能表的接线原理图

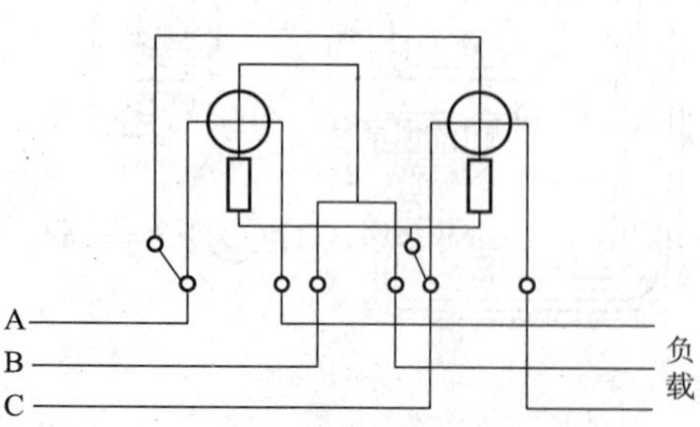

图2－2－16　具有60°相位角的三相三线制无功电能表的接线原理图

② 三相三线制无功电能表。在三相三线制无功电能的测量中，最常用的是一种具有60°相位角的三相无功电能表，如DX2型和DX8型等，其接线原理图如图2－2－16所示。

当被测电流、电压都比较大时，三相电能表常常与电压互感器和电流互感器配合来完成测量任务。

电压互感器实质上是一个降压变压器。一般规定电压互感器的二次绕组的额定电压为100 V，一次绕组的匝数比二次绕组的匝数要多得多。不同量程的电压互感器，其一次绕组的匝数不同，所以一次绕组可接入不同的电压。其接线如图 2-2-17 所示。

电压互感器，一次绕组额定电压与二次绕组额定电压之比等于其匝数之比，而一次绕组与二次绕组匝数之比是一个常数，称为电压互感器的变比，用 K_u 表示，即：

$$K_u=\frac{N_1}{N_2} \tag{2-2-8}$$

通常标注在电压互感器的铭牌上，这样被测电压等于二次绕组电压（电压表读数）乘以变比。

电流互感器相当于一个“降流”变压器，一般规定电流互感器的二次绕组的额定电流为 5 A，一次绕组的匝数比二次绕组的匝数要少得多。不同量程的电流互感器，其一次绕组的匝数不同，所以一次绕组可接入不同的电流。其接线如图 2-2-18 所示。

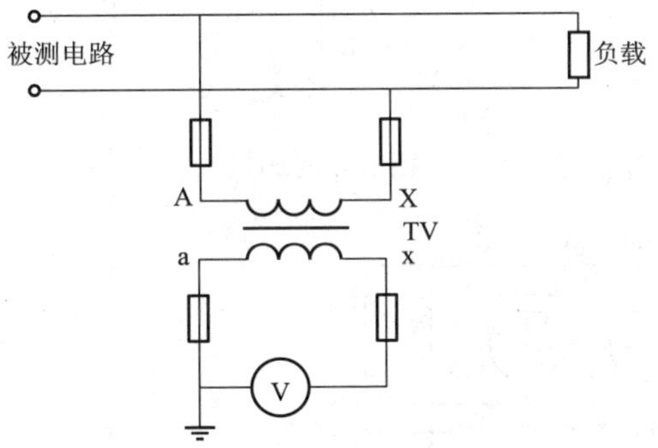

图 2-2-17 电压互感器的接线图

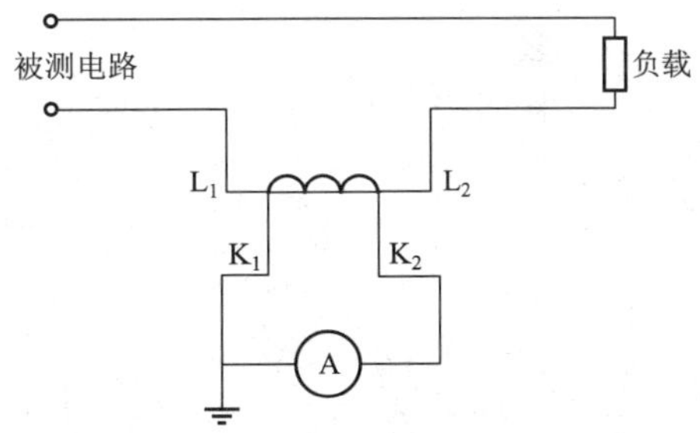

图 2-2-18 电流互感器的接线图

电流互感器，一次绕组电流与二次绕组电流之比等于其匝数比的倒数，而一次绕组与二次绕组匝数之比的倒数是一个常数，称为电流互感器的变比，用 K_i 表示，即

$$K_i=\frac{N_2}{N_1} \tag{2-2-9}$$

通常标注在电流互感器的铭牌上，这样被测电流等于二次绕组电流乘以变比。

电能表通过互感器接入被测电路时，其接线如图 2-2-19、图 2-2-20 所示。其中图 2-2-19 为三元件三相四线制有功电能表经互感器接入三相电路时的接线图，图 2-2-20 为两元件三相三线制有功电能表和三相三线制无功电能表经互感器接入三相电路时的接线图。

当电能表与所标明的互感器配套使用时，可以直接从电能表上读出被测电能的读数（kW·h）；当电能表与所标明的互感器不同时，则根据电压互感器的电压变比和电流互感器的电流变比对读数进行换算，才能得到被测电能的数值。

（3）新型特种电能表简介

① 分时计费电能表：利用有功电能表或无功电能表中的脉冲信号，分别计量用电高峰和低谷时间内的有功电能和无功电能，以便对用户在高峰、低谷时期内用电收取不同的电费。

② 多费率电能表：多费率电能表是一种机电一体化式的电能表，它采用了以专用单片机为主电路的设计。除具有普通三相电能表的功能外，还设有高峰、峰、平、谷时段电能计量，以及连续时间或任意时段的最大需量指示功能，而且还具有断相指示、频率测试等功

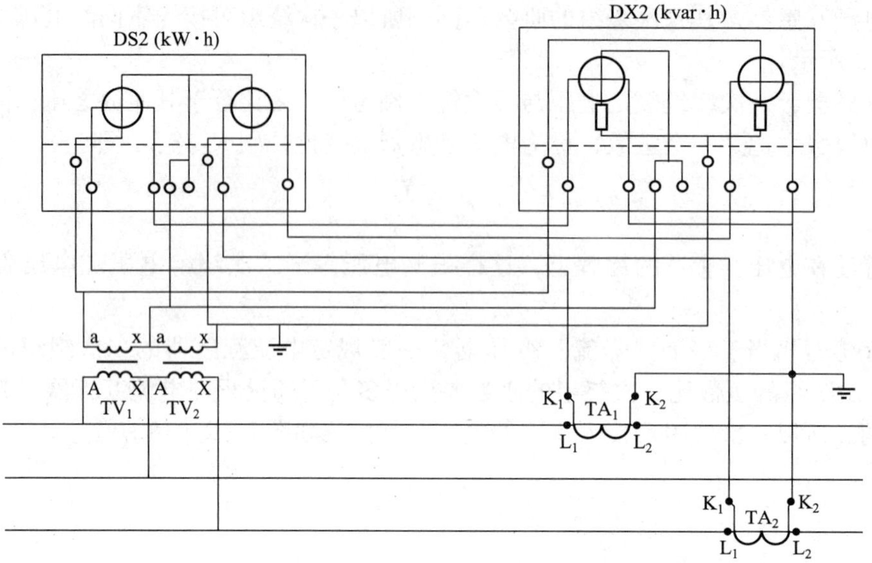

图 2－2－19　三元件三相四线制有功电能表经互感器接入三相电路时的接线图

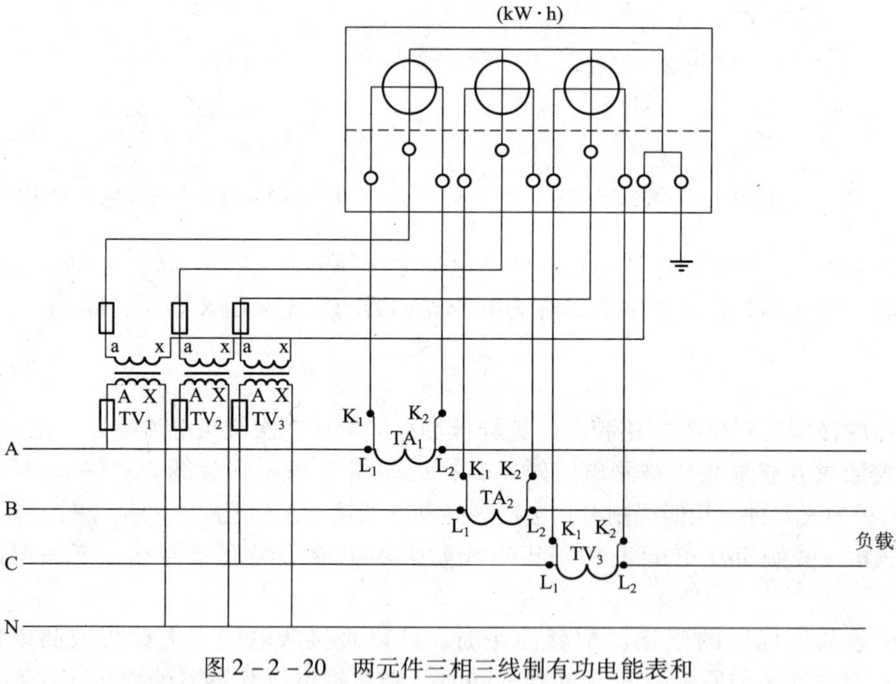

图 2－2－20　两元件三相三线制有功电能表和

三相三线制无功电能表经互感器接入三相电路时的接线图

能。这种电能表可广泛用于电厂、变电所、厂矿企业。发、供电部门实行峰、谷分时电价，限制高峰负荷。

③ 电子预付费式电能表：顾名思义是一种先付费后用电、通过先进的 IC 卡进行用电管理的一种全新概念的电能表。因为采用了 IC 卡，因此也称电卡式电能表。

这种电能表采用微电子技术进行数据采样、处理及保存，主要由电能计量及微处理器控制两部分组成。

4. 直流电桥

1）直流单臂电桥

直流单臂电桥如图 2－2－21 所示。

图 2－2－21　直流单臂电桥

（1）直流单臂电桥的主要技术特性

国产直流单臂电桥的型号用 QJ 表示，其中 Q 表示电桥，J 表示直流。电桥的主要技术特性是准确度和测量范围，电桥的准确度很高。

（2）电桥的测量精度

直流电桥准确度等级分为：0.02、0.05、0.1、0.2、1.0、1.5、2.0 共七个级别。它表示电桥在正常的工作状态下，其规定测量范围内误差不超过的百分数。如 2.0 级的 QJ23 型电桥，它的测量范围为 1～10^5 Ω，但只是在 10～99 999 Ω 的基本量限范围内的误差不超过 ±0.2%。

（3）电桥使用步骤

使用前先把检流计锁扣或短路开关打开，调节调零器使指针或光点置于零位。

如使用外接电源，电池电压应按规定选择。

R_X接好后，先估计一下测量电阻的阻值范围，选择合适的比率臂倍率，以保证比较臂的 4 挡电阻都能充分使用。如 R_X为几个欧姆，应选择比率为 10^{-3}，这样 4 个挡的比较臂均能用上。

电源和检流计按钮的使用：测量时先按“电源”按钮，再按“检流计”按钮，若检流计指针向“＋”偏转，说明比较臂电阻小了，应增加比较臂阻值。反之指针向“－”偏转，则应减少比较臂阻值。

测量完毕，先松开检流计按钮，后松开电源按钮。特别是在测量具有电感的元件（如线圈），一定要遵守上述操作次序，否则将有很大的自感电动势作用于检流计，造成检流计损坏。

在电桥调平衡过程，不要把检流计按钮按死，每改变一次比较臂电阻，按下按钮测量一次，直到检流计偏转较小时，再按死检流计按钮。

将测量结果记下后，被测电阻值等于比率读数与比较臂读数的乘积。

测量结束不再使用时，应将检流计的锁扣锁上。

2）直流双臂电桥

直流双臂电桥如图 2－2－22 所示。

图 2－2－22　直流双臂电桥

（1）使用说明

电桥的桥臂 R_1、R_2 为固定比率臂，R_n为可变电阻。在面板上有相应的刻度。测量时调节比率臂和电阻 R_n，至检流计指零，则：

被测电阻＝倍率数×刻度盘读数＝$(R_2/R_1)R_n$

电桥测量范围在 0.001～11 Ω 范围内，测量误差为 ±2%。

（2）使用双臂电桥注意事项

使用双臂电桥应注意的问题，除了与单臂电桥相同

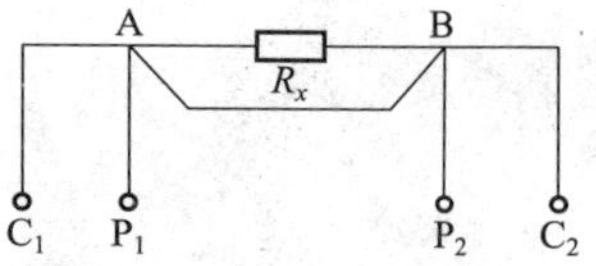

图2－2－23　被测电阻的接线

外，还要考虑以下几点。

被测电阻接线必须按规定连接，即电桥电位接头 P_1、P_2 所引出的接线应比电流接头 C_1、C_2 所引出的接线更靠近被测电阻。若被测电阻本身具有电位和电流接头，则只要将对应点相连即可。见图2－2－23。

但在实际测量中，被测电阻通常没有什么接头之分，此时应自行引出电位和电流接头。应注意不要把电位和电流接头绞在一起，接线应尽可能用粗一些的导线，注意接牢。

双臂电桥工作时，电流较大，所以它的电源容量要大，如用电池，测量时要迅速，否则耗电很快，且容易使被测电阻发热，影响测量准确度。也可用外附电池，适当提高电源电压。

5. 万用表

万用表是一种多量程、用途广的仪表，可以用来测量交直流电压、交直流电流和电阻等电量。万用表有指针式和数字式之分，下面分别作简单介绍。

1）指针式万用表

（1）结构

指针式万用表主要由表头、测量线路和转换开关三部分组成。表头是一个高灵敏度的磁电系微安表，通过指针和标有各种电量标度尺的表盘，用以指示被测电量的数值；测量线路用来把各种被测量转换到适合表头测量的直流微小电流；转换开关实现对不同测量线路的选择，以适应各种测量要求。各种形式的万用表外形布置不尽相同。下面以MF47型万用表为例，介绍它的使用方法。图2－2－24是MF47型万用表的面板示意图。

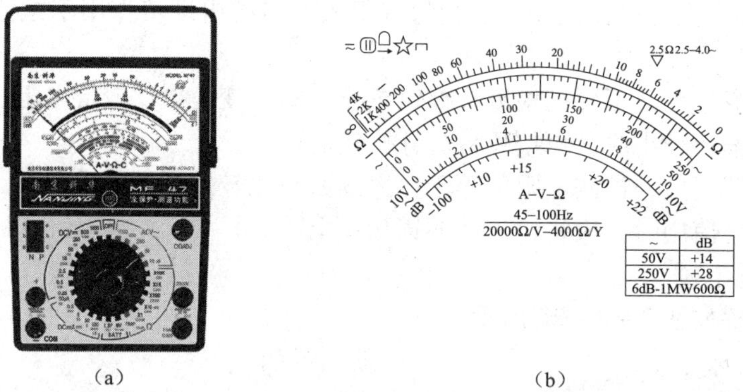

（a）　　　　（b）

图2－2－24　MF47型万用表的面板示意图

（a）面板图；（b）表盘示意图

（2）正确使用

① 正确接线：应将红色和黑色测试棒的插头分别插入红色插孔和黑色插孔。测量时手不要接触测试棒的金属部分。

② 用转换开关正确选择测量种类和量程：根据被测对象，首先选择测量种类。严禁当转换开关置于电流挡或电阻挡时去测量电压，否则将损坏万用表。

测量种类选择后，再选择该种类的量程。测量电压、电流时应使指针的偏转在量程的一半或2/3处，读数较为准确。

③ 使用前应检查指针是否在零位上，若不在零位，可用螺钉旋具调节表盖上的调零器，使指针恢复到零位。

（3）正确测量

① 测交流和直流电压时，将测试棒红、黑插头插入“+”、“-”插孔，把测量范围选择开关旋到与被测电压相应的交、直流电压挡级，再将测试棒接在被测电压的两端。如果被测的交、直流电压大于1 000 V而又小于2 500 V，应将红插头插到“2 500 V”的插孔，选择开关应分别旋到交流或直流的1 000 V位置上，测直流电压时应注意被测量的正、负极性。

② 测量直流电流时，将选择开关旋到被测电流相应的直流挡级，根据电流的方向正确地将表通过测试棒串接在被测电路中。被测电流大于500 mA小于5 A时，红插头应插到“5”的插孔，选择开关旋至500 mA挡位上。

③ 测量电阻时，将选择开关旋到与被测电阻相应的欧姆挡，首先把两根测试棒短接，旋转欧姆调零旋钮，使指针对准“Ω”标尺的零位，即欧姆挡的“调零”，然后分开测试棒进行测量，将读数乘以所选欧姆挡的倍乘率，就是被测电阻的阻值。每换一个量程，都要重新调零，如果调零时指针不能调到零位，应更换表内电池。

严禁带电测量电阻，以免烧毁表头。

如要测量电路中的电阻，一定要先将其一端与电路断开后再测量，否则测量的结果将是它与电路其他电阻的并联值。测高阻值电阻时，不可将双手分别触及电阻两端，以免并联上人体电阻造成测量误差。

④ 测试晶体管电流放大系数h_{FE}（即β）时，应将选择开关旋到“ADJ”位置，将测试棒短接，调节欧姆调零旋钮，使指针对准300 h_{FE}刻度线上，然后旋动开关到“h_{FE}”位置，将测量的晶体管管脚分别插入晶体管测试座的e、b、c管脚座内，指针偏转所示的数值约为β值。NPN型晶体管插入N型管孔内，PNP型插入P型管孔内。

注意事项：

① 不允许带电转动转换开关。

② 万用表欧姆挡不能直接测量微安表头、检流计、标准电池等仪器仪表。

③ 用欧姆挡测量二极管、三极管等时，一般选择$R\times100$或$R\times1\ \text{k}\Omega$挡，因为晶体管所能承受的电压和允许流过的电流较小。

④ 测量完毕，应将转换开关拨到最高交流电压挡，以免二次测量时不慎损坏表头。表内电池应及时更换，如长期不用应将其取出，以防腐蚀表内机件。

2）数字式万用表

数字式万用表以其测量精度高、显示直观、速度快、功能全、可靠性好、小巧轻便、省电及便于操作等优点，受到人们的普遍欢迎，它已成为电子、电工测量以及电子设备维修等部门的必备仪表。下面以M830L数字式万用表为例（如图2-2-25所示），作简单介绍。

（1）电压测量

将黑表笔连至“COM”，红表笔连至“VΩmA”；挡位开关旋至“V-”或“V~”适当量程上，如果电压大小未知，开关至高挡位。

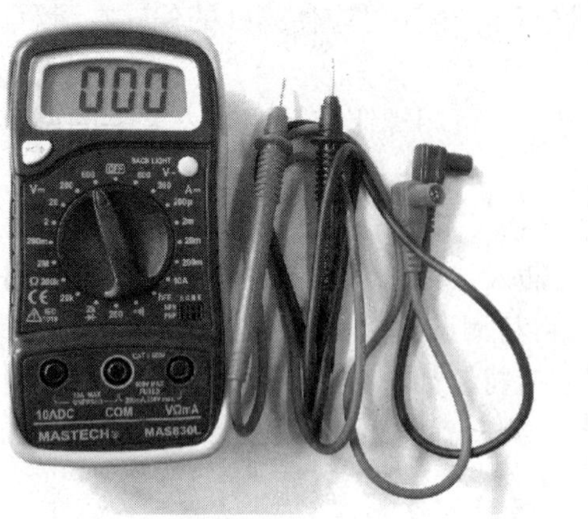

图2-2-25　M830L数字万用表

将表笔接至待测电路，读数，同时显示红表笔所接的极性。如果挡位太高，降低直至测到满意读数。

（2）直流电流测量

① 高电流（200 mA~10 A）测量。将黑表笔连至“COM”，红表笔连至“10 ADC”；挡位开关至“10 A”。

打开待测电路，串联表笔至待测载体。

读数，同时显示红表笔所接的极性。如果小于200 mA，按照以下低电流测量步骤。

关掉测量电路的所有电源，断开表笔连接之前，电容放电。

② 低电流测量。将黑表笔连至“COM”，红表笔连至“VΩmA”。挡位开关置于A，如果电流大小未知，将开关置于高挡位。

打开待测电路，串联表笔至待测电路。

读数，同时显示红表笔所接的极性。如果挡位太高，降低直至测到满意读数。

关掉测量电路的所有电源，断开表笔连接之前，电容放电。

（3）电阻测量

将黑表笔连至“COM”，红表笔连至“VΩmA”；挡位开关至电阻挡适当位置。

如果被测电阻跟电路相连，关掉被测电路所有电源，释放电容。

将表笔接至待测电阻读数。当测量高电阻时，即使绝缘也不要接触附近点。一些绝缘体有小电阻会使测量电阻值小于实际值。

（4）二极管测量

将黑表笔连至“COM”，红表笔连至“VΩmA”，红表笔极性为“+”；转换开关旋至电阻挡“2 k”。

如果被测二极管跟电路相连，关掉被测电路的电源，释放电容上的电量。

① 电压检查。将红色表笔接到二极管的阳极，黑色表笔接到二极管的阴极，显示二极管近似正向压降值。通常好的硅二极管的电压降为450~900 mV。

② 反向电压检查。交换表笔，如果二极管是好的，会出现超档显示。如果二极管不好，会出现000或其他数字。

（5）三极管测量

将挡位拨至h_{FE}位置，将测试三极管插入相应的NPN或PNP插孔中。

读数，显示h_{FE}的近似值。

（6）电路通断测试

将黑表笔连至“COM”，红表笔连至“VΩmA”，将转换开关旋至蜂鸣器位置，将表笔接在被测电路的两点，如果该两点间的电阻小于1.5 kΩ，蜂鸣器将发出响声说明该两点间导通。

注意事项：

① 电池必须连接在电池夹上，同时正确放置在电池盒内。

② 将表笔连接到电路之前，挡位开关必须在正确位置。

③ 将表笔连接到电路之前，必须确定表笔插在正确的端口。

④ 在改变挡位开关前，从电路上拿走其中一根表笔，不能带电操作。

⑤ 要求仪表使用环境温度满足0 ℃ ~50 ℃、湿度小于80%。避免阳光直射仪表或在潮湿环境下储藏仪表。

⑥ 注意每个挡位和端口的最高电压，防止电压过高损坏仪表。

⑦ 测量结束时，开关打到OFF。如果长期不用仪表，拿走电池。

6. 兆欧表

兆欧表俗称摇表，它是用于测量各种电气设备绝缘电阻的仪表。

电气设备绝缘性能的好坏，直接关系到设备的安全运行和操作人员的人身安全。为了对绝缘材料因发热、受潮、老化、腐蚀等原因所造成的损坏进行监测，或检查修复后电气设备的绝缘电阻是否达到规定的要求，都需要经常测量电气设备的绝缘电阻。测量绝缘电阻应在规定的耐压条件下进行，所以必须采用备有高压电源的兆欧表，而不用万用表测量。

一般绝缘材料的电阻都在兆欧（10^6 Ω）以上，所以兆欧表标度尺的单位以兆欧（MΩ）表示。

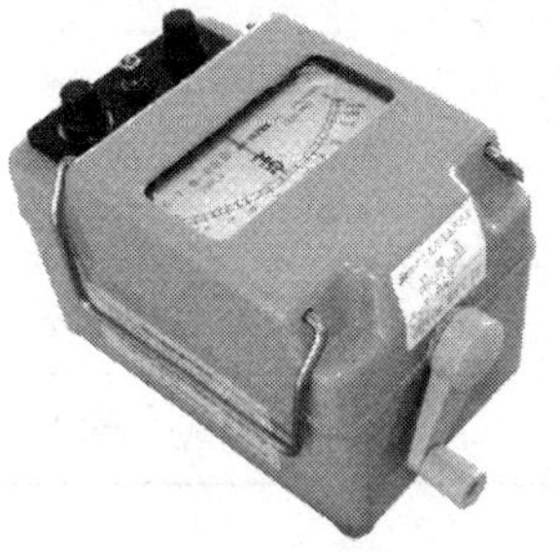

图2－2－26　兆欧表外形

1）兆欧表的接线和测量方法

兆欧表有三个接线柱，其中两个较大的接线柱上标有“接地E”和“线路L”，另一个较小的接线柱上标有“保护环”或“屏蔽G”。如图2－2－26所示。

测量照明或电力线路对地的绝缘电阻　按图2－2－27（a）把线接好，顺时针摇摇把，转速由慢变快，约1 min后，发电机转速稳定时（120 r/min），表针也稳定下来，这时表针指示的数值就是所测得的电线与大地间绝缘电阻。

测量电动机的绝缘电阻　将兆欧表的接地柱接机壳，L接电动机的绕组，如图2－2－27（b）所示，然后进行摇测。

测量电缆的绝缘电阻　测量电缆的线芯和外壳的绝缘电阻时，除将外壳接E、线芯接L外，中间的绝缘层还需和G相接，如图2－2－27（c）所示。

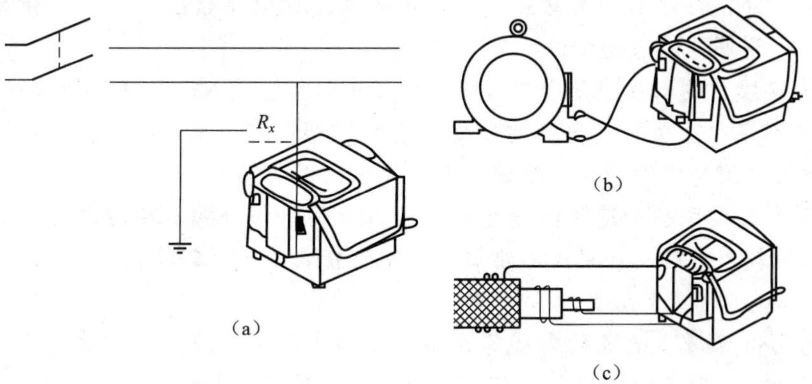

图2－2－27　兆欧表的接线图

（a）测量线路的绝缘电阻；（b）测量电动机的绝缘电阻；（c）测量电缆的绝缘电阻

2）兆欧表的选用

根据测量要求选择兆欧表的额定电压等级。测量额定电压在500 V以下的设备或线路的绝缘电阻，选用电压等级为500 V或1 000 V的兆欧表；测量额定电压在500 V以上设备或线路的绝缘电阻时，应选用1 000～2 500 V的兆欧表。通常在各种电器和电力设备的测试检修规程中，都规定有应使用何种额定电压等级的兆欧表。表2-2-2列出了在不同情况下选择兆欧表的要求，供使用时参考。

表2-2-2　兆欧表电压等级选择

测试对象	被测设备的额定电压/V	所选兆欧表的额定电压/V
线圈的绝缘电阻	<500 >500	500 1 000
发电机线圈的绝缘电阻	<380	1 000
电力变压器、电动机线圈的绝缘电阻	>500	1 000～2 500
电气设备绝缘	<500 >500	500～1 000 2 500
瓷瓶	—	2 500～5 000
母线、闸刀	—	2 500～5 000

选择兆欧表时，要注意不要使测量范围超出被测绝缘电阻值过大，否则读数将产生较大的误差。有些兆欧表的标尺不是从0开始，而是从1 MΩ或2 MΩ开始的，这种兆欧表不适宜测量处于潮湿环境中低压电气设备的绝缘电阻。

注意事项：

① 测量电气设备绝缘电阻时，必须先断电，经短路放电后才能测量。

② 测量时，兆欧表应放在水平位置上，未接线前先转动兆欧表做开路试验，检查指针是否指在“∞”处，再把L和E短接，轻摇发电机，看指针是否为“0”，若开路指“∞”，短路指“0”，则说明兆欧表是好的。

③ 兆欧表接线柱的引线应采用绝缘良好的多股软线，同时各软线不能绞在一起。

④ 兆欧表测完后应立即使被测物放电，在兆欧表摇把未停止转动和被测物未放电前，不可用手去触及被测物的测量部分或进行拆除导线，以防触电。

⑤ 测量时，摇动手柄的速度由慢逐渐加快，并保持每分钟120转左右的转速在一分钟左右，这时读数较为准确。如果被测物短路，指针指零，应立即停止摇动手柄，以防表内线圈发热烧坏。

⑥ 在测量了电容器、较长的电缆等设备的绝缘电阻后，应先将“线路L”的连接线断开，再停止摇动，以避免被测设备向兆欧表倒充电而损坏仪表。

⑦ 测量电解电容的介质绝缘电阻时，应按电容器耐压的高低选用兆欧表。接线时，使L端与电容器的正极相连接，E端与负极连接，切不可反接，否则会使电容器击穿。

7. 钳形电流表

1）钳形电流表的结构和用途

通常在测量电流时需要将被测电路断开，才能将电流表或电流互感器的一次绕组接到被测电路中。而利用钳形电流表则无须断开被测电路，就可以测量被测电流。由于钳形电流表的这一独特的优点，故而得到了广泛的应用。钳形电流表是根据电流互感器的原理制成的，其外形如图 2－2－28 所示。

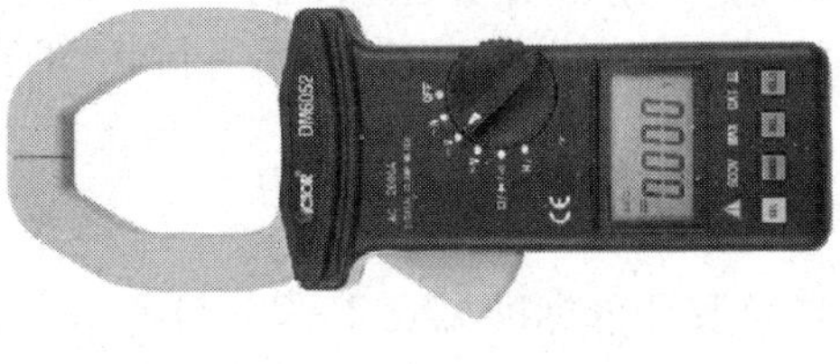

图 2－2－28　钳形电流表

钳形电流表用于测量电压不超过 500 V 的负荷电流。

经常使用的钳形电流表有：只测交流电流的 T301 型钳形电流表；既测电流又测电压的 T302 型钳形电流表；还有 MG 系列的交、直流两用钳形电流表等。

2）钳形电流表的使用方法

使用时，将量程开关转到合适位置，手持胶木手柄，用食指勾紧铁心开关，便可打开铁心，将被测导线从铁心缺口引入到铁心中央。然后，放松勾紧铁心开关的食指，铁心被自动闭合，被测导线的电流就在铁心中产生交变磁力线，表上便有感应电流，可以直接读数。

① 测量前应估计被测电流的大小，选择适当量程，不可用小量程挡去测大电流。对被测电流大小心中无数时，应将量程开关置于最高挡，然后根据测量值的大小，变换到合适量程。

② 钳形电流表一般量程较大，在测量小于 5 A 以下电流时，为获得准确读数，可将被测线路在铁心上绕几匝再测量，但实际的电流数值应为读数除以匝数。

注意事项：

① 测量前，应检查电流表指针是否指向零位；否则，应进行机械调零。

② 测量前，应检查钳口的开合情况，要求钳口可动部分开合自如，两边钳口结合面紧密。钳口有污垢，可用汽油擦拭干净。

③ 测量时，量程选择旋钮应置于适当位置，以便在测量时使指针超过中间刻度，并使被测导线置于钳口的中央，以减少测量误差。

④ 钳形表不用时，应将量程选择旋钮旋到最高量程挡，以避免下次使用时未选择量程而损坏仪表。

⑤ 钳形电流表不得测高压线路的电流，被测线路的电压不得超过钳形电流表所规定的额定电压，以防绝缘击穿和人身触电。

二、技能训练

1. 实训器材

交、直流电压表各一只，交、直流电流表各一只，单、双臂电桥各一只，万用表一只，单相功率表一只，兆欧表一只，钳形电流表一只。

2. 实训内容及要求

① 练习用电压表、电流表测量直、交流电压及电流。

② 练习用钳形电流表测量交流电流。
③ 练习用万用表的正确挡位测量交、直流电压、电流。
④ 练习用万用表欧姆挡、单臂电桥和双臂电桥测量电阻。
⑤ 练习用兆欧表测量单相变压器、三相异步电动机绕组对外壳的绝缘电阻。
⑥ 练习用单相功率表测量一个 40 W 白炽灯的功率。

三、技能考核

考核及评分标准见表 2-2-3。

表 2-2-3　技能考核评分表

序号	工作内容	权重	评分标准	得分
1	直流电压测量	10	1. 接线正确 7 分 2. 读数正确 3 分	
2	交流电压测量	10	1. 接线正确 7 分 2. 读数正确 3 分	
3	直流电流测量	10	1. 接线正确 7 分 2. 读数正确 3 分	
4	交流电流测量	10	1. 接线正确 7 分 2. 读数正确 3 分	
5	单臂电桥使用	10	1. 测量步骤正确 7 分 2. 读数正确 3 分	
6	双臂电桥使用	10	1. 测量步骤正确 7 分 2. 读数正确 3 分	
7	用兆欧表测量绝缘电阻	8	1. 熟悉兆欧表的选用 3 分 2. 正确使用兆欧表 5 分	
8	单相功率表使用	15	1. 正确选择量程 5 分 2. 正确接线 7 分 3. 正确读数 3 分	
9	万用表使用	10	1. 正确选择挡位、量程 5 分 2. 正确接线和读数 5 分	
10	钳形电流表使用	7	1. 正确选择挡位、量程 5 分 2. 握法正确 2 分	

四、练习与提高

① 叙述兆欧表的工作原理。使用兆欧表应注意哪些问题？
② 单相电能表的工作原理是什么？它是如何接线的？
③ 指针式万用表如何读数？

项目三

电工操作基本技能

学习目标

- 能辨别各种常用电工材料，会选择电工材料
- 能识别常用低压电器，会正确使用、修理与调整常用低压电器
- 能根据用电设备的性质和容量选择导线
- 能正确连接导线，会修复导线的绝缘
- 掌握正确的布线工艺，能熟练地进行室内布线
- 能正确辨识及测试常用电子元器件，会焊接电子线路

模块一　认识常用电工材料

学习目标

- 能辨别各种常用电工材料
- 能根据应用场合选择合适的电工材料

一、理论知识

电工材料按其电阻率的大小可以分为绝缘材料（电阻率为 $10^{9}\sim10^{22}\ \Omega\cdot\mathrm{cm}$）、导电材料（电阻率为 $10^{-6}\sim10^{-2}\ \Omega\cdot\mathrm{cm}$）和半导体材料（电阻率为 $10^{-2}\sim10^{9}\ \Omega\cdot\mathrm{cm}$）三类。一般可认为绝缘材料是不导电的，实际上绝缘材料在直流电压作用下会有极微弱的泄漏电流通过的。绝缘材料也称电介质。电工材料除此分类之外还有磁性材料、安装材料等其他材料。

1. 导电材料

金属中导电性能最佳的是银，其次是铜、铝。但由于银的价格比较昂贵，因此在特殊场合和电子电路中才使用，一般都将铜和铝用作主要的导电金属材料。

1）裸电线

裸电线包括圆铜线、圆铝线、铝绞线、铜芯铝绞线、硬铜绞线、轻型钢芯铝绞线及加强型钢芯铝绞线等。常用裸电线的种类、型号、截面积（或线径范围）及用途如表3－1－1所示。

表3－1－1　裸电线的常用数据

名称	型号	截面（或线径）范围	主要用途
圆铜线	TR	0.02～14 mm	用作架空线
	TY	0.02～14 mm	
	TYT	1.5～5 mm	
圆铝线	LR	0.3～10 mm	
	LY4、LY6	0.3～10 mm	
	LY8、LY9	0.3～5 mm	
铝绞线	LJ	10～600 mm^2	用于10 kV以下挡距＜100～125 m的架空线
钢芯铝绞线	LGJ	10～400 mm^2	用于35 kV以上较高电压或挡距较大的线路上
轻型钢芯铝绞线	LGJQ	150～700 mm^2	
加强型钢芯铝绞线	LGJJ	150～400 mm^2	
硬铜绞线	TJ	16～400 mm^2	用于机械强度高、耐腐蚀的高、低压输电线路

2）绝缘电线

工厂中常用的绝缘电线有聚氯乙烯（塑料）绝缘电线，其型号、用途及技术数据、安全载流量如表3－1－2所示。

表3－1－2　常用绝缘电线的型号、名称及主要用途

型号	名　称	主要用途
BV	铜芯聚氯乙烯绝缘电线	适用于交流额定电压 U_0/U 为450/750 V、300/500 V及以下的动力装置的固定敷设
RLV	铝芯聚氯乙烯绝缘电线	
BVR	铜芯聚氯乙烯绝缘软电线	
BVV	铜芯聚氯乙烯绝缘护套圆形电线	
BLVV	铝芯聚氯乙烯绝缘护套圆形电线	
BVVB	铜芯聚氯乙烯绝缘护套平形电线	
BLVVB	铝芯聚氯乙烯绝缘护套平形电线	
BV－105	铜芯耐热105 ℃聚氯乙烯绝缘电线	

续表

型号	名　　称	主要用途
RV	铜芯聚氯乙烯绝缘连接软电线	适用于交流额定电压 U_0/U 为 450/750 V、300/500 V 及以下的家用电器、小型电动工具、仪器仪表及动力照明等装置的连接
RVB	铜芯聚氯乙烯绝缘平形连接软电线	
RVS	铜芯聚氯乙烯绝缘绞形连接软电线	
RVV	铜芯聚氯乙烯绝缘护套圆形连接软电线	
RVVB	铜芯聚氯乙烯绝缘护套平形连接软电线	
RV－105	铜芯耐热 105 ℃聚氯乙烯连接软电线	
AV	铜芯聚氯乙烯绝缘安装电线	适用于交流额定电压 300/500 V 及以下的电器、仪表和电子设备及自动化装置
AV－105	铜芯耐热 105 ℃聚氯乙烯绝缘安装电线	
AVR	铜芯聚氯乙烯绝缘安装软电线	
AVR－105	铜芯耐热 105 ℃聚氯乙烯绝缘安装软电线	
AVRB	铜芯聚氯乙烯安装绞形软电线	
AVRS	铜芯聚氯乙烯安装绞形软电线	
AVVR	铜芯聚氯乙烯绝缘护套安装软电线	
AVP	铜芯聚氯乙烯绝缘屏蔽电线	适用于交流额定电压 300/500 V 及以下电器、仪表、电子设备及自动化装备
AVP－105	铜芯耐热 105 ℃聚氯乙烯绝缘屏蔽电线	
RVP	铜芯聚氯乙烯绝缘屏蔽软电线	
RVP－105	铜芯耐热 105 ℃聚氯乙烯绝缘屏蔽软电线	
RVVP	铜芯聚氯乙烯绝缘屏蔽护套软电线	
RVVP1	铜芯聚氯乙烯绝缘软绕屏蔽护套软电线	
BX	铜芯橡皮线	适用交流 500 V 及以下，或直流 1 000 V 及以下的电气设备及照明装置用
BLX	铝芯橡皮线	
BXR	铜芯橡皮软线	
BXF	铜芯氯丁橡皮线	
BLXF	铝芯氯丁橡皮线	

BV、BLV、BVR、BX、BLX、BXR 型单芯电线单根空气敷设载流量如表 3－1－3 所示。

表3-1-3　BV、BLV、BVR、BX、BLX、BXR型单芯电线单根空气敷设载流量
（导线最高允许工作温度为65 ℃，环境温度为25 ℃）

项目 / 型号 / 标称截面/mm^2	长期连续负荷允许载流量/A				相应电缆表面温度/℃	
	铜芯		铝芯			
	BV BVR	BX BXR	BLV	BLX —	BV BLV BVR	BX BLX BXR
0. 75	16	18	—	—	60	60
1. 0	19	21	—	—	60	60
1. 5	24	27	18	19	60	60
2. 5	32	35	25	27	60	61
4	42	45	32	35	60	61
6	55	58	42	45	60	61
10	75	85	55	65	60	61
16	105	110	80	85	60	61
25	138	145	105	110	60	61
35	170	180	130	138	60	61
50	215	230	165	175	60	61
70	265	285	205	220	60	61
95	325	345	250	265	60	61
120	375	400	285	310	60	61
150	430	470	325	360	60	61
185	490	540	380	420	60	61
240	—	660	—	510	—	61
300	—	770	—	600	—	61
400	—	940	—	730	—	61
500	—	1 100	—	850	—	61
630	—	1 250	—	980	—	61

RV、RVV、RVB、RVS、BVV、BLVV型塑料软线和护套线单根空气敷设载流量如表3-1-4所示。

表3-1-4　RV、RVV、RVB、RVS、BVV、BLVV型塑料软线和护套线单根空气敷设载流量

（导线最高允许工作温度为65 ℃，环境温度为25 ℃）

标称截面/mm^2	长期连续负荷允许载流量/A					
	1芯		2芯		3芯	
	铜芯	铝芯	铜芯	铝芯	铜芯	铝芯
0.12	5	—	4	—	3	—
0.2	7	—	5.5	—	4	—
0.3	9	—	7	—	5	—
0.4	11	—	8.5	—	6	—
0.5	12.5	—	9.5	—	7	—
0.75	16	—	12.5	—	9	—
1.0	19	—	15	—	11	—
1.5	24	—	19	—	12	—
2	28	—	22	—	17	—
2.5	32	25	26	20	20	16
4	42	34	36	26	26	22
6	55	43	47	33	32	25
10	75	59	65	51	52	40

BX、BLX型单芯电线穿塑料管敷设载流量如表3-1-5所示。

表3-1-5　BX、BLX型单芯电线穿塑料管敷设载流量

（导线最高允许工作温度为65 ℃，环境温度为25 ℃）

标称截面/mm^2	长期连续负荷允许载流量/A					
	穿2根		穿3根		穿4根	
	铜芯	铝芯	铜芯	铝芯	铜芯	铝芯
1.0	13	—	12	—	—	—
1.5	17	14	16	12	11	11
2.5	25	19	22	17	15	15
4	33	25	30	23	20	20
6	43	33	38	29	26	26
10	59	44	52	40	35	35
16	76	58	68	52	46	46
25	100	77	90	68	60	60
35	125	95	110	84	74	74

续表

标称截面/mm²	长期连续负荷允许载流量/A					
	穿2根		穿3根		穿4根	
	铜芯	铝芯	铜芯	铝芯	铜芯	铝芯
50	160	120	140	108	95	95
70	195	153	175	135	120	120
95	240	184	215	165	150	150
120	278	210	250	190	170	170
150	320	250	290	227	205	205
185	360	282	330	255	232	232

BV、BLV 型单芯电线穿塑料管敷设载流量如表 3－1－6 所示。

表 3－1－6　BV、BLV 型单芯电线穿塑料管敷设载流量
（导电线芯最高允许工作温度为 65 ℃，环境温度为 25 ℃）

标称截面/mm²	长期连续负荷允许载流量/A					
	穿2根		穿3根		穿4根	
	铜芯	铝芯	铜芯	铝芯	铜芯	铝芯
1.0	12	—	11	—	10	—
1.5	16	13	15	11.5	13	10
2.5	24	18	21	16	19	14
4	31	24	28	22	25	19
6	41	31	36	27	32	25
10	56	42	49	38	44	33
16	72	55	65	49	57	44
25	95	73	85	65	75	57
35	120	90	105	80	93	70
50	150	114	132	102	117	90
70	185	145	167	130	148	115
95	230	175	205	158	185	140
120	270	200	240	180	215	160
150	305	230	275	207	250	185
185	355	265	310	235	280	212

3）电磁线

电磁线分为漆包线、绕包线、无机绝缘电磁线等。

（1）漆包线

漆包线漆膜均匀、光滑柔软、有利于线圈的自动化绕制，广泛应用于中小型或微型电工产品中，其常用参数如表 3－1－7 所示。

（2）无机绝缘电磁线

无机绝缘电磁线的绝缘层采用无机材料陶瓷、氧化铝膜等组成，并经有机绝缘漆浸渍后烘干填孔。其特点是耐高温、耐辐射，主要用于高温、辐射等场合。

（3）绕包线

绕包线用天然丝、玻璃丝、绝缘纸或合成薄膜等紧密绕包在导线芯上，形成绝缘层，或在漆包线上再绕包一层绝缘层，一般应用于大中型电工产品中。

（4）特种电磁线

特种电磁线具有特殊的绝缘结构和性能，如耐水的多层绝缘结构，适用于潜水电机绕组等。

表 3－1－7　漆包线和丝包线的常用数据

钢导线规格		聚酯漆包线最大外径/mm	丝包线				
线径/mm	标称截面/mm^2		单丝包线最大外径/mm		双丝包线最大外径/mm		
		QZ	SQ	SQZ	SE	SEQ	SEQZ
0.05	0.001 964	0.065	0.14	0.14	0.16	0.18	0.18
0.06	0.002 83	0.080	0.15	0.16	0.17	0.19	0.20
0.07	0.003 85	0.090	0.16	0.17	0.18	0.20	0.21
0.08	0.005 03	0.100	0.17	0.18	0.19	0.21	0.22
0.09	0.006 36	0.110	0.18	0.19	0.20	0.22	0.23
0.10	0.007 85	0.125	0.19	0.20	0.21	0.23	0.24
0.11	0.009 50	0.135	0.20	0.21	0.22	0.24	0.25
0.12	0.011 31	0.145	0.21	0.22	0.23	0.25	0.26
0.13	0.013 27	0.155	0.22	0.23	0.24	0.26	0.27
0.14	0.015 39	0.165	0.23	0.24	0.25	0.27	0.28
0.15	0.017 67	0.180	0.24	0.25	0.26	0.28	0.29
0.16	0.020 1	0.190	0.26	0.28	0.28	0.30	0.32
0.17	0.022 7	0.200	0.27	0.29	0.29	0.31	0.33
0.18	0.025 4	0.210	0.28	0.30	0.30	0.32	0.34
0.19	0.028 4	0.220	0.29	0.31	0.31	0.33	0.35
0.20	0.034 1	0.230	0.30	0.32	0.32	0.35	0.36
0.21	0.034 6	0.240	0.32	0.33	0.33	0.36	0.37
0.23	0.041 5	0.265	0.35	0.36	0.36	0.39	0.41
0.25	0.049 1	0.290	0.37	0.38	0.38	0.42	0.43
0.28	0.061 6	0.320	0.40	0.41	0.41	0.45	0.46

续表

钢导线规格		聚酯漆包线最大外径/mm	丝包线				
线径/mm	标称截面/mm^2		单丝包线最大外径/mm		双丝包线最大外径/mm		
		QZ	SQ	SQZ	SE	SEQ	SEQZ
0.31	0.075 5	0.35	0.43	0.44	0.44	0.48	0.49
0.33	0.085 5	0.37	0.46	0.48	0.47	0.51	0.53
0.35	0.096 2	0.39	0.48	0.51	0.49	0.53	0.55
0.38	0.113 4	0.42	0.51	0.53	0.52	0.56	0.58
0.40	0.125 7	0.44	0.53	0.55	0.54	0.58	0.60
0.42	0.183 5	0.46	0.55	0.57	0.56	0.60	0.62
0.45	0.159 0	0.49	0.58	0.60	0.59	0.63	0.65
0.47	0.173 5	0.51	0.60	0.62	0.61	0.65	0.67
0.50	0.196 4	0.54	0.63	0.65	0.64	0.68	0.70
0.53	0.221	0.58	0.67	0.69	0.67	0.72	0.74
0.56	0.246	0.61	0.70	0.72	0.70	0.75	0.77
0.60	0.283	0.65	0.74	0.76	0.74	0.79	0.81
0.63	0.312	0.68	0.77	0.79	0.77	0.83	0.84
0.67	0.353	0.72	0.82	0.85	0.82	0.87	0.90
0.71	0.396	0.76	0.86	0.89	0.86	0.91	0.94
0.75	0.442	0.81	0.91	0.94	0.91	0.97	1.00
0.80	0.503	0.86	0.96	0.99	0.96	1.02	1.05
0.85	0.567	0.91	1.01	1.04	1.01	1.07	1.10
0.90	0.636	0.96	1.06	1.09	1.06	1.12	1.15
0.95	0.709	1.01	1.11	1.14	1.11	1.17	1.2
1.00	0.785	1.07	1.18	1.22	1.17	1.24	1.28
1.06	0.882	1.14	1.25	1.28	1.23	1.31	1.34
1.12	0.958	1.20	1.32	1.34	1.29	1.37	1.40
1.18	1.094	1.26	1.37	1.40	1.35	1.43	1.46
1.25	1.227	1.33	1.44	1.47	1.42	1.50	1.53
1.30	1.327	1.38	1.49	1.52	1.47	1.55	1.58
1.35	1.431	1.43	—	—	—	—	—
1.40	1.539	1.48	1.59	1.62	1.57	1.65	1.68
1.50	1.767	1.58	1.69	1.72	1.67	1.75	1.78
1.60	2.01	1.69	1.80	1.83	1.78	1.87	1.90
1.70	2.27	1.79	1.90	1.93	1.88	1.97	2.00
1.80	2.54	1.89	2.00	2.03	1.98	2.07	2.10

续表

铜导线规格		聚酯漆包线最大外径/mm	丝包线				
			单丝包线最大外径/mm		双丝包线最大外径/mm		
线径/mm	标称截面/mm^2	QZ	SQ	SQZ	SE	SEQ	SEQZ
1.90	2.84	1.99	2.10	2.13	2.08	2.17	2.20
2.00	3.14	2.09	2.20	2.23	2.18	2.27	2.30
2.12	3.53	2.21	2.32	2.35	2.30	2.39	2.42
2.24	3.94	2.33	2.44	2.47	2.42	2.51	2.54
2.36	4.37	2..45	2.56	2.50	2.54	2.63	2.66

4）电缆线

① 通用橡套电缆及电焊机用电缆。

② 橡皮、塑料及纸绝缘电力电缆。

5）低压熔丝

① 铅熔丝的额定电流。铅熔丝的额定电流如表 3－1－8 所示。

表 3－1－8 铅熔丝的额定电流

直径/mm	截面/mm^2	近似英规线号	额定电流/A	熔断电流/A
0.08	0.005	44	0.25	0.5
0.15	0.018	38	0.5	1.0
0.20	0.031	36	0.75	1.5
0.22	0.038	35	0.8	1.6
0.25	0.049	33	0.9	1.8
0.28	0.062	32	1	2
0.29	0.066	31	1.05	2.1
0.32	0.080	30	1.1	2.2
0.35	0.096	20	1.25	2.5
0.36	0.102	28	1.35	2.7
0.40	0.126	27	1.5	3
0.46	0.166	26	1.85	3.7
0.52	0.212	25	2	4
0.54	0.229	24	2.25	4.5
0.60	0.283	23	2.5	5
0.71	0.40	22	3	6
0.81	0.52	21	3.75	7.5

续表

直径/mm	截面/mm^2	近似英规线号	额定电流/A	熔断电流/A
0.98	0.75	20	5	10
1.02	0.82	19	6	12
1.25	1.23	18	7.5	15
1.51	1.79	17	10	20
1.67	2.19	16	11	22
1.75	2.41	15	12	24
1.98	3.08	14	15	30
2.40	4.52	13	20	40
2.78	6.07	12	25	50
2.95	6.84	11	27.5	55
3.14	7.74	10	30	60
3.81	11.40	9	40	80
4.12	13.33	8	45	90
4.44	15.48	7	50	100
4.91	18.93	6	60	120
5.24	23.57	4	70	140

② 铜熔丝的额定电流。铜熔丝的额定电流如表3-1-9所示。

表3-1-9 铜熔丝的额定电流

直径/mm	截面/mm^2	近似英规线号	额定电流/A	熔断电流/A
0.234	0.043	34	4.7	9.4
0.254	0.051	33	5	10
0.274	0.059	32	5.5	11
0.295	0.068	31	6.1	12.2
0.315	0.078	30	6.9	13.8
0.345	0.093	29	8	16
0.376	0.111	28	9.2	18.4
0.417	0.137	27	11	22
0.457	0.164	26	12.5	25
0.503	0.203	25	15	29.5
0.559	0.245	24	17	34
0.60	0.283	23	20	39

续表

直径/mm	截面/mm²	近似英规线号	额定电流/A	熔断电流/A
0.70	0.385	22	25	50
0.80	0.5	21	29	58
0.90	0.6	20	37	74
0.10	0.8	19	44	88
1.13	1.0	18	52	104
1.37	1.5	17	63	125
1.60	2	16	80	160
1.76	2.5	15	95	190
2.00	3	14	120	240
2.24	4	13	140	280
2.50	5	12	170	340
2.73	6	11	200	400

2. 绝缘材料

1）绝缘材料的耐热等级

绝缘材料的耐热等级如表 3－1－10 所示。

表 3－1－10　绝缘材料的耐热等级

级别	绝缘材料	极限工作温度/℃
Y	木材、棉花、纸、纤维等天然的纺织品，以醋酸纤维和聚酰胺为基础的纺织品，以及易遇热分解和熔化点较低的塑料（脲醛树脂）	90
A	工作于矿物油中的和用油或油树脂复合胶浸过的 Y 级材料、漆包线、漆丝的结缘和油性漆、沥青漆等	105
E	聚酯薄膜和 A 级材料复合、玻璃布、油性树脂漆、聚乙烯醇高强度漆包线、乙酸乙烯耐热漆包线	120
B	聚酯薄膜、经合适树脂粘合式浸涂覆的云母、玻璃纤维、石棉等制品，聚酯漆、聚酯漆包线	130
F	以有机纤维材料补强和石棉带补强的云母片制品、玻璃丝和石棉、玻璃漆布，以玻璃丝布和石棉纤维为基础的层压制品，以无机材料做补强和石棉带补强的云母粉制品、化学热稳定性较好的聚酯和醇酸类材料、复合硅有机聚酯漆	155
H	无补强或以无机材料为补强的云母制品、加厚的 F 级材料、复合云母、有机硅云母制品、硅有机漆、硅有机橡胶聚酰亚胺复合玻璃布、复合薄膜、聚酰亚胺等	180
C	不采用任何有机黏合剂及浸渍剂的无机物如石英、石棉、云母、玻璃和电磁材料等	180 以上

2）常用绝缘材料

常用绝缘材料包括浸渍绝缘纤维制品、绝缘层压制品、绝缘云母制品、薄膜及复合制品、绝缘纸、绝缘油、绝缘漆等。

3. 磁性材料

1）电工硅钢薄板

电工硅钢薄板属软磁材料，是制造电机变压器及电器的主要磁性材料。

2）铁氧体软磁材料

铁氧体软磁材料是采用粉末烧结工艺制成的非金属磁性材料，其电阻率较高，通常在$10^2 \sim 10^9\ \Omega \cdot cm$之间，涡流损耗小，所以适用于几千赫兹至几百赫兹的频率之间。

3）电工用纯铁

纯铁具有高的饱和磁感应强度、高的磁导率和低的矫顽力。它的纯度越高，磁性能越好。最常用的电工用纯铁为电磁纯铁。

4）合金硬磁材料

合金硬磁材料具有优良的磁性能、良好的稳定性和较低的温度系数，是电机、电气产品中常用的永磁材料。

5）铁氧体硬磁材料

铁氧体硬磁材料与合金硬磁材料相比，具有高矫顽力、高电阻率、小密度、低价格等优点；其缺点是剩磁感应强度较低，温度系数较大。

4. 电气安装材料

电气安装材料包括电线管、有缝钢管、聚氯乙烯（PVC）硬管及半硬管、塑料胀锚螺栓管、包塑金属软管及金属软管接头等。

5. 电机用电刷

电刷是用于电机的换向器或集电环上传导电流的滑动接触件。

1）电刷的类别

（1）石墨电刷

石墨电刷（S型）以天然石墨为主要材料，采用沥青或树脂作为黏结剂，经烘焙或在约1 000 ℃高温烧结而成。石墨电刷质地较软，用于一般整流条件正常、负载均匀的电机上。

（2）电化石墨电刷

电化石墨电刷（D型）由石墨、焦炭、炭黑经高温2 500 ℃以上而制成。电化石墨电刷耐磨，对换向器磨损小，广泛用于各类交直流电机。

（3）金属石墨电刷

金属石墨电刷（J型）由铜及少量的锡、铅等金属粉末渗入石墨混合制成。金属石墨电刷既有石墨的润滑特性又有金属的高导电性，因此，适用于高负荷和换向要求不高的低压电机。

2）电刷的型号和主要应用范围

电刷的型号和主要应用范围如表3－1－11所示。

表 3-1-11 电刷的型号和主要应用范围

类别	型号	基本特征	主要应用范围
石墨电刷	S-3	硬度较低、润滑性较好	换向正常，负荷均匀，电压为 80~120 V 的直流电机
	S-4	以天然石墨为基体、树脂为黏结剂的高阻石墨电刷，硬度和摩擦系数较低	换向困难的电机，如交流整流子电动机，高速微型直流电动机
	S-6	多孔，软质石墨电刷，硬度低	汽轮发电机的集电环，80~230 V 的直流电机
电化石墨电刷	D104	硬度低，润滑性好，换向性能好	一般用于 0.4~200 kW 直流发电机，充电用直流发电机，轧钢用直流发电机，汽轮发电机，绕线转子异步电动机集电环、电焊直流发电机
电化石墨电刷	D172	润滑性好，摩擦系数低，换向性能好	大型汽轮发电机的集电环、励磁机、水轮发电机的集电环，换向正常的直流电机
	D207	硬度和机械强度较高，润滑性好，换向性能好	大型轧钢直流电机，矿用直流电机
	D202	硬度和机械强度较高，润滑性好，耐冲击振动	电力机车用牵引电动机，电压为 120~400 V 的直流发电机
	D213	硬度和机械强度较 D214 高	汽车、拖拉机的发电机，具有机械振动的牵引电动机
	D214 D215	硬度和机械强度较高，润滑、换向性能好	汽轮发电机的励磁机，换向困难、电压在 200 V 以上的带有冲击性负荷的直流电机，如牵引电动机、轧钢电动机
	D252	硬度中等，换向性能好	换向困难、电压为 120~440 V 的直流电机，牵引电机，汽轮发电机的励磁机
	D308 D309	质地硬，电阻系数高，换向性能好	换向困难的直流牵引电动机。角速度较高的小型直流电机以及电机扩大机
	D373		电力机车用直流牵引电动机
	D374	多孔，电阻系数高，换向性能好	换向困难的高速直流电机。牵引电动机，汽轮发电机的励磁机，轧钢电动机
	D379		换向困难的直流电机

续表

类别	型号	基本特征	主要应用范围
金属石墨电刷	J101 J102 J164	高含铜量，电阻系数小，允许电流密度大	低电压、大电流直流发电机，如电解、电镀、充电用直流发电机，绕线转自异步电动机的集电环
	J104 J104A		低电压、大电流直流发电机，汽车、拖拉机用发电机
	J201	中含铜量，电阻系数较高含铜量的电刷大，允许电流密度较大	电压在 60 V 以下的低电压、大电流直流发电机，如汽车发电机，直流电焊机，绕线转子电焊机，绕线转自异步电动机的集电环
	J204		电压在 40 V 以下的低电压，大电流直流电机，汽车辅助电动机，绕线转子异步电动机的集电环
	J205		电压在 60 V 以下的直流发电机，汽车、拖拉机用直流起动电动机，绕线转子异步电动机的集电环
	J206		电压为 25 ~ 80 V 的小型直流电机

二、技能训练

1. 实训器材

① 常用的电工材料。

② 常用电工实习工具。

2. 实训内容及要求

① 教师简要讲授常用的电工材料相关知识。

② 学生根据给出的情景选用合适电工材料。

三、技能考核

给出情景，由学生选用电工材料的类型。选取的电工材料类型需符合要求，型号也需符合要求。

四、练习与提高

① 列举常用的电工材料并指出它们的用途。

② 在使用导线时，对于一定的电流，可以选择线径更粗的导线而不能选择更细的，为什么?

模块二　认识常用低压电器

学习目标

- 能识别常用低压电器
- 能拆装低压电器，会分析低压电器的结构原理
- 能正确使用、修理与调整常用低压电器

一、理论知识

电器对电能的生产、输送、分配与应用起着控制、调节、检测和保护的作用，在电力输配电系统和电力拖动自动控制系统中应用极为广泛。低压电器是指工作在交流 1 200 V、直流 1 500 V 及以下的电路中，以实现对电路或非电对象的控制、检测、保护、变换、调节等作用的电器。

1. 开关

1）刀开关

刀开关又称闸刀开关，是结构最简单、应用最广泛的一种低压电器，其种类很多，这里介绍两种带有熔断器的刀开关。

（1）瓷底胶盖刀开关

瓷底胶盖刀开关又称开启式负荷开关，HK 系列瓷底胶盖闸刀开关是由刀开关和熔断体组合而成的一种电器，瓷底板上装有进线座、静触点、熔丝、出线座及三个刀片式的动触点，上面覆有胶盖以保证用电安全，其结构及外形如图 3－2－1 所示。

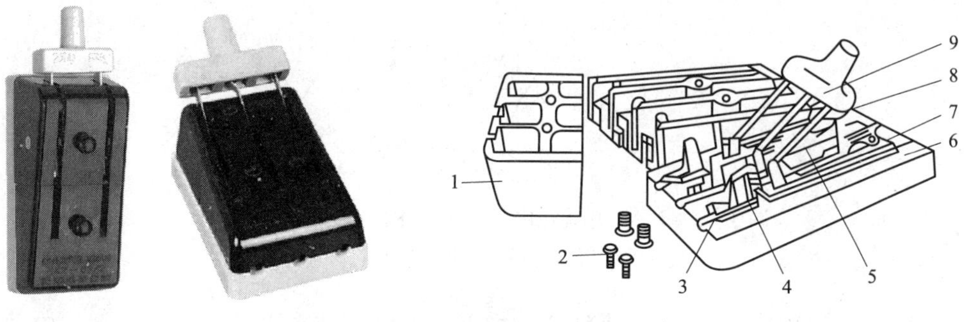

图 3－2－1　HK 系列瓷底胶盖刀开关

1—胶盖；2—胶盖紧固螺钉；3—进线座；4—静触点；5—熔丝；6—瓷底；7—出线座；8—动触点；9—瓷柄

HK 系列瓷底胶盖刀开关没有专门的灭弧设备，用胶木盖来防止电弧灼伤人手，拉闸和合闸时应动作迅速，使电弧较快地熄灭，可减轻电弧对刀片和触座的灼伤。

这种开关易被电弧烧坏，引起接触不良等故障，因此不宜用于经常分合的电路。但因其价格便宜，在一般的照明电路和功率小于 5.5 kW 电动机的控制电路中仍常采用。用于照明

电路时可选用额定电压250 V、额定电流大于或等于电路最大工作电流的两极开关；用于电动机的直接起动时，可选用额定电压为380 V或500 V、额定电流大于或等于电动机额定电流3倍的三极开关。

这种开关分有两极和三极两种，两极的额定电压为220或250 V，额定电流有10、15、30 A三种；三极的额定电压为380或500 V，额定电流有15、30和60 A三种。

瓷底胶盖刀开关型号意义如下。

```
HK 1—□/□
│  │  │  └─ 极数
│  │  └──── 额定电流
│  └─────── 设计序号
└────────── 开启式负荷开关
```

（2）铁壳开关

铁壳开关又称封闭式负荷开关，常用HH系列铁壳开关的结构及外形如图3-2-2所示。这种铁壳开关装有速断弹簧，其弹力使刀片快速从夹座拉开或嵌入夹座，提高了灭弧效果。为了保证用电安全，装有机械联锁装置，必须将壳盖闭合后，手柄才能（向上）合闸；只有手柄（向下）拉闸后，壳盖才能打开。

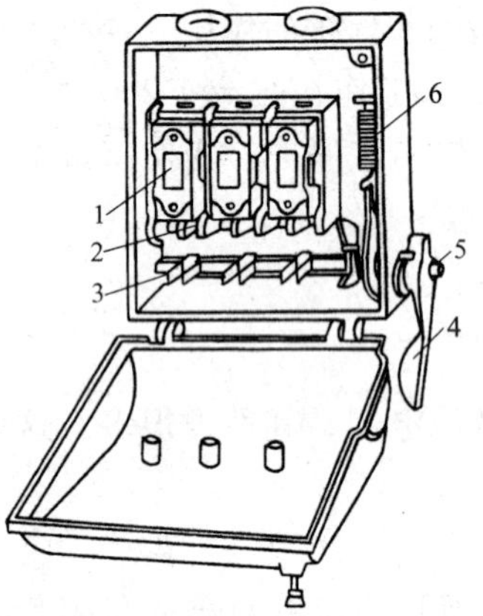

图3-2-2　HH系列铁壳开关
1—熔断器；2—夹座；3—闸刀；4—手柄；5—转轴；6—速断弹簧

常用的三极结构铁壳开关的额定电压为380 V，额定电流有15、30、60、100和200 A等多种。60 A及以下的铁壳开关用铸铁制成壳体；60 A以上的，用薄钢板制成壳体。动触点基本上有两种结构形式，30 A及以下的采用Π形双断点刀片；30 A以上的采用单刀式，但附有弧刀片，在静触点上通常还装有灭弧罩。

刀开关在电气原理图中的图形及文字符号如图3-2-3所示。

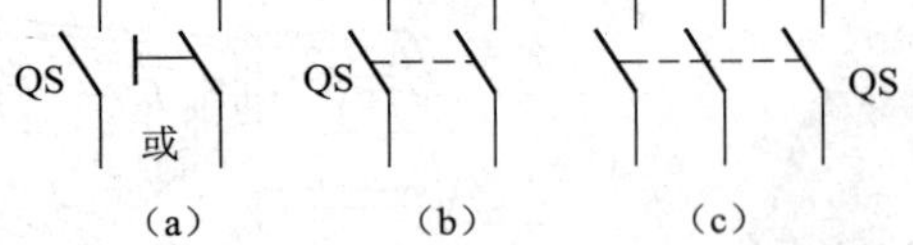

图3-2-3　刀开关在电气原理图中的图形及文字符号
（a）单极；（b）双极；（c）三极

安装时，刀开关在合闸状态下手柄应该向上，不能倒装和平装，以防止闸刀松动落下时误合闸。接线时，电源进线应接在静触点一边的进线端，用电设备应接在动触点一边的出线端。这样，当拉闸后刀片与电源隔离，用电部件和熔丝均不带电，以保证更换熔丝时的安全。

2）组合开关

组合开关又称转换开关，其外形结构及图形符号如图3-2-4所示。它是由多节触点组合而成，故称组合开关。同一平面上的两个触片构成一对触点。

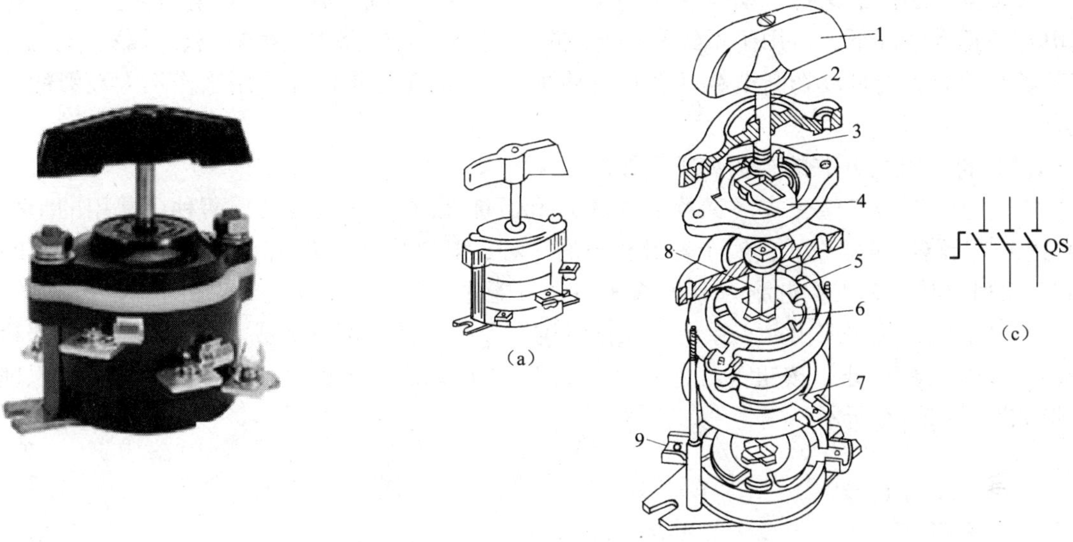

(b)

图 3 - 2 - 4　HZ10 - 10/3 型组合开关

(a) 外形；(b) 结构；(c) 符号

1—手柄；2—转轴；3—扭簧；4—凸轮；5—绝缘垫板；6—动触片；7—静触片；8—绝缘杆；9—接线柱

组合开关有三副静触片，分别装在三层绝缘垫板上，并附有接线柱，伸出盒外，以便和电源、用电设备相接。三副动触片是由两个磷铜片或硬紫铜片和消弧性能良好的绝缘钢质板铆合而成的，和绝缘垫板一起套在附有手柄的绝缘杆上，手柄每次转动 90°角，带动三个动触片分别与三对静触片接通和断开，顶盖部分由凸轮、弹簧及手柄等零件构成操作机构，这个机构由于采用了弹簧储能使开关快速闭合及分断。

组合开关在低压电气系统中多用作电源隔离开关，也可用于小容量电动机不频繁的起停控制。

在控制电动机正反转时，要使电动机必须先经过完全停止的位置，然后才能接通反向旋转电路。

HZ10 系列组合开关，额定电压在 500 V 以下，额定电流有 10 A、25 A、60 A、100 A 等几个等级。

HZ10 系列组合开关是根据电源种类、电压等级、所需触点数、电动机的容量进行选用。开关的额定电流一般取电动机额定电流的 1.5 ~2.5 倍。

HZ10 系列组合开关型号意义如下。

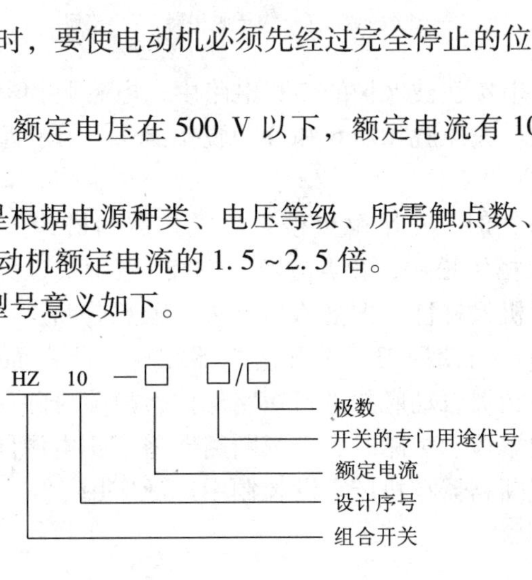

3）自动空气断路器

自动空气断路器又称自动空气开关或自动开关，它是既具有开关作用又能进行自动保护的电器。正常情况下，可用于不经常接通或断开电路，当电路中发生短路、过载、欠压等不正常的现象时，能自动切断电路（俗称自动跳闸）。或在正常情况下用来作不太频繁的切换电路。

（1）自动空气开关的结构和工作原理

自动空气开关有塑壳式（又称装置式）和万能式（又称框架式）两种，常用的 DZ5－20 型空气断路器是塑壳式，属于容量较小的一种，其额定工作电流为 20 A；容量较大的有 DZ10 系列，其额定工作电流为 100～600 A；万能式有 DW1、DW2、DW10 系列。

自动空气开关主要由触点系统、操作机构和保护元件三部分组成。全部机构装在塑料外壳内，外壳上有“分”按钮（红色）和“合”按钮（绿色）及触点接线柱。其工作原理及外形如图 3－2－5 所示。

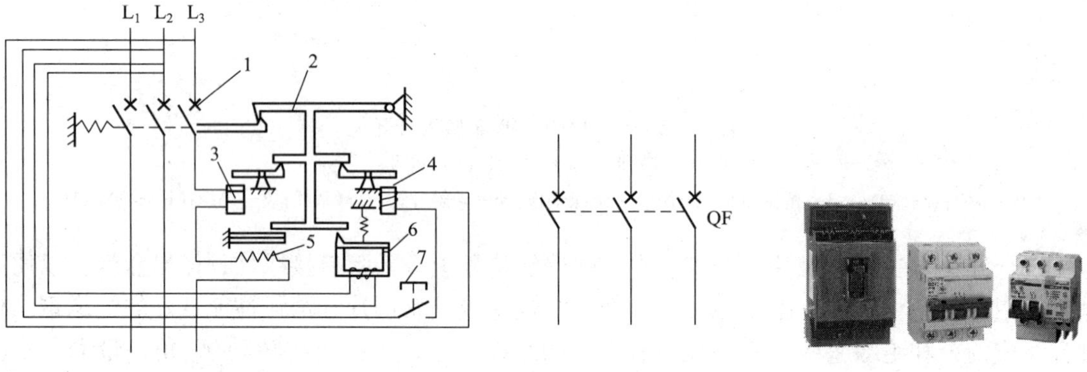

（a）　　（b）　　（c）

图 3－2－5　自动空气开关

（a）原理图；（b）符号；（c）实物

1—主触点；2—自由脱扣器的搭钩；3—电磁脱扣器；4—分磁脱扣器；

5—热脱扣器；6—失压脱扣器；7—按钮

开关的三个主触点 1 串接在被保护的三相电路中，电磁脱扣器 3 的线圈和热脱扣器 5 的热元件电阻丝与电路串联，失压脱扣器 6 和分励脱扣器 4（用于远距离控制）的线圈与电路并联。

当按下绿色“合”按钮时，三个触点被自由脱扣器的搭钩 2 钩住，保持闭合状态。当按下红色“分”按钮时，搭钩松钩，触点分断；或按下按钮 7，分励脱扣器线圈通电，衔铁被吸合，撞击自由脱扣器机构杠杆，把搭钩顶上去，触点分断。

空气断路器的优点是：与使用刀开关和熔断器相比，所占面积小，安装方便，操作安全。电路短路时，电磁脱扣器自动脱扣进行短路保护，故障排除后可重复使用，不像熔断器短路保护那样要更换新的熔体。短路时，空气断路器将三相电源同时切断，因而可避免电动机的缺相运行。所以空气断路器在机床自动控制中广泛应用。

自动空气开关型号意义如下。

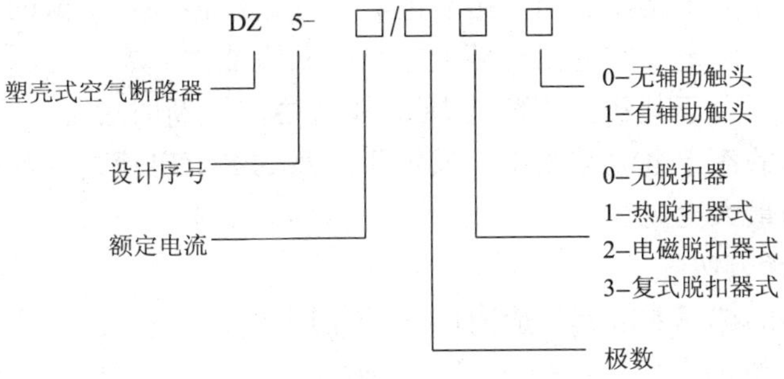

例如，型号 DZ5 - 20/330 表示是无辅助触点、复式脱扣、三极、主触点额定电流为 20 A 的塑壳式空气断路器。

（2）自动空气开关的选用

① 额定电压和额定电流应不小于电路的正常工作电压和工作电流。

② 各脱扣器的整定：

热脱扣器的整定电流应与所控制电动机的额定电流或负载额定电流相等。

失压脱扣器的额定电压等于主电路的额定电压。

电流脱扣器又称过电压脱扣器，整定电流应大于负载正常工作时的尖峰电流，对于电动机负载，通常按起动电流的 1.7 倍整定。

电磁脱扣器的瞬时脱扣整定电流应大于负载电路正常工作时的尖峰电流。对于电动机来说 DZ 型空气断路器电磁脱扣器瞬时脱扣整定电流值为

$$I_Z \geqslant K \times I_{st} \tag{3-2-1}$$

式中　K——安全系数，可取 1.7；

I_{st}——电动机的起动电流，A。

2. 熔断器

1）熔断器介绍

熔断器是配电电路及电动机控制电路中用作短路保护的电器。它串联在电路中，当电路或电气设备发生短路故障时，熔断器中的熔体首先熔断，使电路或电气设备脱离电源，起到保护作用。

熔断器主要由熔体和安装熔体的熔管（或熔座）两部分组成。熔体是熔断器的主要部分，常做成片状或丝状；熔管是熔体的保护外壳，在熔体熔断时兼有灭弧作用。

熔体的材料有两种：一种是低熔点材料，如铅、锡等合金制成的不同直径的圆丝（俗称保险丝），由于熔点低，不易熄弧，一般用在小电流电路中。另一种是高熔点材料，如银、铜等，用在大电流电路中；它熄弧较容易，但会引起熔断器过热，对过载时保护作用较差。

每一种规格的熔体都有额定电流和熔断电流两个参数。通过熔体的电流小于其额定电流时，熔体不会熔断，只有在超过其额定电流并达到熔断电流时，熔体才会发热熔断。通过熔体的电流越大，熔体熔断越快，一般规定熔体通过的电流为额定电流的 1.3 倍时，应在 1 min 以上熔断；通过额定电流的 1.6 倍时，应在 1 min 内熔断；电流达到 2 倍额定电流时，熔体在 30 ~ 40 s 熔断；当达到 8 ~ 10 倍额定电流时，熔体应瞬间熔断。熔断器对于过载是

很不灵敏的，当设备轻度过载时，熔断时间延迟很长，甚至不熔断。因此，熔断器不宜作为过载保护用，它主要作为短路保护用。熔断电流一般是熔体额定电流的2倍。

熔管有三个参数：额定工作电压、额定电流和断流能力。

若熔管的工作电压大于其额定工作电压，则当熔体熔断时可能出现电弧不能熄灭的危险，熔管内所装熔体的额定电流必须小于或等于熔管的额定电流；断流能力是表示熔管断开电路故障所能切断的最大电流。

2）熔断器的选择方法

熔断器经过正确的选择才能起到应有的保护作用。

（1）熔体额定电流的选择

① 对变压器、电炉及照明等负载的短路保护，熔体的额定电流应稍大于电路负载的额定电流。

② 对一台电动机负载的短路保护，熔体的额定电流 I_{RN} 应大于或等于1.5～2.5倍电动机额定电流 I_N，即：

$$I_{RN} \geq (1.5 \sim 2.5) I_N \tag{3-2-2}$$

③ 对几台电动机同时保护，熔体的额定电流应大于或等于其中最大容量的一台电动机的额定电流 I_{Nmax} 的1.5～2.5倍加上其余电动机的额定电流总和 $\sum I_N$，即：

$$I_{RN} \geq (1.5 \sim 2.5) I_{Nmax} + \sum I_N \tag{3-2-3}$$

在电动机功率较大而实际负载较小时，熔体额定电流可适当选小些，小到以起动时熔体不断为准。

（2）熔壳的选择

① 熔壳的额定电压必须大于或等于电路的工作电压。

② 熔壳的额定电流必须大于或等于所装熔体的额定电流。

3）常用熔断器系列产品介绍

（1）瓷插式熔断器

瓷插式熔断器的常用产品有RC1A系列，主要用于交流50 Hz、额定电压380 V及以下的电路中，作为供配电系统导线及电气设备的短路保护，也可作为为民用照明等电路的保护。常用RC1A系列瓷插式熔断器的外形及结构如图3-2-6所示。

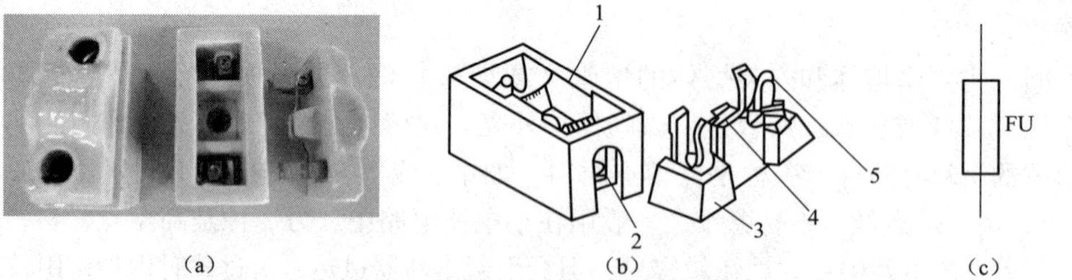

图3-2-6　RC1A系列瓷插式熔断器

（a）实物；（b）结构图；（c）熔断器符号

1—瓷座底；2—静触点；3—瓷插件；4—熔丝；5—动触点

RC1A系列瓷插式熔断器的额定电压为380 V，额定电流有5 A、10 A、15 A、30 A、60 A、100 A及200 A等。RC1A系列瓷插式熔断器规格如表3-2-1所示。

RC1A 系列熔断器价格便宜，更换方便，因而广泛用作照明和小容量电动机的短路保护。因熔丝熔断过程中产生声光现象，因而在易爆炸、有腐蚀的工作场合禁止使用。

（2）螺旋式熔断器

螺旋式熔断器的常用产品有 RL1、RL6、RL7、RLS2 等系列，其中 RL1、RL6、RL7 多用于机床配线电路中，RLS2 为快速熔断器，主要用于保护硅整流器件和晶闸管等半导体器件。螺旋式熔断器主要由瓷帽、熔体、瓷套、指示器、上接线端、下接线端及底座 7 部分组成。常用 RL1 系列螺旋式熔断器的外形及结构如图 3－2－7 所示。

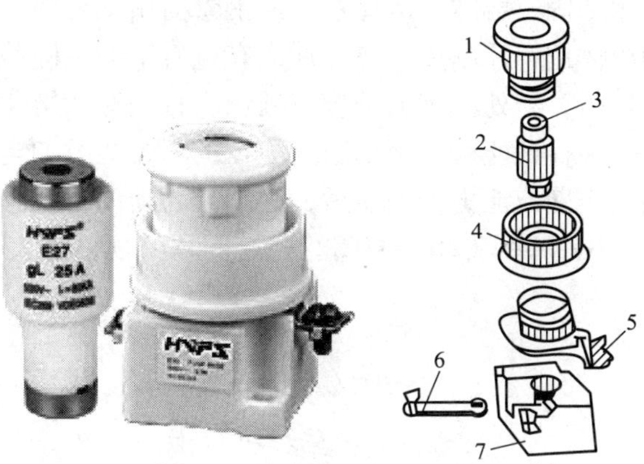

（a）　（b）

图 3－2－7　RL1 系列螺旋式熔断器

（a）外形图；（b）结构图

1—瓷帽；2—熔体；3—指示器；4—瓷套；

5—上接线端；6—下接线端；7—底座

在 RL1 系列螺旋式熔断器的熔断管内，除了装熔丝外，在熔丝周围填满石英砂，作为熄灭电弧用。熔体的一端有一小红点，熔丝熔断后红点自动脱落，显示熔丝已熔断。使用时将熔断管有红点的一端插入瓷帽，瓷帽上有螺纹，将瓷帽连同熔管一起拧进瓷底座，熔丝便接通电路。

在安装接线时，用电设备的连接线应接到连接金属螺纹壳的上接线端，电源线接到瓷底座上的下接线端，这样在更换熔丝时，旋出瓷帽后螺纹壳上不会带电，保证了安全。

RL1 系列螺旋式熔断器的额定电压为 500 V，额定电流有 15、60、100 及 200 A 等。RL1 系列螺旋式熔断器的规格如表 3－2－1 所示。

RL1 螺旋式熔断器的断流能力大，体积小，安装面积小，更换熔丝方便，安全可靠，熔丝熔断后有显示。在额定电压为 500 V、额定电流为 200 A 以下的交流电路或电动机控制电路中作为短路保护。

（3）无填料封闭管式熔断器

常用产品有 RM10 系列，其外形及结构如图 3－2－8 所示。

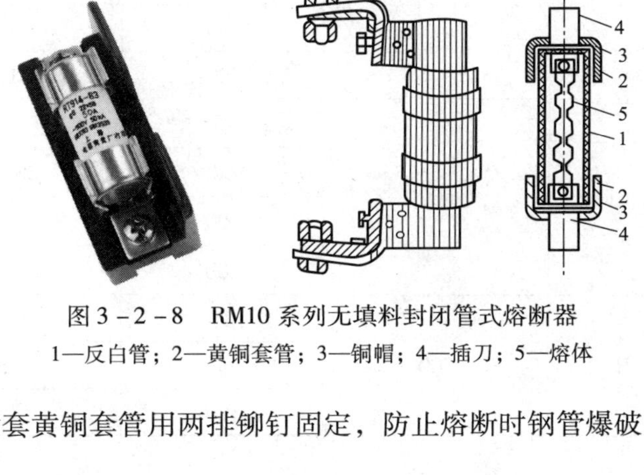

图 3－2－8　RM10 系列无填料封闭管式熔断器

1—反白管；2—黄铜套管；3—铜帽；4—插刀；5—熔体

它由钢管两端紧套黄铜套管用两排铆钉固定，防止熔断时钢管爆破。在套管上旋有黄铜帽用来固定熔体，熔片在装入钢管前用螺钉固定在插刀上。使用时将插刀插进夹座。熔断器的熔体用锌片制成，锌片冲成有宽有窄的不同截面，宽处电阻大，窄处电阻小。当有大电流通过时，窄处温度上升较宽处快，首先达到熔化温度而熔断。

为保证能可靠地切断所规定的断流能力的电流，按规定，RM系列熔断器在切断过三次相当于断流能力的电流后，必须换为新的。

RM系列无填料封闭管式熔断器的规格如表3－2－1所示。

（4）有填料封闭管式熔断器

随着低压电网容量的增大，当电路发生短路故障时，短路电流常高达25～50 kA。上面三种系列的熔断器都不能分断这么大的短路电流，必须采用RT0系列有填料封闭管式熔断器。RT0系列熔断器的外形及结构如图3－2－9所示。

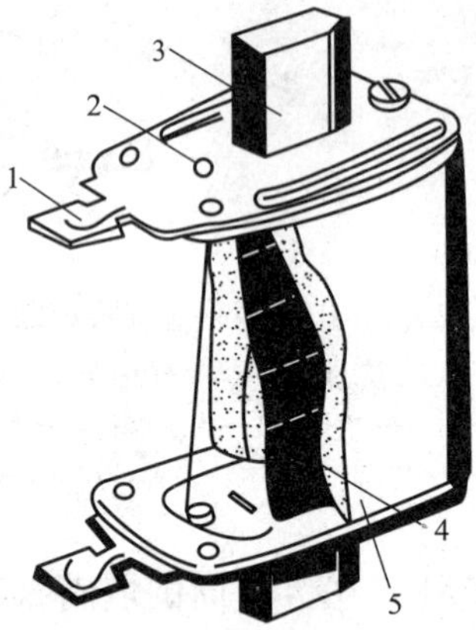

图3－2－9　RT0系列有填料封闭管式熔断器
1—盖板；2—指示器；3—触角；4—熔体；5—熔管

图中熔管采用高频陶瓷制成，它具有耐热性强、机械强度高、外表面光洁美观等优点。熔体是两片网状紫铜片，中间用锡把它们焊接起来，这个部分称为“锡桥”，熔管内填满石英砂，在切断电流时起迅速灭弧作用，熔断指标器为一机械信号装置，指标器有与熔体并联的康铜熔断丝，能在熔体烧断后烧断，弹出红色醒目的指标件表示熔断信号，熔断器的插刀插在底座的插座内。

RT0系列有填料封闭管式熔断规格如表3－2－1所示。

表3－2－1　常用低压熔断器

类别	型号	额定电压/V	额定电流/A	熔体额定电流等级/A
瓷插式熔断器	RC1A	380	5	2、4、5
			10	2、4、6、10
			15	15、20、25、30
			60	30、40、50、60
			100	60、80、100
			200	100、120、150、200
螺旋式熔断器	RL1	500	15	2、4、5、6、10、15
			60	20、25、30、35、40、50、60
			100	60、80、100
			200	100、150、200
	RL2	500	25	2、4、6、10、15、20、25
			60	25、35、50、60
			100	80、100

续表

类别	型号	额定电压/V	额定电流/A	熔体额定电流等级/A
有填料封闭管式熔断器	RT0	380	100	30、40、50、60、80、100
			200	80、100、120、150、200
			400	150、200、250、300、350、400
			600	350、400、450、500、550、600
			1 000	700、800
无填料封闭管式熔断器	RM10	交流：220、380、500 直流：220、440	15	6、10、15
			60	15、20、25、35、45、60
			100	60、80、100
			200	100、125、160、200
			350	200、225、260、300、350
			600	350、430、500、600

3. 接触器

接触器是机床电气控制系统中使用量大、涉及面广的一种低压控制电器，用来频繁地接通和分断交直流主回路和大容量控制电路。主要控制对象是电动机，能实现远距离控制，并具有欠（零）电压保护。

1）结构和工作原理

接触器主要由电磁机构、触点系统和灭弧装置组成，其结构如图 3－2－10（b）所示。

电磁机构：电磁机构包括动铁心（衔铁）、静铁心和电磁线圈三部分组成，其作用是将电磁能转换成机械能，产生电磁吸力带动触点动作。

触点系统：触点又称为触头，是接触器的执行元件，用来接通或断开被控制电路。触点的结构形式很多，按其所控制的电路可分为主触点和辅助触点。主触点用于接通或断开主电路，允许通过较大的电流；辅助触点用于接通或断开控制电路，只能通过较小的电流。

触点按其原始状态可分为常开触点（动合触点）和常闭触点（动断触点）。原始状态时（即线圈未通电）断开、线圈通电后闭合的触点叫常开触点；原始状态时闭合、线圈通电后断开的触点叫常闭触点。线圈断电后所有触点复位，即恢复到原始状态。

灭弧装置：在分断电流瞬间，触点间的气隙中会产生电弧，电弧的高温能将触点烧损，并可能造成其他事故。因此，应采用适当措施迅速熄灭电弧。常采用灭弧罩、灭弧栅和磁吹灭弧装置。例如 CJ20 型接触器就有灭弧罩（灭弧室），它是用陶瓷或三聚氰胺（耐弧塑料）制成。

工作原理：接触器根据电磁工作原理，当电磁线圈通电后，线圈电流产生磁场，使静铁心产生电磁吸力吸引衔铁，并带动触点动作，使常闭触点断开、常开触点闭合，两者是联动的。当电磁线圈断电时，电磁力消失，衔铁在释放弹簧的作用下释放，使触点复原，即常开触点断开、常闭触点闭合。接触器的图形符号、文字符号如图 3－2－10（c）所示。

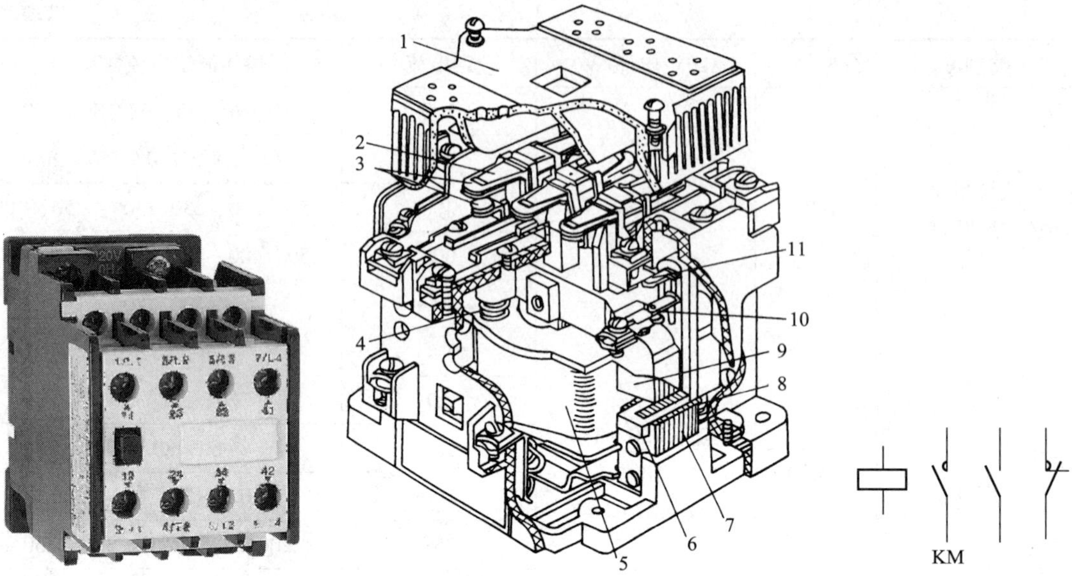

（a）　　（b）　　（c）

图 3－2－10　交流接触器

（a）外形图；（b）结构；（c）电气符号（线圈、主触点、常开触点、常闭触点）

1—灭弧罩；2—触点压力弹簧片；3—主触点；4—反作用弹簧；5—线圈；

6—短路环；7—静铁心；8—弹簧；9—动铁心；10—辅助常开触点；11—辅助常闭触点

2）交、直流接触器的特点

接触器按其主触点所控制主电路电流的种类可分为交流接触器和直流接触器。

（1）交流接触器

交流接触器线圈通以交流电，主触点接通、分断交流主电路。

当交变磁通穿过铁心时，将产生涡流和磁滞损耗，使铁心发热。为减少铁损，铁心用硅钢片冲压而成。为便于散热，线圈做成短而粗的圆筒状绕在骨架上。为防止交变磁通使衔铁产生强烈振动和噪声，交流接触器铁心端面上都安装一个铜制的短路环，如图 3－2－11 所示。短路环的作用是减少交流接触器吸合时产生的振动和噪声。短路环一般用钢、康铜或镍铬合金等材料制成。交流接触器的灭弧装置通常采用灭弧罩和灭弧栅。

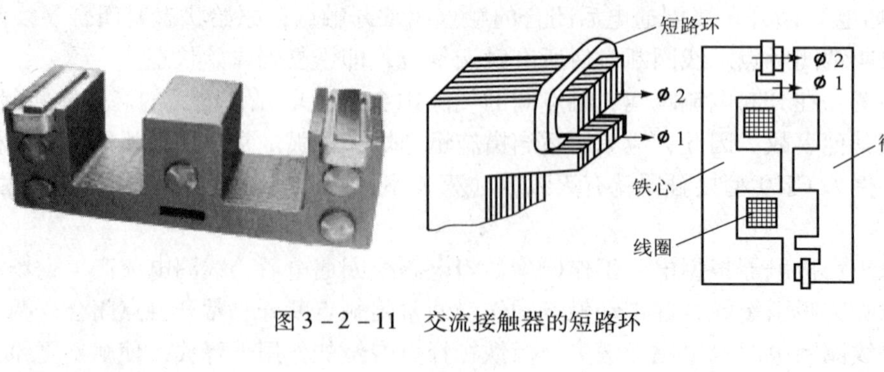

图 3－2－11　交流接触器的短路环

（2）直流接触器

直流接触器线圈通以直流电流，主触点接通、切断直流主电路。

直流接触器铁心中不产生涡流和磁滞损耗，所以不发热，铁心可用整块钢制成。为保证散热良好，通常将线圈绕制成长而薄的圆筒状。直流接触器灭弧较难，一般采用灭弧能力较强的磁吹灭弧装置。

3）接触器型号

接触器型号意义如下。

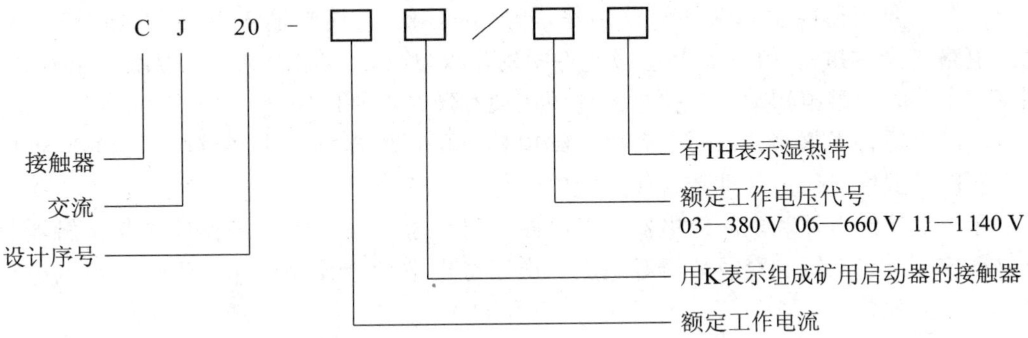

4）接触器的选择

（1）选择接触器触点的额定电压

通常选择接触器触点的额定电压大于或等于负载回路的额定电压。

（2）选择接触器主触点的额定电流

选用接触器主触点的额定电流应大于或等于电动机的额定电流或负载额定电流。

电动机的额定电流，可按下式推算：

$$I_N = \frac{P_N \times 10^3}{\sqrt{3}U_N\cos\varphi\eta} \tag{3-2-4}$$

式中　I_N——电动机额定电流，A；

P_N——电动机额定功率，kW；

U_N——电动机额定电压，V；

$\cos\varphi$——电动机功率因数，额定负载运行时，约为0.7～0.8；

η——电动机效率，$\eta = \frac{P_N \times 10^3}{\sqrt{3}U_N I_N\cos\varphi}$。　　(3-2-5)

额定电压为380 V、功率为100 kW以下的电动机，其$\cos\varphi$约为0.7～0.82。

（3）选择接触器吸引线圈的电压

接触器吸引线圈电压一般从人身和设备安全角度考虑，可选择低一些；当控制电路简单、用电不多时，可选用220 V或380 V。

（4）接触器的触点数量、种类选择

接触器的触点数量、种类等应满足控制电路的要求。

5）接触器的安装和使用

① 接触器安装前应先检查接触器的线圈电压是否符合实际使用要求；然后将铁心极面上的防锈油擦净，以免油垢黏滞造成接触器线圈断电后铁心不释放；并用手分合接触器的活动部分，检查各触点接触是否良好，有否卡阻。

② 接触器安装时，其底面与地面的倾斜度应小于5°。安装CJ系列接触器时，应使有孔

的两面放在上、下方向，以利散热。

③ 接触器的触点不允许涂油，当触点表面因电弧作用形成金属小珠时，应及时铲除；但银及银合金触点表面产生的氧化膜由于其接触电阻很小，不必挫修，否则将缩短触点的使用寿命。

4. 继电器

继电器主要用在控制和保护电路中作信号转换用。它具有输入电路（又称感应元件）和输出电路（又称执行元件），当感应元件中的输入量（如电流、电压、温度、压力等）变化到某一定值时，继电器动作，执行元件便接通和断开控制回路。

控制继电器种类繁多，常用的有电流继电器、电压继电器、中间继电器、时间继电器、热继电器以及温度、压力、计数、频率继电器等。

电压、电流继电器和中间继电器属于电磁式继电器，其结构、工作原理与接触器相似，由电磁系统、触点系统和释放弹簧等组成。由于继电器用于控制电路，流过触点的电流小，所以不需要灭弧装置。

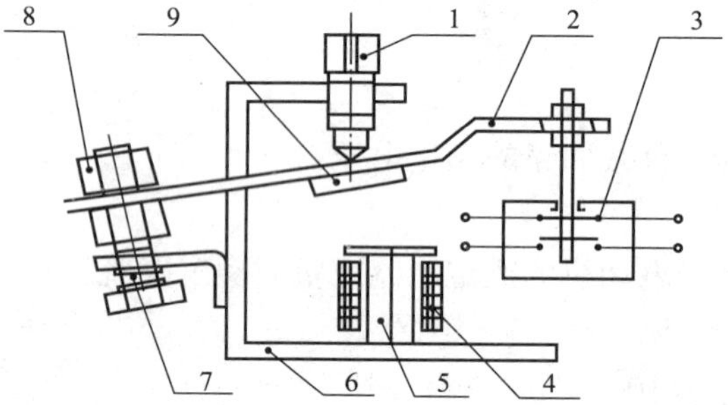

图 3－2－12　电磁式继电器结构示意图

1—调整螺钉；2—衔铁；3—触点；4—线圈；5—铁心；6—磁轭；7—弹簧；8—调整螺母；9—非磁性垫片

1）电磁式继电器

电磁式继电器按吸引线圈电流的种类不同有直流和交流两种。其结构及工作原理与接触器相似，但因继电器一般用来接通和断开控制电路，故触点电流容量较小（一般5 A以下）。图3－2－12为电磁式继电器结构示意图。下面介绍一些常用的电磁式继电器。

（1）电流继电器

电流继电器的线圈串接在被测量的电路中，以反映电路电流的变化。为了不影响电路工作情况，电流继电器线圈匝数少，导线粗，线圈阻抗小。

电流继电器有欠电流继电器和过电流继电器两类。欠电流继电器的吸引电流为线圈额定电流的30%～65%，释放电流为额定电流的10%～20%，因此，在电路正常工作时，衔铁是吸合的，只有当电流降低到某一整定值时，继电器释放，输出信号。过电流继电器在电路正常工作时不动作，当电流超过某一整定值时才动作，整定范围通常为1～4倍额定电流。

在机床电气控制系统中，电流继电器主要根据主电路内的电流种类和额定电流来选择。

（2）电压继电器

电压继电器的结构与电流继电器相似，不同的是电压继电器线圈为并联的电压线圈，所以匝数多、导线细、阻抗大。

电压继电器按动作电压值的不同，有过电压继电器、欠电压继电器和零电压继电器之分。过电压继电器在电压为额定电压的110%～115%以上时有保护动作；欠电压继电器在电压为额定电压的40%～70%时有保护动作；零电压继电器当电压降至额定电压的5%～25%时有保护动作。

（3）中间继电器

中间继电器实质上是电压继电器的一种，它的触点数多（有6对或更多），触点电流容量大，动作灵敏。其主要用途是当其他继电器的触点数或触点容量不够时，可借助中间继电器来扩大它们的触点数或触点容量，从而起到中间转换的作用。

中间继电器主要依据被控制电路的电压等级、触点的数量、种类及容量来选用。机床上常用的中间继电器有交流中间继电器和交直流两用中间继电器。

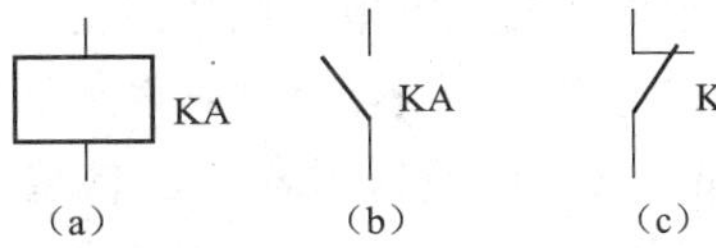

图 3－2－13　电磁式继电器符号

（a）线圈；（b）常开触点；（c）常闭触点

电磁式继电器的图形符号一般是相同的，如图 3－2－13 所示。电流继电器的文字符号为 KI，线圈方格中用 I >（或 I <）表示过电流（或欠电流）继电器。电压继电器的文字符号为 KV，线圈方格中用 U <（或 U = 0）表示欠电压（或零电压）继电器。

（4）时间继电器

时间继电器是一种用来实现触点延时接通或断开的控制电器，按其动作原理与构造不同，可分为电磁式、空气阻尼式、电动式和晶体管式等类型。机床控制电路中应用较多的是空气阻尼式时间继电器，目前晶体管式时间继电器也获得了越来越广泛的应用。

① 空气阻尼式时间继电器。空气阻尼式时间继电器，是利用空气阻尼作用获得延时的，有通电延时和断电延时两种类型，时间继电器的结构如图 3－2－14 所示。它主要由电磁机构、延时机构和工作触点三部分组成。其工作原理如下。

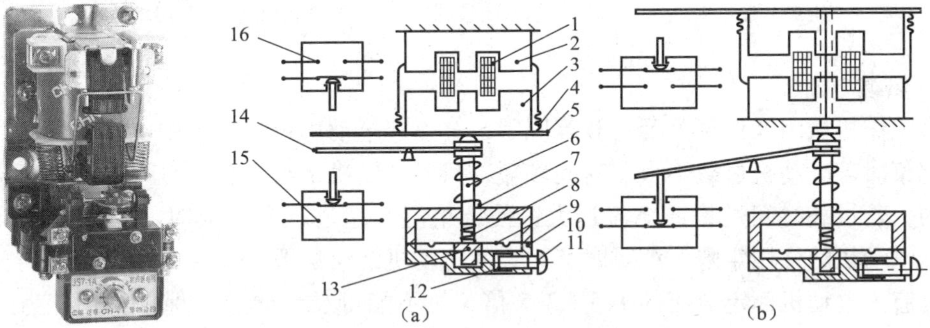

图 3－2－14　时间继电器结构原理图

（a）通电延时型；（b）断电延时型

1—线圈；2—铁心；3—衔铁；4—复位弹簧；5—推板；6—活塞杆；7—塔形弹簧；8—弱弹簧；9—橡皮膜；10—空气室壁；11—调节螺杆；12—进气孔；13—活塞；14—杠杆；15、16—微动开关

图 3－2－14（a）所示为通电延时型时间继电器。当线圈 1 通电后，铁心 2 将衔铁 3 吸合，推板 5 使微动开关 16 立即动作，活塞杆 6 在塔形弹簧的作用下，带动活塞 13 及橡皮膜 9 向上移动，由于橡皮膜下方气室空气稀薄，形成负压，因此活塞杆 6 不能迅速上移。当空气由进气孔 12 进入时，活塞杆 6 才逐渐上移，当移到最上端时，杠杆 14 才使微动开关 15 动作。延时时间为自电磁铁吸引线圈通电时刻起到微动开关动作时为止的这段时间。通过调节螺杆 11 调节进气孔的大小，就可以调节延时时间。

当线圈 1 断电时，衔铁 3 在复位弹簧 4 的作用下将活塞 13 推向最下端。因活塞被往下推时，橡皮膜下方气室内的空气，通过橡皮膜 9、弱弹簧 8 和活塞 13 肩部所形成的单向阀，经上气室缝隙顺利排掉，因此延时与不延时的微动开关 15 与 16 都迅速复位。

将电磁机构翻转180°安装后，可得到如图3－2－14（b）所示的断电延时型时间继电器。它的工作原理与通电延时型相似，微动开关15是在吸引线圈断电后延时动作的。

空气阻尼式时间继电器的优点是：结构简单、寿命长、价格低廉，还附有不延时的触点，所以应用较为广泛。缺点是准确度低，延时误差大，因此在要求延时精度高的场合不宜采用。

② 晶体管式时间继电器。晶体管式时间继电器具有延时范围广、体积小、精度高、调节方便及寿命长等优点，所以发展快，应用广泛。

选择时间继电器主要根据控制回路所需要的延时触点的延时方式、瞬时触点的数目以及使用条件来选择。

时间继电器的图形符号如图3－2－15所示，文字符号为KT。

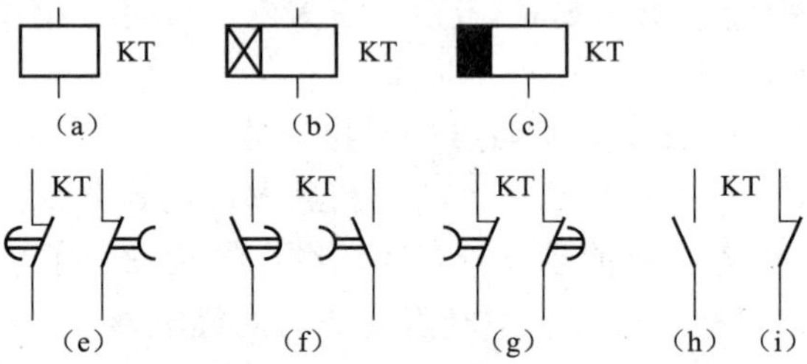

图3－2－15　时间继电器图形符号

（a）线圈一般符号；（b）通电延时线圈；（c）断电延时线圈；（d）延时闭合常开触点；（e）延时断开常闭触点；（f）延时断开常开触点；（g）延时闭合常闭触点；（h）瞬动常开触点；（i）瞬动常闭触点

（5）热继电器

很多工作机械因操作频繁及过载等原因，会引起电动机定子绕组中电流增大、绕组温度升高等现象。若电动机过载不大、时间较短，只要电动机绕组不超过允许的温升，这种过载是允许的。若过载时间过长或电流过大，使绕组温升超过了允许值时，将会损坏绕组的绝缘，缩短电动机的使用年限，严重时甚至会使电动机绕组烧毁。电路中虽有熔断器，但熔体的额定电流为电动机额定电流的1.5～2.5倍，故不能可靠地起过载保护作用，为此，要采用热继电器作为电动机的过载保护。

① 热继电器的结构和工作原理。热继电器主要由热元件、双金属片、触点系统等组成。其外形及结构如图3－2－16所示。

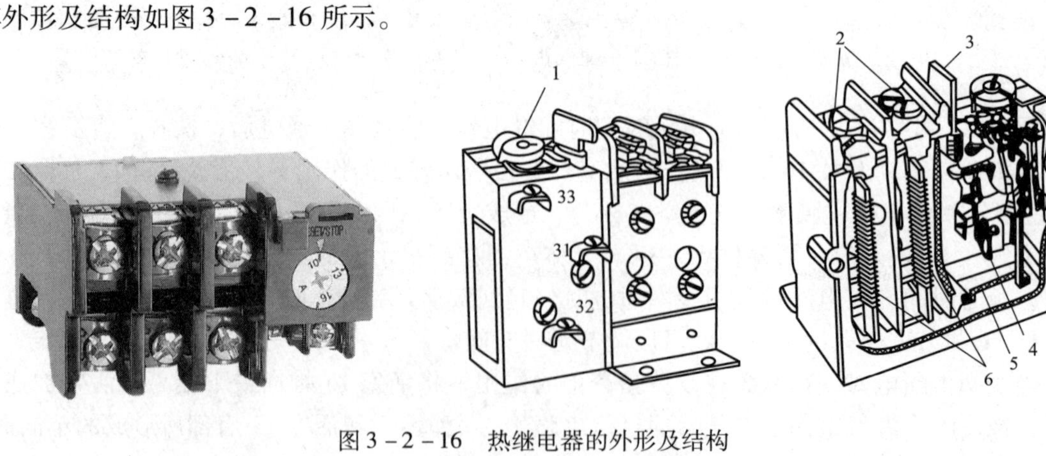

图3－2－16　热继电器的外形及结构

1—整定电流装置；2—主电路接线柱；3—复位按钮；4—常闭触点；5—动作机构；6—热元件

在一般情况下，由于电源的三相电压均衡，电动机的绝缘良好，电动机的三相线电流必将相等，应用两相结构的热继电器已能对电动机的过载进行保护；但当三相电源严重不平衡或电动机的绕组内部发生短路故障时，就有可能使电动机的某一相的线电流比其余两相的线电流要高。若该相线路中，恰巧没有热元件，就不能可靠地起到保护作用。因此考虑到这种情况，就必须选用三相结构的热继电器。

热继电器所保护的电动机，如果是星形联结的，当线路上发生一相断路（如一相熔断器熔体熔断）时，另外两相发生过载，但此时流过热元件的电流也就是电动机绕组的电流（线电流等于相电流），因此，用普通的两相或三相结构的热继电器都可以起到保护作用。如果电动机是三角形联结的，发生断相时，由于是在三相中发生局部过载，而线电流大于相电流，故用普通的两相和三相结构的热继电器就不能起到保护作用，必须采用带断相保护装置的热继电器，它不仅具有一般热继电器的保护性能，而且当三相电动机一相断路或三相电流严重不平衡时，它能及时动作，起到保护作用（即断相保护特性）。

热继电器适用于轻载起动长期工作或间断工作时作为电动机的过载保护；对频繁和重载起动时，则不能起到充分的保护作用，也不能作短路保护，因双金属片受热膨胀需要一定时间，当电动机发生短路时，电流很大，热继电器还来不及动作时，供电线路和电源设备就有可能已受损坏，因此，短路保护必须由熔断器来完成。

热继电器的常用型号意义如下。

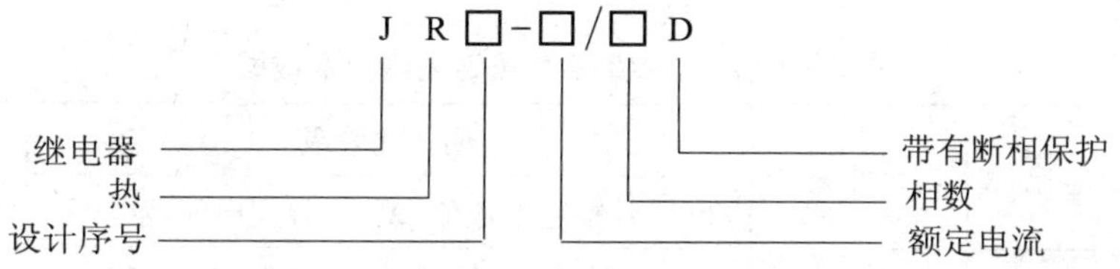

例如：JR16－20/3D表示额定电流为20 A的带断相保护的三相结构热继电器；JR0－40表示额定电流为40 A的两相结构的热继电器。

常用JR0、JR10和JR16系列热继电器的技术数据如表3－2－2、表3－2－3所示。

表3－2－2　JR0和JR16系列热继电器的技术数据

<table>
<tr><th rowspan="2">型号</th><th rowspan="2">额定电流/A</th><th colspan="2">热元件等级</th><th rowspan="2">主要用途</th></tr>
<tr><th>额定电流/A</th><th>刻度电流调节范围/A</th></tr>
<tr><td rowspan="8">JR0－20/3
JR0－20/3D
JR16－20/3
JR16－20/3D</td><td rowspan="8">20</td><td>0.35</td><td>0.12～0.35</td><td rowspan="8">供交流500 V以下的电气回路中作为电动机的过载保护之用
D表示有断装置</td></tr>
<tr><td>0.50</td><td>0.32～0.50</td></tr>
<tr><td>0.72</td><td>0.45～0.72</td></tr>
<tr><td>1.1</td><td>0.68～1.1</td></tr>
<tr><td>1.6</td><td>1.0～1.6</td></tr>
<tr><td>2.4</td><td>1.5～2.4</td></tr>
<tr><td>3.5</td><td>2.2～3.5</td></tr>
<tr><td>5</td><td>3.2～5</td></tr>
</table>

续表

型号	额定电流/A	热元件等级		主要用途
		额定电流/A	刻度电流调节范围/A	
JR0-20/3 JR0-20/3D JR16-20/3 JR16-20/3D	20	7.2	4.5~7.2	供交流500 V以下的电气回路中作为电动机的过载保护之用 D表示有断装置
		11	6.8~11	
		16	10~16	
		22	14~22	
JR0-40 JR16-40/3D	40	0.64	0.4~0.64	
		1	0.64~1	
		1.6	1~1.6	
		2.5	1.6~2.5	
		4	2.5~4	
		6.4	4~6.4	
		10	6.4~10	
		16	10~16	
		25	16~25	
		40	25~40	

表3-2-3　JR10系列热继电器技术数据

型号	额定电流/A	热元件编号	热元件等级		主要用途
			出厂时整定电流值/A	整定电流范围/A	
JR10-10	10	OA	0.30	0.25~0.35	供交流380 V以下的电气装置中作为电动机的过载保护之用
		0	0.37	0.30~0.40	
		1	0.47	0.40~0.55	
		2	0.55	0.50~0.65	
		3	0.66	0.55~0.75	
		4	0.80	0.70~0.95	
		5	1.05	0.90~1.25	
		6	1.40	1.20~1.60	
		7	1.60	1.40~1.90	
		8	2.00	1.80~2.35	
		9	2.50	2.25~3.00	
		10	3.10	2.80~3.75	
		11	3.80	3.40~4.50	
		12	5.00	4.20~5.60	
		13	5.55	4.75~6.30	
		14	7.20	6.00~8.00	
		15	9.00	7.50~10.00	

② 热继电器的选用。原则上热继电器的额定电流应按电动机的额定电流选择。但对于过载能力较差的电动机，其配用的热继电器的额定电流应适当小些。通常选取热继电器的额定电流（实际上是选取热元件的额定电流）为电动机额定电流的60% ~80%，并应校验动作特性。

在不频繁起动的场合，要保证热继电器在电动机的起动过程中不产生误动作。通常当电动机起动电流为其额定电流的6倍及以下、起动时间不超过5 s时，若很少连续起动，就可按电动机的额定电流选用热继电器。当电动机起动时间较长，就不宜采用热继电器，而采用过电流继电器作为保护。

热继电器的主要参数是热元件的整定电流范围，通常选择的整定电流范围的中间值应等于或稍大于电动机的额定电流，每一种额定工作电流等级热继电器有若干不同额定电流的热元件可供选择。

热继电器在电气原理图中的符号如图3-2-17所示。

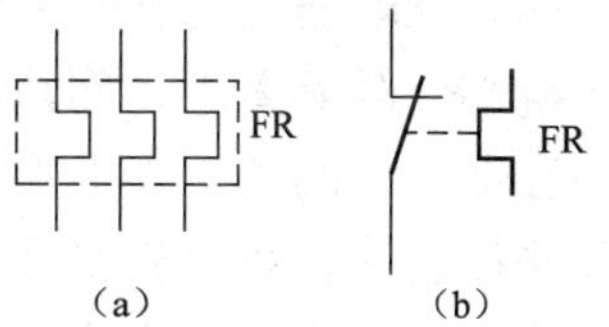

图3-2-17　热继电器的电路符号
(a) 热元件；(b) 常闭触点

(6) 速度继电器

速度继电器根据电磁感应原理制成的，用于转速的检测，如用来在三相交流异步电动机反接制动转速过零时，自动断开反相序电源。图3-2-18为其结构原理图。

速度继电器主要由转子、圆环（笼形空心绕组）和触点三部分组成。

转子由一块永久磁铁制成，与电动机同轴相连，用以接收转动信号。当转子（磁铁）旋转时，笼形绕组切割转子磁场产生感应电动势，形成环内电流，此电流与磁铁磁场相作用，产生电磁转矩，圆环在此力矩的作用下带动摆锤，克服弹簧力而顺转子转动的方向摆动，并拨动触点改变其通断状态（在摆锤左右各设一组切换触点，分别在速度继电器正转和反转时发生作用）。

速度继电器的动作转速一般不低于120 r/min，复位转速约在100 r/min以下，工作时，允许的转速高达1 000 ~3 600 r/min。

速度继电器的图形符号如图3-2-19所示，文字符号为KS。

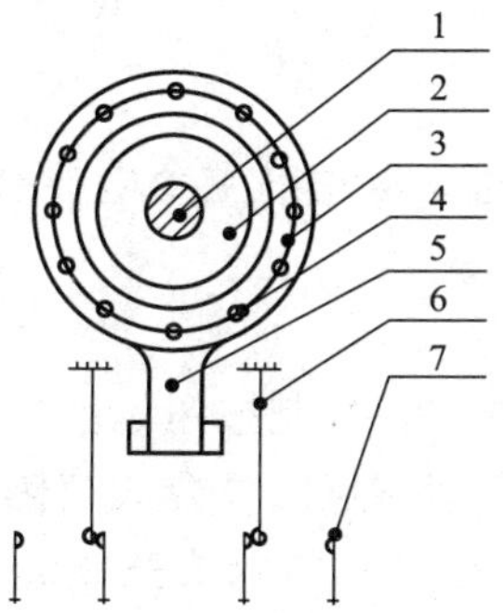

图3-2-18　速度继电器结构原理图
1—转轴；2—转子；3—定子；4—绕组；
5—摆锤；6—簧片；7—触点

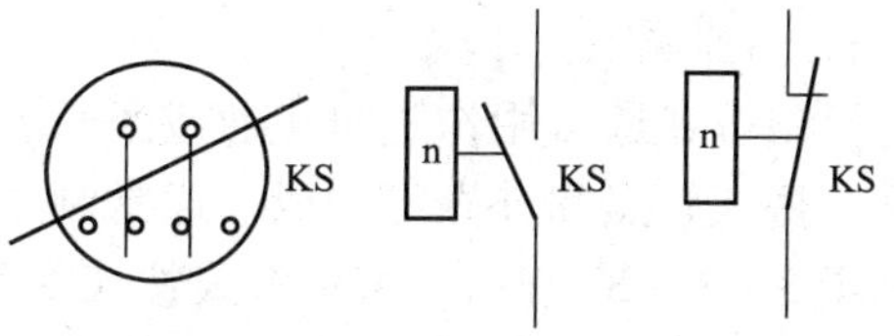

图3-2-19　速度继电器符号

（7）固态继电器

固态继电器（Solid State Relay）简称SSR，是20世纪70年代中后期发展起来的一种新型无触点继电器。由于可靠性高、开关速度快和工作频率高、使用寿命长，便于小型化、输入控制电流小以及与TTL、CMOS等集成电路有较好的兼容性等一系列优点，不仅在许多自动控制装置中替代了常规的继电器，而且在常规继电器无法应用的一些领域，如微型计算机数据处理系统的终端装置、可编程序控制器的输出模块、数控机床的程控装置以及在微机控制的测量仪表中都有用武之地。随着我国电子工业的迅速发展，其应用领域正在不断扩大。

固态继电器是具有两个输入端和两个输出端的一种四端器件，其输入与输出之间通常采用光电耦合器隔离，并称其为全固态继电器。固态继电器按输出端负载的电源类型可分为直流型和交流型两类。其中直流型是以功率晶体三极管的集电极和发射极作为输出端负载电路的开关控制的，而交流型是以双向三端晶闸管的两个电极作为输出端负载电路的开关控制的。固态继电器的形式有常开式和常闭式两种，当固态继电器的输入端施加控制信号时，其输出端负载电路常开式的被导通、常闭式的被断开。

交流型的固态继电器，按双向三端晶闸管的触发方式可分为非过零型和过零型两种。其主要区别在于交流负载电路导通的时刻不同，当输入端施加控制信号电压时，非过零型负载端开关立即动作，而过零型的必须等到交流负载电源电压过零（接近0 V）时，负载端开关才动作。输入端控制信号撤销时，过零型的也必须等到交流负载电源电压过零时负载端开关才复位。

固态继电器的输入端要求有几个毫安至20 mA的驱动电流，最小工作电压为3 V，所以MOS逻辑信号通常要经晶体管缓冲级放大后再去控制固态继电器，对于CMOS电路可利用NPN晶体管缓冲器。当输出端的负载容量很大时，直流固态继电器可通过功率晶体管（交流固态继电器通过双向晶闸管）再驱动负载。

当温度超过35 ℃后，固态继电器的负载能力（最大负载电流）随温度升高而下降，因此使用时必须注意散热或降低电流使用。

对于容性或电阻类负载，应限制其开通瞬间的浪涌电流值（一般为负载电流的7倍），对于电感性负载，应限制其瞬时峰值电压值，以防损坏固态继电器。具体使用时，可参照样本或有关手册。

5. 主令电器

自动控制系统中用于发送控制指令的电器称为主令电器。常用的主令电器有控制按钮、行程开关、接近开关、万能开关等几种。

1）控制按钮

控制按钮通常用作短时接通或断开小电流控制电路的开关。控制按钮是由按钮帽、复位弹簧、桥式触点和外壳等组成。通常制成具有常开触点和常闭触点的复合式结构，其结构示意如图3－2－20所示。指示灯式按钮内可装入信号灯显示信号；紧急式按钮装有蘑菇形钮帽，以便于紧急操作。旋钮式按钮是用手扭动旋钮来进行操作的。

按钮帽有多种颜色，一般红色用作停止按钮，绿色用作起动按钮。按钮主要根据所允许的触点数、使用场合及颜色来进行选择。

按钮开关的结构、图形符号及文字符号如图3－2－20所示。

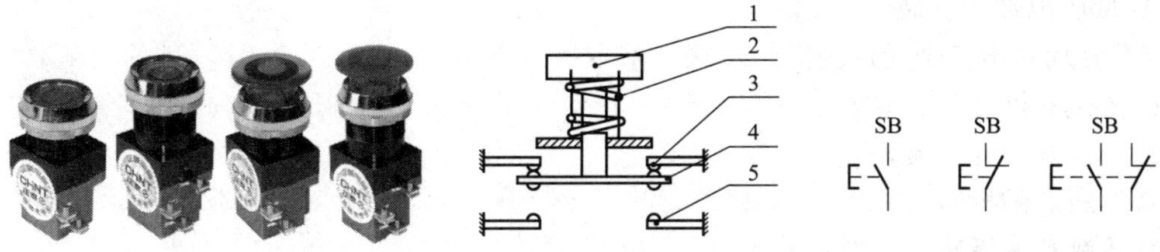

图 3－2－20　按钮结构、符号

1—按钮帽；2—复位弹簧；3—常闭静触点；4—动触点；5—常开静触点

2）行程开关

行程开关又称限位开关，是根据运动部件位置而切换的自动控制电器，用来控制运动部件的运动方向、行程大小或位置保护。行程开关有机械式和电子式两种，机械式常见的有按钮式和滑轮式两种。图 3－2－21 为行程开关外形图、图形符号。

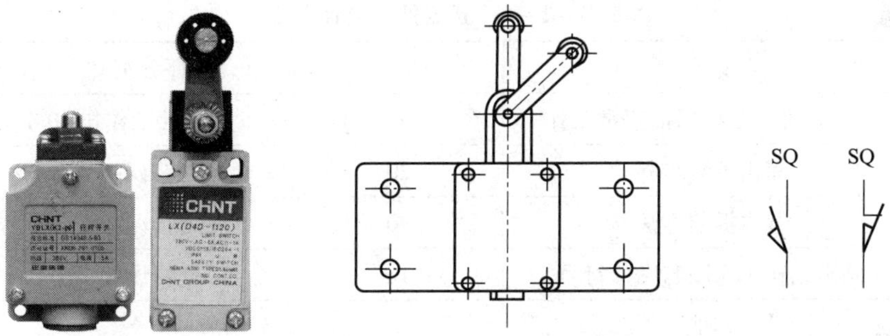

图 3－2－21　行程开关外形图，图形符号

3）接近开关

行程开关是有触点开关，工作时由挡块与行程开关的滚轮或触杆碰撞使触点接通或断开的。在操作频繁时，易产生故障，工作可靠性较低。接近开关是无触点开关，具有工作稳定可靠、使用寿命长、重复定位精度高、动作迅速等优点，因此在工业控制系统中应用越来越广泛。

二、技能训练

1. 实训器材

各种型号的低压电器元件 1 套（不低于 10 个类组），万用表 1 只，电工工具 1 套，零件箱一只，标签若干。

2. 实训内容及要求

1）常用低压电器的识别

① 根据电器元件实物，正确写出各电器元件的型号与规格。电器元件数量应不少于 5 个类组的 10 件电器元件。

② 根据电器元件清单的名称，如 DZ15、RL1、CJ10、LA10 等，正确选出清单中所列的电器元件实物。

③ 根据提供的低压电器的名称和型号能默画出对应的电器元件文字符号和图形符号。

2）低压电器的拆装

要求分别写出各个元件的拆装步骤和基本拆装方法。

① 按钮的拆装。

② 行程开关的拆装。

③ 熔断器的拆装。

④ 接触器的拆装。

⑤ 热继电器的拆装。

⑥ 时间继电器的拆装。

三、技能考核

任取以上低压电器中一种，进行拆装，并写出拆装步骤和基本拆装方法，画出其机构示意图与图形符号。考核及评分标准见表3－2－4。

表3－2－4　元器件拆装评分表

序号	要求	配分	评分细则	扣分
1	拆装合理，装好后能正常工作	50	不能正常工作扣50分	
2	写出拆装步骤	20	一处错误扣2分	
3	基本拆装方法	20	一处错误扣2分	
4	画出结构示意图与图形符号	10	一处错误扣2分	
5	其他			

四、练习与提高

① 什么是低压电器？目前我国生产的低压电器有哪几大类？

② 三相交流接触器有无短路环，为什么？

③ 如何选用接触器？

④ 什么是继电接触控制？除了低压电器外，目前还有哪些控制元件或装置？

⑤ 继电保护有哪些基本类型？哪些低压电器具有自动保护功能？

⑥ 说明低压电器拆装的一般步骤和注意事项。

模块三　选用和修复导线

学习目标

- 能根据用电设备的性质和容量选择合适导线
- 能利用常用电工工具对绝缘导线的绝缘层进行剖削
- 能正确连接直线电路、分支电路

- 会修复导线的绝缘

一、理论知识

1. 导线选择及计算

1）导线制品

（1）裸绞线

裸绞线有7股、19股、37股、61股等，主要用于电力线路中，常用裸绞线如图3－3－1所示。裸绞线具有结构简单、制造方便、容易架设和维修等优点。常用的裸绞线有TT型铝绞线、LGJ型钢芯铝绞线和HLJ型铝合金绞线三种。

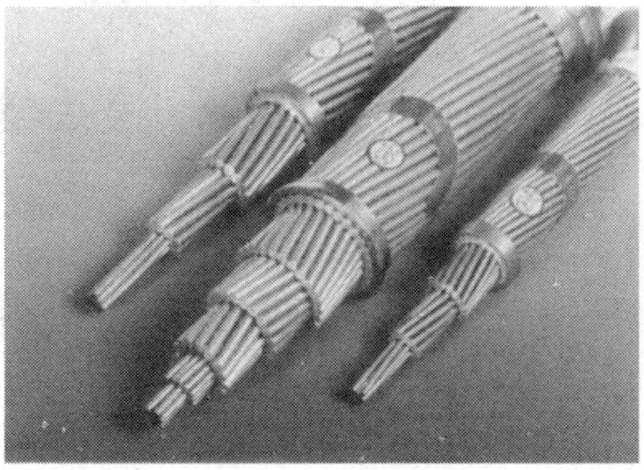

图3－3－1 裸绞线

（2）硬母线

硬母线是用来汇集和分配电流的导体。硬母线用铜或铝材料经加工做成，截面形状有矩形、管形、槽形，10 kV以下多采用矩形铝材，如图3－3－2所示。硬母线交流电的三相用 L_1（U）、L_2（V）、L_3（W）表示，分别涂以黄、绿、红三色，黑色表示零线。新国标规定，三相母线均涂黑色，分别在线端处粘黄、绿、红色点，以区别U、V、W三相。硬母线多用于工厂高低压配电装置中。

（3）软母线

软母线用于35 kV及以上的高压配电装置中，如图3－3－3所示。

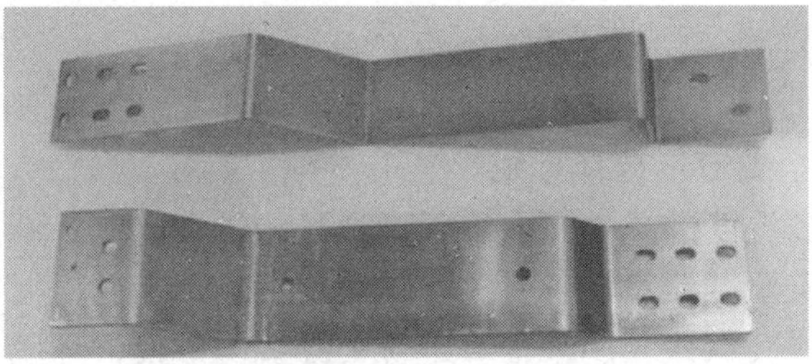

图3－3－2 硬母线

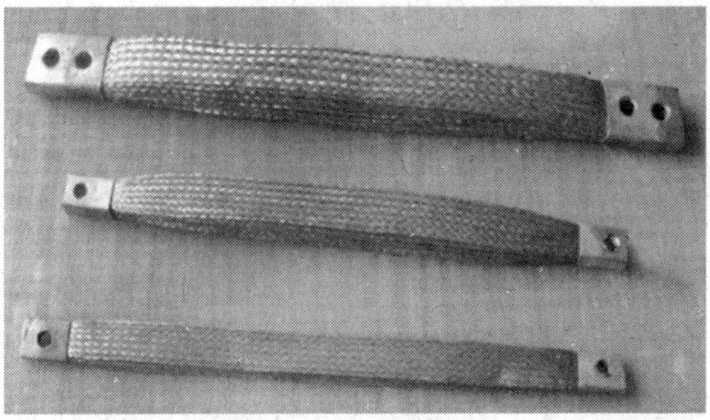

图3－3－3 软母线

（4）电气装备用电线电缆

电气装备用电线电缆包括各种电气设备内部的安装连接线、电气装备与电源间连接的电线电缆、信号控制系统用的电线电缆及低压电力配电系统用的绝缘电线。

按产品的使用特性可分为通用电线电缆、电机电器用电线电缆、仪器仪表用电线电缆、信号控制用电缆、交通运输用电线电缆、地质勘探用电线电缆、直流高压软电缆等数种，维修电工常用的是前两种的六个系列。常见电线电缆如图3－3－4所示。

2）导线计算

在实际生产过程中，经常要对所使用的低压导线、电缆的截面进行选择配线，下面具体介绍其方法、步骤。

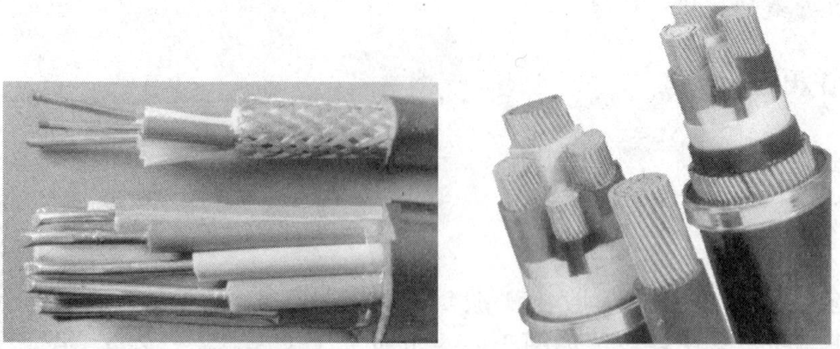

图3-3-4　电线电缆

（1）根据在线路中所接的电气设备容量，计算线路中的电流

① 单相电热、照明的电流计算：

$$I=\frac{P}{U} \tag{3-3-1}$$

式中　P——线路中的总功率，W；

U——单相配线的额定电压，V。

② 电动机电流：电动机是工厂企业的主要用电设备，大部分是三相交流异步电动机，每相中的电流值可按下式计算：

$$I=\frac{P\times 1\ 000}{\sqrt{3}U\eta\cos\varphi} \tag{3-3-2}$$

式中　P——电动机的额定功率，kW；

U——三相线电压，V；

η——电动机效率；

$\cos\varphi$——电动机的功率因数。

（2）根据计算出的线路电流，按导线的安全载流量选择导线

导线的安全载流量是指在不超过导线的最高温度的条件下允许长期通过的最大电流。不同截面、不同线芯的导线在不同使用条件下的安全载流量在各有关手册上均可查到。现根据经验总结将手册上的数据划分成几段，得出了一套口诀，用来估算绝缘铝导线明敷设、环境温度为25 ℃时的安全载流量及条件改变后的换算方法，口诀如下：10下五，100上二；25、35，四、三界；70、95，两倍半；穿管温度八、九折；裸线加一半；铜线升级算。

① 10下五，100上二。10 mm^2 以下的铝导线以截面积数乘以5即为该导线的安全载流量，100 mm^2 以上的铝导线以截面积数乘以2即为该导线的安全载流量。

② 25、35，四、三界。25 mm^2、35 mm^2 的铝导线以截面积数乘以4即为该导线的安全载流量，35 mm^2、50 mm^2 的铝导线以截面积数乘以3即为该导线的安全载流量。

③ 70、95，两倍半。70 mm^2、95 mm^2 的铝导线以截面积数乘以2.5即为该导线的安全载流量。

④ 穿管温度八、九折。当导线穿管敷设时，因散热条件变差，所以将导线的安全载流量打八折。例如：6 mm^2 铝导线明敷设时的安全载流量为30 A，穿管敷设时为30 A×0.8 = 24 A。若环境温度过高时将导线的安全载流量打九折。例如：6 mm^2 铝导线明敷设时的安全

载流量为 30 A，环境温度过高时导线的安全载流量为 30 A ×0.9 = 27 A。假如导线穿管敷设，环境温度又过高，则将导线的安全载流量打八折，再打九折，即 0.8 ×0.9 = 0.72，可按乘 0.72 计算。

⑤ 裸线加一半。当为裸导线时，同样条件下通过导线的电流可增加，其安全载流量为同样截面积同种导线安全载流量的 1.5 倍。

⑥ 铜线升级算。铜导线的安全载流量可以相当于高一级截面积铝导线的安全载流量，即 1.5 mm^2 铜导线的安全载流量和 2.5 mm^2 铝导线的安全载流量相同，依此类推。

在实际工作中可按此方法，根据线路负荷电流的大小选择合适截面积的导线。

（3）按允许的电压损失进行校验

当配电线路较长时，根据线路的负荷电流按导线安全载流量选择适当截面的导线后，还应按允许的电压损失进行校验，看所选导线是否符合要求。一般工业用动力和电热设备所允许的电压损失为 5%。

例： 已知有一单相线路 $U = 220$ V，线路长 $L = 100$ m，传输功率 $P = 22$ kW，允许电压损失为 5%，应选多大截面积的铝导线？（$\rho = 0.0283\ \Omega \cdot mm^2/m$）

解：（1）按安全载流量选

① 求线路中的负荷电流 I：

$$I = \frac{P}{U} = \frac{22 \times 10^3}{220}\ \text{A} = 100\ \text{A}$$

② 根据口诀选导线。35 mm^2 铝导线的安全载流量为

$$(35 \times 3)\ \text{A} = 105\ \text{A}$$

因为 105 A > 100 A，所以可选 35 mm^2 铝导线。

③ 根据允许的电压损失进行校验：

求导线长度 L：

$$L = 2L' = 2 \times 100\ \text{m} = 200\ \text{m}$$

求导线的电阻 R：

$$R = \rho \frac{L}{S} = 0.0283 \times \frac{200}{35}\ \Omega \approx 0.1617\ \Omega$$

④ 35 mm^2 铝导线时的电压损失 $\Delta U'\%$：

$$\Delta U'\% = \frac{IR}{U} = \frac{100 \times 0.1617}{220} = 7.35\%$$

因为 7.35% > 5%，所以应再选截面积大一些的铝导线。

（2）根据允许电压损失选导线

① 允许电压损失为 5% 时导线上的电压降 U_R：

$$U_R = U \times 5\% = 220\ \text{V} \times 5\% = 11\ \text{V}$$

② 导线上电压降为 11 V 时导线的电阻 R'：

$$R' = \frac{U_R}{I} = \frac{11}{100}\ \Omega = 0.11\ \Omega$$

③ 铝导线的截面积 S'：

$$S' = \rho \frac{L}{R'} = 0.0283 \times \frac{200}{0.11}\ \text{mm}^2 = 51.45\ \text{mm}^2$$

根据计算结果，选 75 mm^2 铝导线。

实际工作中计算导线的电压损失是比较复杂的，需要时可参看有关的教材和书籍。

2. 导线连接和绝缘修复

在低压系统中，导线连接点是故障率最高的部位。电气设备和线路能否安全可靠地运行，在很大程度上取决于导线连接和封端的质量。导线连接的方式很多，常见的有绞接、缠绕连接、焊接、管压接等。出线端与电气设备的连接，有直接连接和经接线端子连接。

导线连接的基本要求：接触紧密，接头电阻不应大于同长度、同截面导线的电阻值；接头的机械强度不应小于该导线机械强度的 80%；接头处应耐腐蚀，防止受外界气体的侵蚀；接头处的绝缘强度与该导线的绝缘强度应相同。

1）导线接头绝缘层的剖削

绝缘导线连接前，应先剥去导线端部的绝缘层，并将裸露的导体表面清擦干净。剥去绝缘层的长度一般为 50～100 mm，截面积小的单股导线剥去长度可以小些，截面积大的多股导线剥去长度应大些。

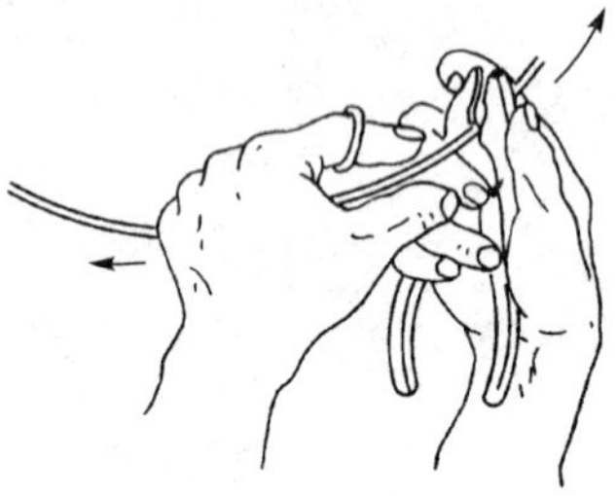

图 3－3－5　钢丝钳剖削塑料硬线绝缘层

（1）塑料硬线绝缘层的剖削

① 4 mm^2 及以下塑料硬线，其绝缘层一般用钢丝钳来剖削。剖削方法如下：

a. 用左手捏住导线，根据所需线头长度用钢丝钳的钳口切割绝缘层，但不可切入芯线。

b. 用右手握住钢丝钳头部用力向外移，勒去塑料绝缘层，如图 3－3－5 所示。

c. 剖削出的芯线应保持完整无损。如果芯线损伤较大，则应剪去该线头，重新剖削。

② 4 mm^2 以上塑料硬线，可用电工刀来剖削其绝缘层。方法如下：

a. 根据所需线头长度，用电工刀以 45°角倾斜切入塑料绝缘层，如图 3－3－6（a）所示，应使刀口刚好削透绝缘层而不伤及芯线。

b. 使刀面与芯线间的角度保持 45°左右，用力要均匀，向线端推削。注意不要割伤金属芯线，削去上面一层塑料绝缘，如图 3－3－6（b）所示。

c. 将剩余的绝缘层向后扳翻，如图 3－3－6（c）所示，然后用电工刀齐根削去。

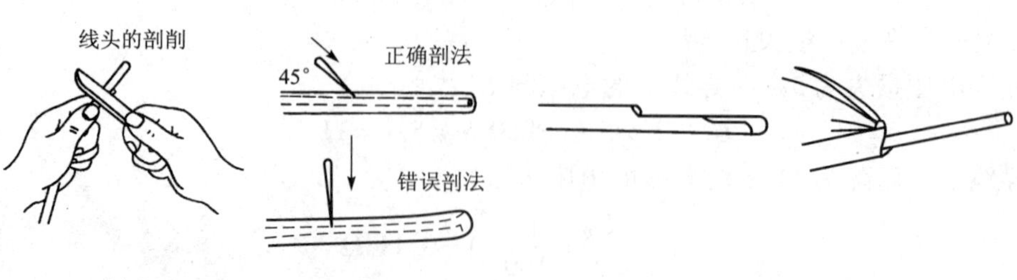

（a）　　（b）　　（c）

图 3－3－6　用电工刀剖削塑料硬线绝缘层

（a）刀以 45°角倾斜切入；（b）刀以 45°角倾斜挂削；（c）翻下塑料层

(2) 塑料软线绝缘层的剖削

塑料软线绝缘层只能用剥线钳或钢丝钳剖削。用钢丝钳剖削的方法同塑料硬线。

剥线钳是用于剥削小直径导线头绝缘层的专用工具，一般在控制柜配线时用得最多。使用时，将要剥削的导线绝缘层长度定好，右手握住钳柄，用左手将导线放入相应的刃口槽中，右手将钳柄向内一握，导线的绝缘层即被剥割拉开，自动弹出，如图 3－3－7 所示。

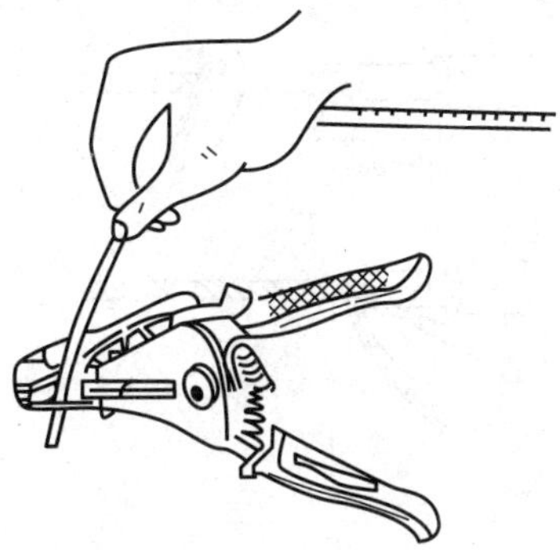

图 3－3－7　剥线钳的用法

注意：

塑料软线绝缘层不可用电工刀来剖削，因为塑料软线太软，并且芯线又由多股导线组成，用电工刀剖削容易剖伤线芯。

(3) 塑料护套线绝缘层的剖削

塑料护套线绝缘层由公共护套层和每根芯线的绝缘层两部分组成。公共护套层只能用电工刀来剖削，剖削方法如下。

① 按所需线头长度用电工刀刀尖对准芯线缝隙划开护套层，如图 3－3－8 (a) 所示。

② 将护套层向后扳翻，用电工刀齐根切去，如图 3－3－8 (b) 所示。

③ 用钢丝钳或电工刀按照剖削塑料硬线绝缘层法，分别将每根芯线的绝缘层剖除。钢丝钳或电工刀切入绝缘层时，切口应距离护套层 5～10 mm，如图 3－3－8 (c) 所示。

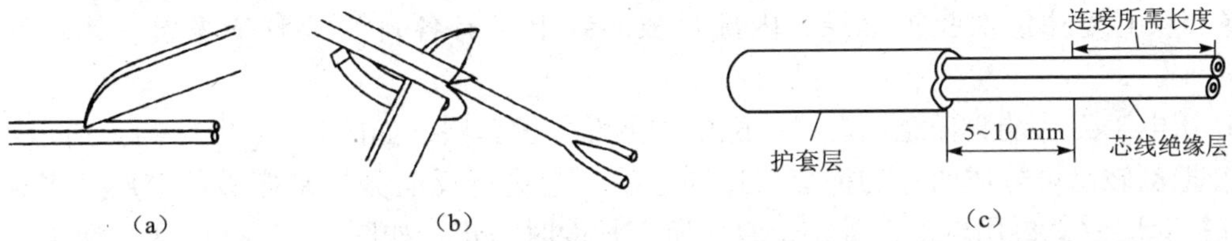

图 3－3－8　塑料护套线绝缘层剖削

(a) 刀在芯线缝隙间划开护套层；(b) 扳翻护套层并齐根切去；(c) 剖削芯线绝缘层长度

(4) 橡皮线绝缘层的剖削

橡皮线绝缘层外面有柔纤维编织保护层，切削方法如下。

① 先按剖削护套线护套层的方法，用电工刀刀尖将编织保护层划开，并将其向后扳翻，再齐根切去。

② 按剖削塑料线绝缘层的方法削去橡胶层。

③ 将棉纱层散开到根部，用电工刀切去。

(5) 花线绝缘层的剖削

花线绝缘层分外层和内层，外层是柔韧的棉纱编织物，内层是橡胶绝缘层和棉纱层。其剖削方法如下。

① 在所需线头长度处用电工刀在棉纱织物保护层四周割切一圈，将棉纱织物拉去。

② 在距棉纱织物保护层 10 mm 处，用钢丝钳的刀口切割橡胶绝缘层，注意不可损伤芯线，方法与图 3－3－5 所示相同。

③ 将露出的棉纱层松开，用电工刀割断，如图 3－3－9 所示。

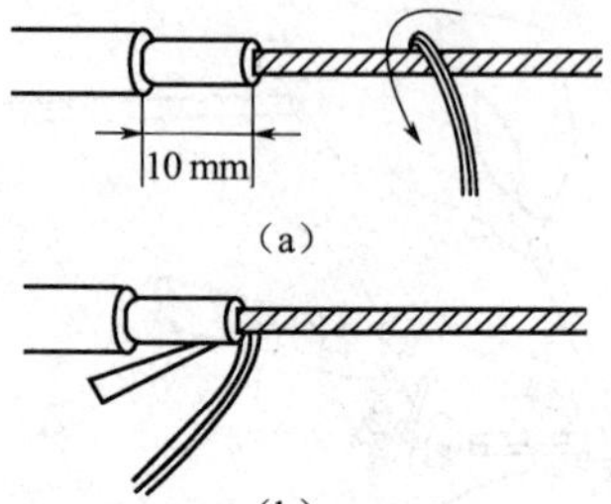

(a)
(b)

图3-3-9 花线绝缘层的剖削
(a) 将棉纱层散开；(b) 割断棉纱层

(6) 铅包线绝缘层的剖削

铅包线绝缘层由外部铅包层和内部芯线绝缘层组成，内部芯线绝缘层用塑料（塑料护套）或橡胶（橡胶护套）制成。其剖削方法如下。

① 先用电工刀将铅包层切割一刀，如图3-3-10（a）所示。

② 用双手来回扳动切口处，使铅包层沿切口折断，把铅包层拉出来，如图3-3-10（b）所示。

③ 内部绝缘层的剖削方法与塑料线绝缘层或橡胶绝缘层的剖削方法相同，如图3-3-10（c）所示。

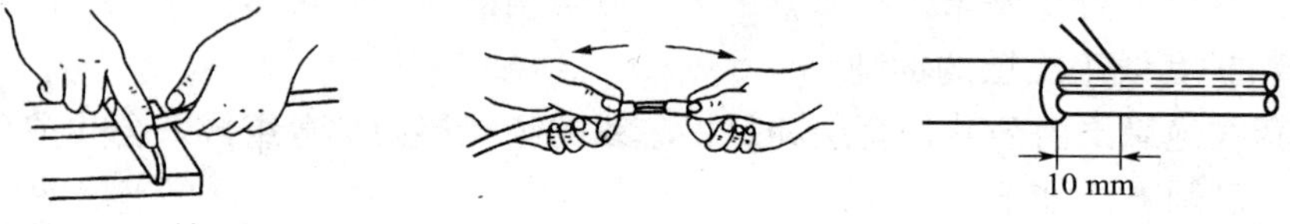

(a) (b) (c)

图3-3-10 铅包层的剖削
(a) 按所需长度切入；(b) 折扳切口拉出铅包层；(c) 剖削绝缘层

(7) 橡套软电缆绝缘层的剖削

橡套软电缆外包橡胶护套层，内部每根芯线上又有各自的橡胶绝缘层。其剖削方法如下。

① 用电工刀从端头任意两芯线缝隙中割破部分护套层，如图3-3-11（a）所示。

② 把割破已可分成两片的护套层连同芯线一起进行反向分拉来撕破护套层，当撕拉难以破开护套层时，再用电工刀补割，直到所需长度时为止，如图3-3-11（b）所示。

③ 翻扳已被分割的护套层，在根部分别切断，如图3-3-11（c）所示。

④ 拉开护套层以后部分的剖削与花线绝缘层的剖削方法大体相同。

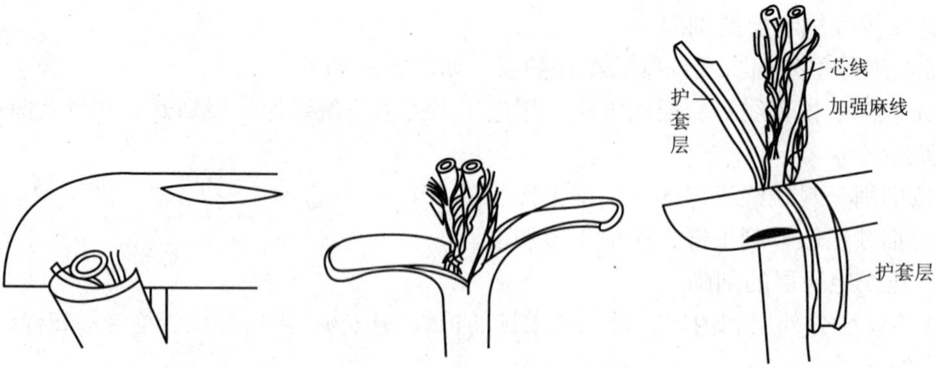

(a) (b) (c)

图3-3-11 橡套软电缆绝缘层的剖削

(8) 漆包线绝缘层的去除

漆包线绝缘层是喷涂在芯线上的绝缘层。线径不同，去除绝缘层的方法也不一样。直径在1.0 mm以上的，可用细砂纸或细砂布擦除；直径为0.6～1.0 mm的，可用专用刮线刀刮去，如图3－3－12所示。直径在0.6 mm以下的，也可用细砂纸或细砂布擦除。操作时应细心，否则易造成芯线折断。有时为了保持漆包线芯直径的准确，也可用微火烤焦线头绝缘漆层，再将漆层轻轻刮去。注意不可用大火，以免芯线变形或烧断。

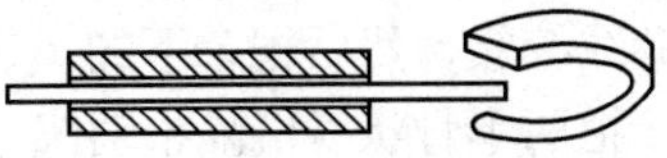
图3－3－12　刮削漆包线线头绝缘层

2）导线连接

当导线不够长或要分接支路时，就要将导线与导线连接。常用绝缘导线的芯线股数有单股、7股和19股等多种，其连接方法随芯线材质与股数的不同而各不相同。

（1）铜芯导线的连接

根据铜芯导线股数的不同，有以下几种连接方法。

① 单股铜芯导线的直线连接。连接时，先将两导线芯线线头成X形相交，如图3－3－13（a）所示；互相绞合2～3圈后扳直两线头，如图3－3－13（b）所示；将每个线头在另一芯线上紧贴并绕6圈，用钢丝钳切去余下的芯线，并钳平芯线末端，如图3－3－13（c）所示。

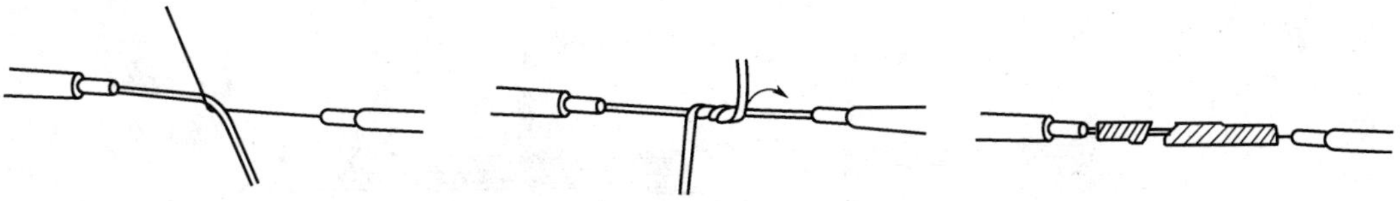
（a）　（b）　（c）

图3－3－13　单股铜芯导线的直接连接

② 单股铜芯导线的T形分支连接。将支路芯线的线头与干线芯线十字相交，在支路芯线根部留出5 mm，然后顺时针方向缠绕支路芯线，缠绕6～8圈后，用钢丝钳切去余下的芯线，并钳平芯线末端。如果连接导线截面较大，两芯线十字交叉后直接在干线上紧密缠8圈即可，如图3－3－14（a）所示。小截面的芯线可以不打结，见图3－3－14（b）。

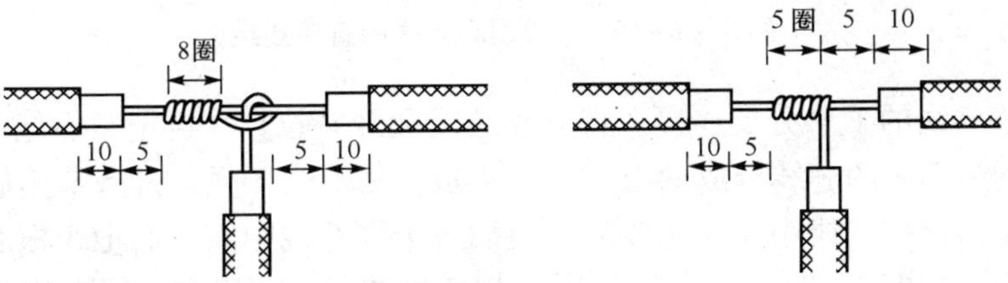

（a）　（b）

图3－3－14　单股铜芯导线的T形分支连接

③ 双股线的对接。将两根双芯线线头剖削成图3－3－15所示的形式。连接时，将两根待连接的线头中颜色一致的芯线按小截面直线连接方式连接。用相同的方法将另一颜色的芯线连接在一起。

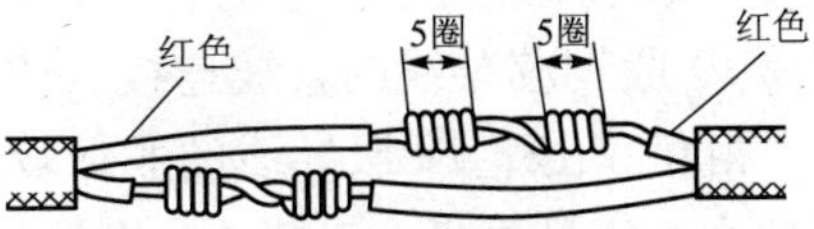

图3－3－15　双股线的对接

④ 7 股铜芯导线的直线连接。先将剥去绝缘层的芯线头散开并拉直，再把靠近绝缘层 1/3 线段的芯线绞紧，然后把余下的 2/3 芯线头按图 3－3－16（a）所示分散成伞状，并将每根芯线拉直。把两伞骨状线端隔根对叉，必须相对插到底，并拉平两端芯线，如图 3－3－16（b）所示。捏平叉入后的两侧所有芯线，并应理直每股芯线和使每股芯线的间隔均匀，同时用钢丝钳钳紧叉口处消除空隙，如图 3－3－16（c）所示。先在一端把邻近两股芯线在距叉口中线约 3 根单股芯线直径宽度处折起，并形成90°，如图3－3－16（d）所示。接着把这两股芯线按顺时针方向紧缠 2 圈后，再折回 90°并平卧在折起前的轴线位置上，如图 3－3－16（e）所示。接着把处于紧挨平卧前邻近的 2 根芯线折成 90°，再把这两股芯线按顺时针方向紧缠 2 圈后，再折回 90°并平卧在折起前的轴线位置上，如图 3－3－16（f）所示。把余下的 3 根芯线按顺时针方向紧缠 2 圈后，把前 4 根芯线在根部分别切断，并钳平，如图 3－3－16（g）所示。接着把 3 根芯线缠足 3 圈，然后剪去余端，钳平切口，不留毛刺，如图 3－3－16（h）所示。用同样的方法再缠绕另一侧芯线。

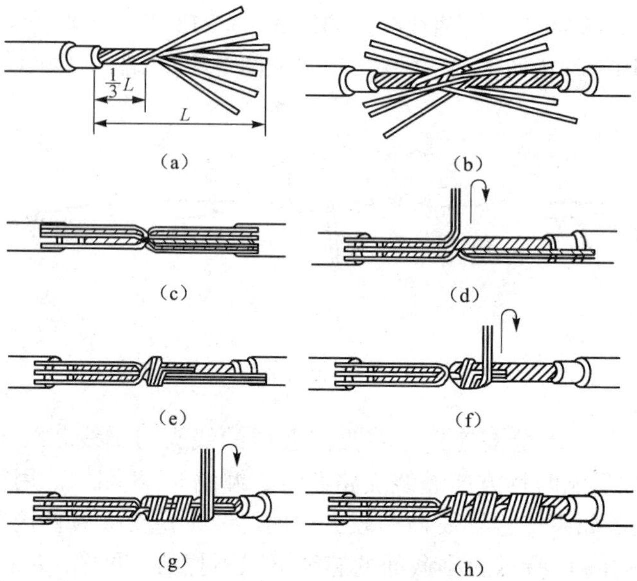

图 3－3－16　7 股铜芯导线的直接连接

⑤ 7 股铜芯导线的 T 形分支连接。将分支芯线散开并拉直，再把紧靠绝缘层 1/8 线段的芯线绞紧，把剩余 7/8 的芯线分成两组，一组 4 根，另一组 3 根，排齐。用旋凿把干线的芯线撬开分为两组，再把支线中 4 根芯线的一组插入干线芯线中间，而把 3 根芯线的一组放在干线芯线的前面，如图 3－3－17（a）所示。把 3 根芯线的一组在干线右边按顺时针方向紧紧缠绕 3～4 圈，并钳平线端；把 4 根芯线的一组在干线芯线的左边按逆时针方向缠绕，如图 3－3－17（b）所示。逆时针方向缠绕 4～5 圈后，钳平线端，如图 3－3－17（c）所示。

⑥ 19 股铜芯导线的直线连接。19 股铜芯导线的直线连接与 7 股铜芯导线的直线连接方法基本相同。由于 19 股导线的股数较多，可剪去中间的几股，按要求在根部留出长度绞紧，隔股对叉，分组缠绕。连接后，在连接处应进行钎焊，以增加其机械强度和改善导电性能。

⑦ 19 股铜芯导线的 T 形分支连接。19 股铜芯导线的 T 形分支连接与 7 股铜芯导线的 T

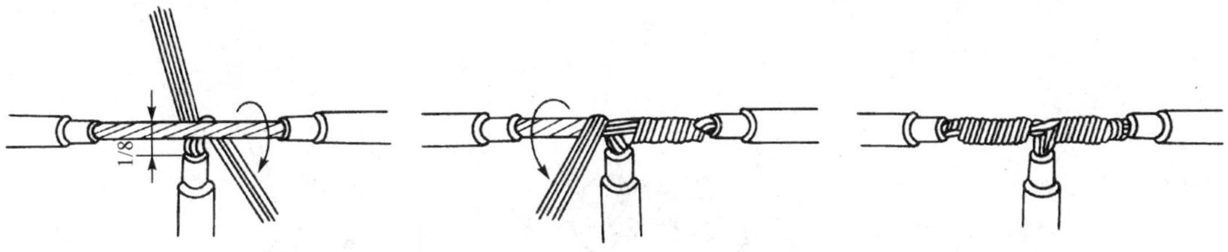

图 3-3-17　7 股铜芯导线的 T 形分支连接

形分支连接方法也基本相同，只是将支路芯线按 9 根和 10 根分成两组，将其中一组穿过中缝后，沿干线两边缠绕。连接后，也应进行钎焊。

⑧ 不等径铜导线的连接。如果要连接的两根铜导线的直径不同，可把细导线线头在粗导线线头上紧密缠绕 5~6 圈，弯折粗线头端部，使它压在缠绕层上，再把细线头缠绕 3~4 圈，剪去余端，钳平切口即可，如图 3-3-18 所示。

⑨ 软线与单股硬导线的连接。连接软线和单股硬导线时，可先将软线拧成单股导线，再在单股硬导线上缠绕 7~8 圈，最后将单股硬导线向后弯曲，以防止绑线脱落，如图 3-3-19 所示。

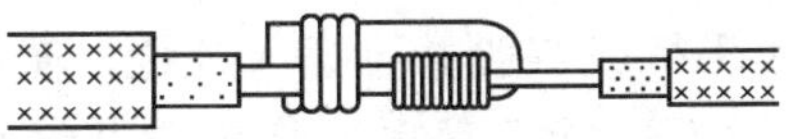

图 3-3-18　不等径铜导线的连接

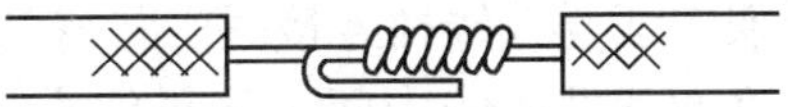

图 3-3-19　软线与单股硬导线的连接

⑩ 铜芯导线接头的锡焊。

a. 电烙铁锡焊。通常，截面为 10 mm^2 及以下的铜芯导线接头，可用 150 W 电烙铁进行锡焊。焊接前，先清除接头上的污物，然后在接头处涂上一层无酸焊锡膏，待电烙铁烧热后，即可锡焊。

b. 浇焊。截面为 16 mm^2 及以上的铜芯导线接头，应实行浇焊。浇焊时，先将焊锡放在化锡锅内，用喷灯或在电炉上熔化。当熔化的锡液表面呈磷黄色，就表明锡液已到高温。此时可将导线接头放在锡锅上面，用勺盛上锡液，从接头上浇下，如图 3-3-20 所示，直到完全焊牢为止。最后用清洁的抹布轻轻擦去焊渣，使接头表面光滑。

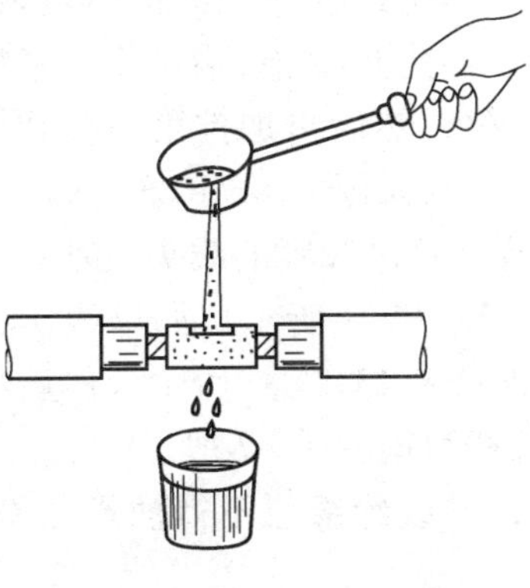

图 3-3-20　铜芯导线接头浇焊法

（2）铝芯导线的连接

由于铝的表面极易氧化，而氧化薄膜的电阻率又很高，所以铝芯导线主要采用压接管压接和沟线夹螺栓压接。

（3）铜（导线）、铝（导线）之间的连接

铜导线与铝导线连接时，要采取防电化腐蚀的措施。

（4）线头与接线端子（接线桩）的连接

通常，各种电气设备、电气装置和电器用具均设有供连接导线用的接线端子。常见的接线端子有柱形端子和螺钉端子两种，如图3－3－21所示。

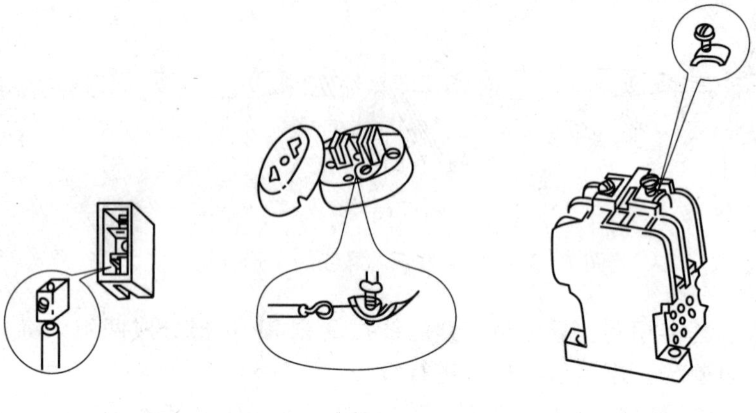

(a)　　(b)　　(c)

图3－3－21　接线端子

(a) 柱形端子；(b) 螺钉端子；(c) 具有瓦形垫圈的螺钉端子

① 线头与针孔接线柱的连接。端子板、某些熔断器、电工仪表等的接线，大多利用接线部位的针孔并用压接螺钉来压住线头以完成连接。如果线路容量小，可只用一只螺钉压接；如果线路容量较大或对接头质量要求较高，则使用两只螺钉压接。

单股芯线与接线柱连接时，最好按要求的长度将线头折成双股并排插入针孔，使压接螺钉顶紧在双股芯线的中间。如果线头较粗，双股芯线插不进针孔，也可将单股芯线直接插入，但芯线在插入针孔前，应朝着针孔上方稍微弯曲，以免压紧螺钉稍有松动线头就脱出，如图3－3－22所示。

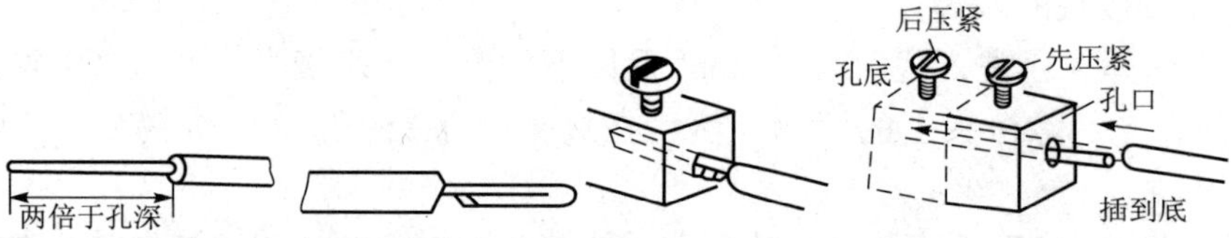

图3－3－22　单股芯线与针孔接线压接法

多股芯线与接线柱连接时，必须把多股芯线按原拧紧方向，用钢丝钳进一步绞紧，以保证多股芯线受压紧螺钉顶压时不致松散。由于多股芯线的载流量较大，孔上部往往有两个压紧螺钉，连接时应先拧紧第一枚螺钉（近端口的一枚），后拧紧第二枚，然后再加拧第一枚和第二枚，要反复加拧两次。此时应注意，针孔与线头的大小应匹配，如图3－3－23（a）所示。如果针孔过大，则可选一根直径大小相宜的导线作为绑扎线，在已绞紧的线头上紧紧地缠绕一层，使线头大小与针孔匹配后再进行压接，如图3－3－23（b）所示。如果线头过大，插不进针孔，则可将线头散开，适量剪去中间几股，如图3－3－23（c）所示，然后将线头绞紧就可进行压接。通常7股芯线可剪去1～2股，19股芯线可剪去1～7股。

无论是单股芯线还是多股芯线，线头插入针孔时必须到底，导线绝缘层不得插入孔内，针孔外的裸线头长度不得超过3 mm。

② 线头与螺钉平压式接线柱的连接。单股芯线（包括铝芯线）与螺钉平压式接线柱，

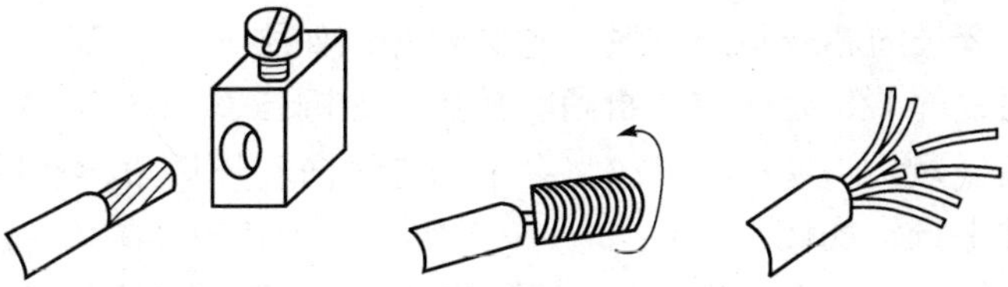

（a）　　（b）　　（c）

图 3－3－23　多股芯线与针孔接线柱连接

（a）针孔合适的连接；（b）针孔过大时线头的处理；（c）针孔过小时线头的处理

是利用半圆头、圆柱头或六角头螺钉加垫圈将线头压紧完成连接的。对载流量较小的单股芯线，先将线头弯成压接圈（俗称羊眼圈），再用螺钉压紧。为保证线头与接线柱有足够的接触面积，日久不会松动或脱落，压接圈必须弯成圆形。单股芯线压接圈弯法如图 3－3－24 所示。如图 3－3－25 所示的 8 种压接圈都不规范：图 3－3－25（a）所示的压接圈不完整，接触面积太小；图 3－3－25（b）所示的线头根部太长，易与相邻导线碰触造成短路；图 3－3－25（c）所示的导线余头太长，压不紧，且接触面积小；图 3－3－25（d）所示的压接圈内径太小，套不进螺钉；图 3－3－25（e）所示的压接圈不圆，压不紧，易造成接触不良；图 3－3－25（f）所示的余头太长，易发生短路或触电事故；图 3－3－25（g）所示只有半个圆圈，压不住；图 3－3－25（h）所示的软线线头未拧紧，有毛刺，易造成短路。

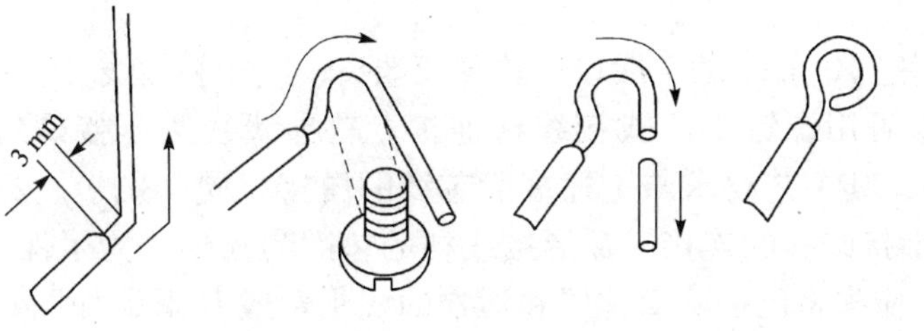

（a）　　（b）　　（c）　　（d）

图 3－3－24　单股芯线压接圈弯法

（a）离绝缘层根部约 30 mm 处向外侧折角；（b）按略大于螺钉弯曲圆弧；（c）剪去芯线余端；（d）修正圆圈成圆形

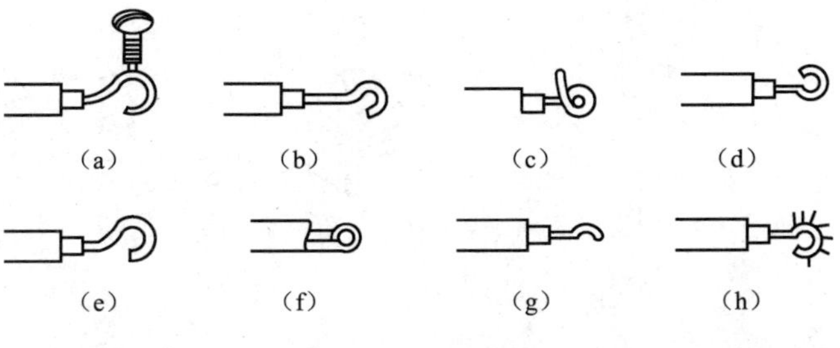

（a）　（b）　（c）　（d）

（e）　（f）　（g）　（h）

图 3－3－25　不规范的压接法

对于横截面不超过10 mm^{2}的7股及以下多股芯线，应按图3-3-26所示弯制压接圈。把离绝缘层根部约1/2长的芯线重新绞紧，越紧越好，如图3-3-26（a）所示；绞紧部分的芯线，在离绝缘层根部1/3处向左外折角，然后弯曲圆弧，如图3-3-26（b）所示；当圆弧弯曲得将成圆圈（剩下1/4）时，应将余下的芯线向右外折角，然后使其成圆，捏平余下线端，使两股芯线平行，如图3-3-26（c）所示；把散开的芯线按2、2、3根分成三组，将第一组两根芯线扳起，垂直于芯线，要留出垫圈边宽，如图3-3-26（d）所示；按7股芯线直线对接的自缠法加工，如图3-3-26（e）所示。如图3-3-26（f）所示是缠成后的7股芯线压接圈。

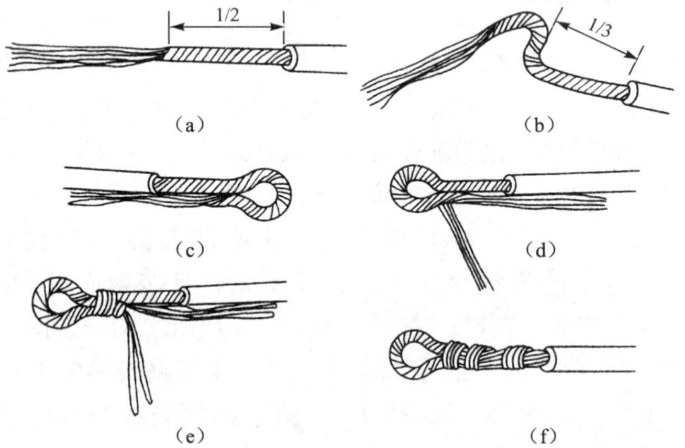

图3-3-26　7股导线压接口弯法

对于横截面超过10 mm^{2}的7股以上软导线端头，应安装接线耳。

软导线线头也可用螺钉平压式接线柱连接。软导线线头压接螺钉之间的绕结方法如图3-3-27所示，其工艺要求与上述多股芯线的压接相同。

③ 线头与瓦形接线柱的连接。瓦形接线柱的垫圈为瓦形。为了保证线头不从瓦形接线柱内滑出，压接前应先将已去除氧化层和污物的线头弯成U形，如图3-3-28（a）所示，然后将其卡入瓦形接线柱内进行压接。如果需要把两个线头接入一个瓦形接线柱内，则应使两个弯成U形的线头重合，然后将其卡入瓦形垫圈下方进行压接，如图3-3-28（b）所示。

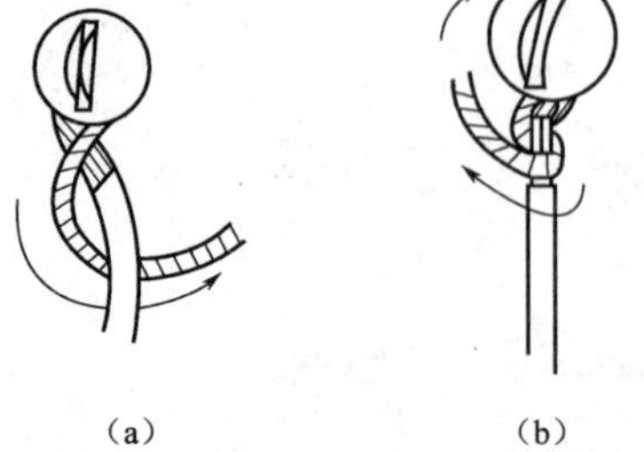

图3-3-27　软导线线头用平压式接线柱的连接方法

（a）围绕螺钉后再自缠；（b）自缠一圈后，端头压入螺钉

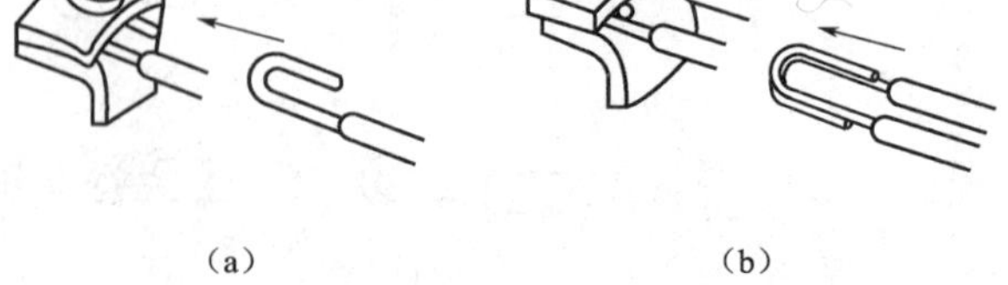

图3-3-28　单股芯线与瓦形接线柱的连接

（a）一个线头连接方法；（b）两个线头连接方法

3）导线绝缘的恢复

导线绝缘层破损和导线接头连接后均应恢复绝缘层。恢复后的绝缘层的绝缘强度不应低于原有绝缘层的绝缘强度。恢复导线绝缘层常用的绝缘材料是黄蜡带、涤纶薄膜带和黑胶带，黄蜡带和黑胶带选用规格为20 mm宽的较为适宜，包缠也方便。

（1）绝缘带包缠方法

包缠时，将黄蜡带从导线左边完整的绝缘层上开始，包缠两个带宽后就可进入连接处的芯线部分。包至连接处的另一端时，也同样应包入完整绝缘层上两个带宽的距离，如图3－3－29（a）所示。

包缠时，绝缘带与导线应保持约55°的倾斜角，每圈包缠压叠带宽的1/2，如图3－3－29（b）所示。包缠一层黄蜡带后，将黑胶带接在黄蜡带的尾端，按另一斜叠方向包缠一层黑胶带，也要每圈压叠带宽的1/2，如图3－3－29（c）、图3－3－29（d）所示。

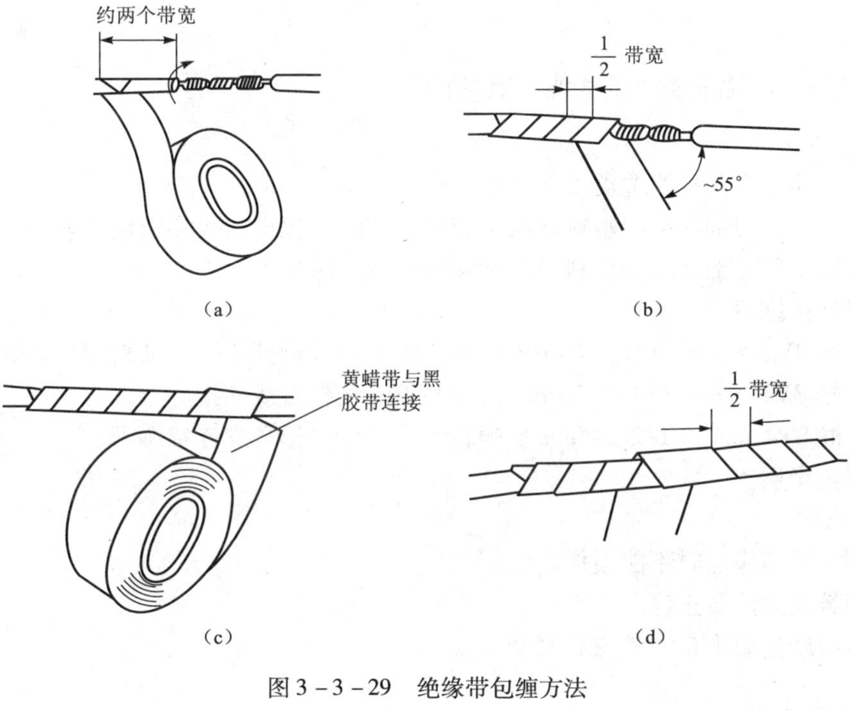

图3－3－29　绝缘带包缠方法

（2）绝缘带包缠注意事项

① 恢复380 V线路上的导线绝缘时，必须先包缠1～2层黄蜡带（或涤纶薄膜带），然后再包缠一层黑胶带。

② 恢复220 V线路上的导线绝缘时，先包缠一层黄蜡带（或涤纶薄膜带），然后再包缠一层黑胶带，也可只包缠两层黑胶带。

③ 包缠绝缘带时，不可出现如图3－3－30所示的几种缺陷，特别是不能过疏，更不允许露出芯线，以免发生短路或触电事故。

④ 绝缘带不可保存在温度很高的地点，也不可被油脂浸染。

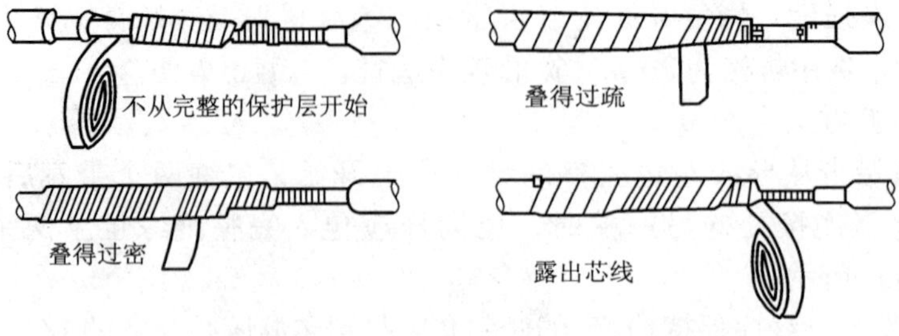

图 3-3-30　绝缘带包缠常见缺陷

二、技能训练

1. 实训器材

常用电工工具、各种类型的线缆、绝缘胶带。

2. 实训内容及要求

① 根据线路性质判别线缆类型和容量计算。

② 练习用电工刀剖削废旧塑料硬线、塑料护套线、橡皮软线和铅包绝缘层。

③ 练习用钢丝钳剖削废旧塑料硬线和塑料软线绝缘层。

④ 导线连接练习。

a. 用一根 BV2.5 mm^2（1/1.76 mm）塑料铜芯线进行打 $\phi1.5$、$\phi3$、$\phi6$ 羊眼圈练习。

b. 用两根 BV2.5 mm^2（1/1.76 mm）塑料铜芯线作直线连接练习。

c. 用两根 BV4 mm^2（1/2.24 mm）塑料铜芯线作 T 形分支连接练习。

⑤ 恢复绝缘层。

练习要求：

① 剖削导线绝缘层时不能损伤芯线。

② 导线缠绕方法要正确。

③ 导线缠绕后要平直、整齐和紧密。

三、技能考核

考核及评分标准见表 3-3-1。

表 3-3-1　技能考核评分表

序号	工作内容	权重	评分标准	得分
1	绝缘层的剖削	15	1. 导线剖削方法不正确扣 5 分 2. 导线损伤：刀伤扣 5 分；钳伤扣 5 分	

续表

序号	工作内容	权重	评分标准	得分
2	导线连接	50	1. 导线缠绕方法不正确扣 20 分 2. 导线缠绕不整齐扣 10 分 3. 导线连接不紧、不平整、不圆 （1）最大外径 > 14 mm 扣 10 分，每超过 0.5 mm 加扣 5 分 （2）导线不平整 > 2 mm 扣 5 分	
3	导线与平压式接线柱的连接	15	1. 羊眼圈大小不合适扣 5 分 2. 羊眼圈不圆整扣 5 分 3. 接线反圈扣 5 分	
4	恢复绝缘层	20	1. 包缠方法不正确扣 10 分 2. 渗水：渗入内层绝缘扣 15 分；渗入铜线扣 5 分	

四、练习与提高

① 有一用户需安装一房间用电线路，该房间内需安装一台 1.5 匹（3 500 kW）的空调，一台 150 W 的冰箱，4 只 40 W 的照明灯具，至少能承受 2.5 kW 独立的插座动力线路，试选择各段线路所需导线、熔断器的规格型号。

② 恢复导线绝缘层应掌握哪些基本方法？380 V 线路导线的绝缘层应怎样恢复？

模块四　掌握电气安装布线工艺

学习目标

- 掌握单芯硬线、多股软线布线工艺
- 熟练掌握室内布线基本知识
- 掌握护套线、线管等布线方法
- 能采用护套线、线管等进行室内用电线路安装布线

一、理论知识

1. 板前明线布线工艺

① 走线合理，做到横平竖直，整齐，各接点不能松动，如图 3－4－1 所示。

单股芯线与接线柱连接时，最好按要求的长度将线头折成双股并排插入针孔，使压接螺钉顶紧在双股芯线的中间。如果线头较粗，双股芯线插不进针孔，也可将单股芯线直接插入，但芯线在插入针孔前，应朝着针孔上方稍微弯曲，以免压紧螺钉稍有松动线头就脱出。

多股芯线与接线柱连接时，必须把多股芯线按原拧紧方向，用钢丝钳进一步绞紧，以保证多股芯线受压紧螺钉顶压时不致松散。由于多股芯线的载流量较大，孔上部往往有两个压紧螺钉，连接时应先拧紧第一枚螺钉（近端口的一枚），后拧紧第二枚，然后再加拧第一枚和第二枚，要反复加拧两次。此时应注意，针孔与线头的大小应匹配。

无论是单股芯线还是多股芯线，线头插入针孔时必须到底，导线绝缘层不得插入孔内，针孔外的裸线头长度不得超过3 mm。

软导线线头也可用螺钉平压式接线柱连接，其工艺要求与上述多股芯线的压接相同。

② 避免交叉、架空和叠线，如图3－4－2所示。图中左侧为错误接法。

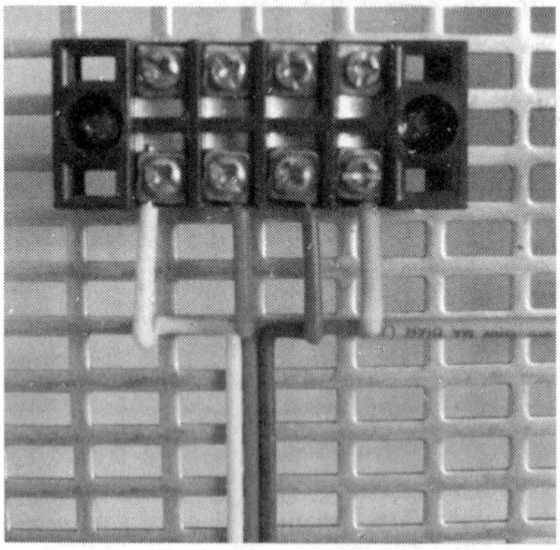

图3－4－1　合理的走线

图3－4－2　架空线

③ 对螺栓式接点，导线连接时，应打羊眼圈，并按顺时针旋转，如图3－4－3所示。

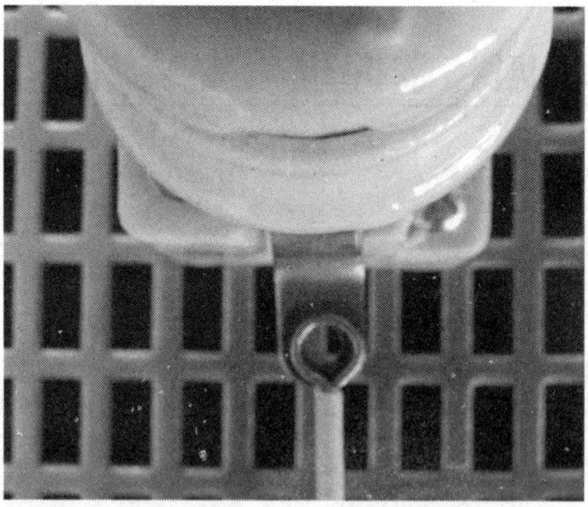

图3－4－3　羊眼圈

④ 导线变换走向要垂直，并做到高低一致或前后一致，如图3－4－4所示。

⑤ 严禁损伤线芯和导线绝缘，接点上不能露铜丝太多，如图3－4－5所示，图中右侧导线露铜丝太多。

⑥ 每个接线端子上连接的导线一般以不超过两根为宜，并保证接线固定，如图3－4－6所示。

图3－4－4　导线变换走向

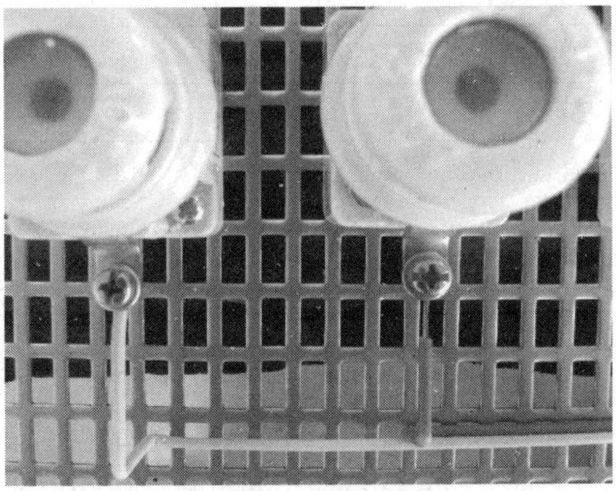

图3－4－5　导线露铜

⑦ 进出线应合理汇集在端子排上，如图3－4－7所示。

图3－4－6　接线端子上连接的导线

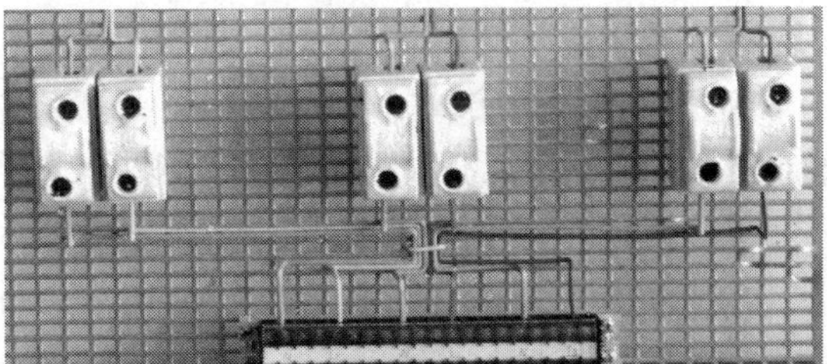

图3－4－7　端子排接线

板前硬线工艺要求如表3－4－1所示。

表3-4-1 板前硬线工艺要求

分类	要 求
连接线端	对螺栓式接点，导线连接时，应打羊眼圈，并按顺时针旋转。对瓦片式接点，导线连接时，直线插入接点固定即可
	严禁损伤线芯和导线绝缘，接点上不能露铜丝太多
	每个接线端子上连接的导线根数一般以不超过两根为宜，并保证接线固定
线路工艺	走线合理，做到横平竖直，整齐，各接点不能松动
	导线出线应留有一定余量，并做到长度一致
	导线变换走向要垂直，并做到高低一致或前后一致
	避免交叉、架空线、绕线和叠线
	导线折弯应折成直角
整体布局	板面线路应合理汇集成线束
	进出线应合理汇集在端子排上
	整体走线应合理美观

⑧ 用多股线连接时，安装板上应搭配有走线槽，所有连线沿线槽内走线。各电器元件与走线槽之间的外露导线，要尽可能做到横平竖直、走线合理、美观整齐，变换走向要垂直；在任何情况下，接线端子必须与导线截面积和材料性质相适应，当接线端子不适合连接软线或较小截面积的软线时，可以在导线端头穿上针形或叉形轧头并压紧；进入走线槽内的导线要完全置于走线槽内，并应尽可能避免交叉，装线不要超过其容量的70%，以便于能盖上线槽盖和以后的装配及维修。

2. 室内护套线、线管布线工艺

1）室内布线基本知识

（1）室内布线的类型与方式

① 室内布线的类型。室内布线就是敷设室内用电器具或设备的供电和控制线路。室内布线有明装式和暗装式两种。明装式是导线沿墙壁、天花板、横梁及柱子等表面敷设；暗装式是将导线穿管埋设在墙内、地下或装设在顶棚里。

② 室内布线的方式。有（塑料）夹板布线、绝缘子布线、槽板布线、护套线布线及线管布线等方式，最常用的是护套线布线和线管布线。

（2）室内布线的技术要求

室内布线不仅要使电能传送安全可靠，而且要使线路布置正规、合理、整齐、安装牢固，其技术要求如下：

① 所用导线的额定电压应大于线路的工作电压。导线的绝缘应符合线路的安装方式和敷设环境的条件。导线的截面应满足供电安全电流和机械强度的要求，一般的家用照明线路以选用2.5 mm^2 的铝芯绝缘导线或1.5 mm^2 的铜芯绝缘导线为宜，常用的橡皮、塑料绝缘导线的安全载流量见表3-4-2。

表 3-4-2　500 V 单芯橡皮、塑料电线在常温下的安全载流量

线芯截面积/mm^2	橡皮绝缘电线安全载流量/A		聚氯乙烯绝缘电线安全载流量/A	
	铜芯	铝芯	铜芯	铝芯
0.75	18	—	16	—
1.0	21	—	19	—
1.5	27	19	24	18
2.5	33	27	32	25
4	45	35	42	32
6	58	45	55	42
10	85	65	75	59
16	110	85	105	80

② 布线时应尽量避免导线接头。若必须有接头时，应采用压接或焊接，按导线的连接方法进行，然后用绝缘胶布包缠好。要求导线连接和分支处不应受机械力的作用；穿在管内的导线不允许有接头，必要时尽可能把接头放在接线盒或灯头盒内。

③ 布线时应水平或垂直敷设。水平敷设时，导线距地面不小于 2.5 m；垂直敷设时，导线距地面不小于 2 m。否则，应将导线在钢管内加以保护，以防机械损伤。布线位置应便于检查和维修。

④ 当导线穿过楼板时，应设钢管加以保护，钢管长度应从离楼板面 2 m 高处至楼板下出口处。导线穿墙要用瓷管（塑料管）保护，瓷管两端出线口伸出墙面不小于 10 mm，这样可防止导线与墙壁接触，以免墙壁潮湿而产生漏电等现象。当导线互相交叉时，为避免碰线，在每根导线上套以塑料管或其他绝缘管，并将套管牢靠地固定，不使其移动。

⑤ 为确保安全用电，室内电气管线和配电设备与其他管道、设备间的最小距离都有规定，详见表 3-4-3（表中有两个数字者，分子数为电气管线敷设在管道上的距离，分母数为电气管线敷设在管道下面的距离）。施工时如不能满足表中所列距离，则应采取其他的保护措施。

表 3-4-3　室内电气管线和配电设备与其他管道、设备间的最小距离（m）

类别	管线及设备名称	管内导线	明敷绝缘线	裸母线	滑触线	配电设备
平行	煤气管	0.1	1.0	1.0	1.5	1.5
	乙炔管	0.1	1.0	2.0	3.0	3.0
	氧气管	0.1	0.5	1.0	1.5	1.5
	蒸汽管	1.0/0.5	1.0/0.5	1.0	1.0	0.5
	暖气管	0.3/0.2	0.3/0.2	1.0	1.0	0.1
	通风管	—	0.1	1.0	1.0	0.1
	上下水管	—	0.1	1.0	1.0	0.1
	压缩气管	—	0.1	1.0	1.0	0.1
	工艺设备	—	—	1.5	1.5	—

续表

类别	管线及设备名称	管内导线	明敷绝缘线	裸母线	滑触线	配电设备
交叉	煤气管	0.1	0.3	0.5	0.5	—
	乙炔管	0.1	0.5	0.5	0.5	—
	氧气管	0.1	0.3	0.5	0.5	—
	蒸汽管	0.3	0.3	0.5	0.5	—
	暖气管	0.1	0.1	0.5	0.5	—
	通风管	—	0.1	0.5	0.5	—
	上下水管	—	0.1	0.5	0.5	—
	压缩气管	—	0.1	0.5	0.5	—
	工艺设备	—	—	1.5	1.5	—

（3）室内布线的主要工序

① 按设计图样确定灯具、插座、开关、配电箱、起动装置等的位置。

② 沿建筑物确定导线敷设的路径、穿越墙壁或楼板的位置。

③ 在土建未涂灰前，将布线所有的固定点打好孔眼，预埋绕有铁丝的木螺钉、螺栓或木砖。

④ 装设绝缘支持物、线夹或管子。

⑤ 敷设导线。

⑥ 导线连接、分支和封端，并将导线出线接头和设备连接。

2）护套线布线

塑料护套线是一种具有塑料保护层的双芯或多芯绝缘导线，具有防潮、耐酸和耐腐蚀等性能。

塑料护套线线路的优点是施工简单、维修方便、外形整齐美观及造价较低，广泛用于住宅楼、办公室等建筑物内，但这种线路中导线的截面积较小，大容量电路不宜采用。

（1）技术要求

① 护套线芯线的最小截面积规定为：户内使用时，铜芯的不小于1.0 mm^2，铝芯的不小于1.5 mm^2；户外使用时，铜芯的不小于1.5 mm^2，铝芯的不小于2.5 mm^2。

② 护套线敷设在线路上时，不可采用线与线的直接连接，应采用接线盒或借用其他电气装置的接线端子来连接线头。接线盒由瓷接线桥（也叫瓷接头）和保护盒等组成，如图3-4-8所示。瓷接线桥分有单线、双线、三线和四线等多种，按线路要求选用。

③ 护套线必须采用专用的铝片线卡（钢精轧头）进行支持，铝片线卡的规格有0号、1号、2号、3号和4号等多种。号码越大，长度越长，可按需要选用。铝片线卡的形状分用小铁钉固定和用环氧树脂胶水粘贴两种，如图3-4-9所示。

④ 护套线支持点的定位，有以下一些规定：直线部分，两支持点之间的距离为0.2 m；转角部分、转角前后各应安装一个支持点；两根护套线十字交叉时，叉口处的四方各应安装一个支持点，共四个支持点；进入本台前应安装一个支持点；在穿入管子前或穿出管子后，均需各安装一个支持点。护套线路支持点的各种安装位置，如图3-4-10所示。

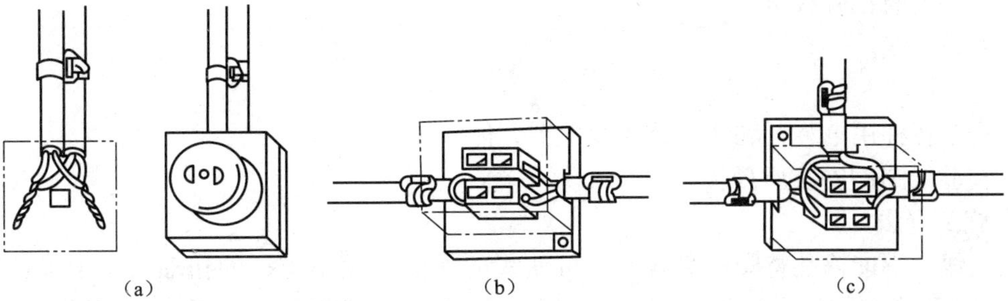

图 3－4－8　护套线线头的连接方法

(a) 在电气装置上进行中间或分支接头；(b) 在接线盒上进行中间接头；(c) 在接线盒上进行分支接头

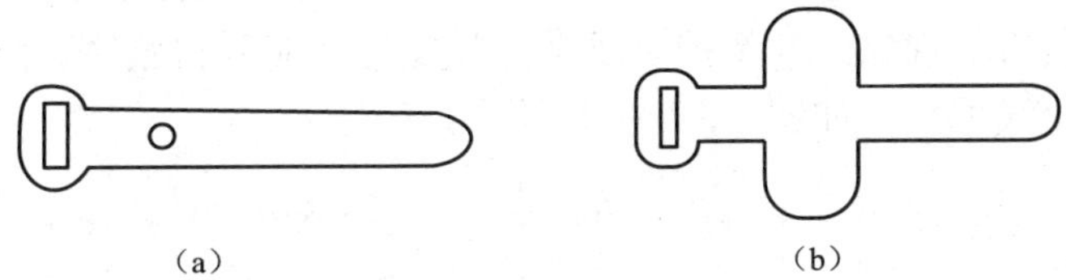

图 3－4－9　常用铝片线卡

(a) 铁钉固定式；(b) 粘贴式

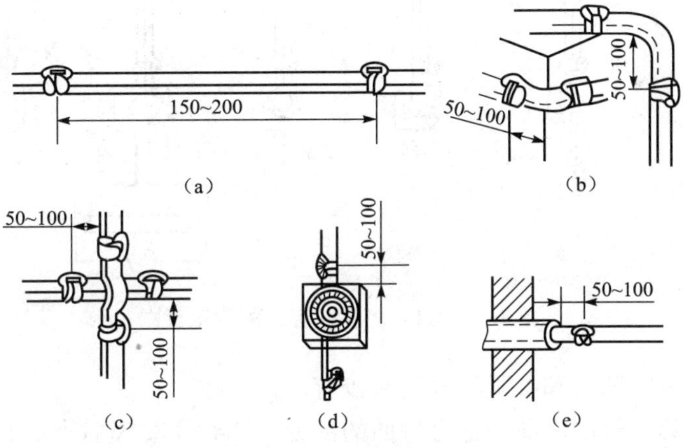

图 3－4－10　护套线支持点的定位

(a) 直线部分；(b) 转角部分；(c) 十字交叉；(d) 进入木台；(e) 进入管子

⑤ 护套线线路的离地距离不得小于 0. 15 m；在穿越楼板的一段及在离地 0. 15 m 以下部分的导线，应加钢管（或硬塑料管）保护，以防导线遭受损伤。

（2）线路施工

① 施工步骤。

a. 准备施工所需的器材和工具。

b. 标画线路走向，同时标出所有线路装置和用电器具的安装位置，以及导线的每个支持点。

c. 錾打整个线路上的所有木榫安装孔和导线穿越孔，安装好所有木榫。

d. 安装所有铝片线卡。

e. 敷设导线。

f. 安装各种木台。

g. 安装各种用电装置和线路装置及电器元件。

h. 检验线路的安装质量。

② 施工方法。

a. 放线。不能搞乱整圈护套线，不可使线的平面产生小半径的扭曲，在冬天放塑料护套线时尤应注意。放铅包线更不可产生扭曲，否则无法把线敷设得平整。为了防止平面扭曲，放线时需两人合作，一个人把整圈护套线套入双手中，另一人将线头向前拉出。放出的护套线不可在地上拖拉，以免擦破或弄脏护套层。

b. 敷线。整齐美观是护套线线路的特点。因此，导线必须敷得横平、竖直和平整，不得有松弛、扭绞和曲折等现象。几条护套线平行敷设时，应敷得紧密，线与线之间不能有明显的空隙。塑料护套线配线，如图3－4－11所示。

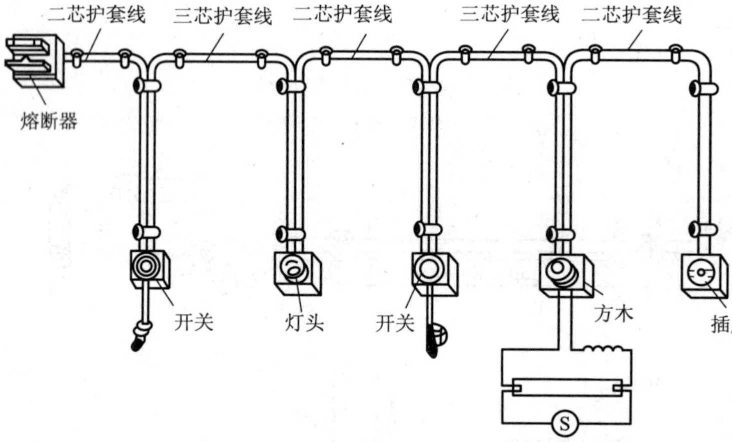

图3－4－11　塑料护套线配线示意图

在敷线时，要采取勒直和收紧的方法来校直。

勒直，是在护套线敷设之前，把有弯曲的部分，用纱团裹捏后来回勒平，使之挺直，如图3－4－12所示。

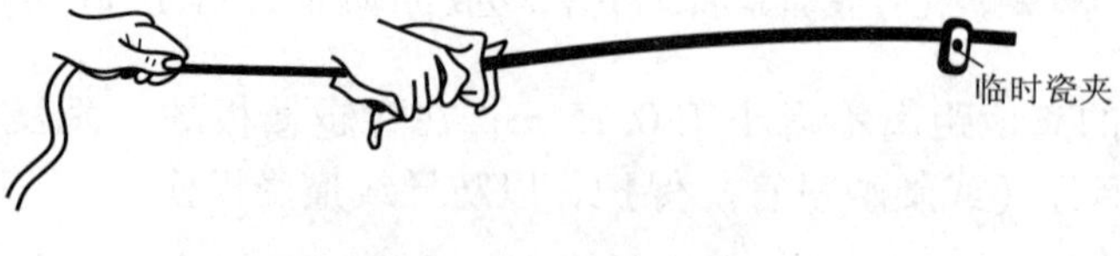

图3－4－12　护套线的勒直方法

收紧，是在敷设时，把护套线尽可能地收紧。长距离的直线部分，可在直线部分两端的建筑面上，先临时各装一副瓷夹板，把收紧了的导线先夹入瓷夹板中，然后逐一夹上铝片线卡，如图3－4－13（a）所示。短距离的直线部分，或转角部分，可戴上纱手套后用手指顺向按捺，使导线挺直平服后夹上铝片线卡，如图3－4－13（b）所示。

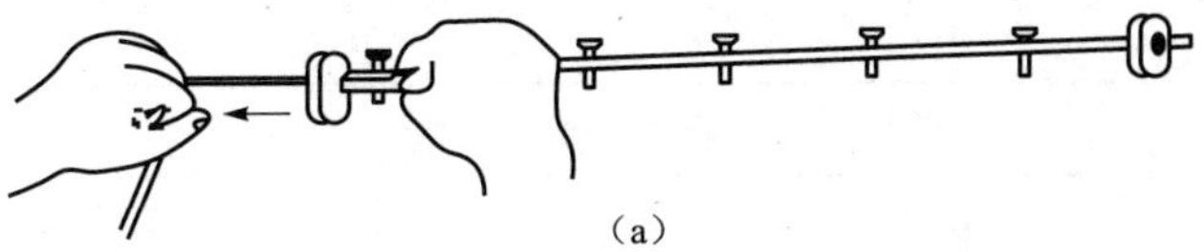

(a)

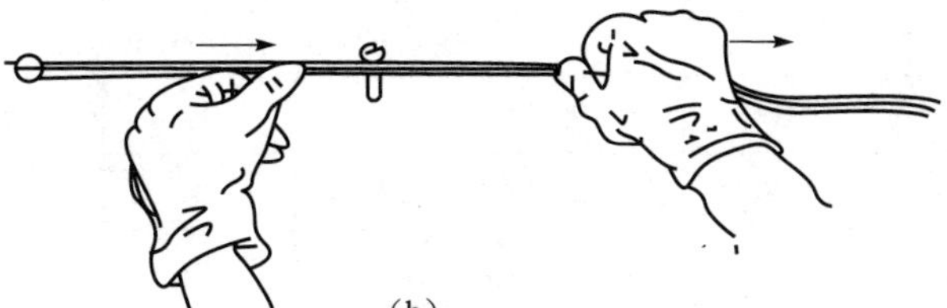

(b)

图 3-4-13　护套线的收紧方法

(a) 长距离；(b) 短距离

3）线管布线

把绝缘导线穿在管内敷设，称为线管布线。这种布线方式比较安全可靠，可避免腐蚀性气体侵蚀和遭受机械损伤，适用于公共建筑和工业厂房中。

线管布线有明装式和暗装式两种。明装式要求布管横平竖直、整齐美观；暗装式要求线管短、弯头少。常用线管有钢管和硬塑料管，钢管线路具有较好的防潮、防火和防爆等特性，硬塑料管线路具有较好的防潮和抗酸碱腐蚀等特性，两者都有较好的抗外界机械损伤的性能，是一种比较安全可靠的线路结构，但造价较高，维修不甚方便。

（1）技术要求

① 穿入管内的导线，其绝缘强度不应低于交流 500 V，铜芯导线的最小截面积不能小于 1 mm^2。

② 明敷或暗敷所用的钢管，必须经过镀锌或涂漆的防锈处理，管壁厚度不应小于 1 mm。设于潮湿和具有腐蚀性场所的钢管，或埋在地下的钢管，其管壁厚度均不应小于 2 mm。明敷用的硬塑料管壁厚度不应小于 2 mm；暗敷用的不应小于 3 mm。具有化工腐蚀性的场所，或高频车间，应采用硬塑料管。

③ 线管的管径选择，应按穿入的导线总截面积（包括绝缘层）来决定。但导线在管内所占面积不应超过管子有效面积的 40%；线管的最小直径不得小于 13 mm。各种规格的线管允许穿入导线的规格和根数，如表 3-4-4 所示。在钢管内不准穿单根导线，以免形成闭合磁路，损耗电能。

表 3-4-4　钢管和硬塑料管的选用

导线标称截面积/mm^2	导线根数							
	2	3	4	5	6	7	8	9
	线管的最小管径/mm							
1	13	16	16	19	19	25	25	25
1.5	13	16	19	19	25	25	25	25
2	16	16	19	19	25	25	25	25
2.5	16	16	19	25	25	25	25	32

续表

导线标称截面积/mm²	导线根数							
	2	3	4	5	6	7	8	9
	线管的最小管径/mm							
3	16	16	19	25	25	25	32	32
4	16	19	25	25	25	32	32	32
5	16	19	25	25	25	32	32	32
6	16	19	25	25	25	32	32	32
8	19	25	25	32	32	38	38	38
10	25	25	32	32	38	38	51	51
16	25	32	32	38	38	51	51	64
20	25	32	38	38	51	51	64	64
25	32	38	38	51	51	64	64	64
35	32	38	51	51	64	64	64	76
50	38	51	64	64	64	64	76	76
70	38	51	64	64	76	76	—	—
95	51	64	64	76	76	—	—	—

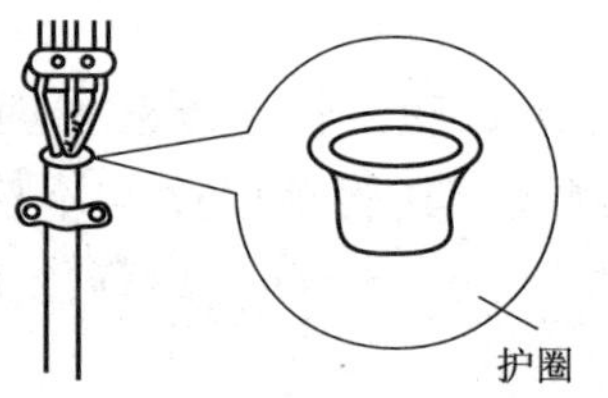

图3－4－14　钢管管口加装护圈

④ 管子与管子连接时，应采用外接头；硬塑料管的连接可采用套接；在管子与接线盒连接时，连接处应用薄型螺母内外拧紧；在具有蒸汽、腐蚀气体、多尘、油、水和其他液体可能渗入的场所，线管的连接处均应密封。钢管管口均应加装护圈，如图3－4－14所示，硬塑料管口可不加装护圈，但管口必须光滑。

⑤ 明敷的管线应采用管卡支持。转角和进入接线盒以及与其他线路衔接或穿越墙壁和楼板时，均应置放一副管卡，如图3－4－15所示，管卡均应安装在木结构和木榫上。

⑥ 为了便于导线的安装和维修，对接线盒的位置有以下规定：无转角时，在线管全长每45 m处、有一个转角时在第30 m处、有两个转角时在第20 m处、有三个转角时在第12 m处均应安装一个接线盒。同时，线管转角时的曲率半径规定为：明敷的不应小于线管外径的6倍，暗敷的不应小于线管外径的10倍。

⑦ 线管在同一平面转弯时应保持直角；转角处的线管，应在现场根据需要形状进行弯制，不宜采用成品月弯来连接。线管在弯曲时，不可因弯曲而减小管径。

钢管的弯曲，对于直径50 mm以下的管子可用弯管器，如图3－4－16（a）所示；对于直径50 mm以上的管子可用电动或液压弯管机。塑料管的弯曲，可用热弯法，即在电烘箱或电炉上加热，待至柔软时弯曲成型，如图3－4－16（b）所示。管径在50 mm以上时，可在管内填以砂子进行局部加热，以免弯曲后产生粗细不匀或弯扁现象。管径较小的塑料管可采用弹簧进行不加热直接弯制，如图 3－4－16（c）所示，先在需要弯制的塑料管中塞入弹簧，将塑料管弯制成需要的形状，弯制完成后拉动弹簧拉线将弹簧抽出。

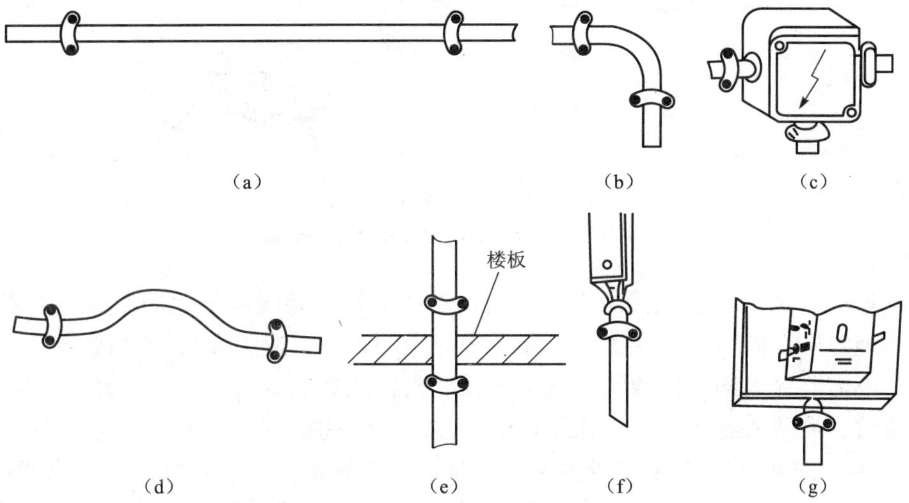

图 3－4－15　管卡定位

（a）直线部分；（b）转弯部分；（c）进入接线盒；（d）跨越部分；（e）穿越楼板（或墙）；（f）与其他线路衔接；（g）进入木台

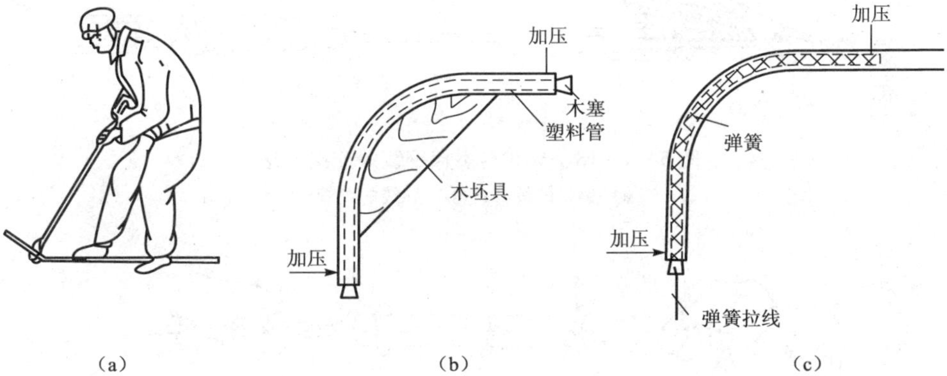

图 3－4－16　弯管方法

（a）弯管器弯管；（b）塑料管弯曲；（c）弹簧弯制法

（2）线路施工

① 线管的连接。管与管连接所用的束节应按线管直径选配。连接时如果存在过松现象，应用白线或塑料薄膜嵌垫在螺纹中。裹垫时，应顺螺纹固紧方法缠绕，如果需要密封，尚须在麻丝上涂一层白漆。如图 3－4－17 所示。

线管与接线盒连接时，每个管口必须在接口内外各用一个螺母给予固紧。如果存在过松现象或需密封的管线，均必须用裹垫物。

② 放线。对整圈绝缘导线，应抽取处于内圈的一个线头，避免整圈导线混乱。

③ 导线穿入线管的方法。穿入钢管前，应在管口上先套上护圈；穿入硬塑料管之前，应先检查管口是否留有毛刺或刃口，以免穿线时损坏导线绝缘层。接着，按每段管长（即

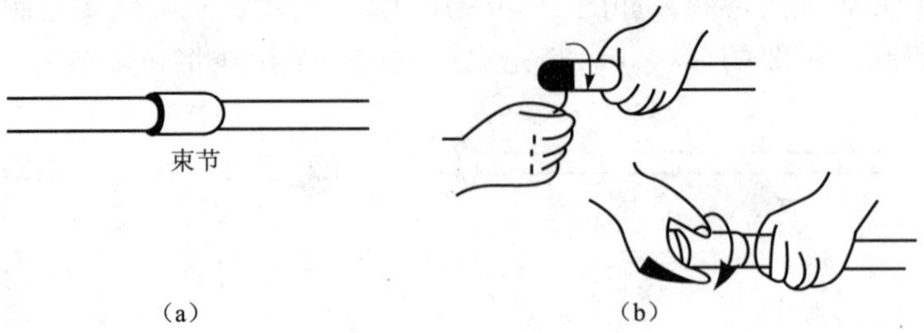

图3－4－17　线管的连接

（a）用束节连接；（b）过松时用麻丝或塑料薄膜垫包

两接线盒间长度）加上两端连接所需的线头余量（如铝质导线应加放防断余量）截取导线；并削去两端绝缘层，同时在两端头标出同一根导线的记号，避免在接线时接错。

然后，把需要穿入同一根线管的所有导线线头，按如图3－4－18所示方法与引穿钢丝结牢。穿线时，需两人合作，一人在管口的一端，慢慢抽拉钢丝，另一人将导线慢慢送入管内，如图3－4－19所示。如果穿线时感到困难，可在管内喷入一些滑石粉予以润滑。在导线穿毕后，应用压缩空气或皮老虎在一端线管口喷吹，以清除管内滑石粉。否则，管内若留有滑石粉会因受潮而结成硬块，将增加以后更换导线时的困难。穿管时，切不可用油或石墨粉等作为润滑物质。

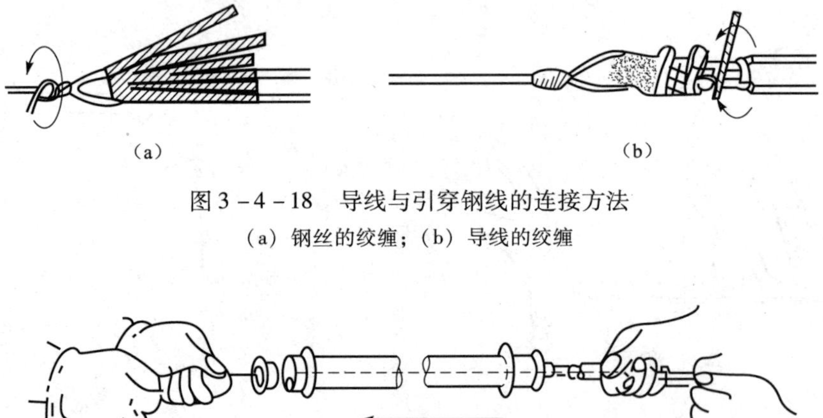

图3－4－18　导线与引穿钢线的连接方法

（a）钢丝的绞缠；（b）导线的绞缠

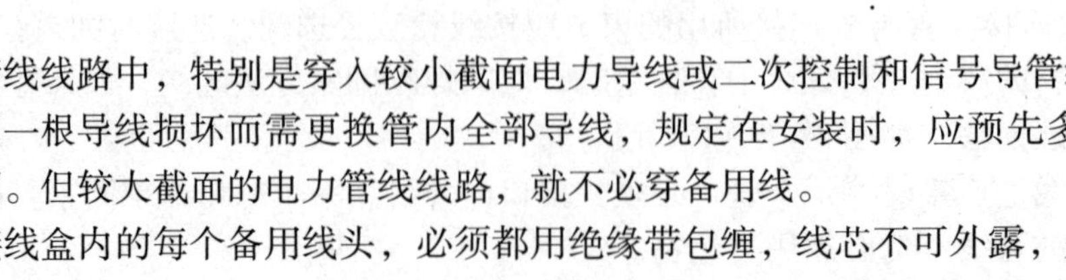

图3－4－19　导线穿入管内的方法

在有些管线线路中，特别是穿入较小截面电力导线或二次控制和信号导管线线路中，为了今后不致因一根导线损坏而需更换管内全部导线，规定在安装时，应预先多穿入1～2根导线作为备用。但较大截面的电力管线线路，就不必穿备用线。

在每一接线盒内的每个备用线头，必须都用绝缘带包缠，线芯不可外露，并置于盒内妥帖的空处。

④ 连接线头的处理。为防止线管两端所留的线头长度不够，或因连接不慎线端断裂出现欠长而造成维修困难，线头应留出足够作两三次再连接的长度。多留的导线可留成弹簧状贮于

接线盒或木台内。

二、技能训练

1. 实训器材

常用电工工具、导线、钢丝、线管、弯管工具。

2. 实训内容及要求

① 练习硬线接线工艺。

② 练习软线接线工艺。

③ 练习护套线的走线。

④ 练习塑料线管的弯管方法及穿管接头的处理。

⑤ 练习导线穿管。

三、技能考核

考核及评分标准见表 3－4－5。

表 3－4－5　技能考核评分表

<table>
<tr><th>序号</th><th colspan="3">工作内容</th><th>权重</th><th>评分标准</th><th>得分</th></tr>
<tr><td rowspan="3">1</td><td rowspan="3">护套线走线</td><td colspan="2">放线</td><td>10 分</td><td>1. 放线时搞乱整圈护套线扣 4 分
2. 使护套线平面产生小半径的扭曲扣 3 分
3. 放线时在地上拖拉扣 3 分</td><td></td></tr>
<tr><td rowspan="2">敷线</td><td>勒直</td><td>15 分</td><td>导线绞扭、曲折每处扣 3 分</td><td></td></tr>
<tr><td>收紧</td><td>15 分</td><td>1. 导线松弛每处扣 3 分
2. 线与线之间有明显的空隙每处扣 3 分</td><td></td></tr>
<tr><td rowspan="3">2</td><td rowspan="3">线管走线</td><td colspan="2">线管连接</td><td>20 分</td><td>1. 使用束节连接时过松每处扣 3 分
2. 裹垫方向不正确每处扣 5 分</td><td></td></tr>
<tr><td colspan="2">线管弯管</td><td>20 分</td><td>1. 不能合理使用弯管工具扣 10 分
2. 弯管时因弯曲而减小管径每处扣 3 分</td><td></td></tr>
<tr><td colspan="2">导线穿管</td><td>20 分</td><td>1. 穿线时损坏导线绝缘层扣 10 分
2. 不能掌握穿管导线绞缠方法及穿管方法扣 10 分</td><td></td></tr>
</table>

四、练习与提高

① 导线采用护套线走线有什么要求？

② 导线穿管有什么要求？

模块五　识别和焊接常用电子元器件

学习目标

- 会识别、检测常用电子元器件
- 掌握电子焊接工艺，能熟练焊接电子线路

一、理论知识

1. 常用电子元器件的识别

1）电阻器

电阻可以说是电子设备中最常用的元件。电阻按材料分一般有：碳膜电阻、金属膜电阻、水泥电阻、线绕电阻等。一般的家用电器使用碳膜电阻较多，因为它成本低廉。金属膜电阻精度要高些，使用在要求较高的设备上。水泥电阻和线绕电阻都是能够承受比较大的功率，线绕电阻的精度也比较高，常用在要求很高的测量仪器上。

电阻器和电位器的判别与检测方法如下。

① 电阻阻值的识读方法。

直标法：它是直接将电阻器的阻值和允许偏差，用阿拉伯数字和文字符号直接标记在电阻体上。

文字符号法：它是将电阻器的标称阻值用文字符号表示。并规定阻值的整数部分写在单位标示的前面，阻值的小数部分写在阻值单位标示符号的后面。如R33表示阻值为0.33 Ω；5.1 Ω标示为5R1；4.7 kΩ标示为4k7；2.2 MΩ标示为2M2等。

色标法：是指用不同颜色表示电阻器的不同的标称阻值和允许偏差（见表3－5－1），在电阻上用色环标示。每种颜色代表不同的数字，根据色环的颜色及排列来判断电阻的大小。色环电阻分为四色环和五色环。如四色环，顾名思义，就是用四条有颜色的环代表阻值大小。小功率碳膜和金属膜电阻，一般都用色环表示电阻阻值的大小。常见的色环电阻表示方法如图3－5－1所示。

表3－5－1　电阻器的色环表示意义

颜色	有效数字	乘数	允许偏差（%）
银色	—	10^{-2}	±10
金色	—	10^{-1}	±5
黑色	0	10^{0}	—
棕色	1	10^{1}	±1
红色	2	10^{2}	±2
橙色	3	10^{3}	—

续表

颜色	有效数字	乘数	允许偏差（%）
黄色	4	10^4	—
绿色	5	10^5	±0.5
蓝色	6	10^6	±0.2
紫色	7	10^7	±0.1
灰色	8	10^8	—
白色	9	10^9	±50 -20
无色	—	—	±20

色标法则也可熟记以下口诀：

棕一红二橙三，黄四绿五蓝六，紫七灰八白九，金五银十黑零。

四色环电阻表示如下。

第一条色环：阻值的第一位数字；第二条色环：阻值的第二位数字；第三条色环：10的幂数；第四条色环：误差表示。

例如，电阻色环：棕绿红金。

第一位：1；第二位：5；10的幂为2（即100）；误差为5%。

即阻值为：$15\times100\ \Omega=1\ 500\ \Omega=1.5\ \text{k}\Omega$（即1.5 k）

精确度更高的五色环电阻表示如下。

第一条色环：阻值的第一位数字；第二条色环：阻值的第二位数字；第三条色环：阻值的第三位数字；第四条色环：阻值乘数的10的幂数；第五条色环：误差（常见是棕色，误差为1%）。

例如电阻色环：黄紫红橙棕。

前三位数字是：472。

第四位表示10的3次方，即1 000。

阻值为：$472\times1\ 000\ \Omega=472\ \text{k}\Omega$（即472 k）

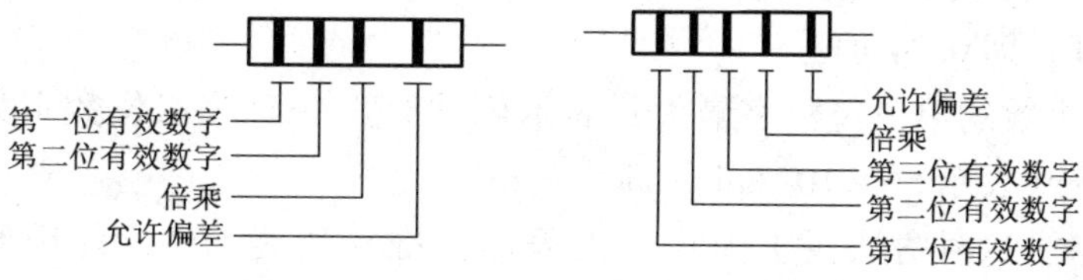

图3-5-1　电阻器色环的表示含义

② 电阻器的检测。通常在测试±5%、±10%、±20%的电阻器时，可采用万用表、电桥检查一下，看其阻值是否与标称值相符。还要注意每个电阻器所承受的电压、功率是否合适。

③ 电位器的检测。使用电位器前先要用万用表合适的欧姆挡挡位，测量电位器两固

定端的电阻值是否与标称值相符，然后再测量滑动端与任一固定端之间阻值变化情况，慢慢移动滑动端，如果万用表指针移动平稳，没有跳动和跌落现象，转动转轴或移动滑动端时，应感觉平滑，且松紧适中，听不到“嗞嗞”声，表明电位器的电阻体良好，滑动端接触可靠。

2）电容器

被绝缘介质隔开的两个导体的组合，称为电容器。在电路里，电容跟电阻一样是电子设备中最常用的元件。电容器在电路中可起到滤波、移相、隔直流、旁路、选频及耦合等作用。常见的电容按制造材料的不同可以分为：瓷介电容、涤纶电容、电解电容，还有先进的聚丙烯电容等，它们各有不同的用途。例如，瓷介电容常用于高频，电解电容用于电源滤波等。

（1）电容器主要参数

① 电容器的标称容量和误差。电容容量的大小就是表示能储存电能的大小，电容对交流信号的阻碍作用称为容抗，它与交流信号的频率和电容容量有关。电容器的标称容量和误差一般标在电容器外壳上。

② 额定直流工作电压（耐压值）。电容器的工作电压不允许超过其额定工作电压，否则会出现击穿，严重的会因漏电发热，产生爆裂事故。对有极性电容器（电解电容），不允许反极性使用，否则会产生爆裂事故。

③ 绝缘电阻。电容器的绝缘电阻是指电容器两极之间的电阻，或称为漏电阻。总的来讲越大越好。

（2）电容器判别与选用

① 识读方法。

a. 直标法：在电容器表面直接标出标称容量的数值和单位，如 470 pF、0.22 μF、100 μF 等。大多数电路图中对以 pF 为单位的小容量电容器，仅标出数值而不标出单位，如 10 用来表示 10 pF，1 000 表示 1 000 pF。而对 μF 为单位，在数值上存在小数点的电容器 μF 也均在电路原理图上省略，如 0.22 表示 0.22 μF；0.47 表示 0.47 μF。也有些电容器将小数点用 R 来表示，如 R47 表示 0.47 μF。

b. 全数字表示法：全数字表示法的单位用 pF，由三位数码构成：第一位、第二位表示容量的有效数字，第三位表示在前两位有效数字后面加“0”的个数。比如 102 表示 1 000 pF。224 表示 22×10^4 pF，即 0.24 μF。

表示“0”的个数的第三位数字最大只表示到“8”，一旦第三位数字为“9”时，则表示的是 10^{-1}，如 569 表示 56×10^{-1} pF，即 5.6 pF。

c. 字母表示法：这种方法属于国际电工委员会推荐的表示法，使用四个字母：p（皮法）、n（纳法）、μ（微法）、m（毫法）来表示电容器的容量单位。

1 F（法）$=10^3$ mF（毫法）$=10^6$ μF（微法）$=10^9$ nF（纳法）$=10^{12}$ pF（皮法）

通常用两个数夹一个字母表示电容器的标称容量，字母前为容量值的整数，字母后为容量值的小数。例如 4.7 μF 写为 4 μ7，1 500 μF 写为 1 m5。

d. 色标法：色标与电阻器的色标相似。色标通常有三种颜色，沿着引线方向，前两种色标表示有效数字，第三色标表示有效数字后面零的个数，单位为 pF。有时一、二色标为同色，就涂成一道宽的色标，如橙橙红，两个橙色标就涂成一道宽的色标，表示 3 300 pF，如图 3－5－2 所示。

② 电容器的检测。

a. 小电容的检测：对于几百皮法的小电容器，可用万用电表 $R\times10$ k 挡，两表笔分别接电容任意两个引脚，测得的阻值应为无穷大，若指针有偏转，说明电容存在漏电或击穿现象。如要测出具体容量，可采用数字万用电表电容挡测量。

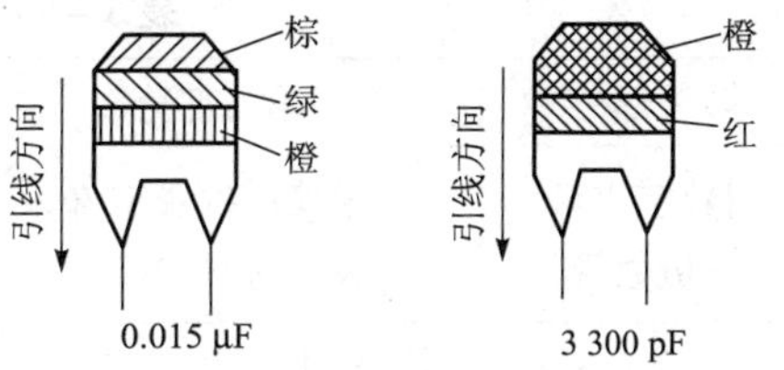

图 3－5－2　电容量的色码表示法

对于 0.01 μF 以上的电容器，可以用万用电表 $R\times10$ k 挡直接测试电容器有无充放电现象以及内部有无漏电和短路，并可根据指针摆动幅度的大小估计出电容容量的大小。如要精确测量则可使用数字万用电表。

b. 判别电解电容器的极性：根据电解电容器正接时漏电小，反接时漏电大的现象可判别其极性。用万用表欧姆挡测电解电容器的漏电电阻，并记下该阻值，然后调换表笔再测一次，两次漏电阻中，大的那次，黑表笔接的是电解电容器的正极，红表笔接的是负极。

3）电感器

电感线圈是将绝缘的导线在绝缘的骨架上绕一定的圈数制成。直流可通过线圈，直流电阻就是导线本身的电阻，压降很小；当交流信号通过线圈时，线圈两端将会产生自感电动势，自感电动势的方向与外加电压的方向相反，阻碍交流的通过，所以电感的特性是通直流阻交流，频率越高，线圈阻抗越大。

电感量的单位有亨利，简称亨，用 H 表示；电感量小的用毫亨（mH）表示；更小的用微亨（μH）表示。其换算关系为：

$$1\ \mathrm{H}=10^{3}\ \mathrm{mH}=10^{6}\ \mu\mathrm{H} \qquad (3-5-1)$$

电感一般有直标法和色标法，色标法与电阻类似。

电感一般可用万用表欧姆挡 $R\times1$ 或 $R\times10$ 挡来测量，若测得阻值为无穷大，表明电感器已断路；如测得阻值很小，说明电感器正常。相同电感量的多个电感，阻值小的品质因数 Q 高。要正确测量电感线圈的电感量和品质因数 Q，需要专门仪器。

4）半导体器件手册的查询方法

半导体器件主要是半导体二极管、稳压管、双极型三极管和晶闸管等。半导体器件的参数是其特性的定量描述，也是实际工作中根据要求选用器件的主要依据。各种器件的参数都可由器件手册查得。而各个国家的分类方式又不尽相同：如国产的 3DD15A 标为 DD15A，日本的 2SC1942 标为 C1942；另一种是只标明数字的：如韩国的 9012、9013 等。都必须要查手册才知其详细参数。

我国半导体器件的命名法见表 3－5－2。

国际电子联合会半导体器件命名法见表 3－5－3。德国、法国、意大利、荷兰、比利时、匈牙利、罗马尼亚、波兰等许多欧洲国家，都采用国际电子联合会半导体器件命名法。美国、日本、韩国有自己国家的半导体器件命名法。

表3-5-2　我国半导体器件的命名法

第一部分		第二部分		第三部分			
用数字表示电极数目		用汉语拼音字母表示材料和极性		用汉语拼音字母表示类型			
符号	意义	符号	意义	符号	意义	符号	意义
2	二极管	A B C D	N型，锗材料 P型，锗材料 N型，硅材料 P型，硅材料	P V W C Z L S	普通管 微波管 稳压管 变容管 整流管 整流堆 隧道管	D A T B	低频大功率管 ($f<3$ MHz　$P_c\geq1$ W) 高频大功率管 ($f\geq3$ MH　$P\geq1$ W) 体效应器件 雪崩管
3	三极管	A B C D E	PNP型，锗材料 NPN型，锗材料 PNP型，硅材料 NPN型，硅材料 化合物材料	N U X G	阻尼管 光电器件 低频小功率管 ($f<3$ MHz　$P<1$ W) 高频小功率管 ($f\geq3$ MHz　$P<1$ W)	J CS BT FH PIN JG	阶越恢复管 场效应器件 半导体特殊器件 复合管 PIN型管 激光器件
第四部分 用数字表示序号		第五部分 用汉语拼音字母表示规格号			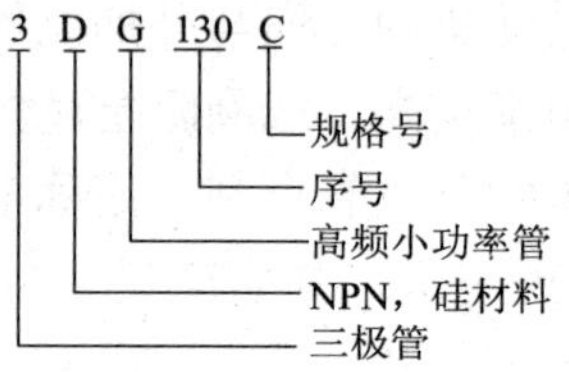		
注：场效应管、半导体特殊器件、复合管、PIN管和激光器件的型号命名只有第三、四、五部分							

表3-5-3　国际电子联合会半导体器件命名法

第一部分		第二部分			
用字母表示材料		用字母表示类型和特性			
符号	意义	符号	意义	符号	意义
		A	检波二极管、开关二极管、混频二极管	M	封闭磁路中的霍尔器件
		B	变容二极管	P	光敏器件
A	锗材料	C	低频小功率三极管	Q	发光器件
B	硅材料	D	低频大功率三极管	R	小功率晶闸管
C	砷化镓材料	E	隧道二极管	S	小功率开关管
D	锑化铟材料	F	高频小功率三极管	T	大功率晶闸管
R	复合材料	G	复合器件及其他器件	U	大功率开关管
		H	磁敏二极管	X	倍增二极管
		K	开放磁路中的霍尔器件	Y	整流二极管
		L	高频大功率三极管	Z	稳压二极管

续表

第三部分		第四部分	
用数字或字母加数字表示等记号		用字母对同一型号器件进行分级	
符号	意义	符号	意义
三位数字 一个字母 二位数字	代表通用半导体器件的登记序号 代表专用半导体器件的登记序号	A B C D E	表示同一型号的半导体器件按某一参数进行分级的标志

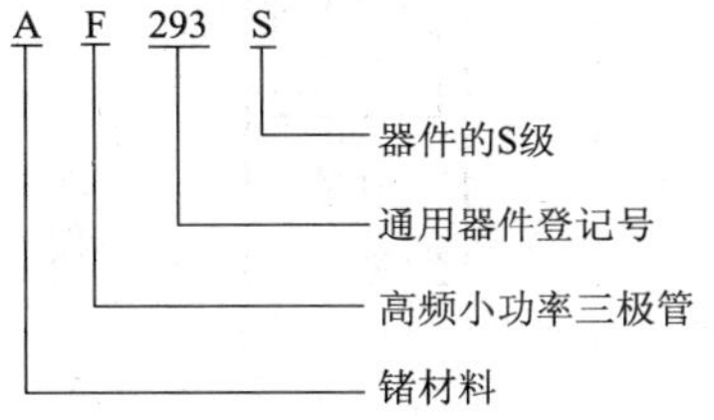

最后还需要从手册中查半导体器件的封装形式和尺寸，了解器件的形状、管脚排列位置，以便于进行工艺设计和正确地使用器件。

5）晶体二极管

（1）结构和性能

晶体二极管就是由一个 PN 结，加上两条电极引线和管壳而制成的，P 区引出线为正极，N 区引出线为负极。常用二极管的特性见表 3－5－4。

表 3－5－4　常用二极管的特性

名称	原理特性	用　途
整流二极管	多用硅半导体制成，利用 PN 结单向导电性	把交流电变成脉动直流，即整流
检波二极管	常用点接触式，高频特性好	把调制在高频电磁波上的低频信号检出来
稳压二极管	利用二极管反向击穿时，二端电压不变原理	稳压限幅，过载保护，广泛用于稳压电源装置中
开关二极管	利用正偏压时二极管电阻很小，反偏压时电阻很大的单向导电性	在电路中对电流进行控制，起到接通或关断的开关作用
变容二极管	利用 PN 结电容随加到管子上的反向电压大小而变化的特性	在调谐等电路中取代可变电容器
发光二极管	正向电压为 1.5～3 V 时，只要正向电流通过，可发光	用于指示，可组成数字或符号的 LED 数码管
光电二极管	将光信号转换成电信号，有光照则其反向电流随光照强度的增加而正比上升	用于光的测量或作为能源即光电池

（2）晶体二极管的简易测试

普通二极管一般它们的外壳上均印有型号和标记。标记有箭头、色点、色环三种，箭头所指方向或靠近色环的一端为负极，有色点的一端为正极。若遇到型号和标记不清楚时，可用万用表的欧姆挡判别二极管的正负两极。还可用万用表来大致测量二极管的质量好坏。在测量时，应把万用表拨到欧姆挡的 $R\times100\ \Omega$ 或 $R\times1\ \mathrm{k}$ 挡。测量的方法见表 3－5－5。

表 3－5－5　晶体二极管的简易测试

测试项目	测试方法	电阻正常值
正向电阻	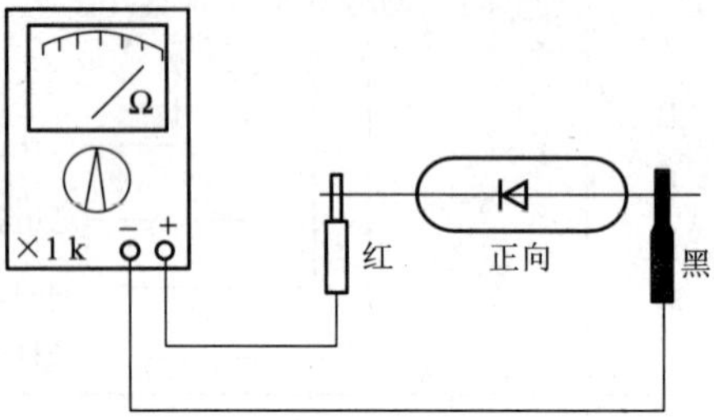 正向电阻 万用表黑笔（“－”端）接在二极管的正极， 红笔（“＋”端）接在二极管的负极	几百欧至几千欧
反向电阻	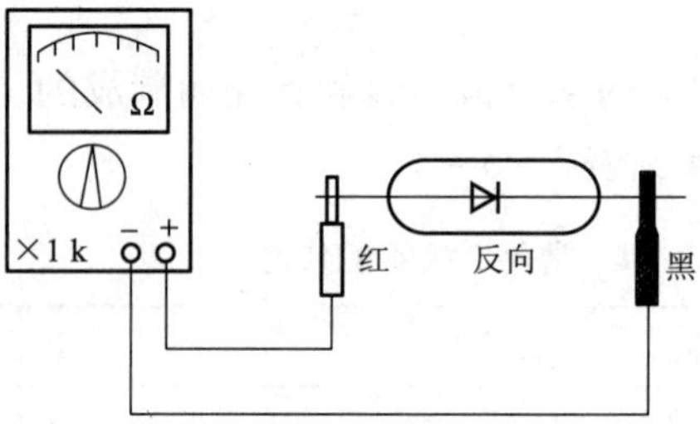 反向电阻 黑笔接二极管的负极，红笔接二极管的正极	大于几千欧或为无穷大 （表针基本不动）

测试项目	极性判断	质量判别		
		好	损坏	不佳
正向电阻	黑表笔“－”连接的一端为二极管的正极（阳极）	较小	0 或∞	正反向电阻比较接近
反向电阻	黑表笔“－”连接的一端为二极管的负极（阴极）	较大	0 或∞	

6）晶体三极管

晶体三极管在电子电路中能够起到放大、振荡、调制等多种作用，且具有体积小、重量轻、耗电省、寿命长的优点，因此得到了广泛的应用。

（1）结构

晶体三极管的内部由两个 PN 结和三个电极所构成，三极管的两个 PN 结分别称为发射结和集电结，三个电极分别叫发射极（e）、基极（b）、集电极（c）。按内部半导体极性结构不同，三极管可分 PNP 和 NPN 两大类型，结构示意和符号如图 3－5－3 所示。

（2）晶体三极管的检测

判断出三极管的管脚和极性的方法见表 3－5－6。测试晶体三极管放大倍数 h_{FE}（β）如图 3－5－4 所示。

表 3－5－6　判别三极笛管脚和极性

内容	第一步判断基极	
	PNP 型	NPN 型
方法	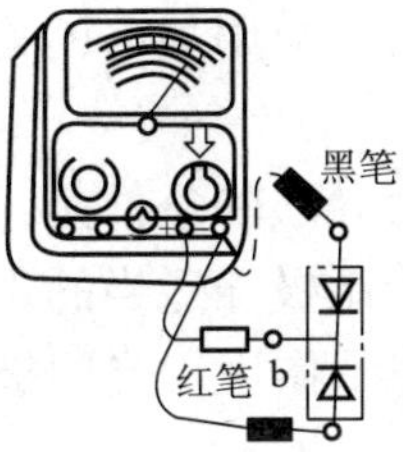	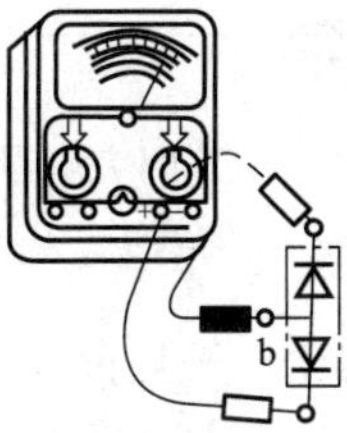
读数	两次读数阻值均较小	两次读数阻值均较小
	以红笔为准，黑笔分别测另两个管脚，当测得两个阻值均较小时，红笔所接管脚为基极	以黑笔为准，红笔分别测另两个管脚，当测得两个阻值均较小时，黑笔所接管脚为基极
内容	第二步判断集电极	
	PNP 型	NPN 型
方法	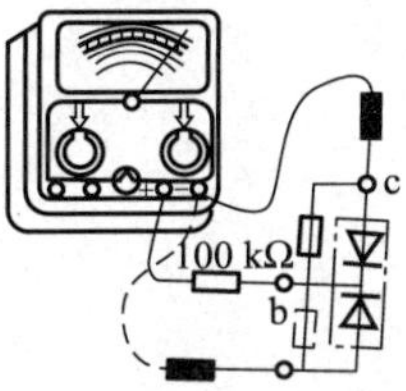	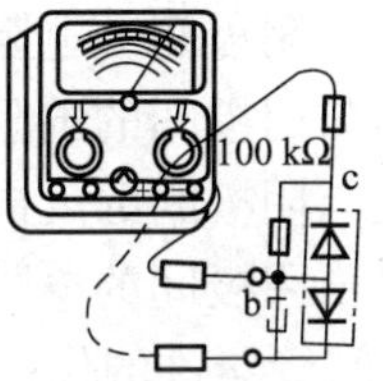
读数	红笔接基极，黑笔连同电阻分别按图示方法测试，当指针偏转角度最大时，黑笔所接的管脚为集电极	黑笔接基极，红笔连同电阻分别按图示方法测试，当指针偏转角度最大时，红笔所接的管脚为集电极
注：1. 判断基极要反复测几次，直到二次读数均较小为止。 2. 根据上述方法可判断 PNP 型和 NPN 型。		

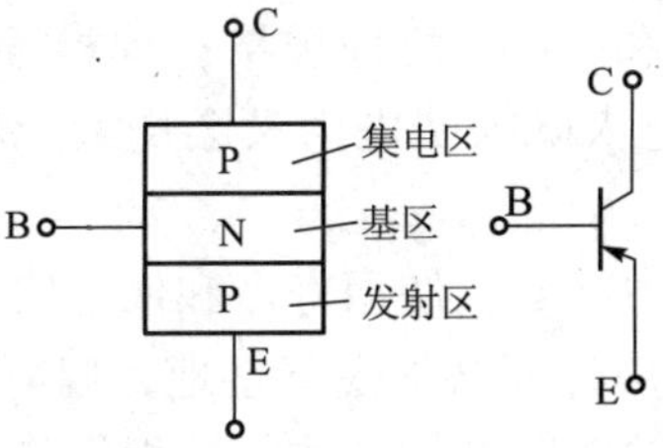

(a)

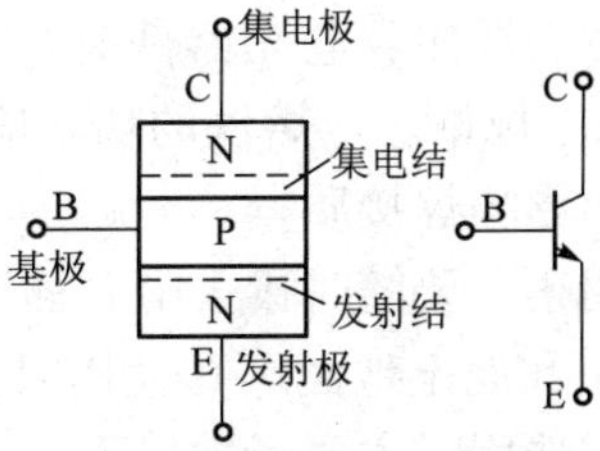

(b)

图 3－5－3　晶体三极管结构示意图及图形符号

(a) PNP 型；(b) NPN 型

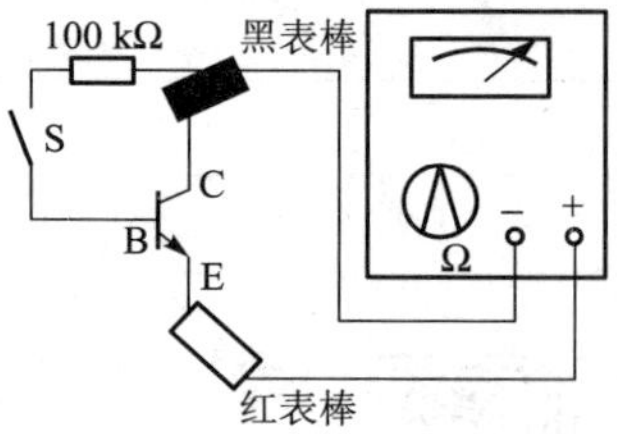

图 3-5-4 用万用表测量晶体三极管放大倍数 h_{FE}（β）

7）晶体闸流管

晶体闸流管简称晶闸管，具有和半导体二极管相似的单向导电性，但它又具有可以控制的单向导电性，所以又称为可控硅，它属于电力半导体器件，主要用于整流、逆变、调压、开关四个方面。目前应用最多的是晶闸管整流电路，可广泛用于可控整流器。

晶闸管由阻断变为导通的条件是：晶闸管阳极和阴极之间加正向电压；同时控制极加适当的正向电压（实际中控制极上加正脉冲）。一旦晶闸管导通，控制极就失去了控制作用，当阳极电流小于一定的值时（维持电流 I_H），晶闸管由导通变为关断。

（1）晶闸管的简易测试

在测量时，万用表的量程应取 $R\times10\ \Omega$ 或 $R\times100\ \Omega$ 挡，以防电压过高将控制极击穿。

用万用表的红表笔和黑表笔交替测量晶闸管的阳极与阴极之间、阳极与门极之间的正向与反向电阻，若阻值都在几百千欧以上时，说明晶闸管的这一部分是好的。门极与阴极之间是一个 PN 结，相当于一个二极管，因此门极到阴极的正向电阻大约是几欧到几百欧的范围，而阴极与门极的反向电阻比正向电阻要大，但由于晶闸管的分散性，因此有时测得的反向电阻即使比较小，也并不说明门极的特性不好。

如出现下述任一情况时，说明晶闸管已损坏。

① 阳极和阴极间的电阻接近于零。

② 阴极与门极间的电阻接近于零。

③ 门极与阴极间的反向电阻接近于零。

④ 门极与阴极间的电阻为无限大。

（2）晶闸管器件的保护

晶闸管的突出弱点就是它承受过电流、过电压能力差，即使短时间的过电流、过电压都可能造成器件的损坏。所以，在晶闸管装置中必须采取适当的保护措施。

2. 电子元器件的焊接技术

1）手工钎焊的工具和材料

（1）手工钎焊的工具

手工钎焊的主要工具是电烙铁。电烙铁是烙铁钎焊的热源，通常以电热丝作为热元件，分内热式和外热式两种，其外形如图 3-5-5 所示。常用的规格有 25、45、75、100 和 300 W 等多种。焊接弱电元器件时，宜采用 25 W 和 45 W 两种规格；焊接强电元器件时，需用 45 W 以上规格。电烙铁的功率应选用适当，过大既浪费电力又会烧毁元器件，过小会因热量不够而影响焊接质量。

电烙铁用毕，要随时拔去电源插头，以节约电力，延长使用寿命和保证安全。在导电地面（如混凝土和泥土地面等）使用时，电烙铁的金属外壳必须妥善接地，以防漏电时触电。

电烙铁在选用时主要考虑以下四个因素：设备的电路结构形式；被焊器件的吸热、散热状况；焊料的特性；使用是否方便。选用的电烙铁的功率、加热形式和烙铁头的形状等应满足上述四方面的要求。一般小件焊接，例如小型元器件、集成电路、CMOS 电路印制电路板等的焊接，适合选用 20～25 W 的电烙铁；大件焊接，例如焊接分立元器件、铜铆钉板、接

（a）　　　　　　　　（b）

图3-5-5　电烙铁
（a）外热式电烙铁；（b）内热式电烙铁

线柱、电子管收音机和扩音机装配、维修等，适合选用35～75 W电烙铁。

烙铁头有多种形状，烙铁头的形状要适合焊接面的要求和焊点的密度。圆斜面式适用于焊接印制板上不太密集的焊点，凿式和半凿式多用于电气维修工作，尖锥式适用于焊接高密度的焊点。

使用电烙铁注意事项如下。

① 使用之前应检查电源电压与电烙铁上的额定电压是否相符，一般为220 V。

② 新烙铁在使用前应先用砂纸把烙铁头打磨干净，然后在焊接时和松香一起在烙铁头上沾上一层锡（称为搪锡），上锡过程如图3-5-6所示。

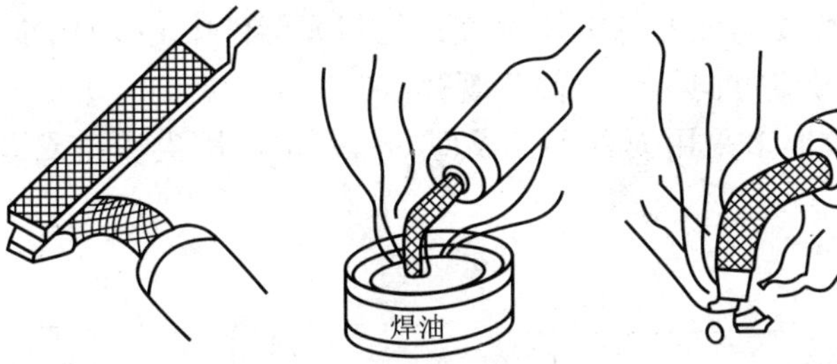

图3-5-6　电烙铁铜头上锡过程

③ 电烙铁不能在易爆场所或腐蚀性气体中使用。

④ 电烙铁在使用中一般用松香作为焊剂，特别是电线接头、电子元器件的焊接，一定要用松香作为焊剂，严禁用含有盐酸等腐蚀性物质的焊锡膏焊接，以免腐蚀印制电路板或使电气线路短路。

⑤ 电烙铁在焊接金属铁、锌等物质时，可用焊锡膏焊接。

⑥ 如果在焊接中发现紫铜制的烙铁头氧化不易沾锡时，可用锉刀锉去氧化层，在酒精内浸泡后再使用，切勿在酸内浸泡，以免腐蚀烙铁头。

⑦ 焊接电子元器件时，最好选用低温焊丝，头部涂上一层薄锡后再焊接。焊接场效应晶体管时，应将电烙铁电源线插头拔下，利用余热去焊接，以免损坏管子。

⑧ 使用外热式电烙铁还要经常将铜头取下，清除氧化层，以免日久造成铜头烧死。

⑨ 电烙铁通电后不能敲击，以免缩短使用寿命。

⑩ 电烙铁使用时需掌握正确握法，电烙铁握法如图3-5-7所示。

焊接所用的其他工具有尖嘴钳、斜口钳、镊子、旋具、元件剪、小刀等。

（2）手工钎焊的材料

锡钎焊材料有钎料和钎剂两种。钎料是锡钎料或纯锡，常用的有锭状和丝状两种。丝状

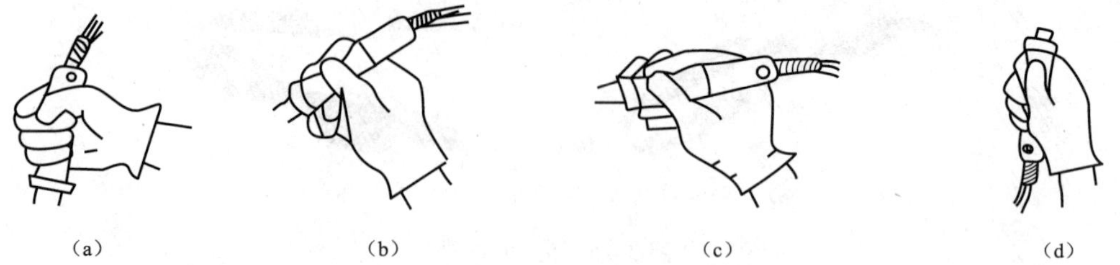

图3-5-7 电烙铁的握法

（a）大烙铁握持法；（b）小烙铁握持法；（c）向下焊接握持法；（d）向上焊接握持法

的通常在中心包含松香，这样一物两用，在焊接中较为方便。焊剂有松香、松香酒精溶液。

2）电子元器件的引线成形和插装

（1）电子元器件的引线成形要求

电子元器件引线的成形主要是为了满足安装尺寸与印制电路板的配合等要求。手工插装焊接的元器件引线加工形状如图3-5-8所示。需要注意的是：

① 引线不应在根部弯曲，至少要离根部1.5 mm以上。

② 弯曲处的圆角半径R要大于两倍的引线直径。

③ 弯曲后的两根引线要与元器件本体垂直，且与元器件中心位于同一平面内。

④ 元器件的标志符号应方向一致，便于观察。

一般元器件的引线成形多采用模具手工成型，另外也可用尖嘴钳或镊子加工元器件引线来成型。

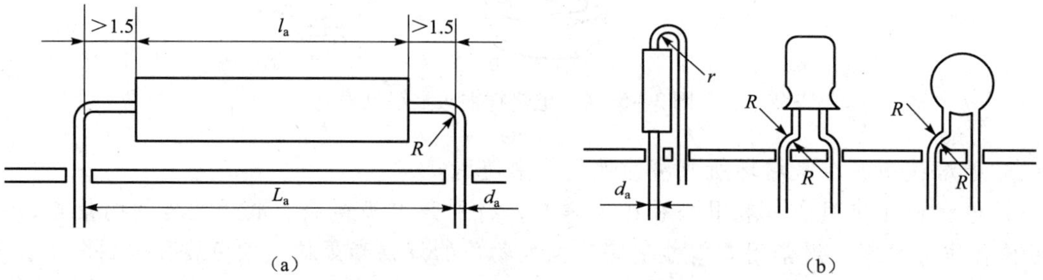

图3-5-8 元器件引线加工的形状

（a）轴向引线元器件卧式插装方式；（b）竖式

注：L_a—两焊点的跨接间距；l_a—元件轴向引线上元件体的长度；d_a—元件引线的直径或厚度

（2）元器件在印制电路板上插装的原则

① 电阻、电容、晶体管和集成电路的插装应是标记和色码朝上，易于辨认。元器件的插装方向在工艺图样上没有明确规定时，必须以某一基准来统一元器件的插装方向。

② 有极性的元器件由极性标记方向决定插装方向，如电解电容、晶体二极管等，插装时只要求能看出极性标记即可。

③ 插装顺序应该先轻后重、先里后外、先低后高。如先插卧式电阻、二极管，其次插立式电阻、电容和三极管，再插大体积元器件，如大电容、变压器等。

④ 印制电路上元器件的距离不能小于1 mm，引线间的间隔要大于2 mm，当有可能接

触时，引线要套绝缘套管。

⑤ 特殊元器件的插装方法

特殊元器件是指较大、较重的元器件，如大电解电容、变压器、扼流圈及磁棒等，插装时必须用金属固定件或固定架加强固定。

3）焊接工艺

（1）焊前准备

电烙铁的准备：烙铁头上应保持清洁，并且镀上一层锡钎料，这样才能使传热效果好，容易焊接。新的烙铁使用前必须先对烙铁头进行处理，按需要将烙铁头挫成一定形状，再通电加热，将烙铁沾上锡钎料在松香中来回摩擦，直至烙铁头上镀上一层锡。如烙铁使用时间长久，烙铁头表面会产生氧化层及凹凸不平，也需先挫去氧化层，修整后再镀锡。

（2）焊接操作方法

图 3－5－9 所示，焊接按准备焊接、送烙铁预热焊接、送锡钎焊丝、移开锡钎焊丝、移开烙铁等工序进行。对于热容量小的焊件，例如印制电路板上元器件细引线的焊接，要特别注意焊接时间的把握，以防损坏电路板及元器件。

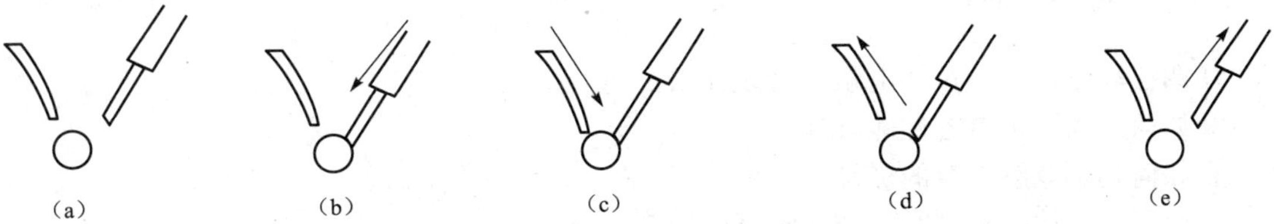

图 3－5－9　焊接操作步骤

（a）准备焊接；（b）送烙铁；（c）送焊丝；（d）移焊丝；（e）移烙铁

（3）焊点质量要求

① 焊接点必须焊牢，具有一定的机械强度，每一个焊接点都是被钎料包围的接点。

② 焊接点的锡液必须充分渗透，其接触电阻要小。

③ 焊接点表面光滑并有光泽，焊接点大小均匀。

在焊接中要避免虚焊、夹生焊接等现象的出现。

二、技能训练

1. 实训器材

万用表、电烙铁、R、L、C 元件、半导体器件、空心铆钉板、印制电路板等。

2. 实训内容及要求

① R、L、C 元件的辨识和测量练习。

② 晶体管的测量练习。

③ 焊接练习。

三、技能考核

考核及评分标准见表 3－5－7。

表 3-5-7　技能考核评分表

序号	考核内容		权重	评分标准	得分
1	色标电阻的识别		5	判断不正确扣 5 分	
2	*R*、*L*、*C* 元件的测试		15	1. 仪表使用不正确扣 5 分 2. 测量结果不正确每次扣 5 分	
3	半导体器件的测量		30	1. 仪表使用不正确扣 5 分 2. 测量结果不正确每次扣 5 分	
4	按图焊接	接线	20	接线不正确，每处扣 5 ~ 10 分	
		布局	10	布局不合理扣 5 ~ 10 分	
		焊点	20	1. 焊点毛糙扣 5 ~ 10 分 2. 虚焊、漏焊，每处扣 5 ~ 10 分	

四、练习与提高

① 四色环电阻和五色环电阻各代表什么？
② 如何判断固定电容性能好坏？
③ 如何判别电解电容的极性？
④ 使用半导体二极管时，应注意哪些问题？
⑤ 如何用万用表测试半导体三极管的穿透电流？

项目四

家庭用电线路设计与安装

学习目标

- 掌握家庭用电线路设计方法
- 会计算家庭用电线路负荷，会选择家用电器
- 能设计、安装、检修常用家庭用电线路

模块一　设计家庭用电线路

学习目标

- 掌握家庭用电线路设计方法
- 会选用家用电气产品，能按要求设计家庭用电线路

一、理论知识

随着家庭生活的电器化和智能化，家庭用电量也随之大幅度上升，人们对家庭用电的安全、舒适、经济、可靠、维护、检修等各方面的要求越来越高，因此优化分配电路负荷、合理设计室内用电线路也成为家庭装饰的重要内容。

1. 家庭用电线路分类

根据目前家居户型及家用电器的增长率综合分析，现代家庭住宅用电一般应分五路较为合适。

这五路是：空调专用线路（一只空调一路）、厨房用电线路、卫生间用电线路、普通照明用电线路、普通插座用电线路。

上述家庭住宅用电线路设计方案，可有效地避免空调起动时造成的其他电器电压过低、电流不稳定的弊端，又方便了局部区域性用电线路的检修，一旦其中某一路跳闸，不会影响其他线路正常使用。因此从功能性、经济性、实用性等方面分析，家庭用电的五路以上分线方案是较为科学合理的。

1）空调专用线路

对空调、电热水器等大容量电器设备宜一个设备设置一个回路。如果以上设备合用一个回路，当它们同时使用时，导线易发热，即使不超过导线允许的工作温度，也会降低导线绝缘层的寿命。此外，加大导线的截面也可大大降低电能在导线上的损耗。

2）厨房用电线路

厨房电器越来越多，必须事先设计好各自的合理位置，并安好插座。应注意冰箱最好不要与其他电器共用一个插座。厨房里通常使用的电器包括：冰箱、微波炉、食品加工机、电饭锅、抽油烟机、消毒柜、洗碗机、豆浆机等，应根据各自的功率分别安装插座，避免一个接线板同时接好几个大功率电器的情况。另外，插座均需安装漏电保护装置。

3）卫生间用电线路

卫生间分两类：干湿分开的卫生间和干湿合在一起的卫生间。湿式卫生间内有浴缸和坐便器；干式卫生间放置洗脸盆和洗衣机。放置浴缸的卫生间是潮湿环境，用湿手操作电源开关有一定的危险性，因此电源开关可装在湿式卫生间外面的门旁墙上。若装在卫生间内，应采用拉线开关或防水开关。

在卫生间内配置电热淋浴器，要配备专用的插座。镜前灯下还必须设置插座供电剃须刀、电吹风和烘手器等使用。浴霸的电源线应直接从住户配电箱内用3根2.5 mm^2 的铜芯导线引来。浴霸用一只开关控制普通照明，用一只或两只开关控制红外灯。浴室的配电回路应具有漏电保护，灯具金属外壳都应该接地。

卫生间里比较潮湿，所以在安装电灯、电线时要格外小心。开关最好有安全保护装置，插座最好选用带有防水盖的。因为卫生间的电线不宜暴露在外，所以注意事先想到哪里需要留插座、接头。卫生间常用的电器有热水器、暖风机、顶灯、洗衣机等。

4）普通照明用电线路

照明线路应分成几个回路，这样做是因为一旦某一回路的照明灯出现短路故障，也不会影响到其他回路的照明，使整个家庭处于黑暗中。

5）普通插座用电线路

插座所接的用电负荷基本上都是人手可触及的移动电器（吸尘器、落地或台式风扇）或固定电器（电冰箱、微波炉、电加热淋浴器和洗衣机等）。当这些电器设备的导线受损（尤其是移动电器的导线）或人手可触及电器设备的带电外壳受损时，就有电击危险。为此规定：电源插座均应设置漏电保护装置。

2. 家庭用电线路设计相关规定

DBJ08－20－98规定每户的电气设备应符合如下标准。

① 每套住宅进户处必须设嵌墙式住户配电箱。住户配电箱设置电源总开关，该开关能同时切断相线和中性线，且有断开标志。每套住宅应设电度表，电度表箱应分层集中嵌墙暗装设在公共部位。住户配电箱内的电源总开关应采用两极开关，总开关容量选择不能太大，也不能太小；要避免出现与分开关同时跳闸的现象。电度表箱通常分层集中安装在公共通道

上，这是为了便于抄表和管理，嵌墙安装是为了不占据公共通道。

② 小套（使用面积不低于38 m^2）用电负荷设计功率为4 kW，电度表选用5（20）A；中套（使用面积不低于49 m^2）用电负荷设计功率为4.6 kW，大套（使用面积不低于59 m^2）用电负荷设计功率为6～8 kW，电度表全部采用10（40）A单相电度表。

③ 电气插座宜选用防护型，其配置不应少于以下规定。

a. 单人卧室设单相两极和单相三极组合插座两只，单相三极空调插座一只。

b. 起居室、双人卧室和主卧室设单相两极和单相三极组合插座三只，单相三极空调插座一只。

c. 厨房设单相两极和单相三极组合插座及单相三极带开关插座各一只，并在排油烟机高度附近处设单相三极插座一只。

d. 卫生间设单相两极和单相三极组合插座一只，有洗衣机的卫生间，应增加单相三极带开关插座一只，卫生间插座应采用防溅式。

④ 插座回路必须加漏电保护。DBJ08－20－98规定：除挂壁式空调电源插座外，其他电源插座均应设置漏电保护装置。

⑤ 阳台应设人工照明。阳台装置照明，可改善环境、方便使用。尤其是封闭式阳台设置照明十分必要。阳台照明线宜穿管暗敷。若建房时未预埋，则应用护套线明敷。

⑥ 住宅公用部位必须设置人工照明，除高层住宅的电梯厅和应急照明外，其余应采用节能开关。电源应接至公共电度表上。

根据消防规范，高层住宅的电梯厅和应急照明是不能关的，因此不能用节能开关。

⑦ 住宅应设有线电视系统，其设备和线路应满足有线电视网的要求，小套每户应设电视系统双孔终端盒一只，中套、大套每户应设不少于两只的电视系统双孔终端盒，终端盒边应有电源插座。在装没施工时，不管该地区有线电视是否到位，都应暗设电视终端盒。

⑧ 住宅电话通信管线必须到户，每户电话进线不应少于两对。小套电话插座不应少于两只，中套、大套电话插座不应少于三只。

随着家用计算机的普及，每户一对电话线已不能满足需要，因此规定每户电话进线不应少于两对，其中一对应通到计算机桌旁，以满足上网需要。

⑨ 电源、电话、电视线路应采用阻燃型塑料管暗敷。电话和电视等弱电线路也可采用钢管保护，电源线采用阻燃型塑料管保护。

⑩ 电气线路应采用符合安全和防火要求的敷设方式配线。导线应采用铜导线。家庭装潢中线路已转为穿管暗敷，既符合安全又能达到防火要求。

⑪ 由电度表箱引至住户配电箱的铜导线截面不应小于10 mm^2，住户配电箱的配电分支回路的铜导线截面不应小于2.5 mm^2。

导线线径加大和分支回路增加，不仅仅是考虑未来发展的需要，更重要的是提高了住宅电气安全水平，避免了许多电气火灾和其他电气事故。配电回路少，每个回路的负荷电流增加，会导致线路发热加剧，电压质量变差，影响家用电器的性能和寿命，导致导线寿命缩短、短路和火灾增多。

⑫ 接地。防雷接地和电气系统的保护接地是分开设置的。

3. 电气产品的选用

1）隔离电器

家庭或类似场所使用的配电箱，属非熟练人员使用的组合电器，因此主开关应采用具有明显隔离断口或者明显隔离指示的隔离电器。当发生电气故障时，只要分断隔离电器，用户端就与电源切断，此时即使是非熟练人员也可安全地修理电器设备。

2）漏电断路器

为了保证家庭用电安全，对人手很容易触及的家用电器的电源应具有漏电保护功能。通常，固定的照明器具因人手触及不到，其电源回路可不加漏电保护；插座回路除挂壁式空调插座外，都应带有漏电保护装置。

DZ47 系列漏电断路器是小型塑壳模数化断路器，它不仅具有电击保护功能，还具有过载和短路保护作用。采用这种漏电断路器时，不必装总熔丝。DZ47 －32 的额定电流有 6 A、10 A、16 A、20 A、25 A、32 A 六种。住户配电箱内一般根据漏电断路器控制的回路数和负载电流选用 16 ~32 A。DZL47 是用专用导轨固定在 PZ 系列开关箱内，如图 4 －1 －1 所示。

图 4 －1 －1　PZ 系列开关箱

3）分路开关和分路熔丝

以前家用电器尚未普及，家庭用电主要是照明。家庭电气设计时，总开关往往是采用带熔丝的闸刀开关，几个分路并头后全部接到闸刀开关的下桩头上。每户还备有手电筒或蜡烛，一旦熔丝熔断，可在手电筒光或烛光下更换熔丝。

随着家用电器的普及，分路控制十分重要，如把插座和照明分为两个分路，分别设置熔丝作为分路过载保护。当接于插座上的家用电器发生短路时，插座分路的熔丝熔断，故障就不会扩大，而照明分路仍能工作，就不必借助手电筒光或烛光更换熔丝。

分路可用模数化开关或模数化熔丝加以控制。若采用开关，此开关应具有过载、短路保护功能，此时分路不必装熔丝。分路开关可采用 DZ47 －32 等塑壳断路器（如图 4 －1 －2 所示），一般照明回路采用 1P 的 DZ47，插座回路采用 2P 的 DZ47LE，具体电流等级根据实际情况选用。

分路也可用熔丝加以控制，例如采用 HG30 熔断器式隔离器（如图 4 －1 －3 所示）。这种熔断器式隔离器有 1 ~4 极四种规格，住户配电箱应采用双极的熔断式隔离器。采用熔断器作为分路控制，其价格较采用断路器便宜，但一旦发生故障，更换熔丝比较麻烦。

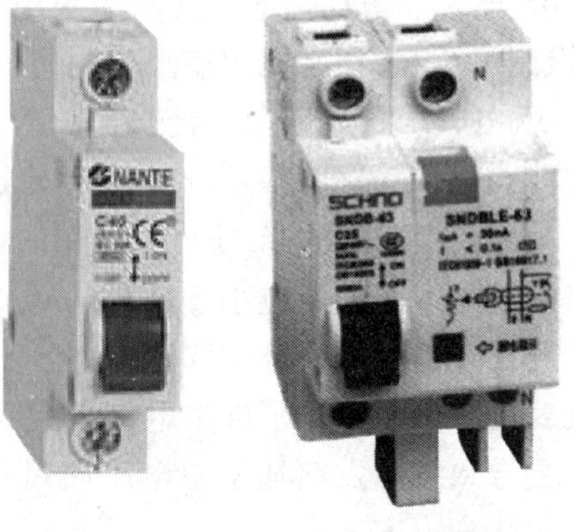

图 4 －1 －2　常见家用 DZ47 系列塑壳断路器

4）照明开关

照明开关种类很多，选择时应从实用、质量、美观、价格等几个方面加以考虑。

以前常见的拉线开关和扳动开关因外形不美观，在家庭装潢中已很少采用。目前家庭装潢中用得很普遍的照明开关是跷板开关（如图 4－1－4 所示），这种类型的开关由于受到用户的欢迎，故生产厂极多，不同厂家的产品价格相差很大，质量也有很大的差别。选购时首先要考虑质量，其次再考虑价格。质量的好坏可从开关活动是否轻巧、接触是否可靠、面板是否光洁等来衡量。跷板开关的接线端子，有螺钉外露和不外露两种，选购螺钉不外露的开关更安全。

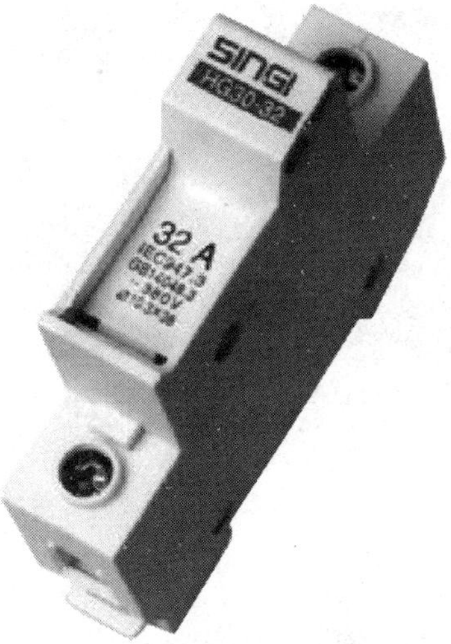

图 4－1－3　HG30 熔断器

在浴室中，由于环境潮湿，为了用电安全，可用防水开关取代拉线开关；在厨房中用湿手操作开关也是难免的，如果采用防水开关就很安全。家庭用的防水开关，其结构是在跷板开关外加一个防水软塑料罩（如图 4－1－5 所示）。目前市场上还有一种结构新颖的防水开关，其触点全部密封在硬塑料罩内，在塑料罩外面利用活动的两块磁铁来吸合罩内的磁铁，以带动触点的分、合，操作十分灵活。

家庭装潢中还有触摸开关、声控开关等，这里不作介绍。选用开关时，每户应选用同一系列的产品。

图 4－1－4　跷板开关

图 4－1－5　防水开关

5）插座

家庭用电线路中常见的插座有移动式和固定式两种，移动式插座俗称排插、拖线板，是把多个插座集中放在一起，从而形成的多孔插座。固定式插座就是常见的面板插座，分空调专用插座（16 A）、普通插座（10 A）、卫生间用防水插座。常见的插座如图 4－1－6 所示。

市场上常见的插座为五孔式面板插座（两眼与三眼），两个插座因间距较小，在工作时只允许用一只插头，当三眼插座使用时两眼插座就无法使用。可选用新型的五孔插座，如图 4－1－7（a）所示，该插座设计时将两个插座偏置安放。有条件的最好选用带开关的插座，如图 4－1－7（b）所示，这种插座可以不用经常插拔插头，直接用自带的开关切断电路。市场上还有一种隐藏式插座（地板插座），这种插座常用在餐厅的餐桌下，如图 4－1－7（c）所示。

（a）　（b）　（c）　（d）

图4-1-6　家用插座
（a）排插；（b）空调专用插座；（c）普通插座；（d）防水插座

（a）　（b）　（c）

图4-1-7　常见新型插座
（a）新型五孔插座；（b）带开关的插座；（c）地板插座

选用的插座，其品牌很重要，劣质产品虽然价格便宜，但往往接触不良。一定要使用有安全认证的插座。

6）照明灯具

在现代家庭装饰中，灯具的作用已经不仅仅局限于照明，更多的时候它起到装饰作用。因此灯具的选择就要更加复杂，它不仅涉及安全、省电，还涉及材质、种类、风格、品位等诸多因素。一个好的灯饰，可以成为家庭装修的灵魂，让客厅或者卧室焕然一新。所以，灯饰选择在家庭装修里就变得非常重要。一般应从灯具的样式、照明、材料、安全等方面进行选择。

（1）样式

从不同的角度来说，灯具可以分为不同类型。从光照上来分，可以分为荧光灯、镁光灯、白炽灯、节能灯、霓虹灯等，它们颜色不同、亮度各异，因此，使用的地方也不尽相同。例如：节能灯高效节能，可能更适合于厨卫场所；白炽灯光线柔和，则更适合于卧室；霓虹灯色彩艳丽多姿，则多用于需要点缀气氛的地方。从外形和功能上来分，灯具主要可分为吊灯、天花灯、罩灯、射灯、荧光灯和台灯等等。

① 吊灯：吊灯的样式有很多种。一般有单头吊灯和多头吊灯两种。单头吊灯多适合于厨房和餐厅，而多头吊灯则适合于客厅。吊灯一般都有乳白色的灯罩。灯罩有两种，一种是灯口向下的，灯光可以直接照射室内，光线明亮；另一种是灯口向上的，灯光投射到天花板

上再反射到室内，光线柔和。单头的吊灯有乳白色球形灯罩的，花盆形灯罩等，高雅明亮，五光十色。多头的吊灯一般为花卉造型，颜色品种繁多，有一层多盏和多层多盏两种。吊灯式样繁多，选购的时候不仅要注重美观，还要从实际出发，考虑到房间的整体风格以及安全用电等因素，慎重选择。

② 吸顶灯：吸顶灯属于低档灯具，一般是直接装到天花板上。用于过道、走廊、阳台、厕所等地方。灯罩一般有乳白玻璃和聚苯乙烯（PS）板两种。外形多种多样，有长方形、正方形、圆形、球形、圆柱形等，里面的光源有白炽灯、节能灯、荧光灯等，其特点是较大众化，经济实惠。

③ 罩灯：罩灯使用灯罩将灯光罩住，再固定地投射于某一区域范围内。一般用在顶棚、床头、橱柜内部。可以悬挂，也可以落地。在样式上则有筒式、管式、花盆式、凹槽式和下照壁式等多种。用处多种多样，可以照明，也可以制造特殊的光影效果。一般情况下，罩灯瓦数不宜过大，更便于创造柔和的室内环境。

④ 射灯：射灯种类繁多，多用于制造效果，点缀气氛。颜色有纯白、米色、浅灰、金色、银色、黑色等色调；外形有长形、圆形，规格尺寸大小不一。因为造型玲珑小巧，非常具有装饰性。所以一般来说，多以各种组合形式置于装饰性较强的地方，在选择时注重外形及档次和所产生的光影效果，因为是典型的装饰灯具，明亮程度上可不予过多考虑。

⑤ 荧光灯：荧光灯又名日光灯，用途非常广泛。在造型上也有柱形、环形、U 形等多种。其最大特点是光亮、节电、散射、无影，是典型的照明灯具，装饰效果较差。所以在选购时应更注重其照明效果。

⑥ 台灯：台灯多用于床头、写字台等处，一般有两种，工艺用台灯和书写用台灯，前者装饰性较强，后者则重在使用。所以在选购台灯时应该注意这点区别，考虑自己选购台灯的目的，如果重在装饰房间，可重点关注工艺用台灯，如果重在写字照明，则以书写用台灯为重点考虑的对象。

（2）照明

除去灯具的装饰作用，人们购买灯具一个根本的目的还是用于室内照明。很多人认为既然灯具是用来照明的，那肯定是越亮越好了。其实不然，室内空间面积和灯具的光亮程度之间是存在着一定的关系的，太亮和太暗对眼睛都会造成伤害，并且从节电的角度来说也不合算。如果单考虑照明效果，不考虑制造气氛等其他因素，一般按照表 4－1－1 来配置照明灯具。

表 4－1－1　照明配置表

居室空间面积	灯光照明瓦数									
面积/m^2	15	18	30	40	45	50	60	70	75	80
照明瓦数/W	60	80	100	150	220	280	300	350	400	450

（3）材料

除了照明因素以外，制作灯具的材料也是一个需要重点考虑的因素，因为这可能直接关系到灯具的寿命。制作灯具的材料很多，一般来说可能有金属、塑料、玻璃、陶瓷等，金属灯具一般来说使用寿命较长，耐腐蚀，不宜老化。塑料灯具使用时间较短，老化速度较快，受热容易变形。在安装时应当特别注意底座支架等部件的牢固程度。玻璃、陶瓷的灯具一般来说使用寿命也较长。灯具上的金属部件，如螺钉等，可能会缓慢氧化，使用时间一般在5年左右。

（4）安全

卫生间、浴室及厨房的灯具如果没有防潮措施，会出现锈蚀损坏或漏电短路，需装有防潮灯罩，现在市场上有专门的防潮浴室灯，比较安全可靠。

灯具选择参考点。

① 吊灯适合于客厅照明。吊灯的形式繁多，常用的有锥形罩花灯、尖扁罩花灯、束腰罩花灯、五叉圆球吊灯、玉兰罩花灯、橄榄吊灯等。

② 吸顶灯适合于客厅、卧室、厨房、卫生间等处照明。吸顶灯常用的有方罩吸顶灯、圆球吸顶灯、尖扁圆吸顶灯、半圆球吸顶灯、半扁球吸顶灯、小长方罩吸顶灯等。

③ 壁灯适合于卧室、卫生间照明。常用的有双头玉兰壁灯、双头橄榄壁灯、双头鼓形壁灯、双头花边杯壁灯、玉柱壁灯、镜前壁灯等。

④ 在卧室、客厅、卫生间的周边天棚上可装设筒灯。

⑤ 在各个房间中不宜采用长棒形荧光灯，吊灯中应配置普通灯泡。吸顶灯中可配置普通灯泡或圆形、蛇形节能灯管。壁灯、台灯中宜配置普通灯泡。筒灯可配置彩色灯泡。普通灯泡不宜超过40 W；彩色灯泡不宜超过25 W。

⑥ 吊灯的安装高度，其最低点应离地面不小于2.2 m。壁灯的安装高度，其灯泡应离地面不小于1.8 m。落地灯的灯罩下边应离地面1.8 m以上。

4. 家庭电路设计

现代住宅是由走廊（过厅）、厨房、餐厅、客厅、书房、卧室、卫生间、阳台等部分组成的。现代住户的家用电器较多，且在不断增加，设计家庭电路，首先必须要明确住宅中各房间电器安排，插座的设置应以方便电气设备用电为前提，照明灯具选择要合适，下面就各个房间的具体设置予以介绍。

1）走廊（过厅）

走廊（过厅）一般应为2条支路：插座线（2.5 mm^2 铜线）、照明线（2.5 mm^2 铜线）。预留插座1～2个。灯光应根据走廊长度、面积而定。如果走廊较宽可安装顶灯、壁灯；如果狭窄，只能安装顶灯或透光玻璃顶，在户外内侧安装开关。

2）厨房

厨房一般应为2条支路：插座线（4 mm^2 铜线）、照明线（2.5 mm^2 铜线）。插座线部分尤为重要，最好选用4 mm^2 线，因为随着厨房设备的更新，目前使用的微波炉、抽油烟机、洗碗机、消毒柜、食品加工机、电烤箱、电冰箱等设备增多，所以应根据要求在不同部位预留插座，并稍有富余，以备日后增添新的厨房设备使用。一般在炉台侧面布置2组多用插座，在切菜台上方及其他位置均匀布置3组多用插座，作为其他电器（榨汁机、食品加工机、咖啡机、刨冰机、打蛋器等）备用，容量均为10 A。插座距地不得低于50 cm，避免因潮湿造成短路。照明宜选用光照明亮的荧光灯，照明灯具的开关，最好安装在厨房门的外侧。

3）餐厅

餐厅一般应为3条支路：插座线（2.5 mm^2 铜线）、照明线（2.5 mm^2 铜线）、空调线（4 mm^2 铜线）。餐厅是人们吃饭的地方，家用电器较少，冬天有电火锅，夏天有落地风扇等，沿墙均匀布置2~3组多用插座即可，安装高度底边距地0.3 m，容量为10 A。如有条件可在餐桌下设一个地板插座，这样遇到餐桌上需要使用电器时会十分方便。灯光照明最好选用暖色光源，开关选在门内侧。空调也需按专业人员要求预留插座。

4）客厅

客厅一般应为3条支路：插座线（2.5 mm^2 铜线）、照明线（2.5 mm^2 铜线）、空调线（4 mm^2 铜线）。客厅各线终端预留分布：在电视柜上方预留电视、DVD、计算机等线路插座。客厅如果需要摆放冰箱、饮水机、加湿器等设备，根据摆放位置预留插座，一般情况客厅至少应留7个插座。一般设计中，客厅插座安装高度大部分是底边距地0.3 m或1.4 m。底边距地0.3 m的缺点是：住户用装饰板进行墙裙装修时，需在墙上打龙骨架，必须要把插座移出来固定在龙骨架上，否则会被装饰板盖住，如果在装饰板上开个口子，露出插座很不美观且位置较低易被遮挡，插、拔插头很不方便，且造成低柜不能紧靠墙摆放，要留出插、拔插头的空间，影响美观。底边距地1.4 m的缺点是：住户装修墙裙一般是1 m高，插座底边距墙裙顶的距离是0.4 m，显得不协调，有碍观瞻。因此客厅插座底边距地1.0 m较为合适。既使用方便，也易于墙裙装修，并保持统一。另外，面积小于20 m^2 的客厅，空调机一般采用壁挂式，那么这个空调机插座底边距地为1.8 m。如客厅面积大于20 m^2，采用柜机插座高度为1.0 m，客厅插座容量选择是：壁挂式空调机选用10 A三孔插座，柜式空调机选用16 A三孔插座，其余选用10 A的多用插座。

客厅照明一般运用主照明和辅助照明，主照明为客厅空间的大部分面积提供光线，担任此任务的光源通常来自上方的吊灯或吸顶灯，可采用单联开关控制。辅助照明泛指立灯、壁灯、台灯等尺寸较小的灯具，能够加强光线的层次感。壁灯大多安装在门厅、走廊等部位，设计时别忘了给这些辅助照明灯具预留插座。

5）书房

书房一般应为3条支路：插座线（2.5 mm^2 铜线）、照明线（2.5 mm^2 铜线）、空调线（4 mm^2 铜线）。书房是人们学习的地方，有时兼作健身锻炼之用。主要家用电器有计算机、电话、打印机、传真机、空调机、台灯、健身器具等。人们一般习惯把书桌摆在窗前，所以窗前墙一边设置电视、电话双孔插座后，另一边布置3组电源多用插座，供计算机、传真机、打印机之用，适当布置一个壁挂式空调机插座一组，在其他适当的位置分别布置2组多用插座，以供健身器具使用。除空调机底边距地1.8 m外，其余强、弱电插座底边距地均为1.0 m。空调机插座选用10 A三孔插座，其余强电插座选用10 A二、三孔多用插座。

书房的基础照明，可选用造型简洁的吸顶灯安装在房顶中央，光线明亮均匀、无阴影。照明开关可安装在书房门内侧。书房灯具的选择首先要以保护视力为基准。一般的阅读和书写常采用较高照度的局部照明，一般照明也需具有相当的照度，局部照明应能调整亮度。

6）卧室

卧室一般应为3条支路：插座线（2.5 mm^2 铜线）、照明线（2.5 mm^2 铜线）、空调线

（4 mm^2 铜线）。卧室是人们休息、睡眠的地方。主要的家用电器有：电话、电视、空调机、灯具（台式、床头）、风扇、电热毯等。确定床的位置是卧室插座布置的关键。一般双人床都是摆在房间中央，一头靠墙，双人床宽一般为 1.5 ~2.0 m，床头两边各设一组多用插座，以供床头台灯、落地风扇及电热毯之用，根据电视摆放位置在电视插座旁设 2 组电源插座，空调位置附近设空调专用电源插座，其他适当位置设一组多用插座作为备用。住户在卧室装修中，用装饰板墙群的比较少，故建议空调电源底边距地为 1.8 m，其余强、弱电插座底边距地 0.3 m，注意床头插座安装高度防止床头柜遮挡。空调机电源选用 16 A 三孔插座，其余选用 10 A 二、三孔多用插座。

卧室照明需满足多方面的要求：柔和、轻松、宁静、浪漫。但同时又要满足装扮、着装，或者睡前阅读的需求。梳妆台和衣柜需要明亮的光；床周围的阅读照明，适合使用调光开关的头顶照明。卧室照明开关宜使用双控开关。

7）卫生间

卫生间一般应为 2 条支路：插座线（4 mm^2 铜线）、照明线（2.5 mm^2 铜线）。插座线以选用 4 mm^2 线为宜。考虑电热水器、电加热器等大电流设备，插座最好安装在不易受到水浸泡的部位，如在电热水器上侧，或在吊顶上侧，采用防溅型插座。电加热器，目前一般用的是浴霸，同时可解决照明、加热、排风等问题，浴霸开关应放在室内。而照明灯光或镜灯开关，应放在门外侧。最好在坐便器旁再安装一个排风扇开关。

8）阳台

阳台一般应为 2 条支路：电源线（2.5 mm^2 铜线）、照明线（2.5 mm^2 铜线）。可装一个 10 A 防溅型多用插座备用（较多用户将洗衣机置于阳台），底边距地 1.4 m。照明灯光应设在不影响晾衣物的墙壁上或暗装在挡板下方，开关应装在与阳台门相联的室内，不应安装在阳台内。

家庭用电线路设计注意事项。

① 开关不要放在门背后等距离狭小的地方。走道和卧室最好设计一个双控灯，方便控制。

② 餐厅灯要考虑餐桌摆放的位置，否则灯不在餐桌正中。小的射灯一定要装变压器，否则会有安全隐患。

③ 插座要多装。楼梯间一定要有插座。炉罩旁边不要设计插座，否则会出现安全隐患。

④ 为了省电，精确规划平时微弱耗电电器（如电视、DVD 机、微波炉、空调等）的插座。不拔插头都处于待机状态的电器最好使用装有开关的插座，因为待机所耗的电在普通电表里读不出来，但在分时电表会读出来。

⑤ 应选择带安全门的插座，以防儿童用铁钉或其他金属物插入插座中。

⑥ 要加强插座回路的保护措施，设计专门的 PE 线，且不能与 N 线相混，PE 线与建筑物共用接地装置，接地电阻 R 大于或等于 4 欧姆。每户的厨房插座、卫生间插座、空调插座、其他插座均应设计专用回路，用漏电开关保护。卫生间插座还须注意等电位连接。

二、技能训练

1. 实训器材

纸、笔等文具。

2. 实训内容及要求

设计如图 4-1-8 所示房型的用电线路。

① 根据房型规划用电线路（需要布置几条支路）。

② 规划每条支路的用电器，设计各电器布置位置，确定开关、插座布置位置。

③ 查阅资料计算用电负荷，选定开关、插座、电线的规格及型号。

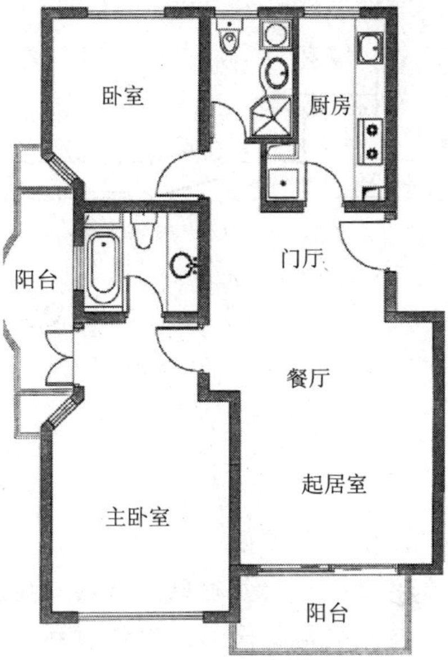

图 4-1-8　某商品房房型结构图

三、技能考核

根据房型，由学生设计。设计应合理，电气规格选择应符合要求。

四、练习与提高

① 现代家庭住宅用电一般应分五路，说明其各有什么要求。

② 家庭用电线路综合设计有何要求？

模块二　安装家庭用电装置

学习目标

- 掌握家庭用电装置工作原理
- 会安装、调试家庭用电装置

一、理论知识

日常生活中，大多数人已习惯于睡前跑到客厅大门口关灯，再摸黑通过客厅进卧室。如果在客厅门口和临近卧室的两个位置都能打开或关闭客厅顶灯，那将会方便很多。此类照明要求将如何实现？下面通过一个常见家庭用电电路来了解家庭用电基本控制原理。

家庭用电线路一般包含几个常见的用电设备，即单相电度表（计量），闸刀开关（总电源），熔断器（保护），插座（用于电视、冰箱、空调等家用电器），开关（一个单联开关控制、两个双联开关双控），白炽灯、荧光灯（照明）。家庭用电线路的原理如图 4-2-1 所示。

照明装置的安装要求。

照明装置的安装要求可概括成八个字：正规、合理、牢固、整齐。

正规：是指各种灯具、开关、插座及所有附件必须按照有关规定和要求进行安装。

合理：是指选用的各种照明器具必须正确、适用、经济、可靠，安装的位置应符合实际

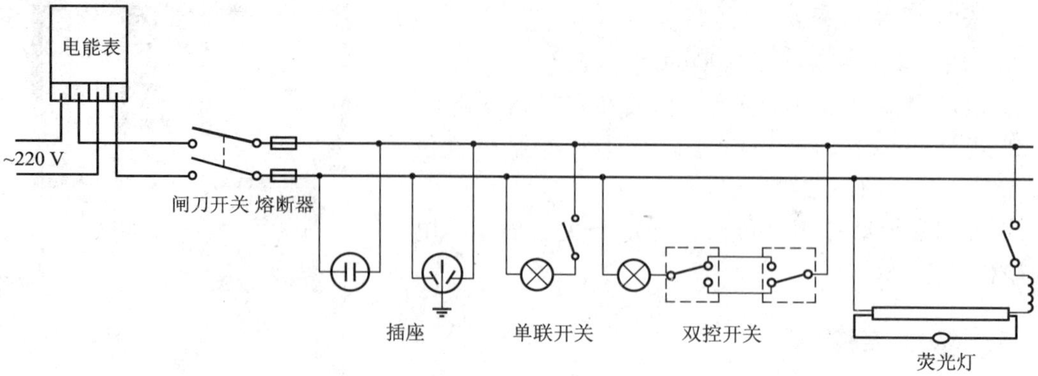

图 4－2－1　家庭用电原理图

需要，使用要方便。

牢固：是指各种照明器具安装得牢固可靠，使用安全。

整齐：是指同一使用环境和同一要求的照明器具要安装得平齐竖直，品种规格要整齐统一，形状及颜色协调。

1. 家庭照明线路安装

传统的家庭照明装置分白炽灯照明与荧光灯照明。现代住宅常采用节能灯泡替代白炽灯灯泡，环形、U 形、H 形、双 D 形等吸顶灯替代长管形荧光灯灯管，其基本控制方法和工作原理与传统的白炽灯、荧光灯相同。本书以传统的照明装置为例讲述家庭照明装置的安装方法。

1）白炽灯控制线路安装

白炽灯结构简单，使用可靠，价格低廉，电路便于安装和维修，应用较广。

（1）灯具的选用与安装

① 灯泡：在灯泡颈状端头上有灯丝的两个引出线端，电源由此通入灯泡内的灯丝。灯丝出线端的构造，分有插口式（也称卡口）和螺口式两种。

灯丝的主要成分是钨，为防止受振而断裂，盘成弹簧圈状安装在灯泡内，灯泡内抽真空后充入少量惰性气体，以抑制钨的蒸发，从而延长其使用寿命。通电后，靠灯丝发热至白炽化而发光，故称为白炽灯。规格以功率标称，分成 15～100 W 多种档次。

② 灯座：灯座上两个接线端子，一个与电源的中性线（俗称地线）连接，另一个与来自开关的一根连接线（即通过开关的相线，俗称火线）连接。

插口灯座上两个接线端子，可任意连接上述两个线头。但是螺口灯座上的接线端子，为了使用安全，切不可任意乱接，必须把中性线线头连接在连通螺纹圈的接线端子上，而把来自开关的连接线线头，连接在连通中心铜簧片的接线端子上，如图 4－2－2 所示。

吊灯灯座必须采用塑料软线（或花线）作为电源引线。两端连接前，均应先削去线头的绝缘层，接着将一端套入挂线盒罩，在近线端处打个结，另一端套入灯座罩盖后，也应在近线端处打个结，如图 4－2－3 所示，其目的是不使导线线芯承受吊灯的重量。然后分别在灯座和挂线盒上进行接线（如果采用花线，其中一根带花纹的导线应接在与开关连接的线上）最后装上两个罩盖和遮光灯罩。

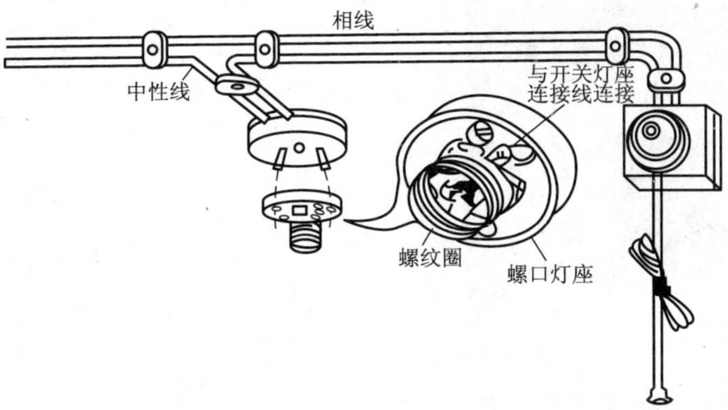

图 4-2-2　螺口灯座的安装

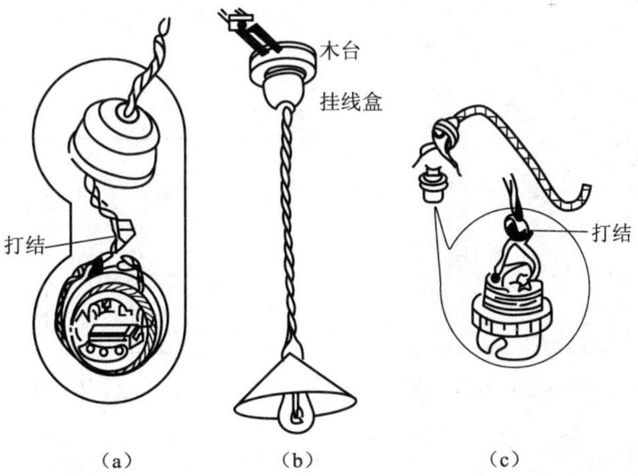

图 4-2-3　避免线芯承受吊灯重量的方法
(a) 接线盒安装；(b) 装成的吊灯；(c) 灯座安装

安装时，把多股的线芯拧绞成一体，接线端子上不应外露线芯。挂线盒应安装在木台上。

(2) 开关的选用与安装

开关的分类品种很多，按应用结构分单联（单刀单掷）和双联（单刀双掷）两种。

单联开关内的两个接线端子，一个与电源线路中的一根相线连接，另一个接至灯座的一个接线端子。

双联开关内有三个接线端子，中间一个端子为公共端，与电源相线连接，另两个是与灯座相连的接线端子，如图 4-2-4 所示。

一个开关控制一盏灯时，如图 4-2-5 所示，开关接线端子中间公共端与电源相线连接，另两个接线端子只需选用其中一个与灯座连接。但接线时需注意，开关向下按压时为开灯，如图 4-2-6 所示的开关位置为开灯状态。

两个开关控制一盏灯时，如图 4-2-7 所示。一个开关接线端子中间公共端与电源相线连接，另一个开关接线端子中间公共端与灯座中心铜簧片的接线端子连接，两个开关剩余的接线端子需要相互并联。

图4-2-4　双联开关内部接线柱

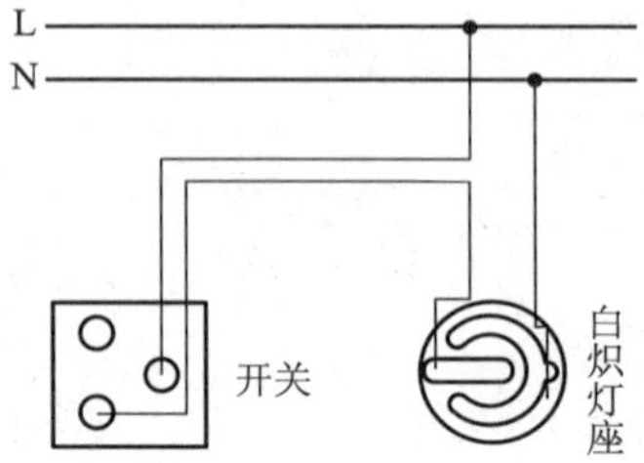

图4-2-5　一个开关控制一盏灯

图4-2-6　开灯时开关的状态

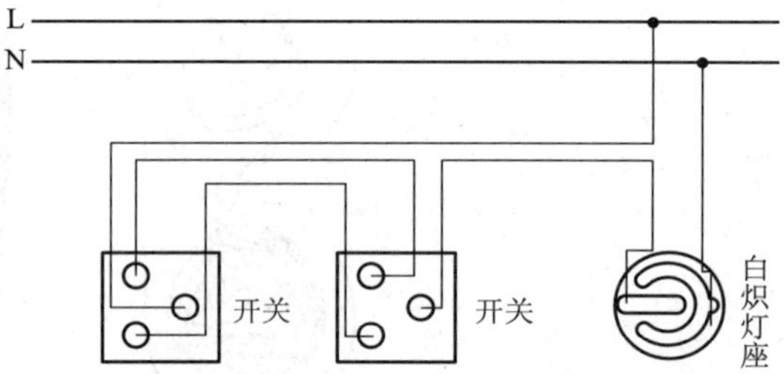

图4-2-7　两个开关控制一盏灯

(3) 常见故障的排除

① 白炽灯的常见故障和排除方法见表4-2-1，供参考。

表4-2-1　白炽灯的常见故障和排除方法

故障现象	产生故障的可能原因	排除方法
灯泡不发光	1. 灯丝断裂	1. 更换灯泡
	2. 灯座或开关触点不良	2. 把接触不良的触点修复，无法修复时，应更换完好
	3. 熔丝烧毁	3. 更换熔丝
	4. 电路开路	4. 修复电路
灯泡发光强烈	灯丝局部短路（俗称搭丝）	更换灯泡
灯光忽亮忽暗，或时亮时熄	1. 灯座或开关触点（或接线）松动，或因表面存在氧化层	1. 修复松动的触头或接线，去除氧化层后重新接线
	2. 电源电压波动	2. 更换配电变压器，增加容量
	3. 熔丝接触不良	3. 正确选配熔丝规格
	4. 导线连接不妥，连接处松散	4. 修复线路、更换灯座

续表

故障现象	产生故障的可能原因	排除方法
灯光暗红	1. 灯座、开关或导线对地严重漏电	1. 更换完好的灯座或导线
	2. 灯座、开关接触不良，或导线连接处接触电阻增加	2. 修复接触不良的触点，重新连接接头
	3. 线路导线太长太细，线压降太大	3. 缩短线路长度，或更换较大截面的导线

② 电灯开关常见故障：拉线断裂，接触不良，控制失灵等。

2）荧光灯控制线路安装

荧光灯又叫日光灯，是应用比较普遍的一种电光源。

（1）荧光灯的组成与工作原理

① 荧光灯的组成：由灯管、起辉器、镇流器、灯架和灯座等组成。

a. 灯管：由玻璃管、灯丝和灯丝引出脚（俗称灯脚）等构成。

b. 起辉器：由氖泡、小电容、出线脚和外壳等构成。氖泡内装有动触片和静触片。其规格分 4 ~8 W、15 ~20 W 和 30 ~40 W 以及通用型 4 ~40 W 等多种。

c. 镇流器：主要由铁心和电感线圈组成，其品种分开启式、半封闭式、封闭式三种，其规格需与灯管功率配用。

d. 灯架：有木制的和铁制的两种，其规格配合灯管长度选用。

e. 灯座：分弹簧式（也称插入式）和开启式两种，规格有小型的、大型的两种。小型的只有开启式，配用 6、8 和 12 W（细管）灯管，大型的适用于 15 W 以上各种灯管。

② 荧光灯的工作原理：荧光灯的电路如图 4 –2 –8 所示。荧光灯工作全过程分起辉和工作两种状态。其工作原理是：灯管的灯丝（又叫阴极）通电后发热，称阴极预热。但荧光灯管属长管放电发光类型，起辉前内阻较高，阴极预热发射的电子不能使灯管内形成回路，需要施加较高的脉冲电压。此时灯管内阻很大，镇流器因接近空载，其线圈两端的电压降极小，电源电压绝大部分加在起辉器上，在较高电压的作用下，氖泡内动、静两触片之间产生辉光放电而逐渐发热，U 形双金属片因温度上升而动作，触及静触片，于是就形成起辉状态的电流回路。接着，因辉光放电停止，U 形双金属片随温度下降而复位，动、静两触片分断，于是，在电路中形成一个触发电压，使镇流器电感线圈中产生较高的感应电动势，出现瞬时高压脉冲；在脉冲电动势作用下，使灯管内惰性气体被电离而引起弧光放电，随着弧光放电而使管内温度升高，液态汞气化游离，游离的汞分子因运动剧烈而撞击惰性气体分子的机会骤增，于是就引起汞蒸气弧光放电，这时就辐射出紫外线，激励灯管内壁上的荧光材料发出可见光，因光色近似日光色而称为日光灯。

灯管起辉后，内阻下降，镇流器两端的电压降随即增大（相当于电源电压的一半以上），加在氖泡两极间的电压也就大为下降，已不足以引起极间辉光放电，两触片保持分断状态，不起作用；电流即由灯管内气体电离而形成通路，灯管进入工作状态。

荧光灯附件要与灯管功率、电压和频率等相适应。

（2）荧光灯的安装

荧光灯的安装方法，主要是按线路图连接电路。常用荧光灯的线路图，除如图4－2－8所示以外，还有四个线头镇流器的接线图，如图4－2－9所示。

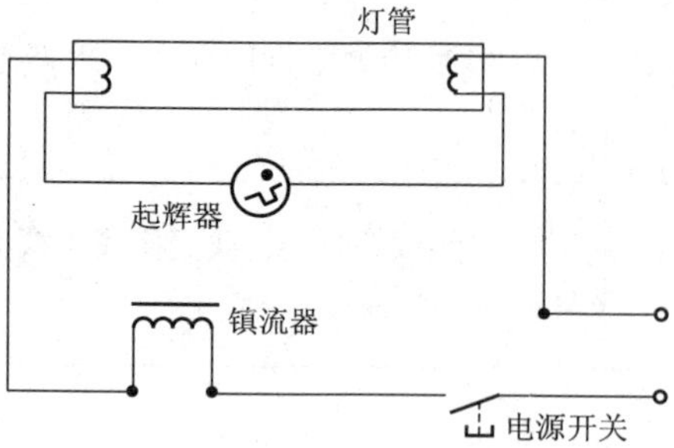

图4－2－8　荧光灯电路图

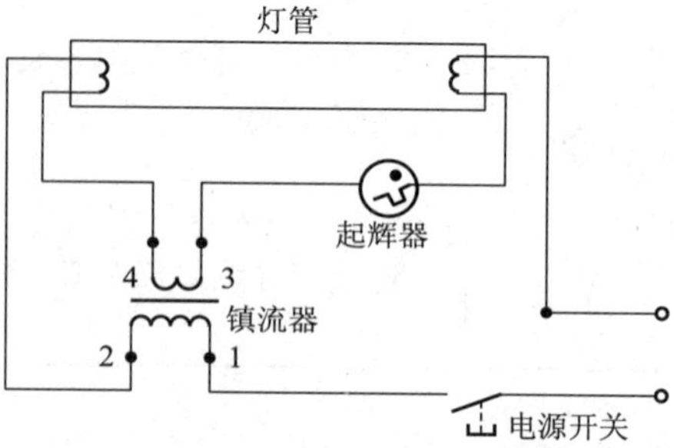

图4－2－9　四个线头镇流器的接线图

荧光灯管是细长形管，光通量在中间部分最高。安装时，应将灯管中部置于被照面的正上方，并使灯管与被照面横向保持平行，力求得到较高的照度。

吊式灯架的挂链吊钩应拧在平顶的木结构或木棒上或预制的吊环上，方为可靠。

接线时，把相线接入控制开关，开关出线必须与镇流器相连，再按镇流器接线图接线。

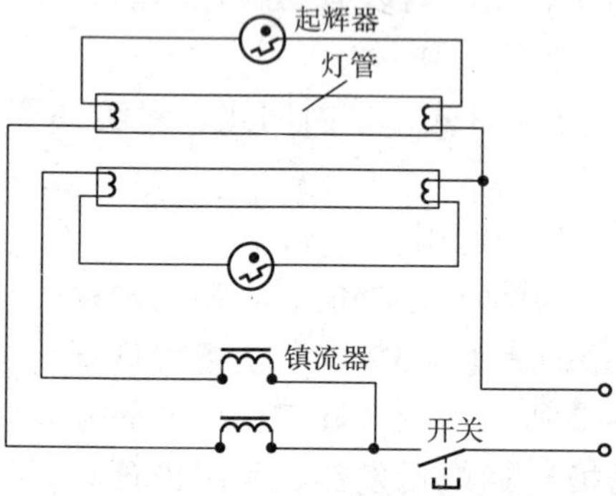

图4－2－10　多支灯管的并联电路图

当四个线头镇流器的线头标记模糊不清楚时，可用万用表电阻挡测量，电阻小的两个线头是副线圈，标记为3、4，与起辉器构成回路。电阻大的两个线头是主线圈，标记为1、2，接法与两个线头镇流器相同。

在工矿企业中，往往把两盏或多盏荧光灯装在一个大型灯架上，仍用一个开关控制，接线按并联电路的接法，如图4－2－10所示。

（3）新型荧光灯灯管

近年来环形、U形、H形、双D形等形状的荧光灯管相继得到大力推广与应用，如图4－2－11所示。与直管形荧光灯管相比较，具有体积小、照度集中、布光均匀、外形美观等优点。

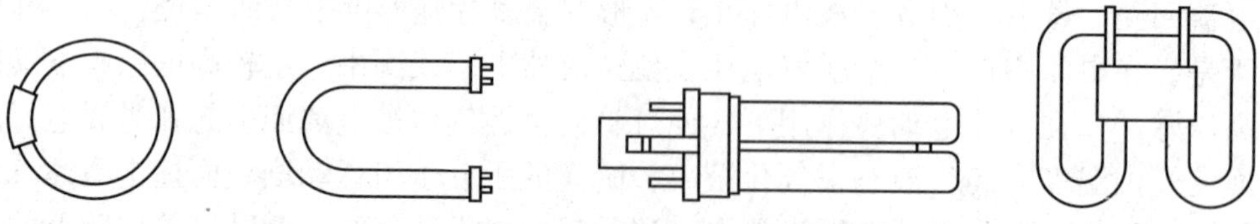

（a）　（b）　（c）　（d）

图4－2－11　新型荧光灯

（a）环形；（b）U形；（c）H形；（d）双D形

（4）常见故障的排除

荧光灯的常见故障较多，故障原因、现象和排除方法参见表4－2－2。

表 4-2-2　荧光灯的常见故障和排除方法

故障现象	产生故障的可能原因	排除方法
灯管不发光	1. 无电源	1. 验明是否停电，或熔丝烧断
	2. 灯座触点接触不良，或电路线头松散	2. 重新安装灯管，或重新连接已松散线头
	3. 起辉器损坏，或与基座触点接触不良	3. 检查起辉器、线头，更换起辉器
	4. 镇流器线圈或管内灯丝断裂或脱落	4. 用万用表低电阻挡测量线圈和灯丝是否通路
灯管两端发亮，中间不亮	起辉器接触不良，或内部小电容击穿，或起辉器已损坏	按上例方法 3 检查；小电容击穿，可剪去后复用
起辉困难（灯管两端不断闪烁，中间不亮）	1. 起辉器配用不成套	1. 换上配套的起辉器
	2. 电源电压太低	2. 调整电路，检查电压
	3. 环境气温太低	3. 可用热毛巾在灯管上来回烫熨（但应注意安全）
	4. 镇流器配用不成套，起辉电流过小	4. 换上配套的镇流器
	5. 灯管老化	5. 更换灯管
灯光闪烁或管内有螺旋形滚动光带	1. 起辉器或镇流器连接不良	1. 接好连接点
	2. 镇流器不配套	2. 换上配套的镇流器
	3. 新灯管的暂时现象	3. 使用一段时间，现象自行消失
	4. 灯管质量不佳	4. 更换灯管
镇流器过热	1. 镇流器不佳	1. 更换镇流器
	2. 灯具散热条件差	2. 改善灯具散热条件
镇流器嗡声	镇流器内铁心松动	插入垫片或更换镇流器
灯管两端发黑	1. 灯管老化	1. 更换灯管
	2. 起辉不佳	2. 排除起辉系统故障
	3. 电压过高	3. 调整电压
	4. 镇流器不配套	4. 换上配套的镇流器

2. 家庭动力线路安装

现代住宅一般将电视、冰箱、空调等家用电器连接的用电线路称之为动力线路。其实就是传统所说的插座线路。插座是为了方便用户在使用电视、冰箱、空调等家用电器时不需要重新布线而设置的电源接线板，其作用等同于接线端子，只不过插座是一个特殊的接线端子。一般家用电器电源引出线上有一个插头，使用时将插头直接插入插座即可。插头根据电器要求分两插（相线、零线）及三插（相线、零线、接地线），对应的插座也就分为两孔插座及三孔插座。根据电工接线规则，插座接线如图 4-2-12 所示。

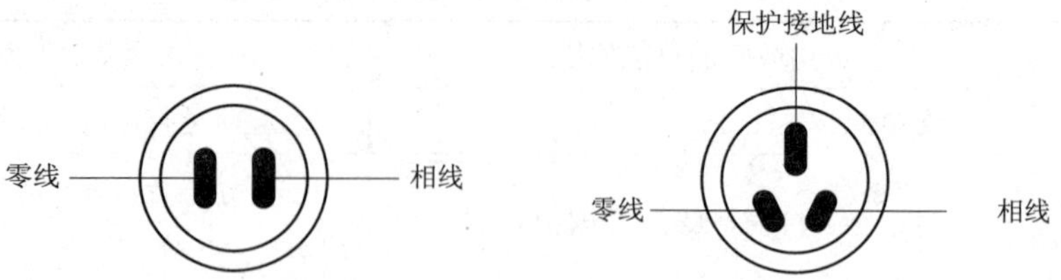

图4－2－12　插座接线规则

1）插座的接线方法

现代家庭常用五孔式面板插座，如图4－2－13所示。插座的接线方法很简单，将来自电源的火线连接至标有“L”的接线端子上，零线接至标有“N”的接线端子上，保护接地线接至标有“⏚”的接线端子上。

图4－2－13　五孔式面板插座

2）插座的使用要求

① 插座应有质量监督管理部门认定的防雷检测标志，壳体应使用阻燃的工程塑料，不能使用普通塑料和金属材料。

② 插头、插座的额定电流应大于被控负荷电流，以免接入过大负载因发热而烧坏或引起短路事故。

③ 插座宜固定安装，切忌吊挂使用。插座吊挂会使电线受摆动，造成螺钉松动，并使插头与插座接触不良。

④ 对于单相双线或三线的插座，接线时必须按照左零线、右相线、上接地的方法进行，与所有家用电器的三线插头配合。

⑤ 空调、电冰箱、洗衣机、电饭锅、饮水机等功率较大和需要接地的家用电器，应使用单独安装的专用插座，不能与其他电器共用一个多联插座。

3. 常用新电光源介绍

作为照明用的新电光源，常见的有碘钨灯、高压汞灯、高压钠灯和金属卤化物灯。这些电灯均属强光灯，现已广泛地作为大面积场地的照明灯使用。

1）碘钨灯

碘钨灯是卤素灯的一种，属热发射电光源，是在白炽灯的基础上发展而来的，它既具备白炽灯光色好、辨色率高的优点，又克服了白炽灯光线较暗、寿命短的缺点。

（1）安装要求和方法

① 灯管应装在配套的灯架上，这种灯架是特别设计的，既具有灯光的反射功能，又是灯管的散热装置，有利于提高照度和延长灯管寿命。

② 灯架离地垂直高度不宜低于6 m（指固定安装的）以免产生眩光。

③ 灯管在工作时必须处于水平状态，倾斜度不得超过4°，否则，会因在自重的作用下，使钨分子大量回归在灯丝的下端部分，这样就会使上端部分的灯丝迅速变细，从而使灯丝寿命直线下降。

④ 由于灯管温度较高，灯管两端管脚的连接导线应采用裸铜线穿套瓷珠（即短段瓷管）的绝缘结构，然后通过瓷质接线桥与电源引线连接，而电源引线（指挂线盒至灯架这段导线）宜采用耐热性能较好的橡胶绝缘软线。

（2）常见故障和排除方法

碘钨灯故障较少，除出现与白炽灯类似的常见故障外，还有以下两种故障。

① 因灯管安装倾斜，灯丝寿命短，应重新安装，使灯管保持水平。

② 因工作时灯管过热，经反复热胀冷缩后，灯脚密封处松动，接触不良，一般应更换灯管。

2）高压汞灯

高压汞灯（又称高压水银灯）与荧光灯一样，同属于气体放电光源，且在发光管内都充以汞，均依靠汞蒸气放电而发光。但荧光灯属于低压汞灯，即发光时的汞蒸气压力低，而高压汞灯发光时的汞蒸气压力则较高。它具有较高的光效、较长的寿命和较好的防振性能等优点。但也存在辨色率较低、点燃时间长和电源电压跌落时会出现自熄等不足之处。

高压汞灯的外形做成白炽灯的形状，也必须与相应功率的镇流器配套使用，但不必使用起辉器。

另外，有一种自镇流高压汞灯，不用外接镇流器，像白炽灯一样可直接旋入灯座使用。

高压汞灯的使用电压为220 V，功率有50 W、80 W、125 W、175 W、250 W、400 W等多种。

常见故障和排除方法如下。

（1）不能起辉

一般由于电压过低或镇流器选配不当使电流过小，或灯泡内部构件损坏等原因所引起。

（2）只亮灯心

一般由于灯泡玻璃破碎或漏气等原因所引起。

（3）亮而忽灭

一般由于电源电压下降，或灯座、镇流器和开关的接线松动，或灯泡损坏等原因所引起。

（4）忽亮忽灭

一般由于电源电压波动在起辉电压临界值上，或灯座接触不良、灯泡螺口松动或连接头松动等原因所引起。

应根据不同的故障原因，采取相应的措施将故障予以排除。

3）高压钠灯

高压钠灯也是一种气体放电光源，是利用钠蒸气放电而发光，也分为高压的和低压的两种，作为照明灯使用的，大多数是高压钠灯。钠是一种活泼金属，原子结构比汞简单，激发电位也比汞低。高压钠灯具有比高压汞灯更高的光效、更长的使用寿命。光色呈橘黄偏红，这种波长的光线，具较强的穿透性，用于多雾或多垢的环境中，作为一般照明，有着较好的照明效果。在城市中，现已较普遍地采用高压钠灯作为街道照明。高压钠灯的使用电压为 220 V，功率有 250、400、500 W 等。

4）金属卤化物灯

为了克服高压汞灯和高压钠灯显色性较差的缺点，在上述两种光源的基础上发展了金属卤化物灯这一新光源。这种新光源，在发光管内充以金属卤化物，使之能辐射近似日光的白色光，并使之进一步提高光效。目前常用的金属卤化物灯有钠铊铟灯和镝灯两种，前者灯管内充有碘化钠 - 碘化铊 - 碘化铟；后者灯管内充有碘化镝。

钠铊铟灯的常用规格有 220 V，250、400 和 1 000 W 等多种，镝灯有 220 V，1 000 W 和 380 V、3 500 W 等多种。选用时均需配置与灯管规格相适应的镇流器和触发器以及专用灯架等附件。安装时，必须注意灯离地要有足够高度，不准低装，以免对人体产生较高的紫外线辐射量以及产生过高的眩光。各种规格和各种产品有着不同的安装高度规定，具体最低安装高度应按照产品说明书上的规定。常见故障有灯座接触不良、触发器失灵和灯管漏气等。

4. 特殊场所的照明装置

凡是潮湿、高温、可燃、易燃、易爆的场所，或有导电尘埃的空间和导电地面，以及具有化工腐蚀性气体等特殊场所，均属于用电的危险环境。在这些危险环境中使用各种照明装置和设备，均应采取相应的安全防护措施。

① 在各种危险环境中所使用的各种电气装置和设备，均须采用具有相应防护功能的品种，如潮湿环境中采用安全灯座；易燃易爆环境中采用防爆开关和防爆灯具等。

② 在各种危险环境中所使用的各种电气装置的金属外壳，都必须进行可靠的接地。

③ 在各种危险环境中所使用的各种移动电器应采用 36 V 及以下的安全电源。在严重潮湿、高温和导电等环境中，包括固定安装的电气装置和用电器具，都必须采用 36 V 及以下的安全电源。

④ 在易燃易爆环境中，禁止使用会产生电弧和火花的电具或设备，如电钻、碰焊机以及各种开启式开关和熔断器等。

⑤ 用于各种环境中的导线，其安全载流量应适当减小，尤其是高温环境中使用的导线更应如此。

⑥ 熔体的选配。用于危险环境的熔体，往往会因环境影响而出现异常现象，如熔断时间过早或过迟，熔断后继续放电形成电弧或又恢复通电，或不断越级烧断熔体等，所以应根据特殊环境的具体情况选择合适的熔体规格和熔体材料。

⑦ 接地系统。用于危险场所的接地装置特别重要，由于环境中存在较强的腐蚀物质，接地装置容易被腐蚀发生故障；在危险环境中，人体电阻往往较低，设备外壳一旦带电就会增加人体触电机会，也会增加触电的受害程度。因此，要加强接地装置的检查和维修，同时要缩短接地电阻的测量周期，发现故障苗子应及时维修。

5. 模数化终端组合电器的选用与安装

模数化终端组合电器主要用于电力线路末端，是由模数化卡装式电器以及它们之间的电器、机械连接和外壳等构成的组合体。它根据用户的需要，选用合适的电器，通常可构成具有配电、控制、保护和自动化等功能的组合电器。目前深受广大用户欢迎的有 PZ20 和 PZ30 系列两种模数化终端组合电器，它具有如下功能。

（1）安装轨道化

一般都采用顶帽形安装轨，如图 4－2－14 所示，可将开关电器方便地固定、拆卸、移动或重新排列，实现组合灵活化。

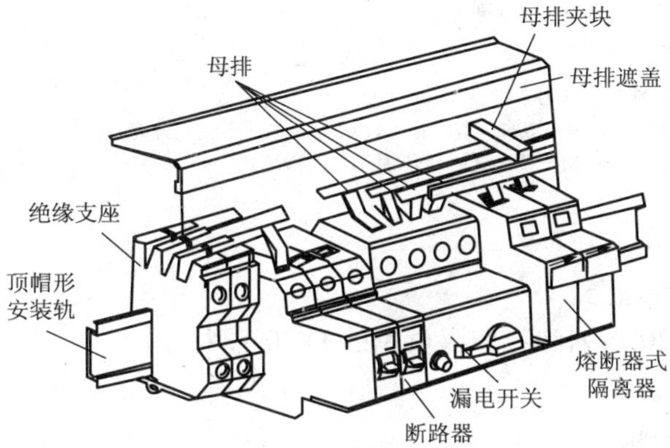

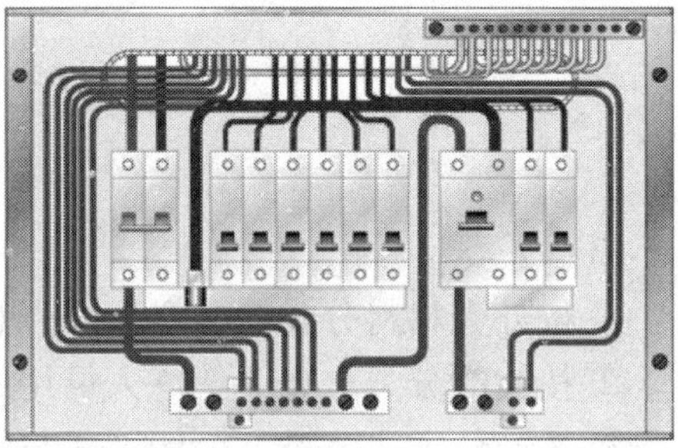

图 4－2－14　装有各种元件的组合电器的内部结构

（2）尺寸模数化

电器的宽度、高度、接线端的位置尺寸等，均统一在规定的尺寸系列上，其中电器宽度常制成 9 mm 的倍数，可为 9 mm、18 mm、27 mm、36 mm 等，即模数化电器的外形尺寸常常是能相互协调配合的，而接线端的高度常常设计成处在同一水平上。

（3）功能多样化

终端电器已发展成特殊系列产品，除低压电器外，还有日用电器（如调光器、定时器、插座）和仪表（如电流表、电压表、计时器）等，均设计为轨道安装和模数化的外形尺寸，以便于拼装成多种用途的组合电器。

（4）造型艺术化

与传统低压电器相比，组合电器外形造型美观大方，色调鲜艳明快。因而组合电器常带透明罩盖。

（5）使用安全化

终端电器常要求具有比 IP20 更高等级的防护外壳，以适应非熟练人员使用，而终端组合电器除了线路方案有触电、过载、短路、过电压等各种保护可供选择外，壳体内设有可靠的中性线和接地端子排，对于相线的进线与壳内配线排，均设有绝缘的保护遮盖，有的则设计成绝缘组合排，故特别适合于缺乏电气知识的非熟练人员使用。

1）模数化终端组合电器的构造与分类

目前常用的有 PZ20 和 PZ30 系列两种模数化终端组合电器。

（1）结构特点

① 外形美观，设有透明罩盖。

② 品种齐全，外壳分全塑、塑面铁底、钢和不锈钢，安装容量有 2～45 单元。

③ 安全性强，额定短路电流分断能力为20 kA。

④ 尺寸紧凑，尺寸大致与国外先进产品一样。

⑤ 组合灵活，可选用各种模数化终端电器。

（2）型号含义

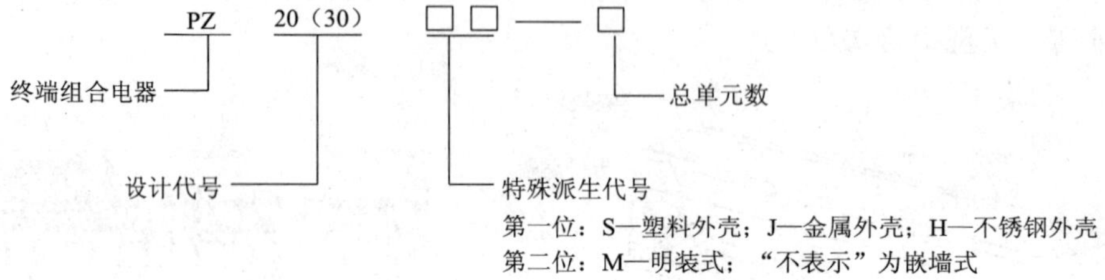

（3）分类

① 按外壳材料分类，分金属外壳和塑料外壳。

② 按性能分类，分非熟练人员用的PZ20系列和专职人员用的PZ30系列。

③ 按安装方式分类，分明装式与嵌墙式。

④ 按有无预埋箱分类，分带与不带预埋箱。

⑤ 按组合方式分类，分有进线开关与无进线开关。

⑥ 按门的方式分类，分横开门、直开门或无门。

⑦ PZ20、PZ30品种规格见表4－2－3。

表4－2－3　PZ20、PZ30系列模数化终端组合电器品种规格

型号	可安装单元数（每单元宽为18 mm）	防护等级	开门方式	外壳材料
PZ20J	6、10、15、30、45	30	横（侧开）	钢
PZ20H	6、10、15、30、45	30	横（侧开）	不锈钢
PZ20SⅠ	6、10、18	41	横（侧开）	全塑
PZ20SⅡ	6、12、18、24、36	41	直（向上开）	全塑
PZ20SⅢ	6、12、18、24、36	41	直（向上开）	塑面铁底
PZ20S0	2、4、4.5、6	30	无门	全塑
PZ30J	15	30	直开门	钢
PZ30S	6、10、15	41	直开门	全塑

（4）外形尺寸与安装尺寸

PZ20J及PZ20H系列：单元数为6、10、15回路的外形如图4－2－15所示，外形及安装尺寸见图4－2－16和表4－2－4。

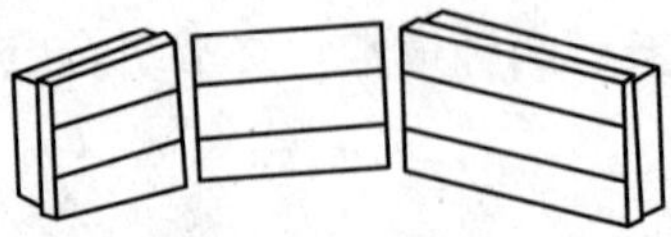

图4－2－15　PZ20J及PZ20H系列6、10、15模数化终端组合电器

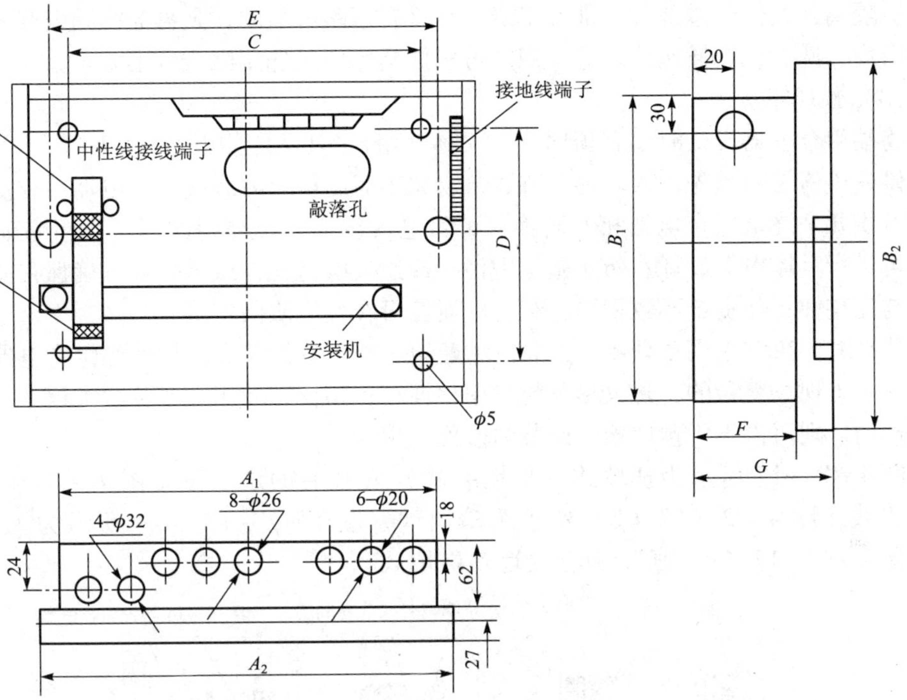

图 4－2－16　PZ20J 及 PZ20H 系列 6、10、15 模数化终端组合电器外形及安装尺寸

表 4－2－4　PZ20J—6、10、15 模数化终端组合电器外形及安装尺寸（单位：mm）

型号	外形尺寸						安装尺寸		
	A_1	B_1	A_2	B_2	F	G	C	D	E
PZ20J—6	160	220	180	240	62	90	116	160	143
PZ20J—10	228	220	248	240	62	90	188	164	221
PZ20J—15	315	220	335	240	62	90	270	160	298

2）模数化终端组合电器的选用与安装

（1）外壳尺寸的选择

外壳容量常以 18 mm 的倍数表示，根据用户的使用要求，确定组合方案后，就可算出所用电器元件的总宽度，从而选择所需的外壳容量，再考虑安装场所需要的防护等级，即可选定型号。有时，组合电器中选用有发热工作原理的电器，则还应验算最大功耗与所选外壳尺寸是否允许。通常按发热原理工作的电器有熔断体、小断路器和某些漏电保护开关。

（2）组合方案的确定

常见的户内终端组合电器中，进线开关可选择隔离开关或 100 A 断路器（限流型），通常下级分支也是限流式，分断时的断开时间均小于 5 ms，要做到有选择性分断几乎没有可能。另外，结构设计几乎使得在支路开关前，主进线开关后短路的可能性很少，因此进线开关应选用动热稳定性高的 HL30 隔离开关为较佳方案。

由于照明回路漏电可能性小，而插座回路则可能插入各种家用电器，为此在其前面应设有漏电开关作为保护。实际上常采用的方案有：隔离开关作为进线开关；漏电开关作为进线开关、隔离开关作为总开关。部分出线回路具有短路可能的，则再经一漏电开关，如出线回路为厨房、洗衣机、插座回路等。用户可根据具体情况选用组合方案。

（3）预埋箱

终端组合电器设计时附有预埋箱（又称套箱），其功能如下。

供建筑施工时预先埋入墙内，待建筑物完工后，再装入终端组合电器；提供共用接线端子，可供几个终端组合电器相互转换；可为电气设计人员赢得时间，先粗略确定预埋箱规格，再进行具体电器设计；防止施工中污损或遗失电器元件或零部件，确保在验收时电器的性能与完整性；使资金不致积压，组合电器箱可在最后阶段定货。

什么时候决定采用预埋箱？凡属巨型建筑、施工周期长、采用终端组合电器数量较多的工程，施工现场复杂的，建议尽可能采用预埋箱；相反，使用数量少，工程不大，管理比较有条理的，则可以不用预埋箱，以节约造价。

图4－2－17所示为挂墙式（即明装式）安装后的示意图。图4－2－17（a）所示为明出线，图4－2－17（b）所示为暗出线，图4－2－17（c）所示为无预埋箱嵌墙式，图4－2－17（d）所示为有预埋箱嵌墙式。

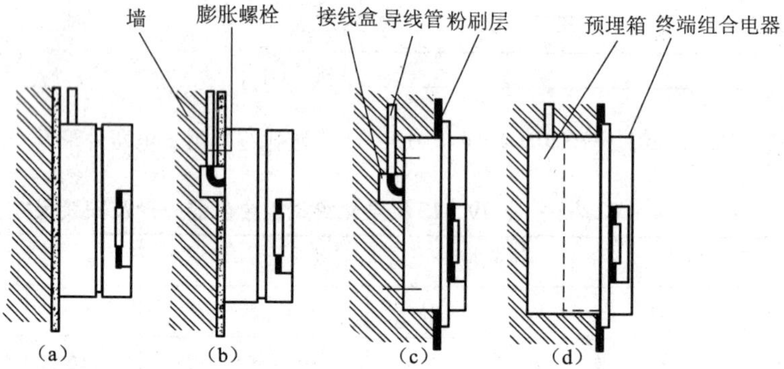

图4－2－17　组合电器安装示意图

图4－2－17（d）所示嵌墙式有预埋箱时，在安装初期，预埋箱内应撑以木条，如图4－2－18所示，以免墙砖荷重压坏套箱，影响终端组合电器箱的安装。套箱要求与粉刷层平齐，待水泥干后再取下撑木，打开终端组合电器箱盖，就可将其安装在套箱上了。

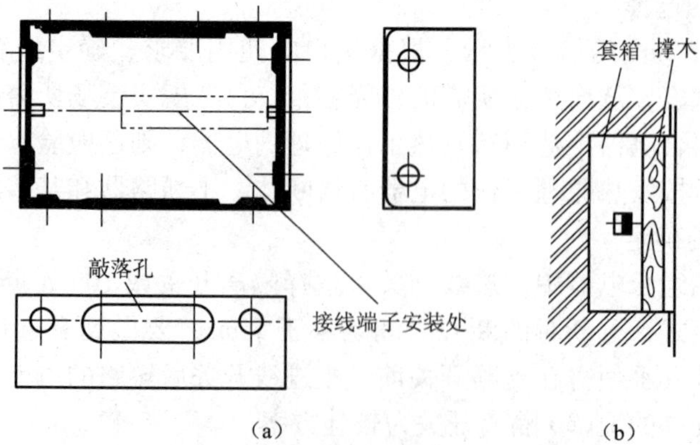

图4－2－18　套箱和撑以木条后的示意图

（a）套箱；（b）套箱安装时撑木条情况

组合电器中元件的拆卸和安装，如图4－2－19所示。

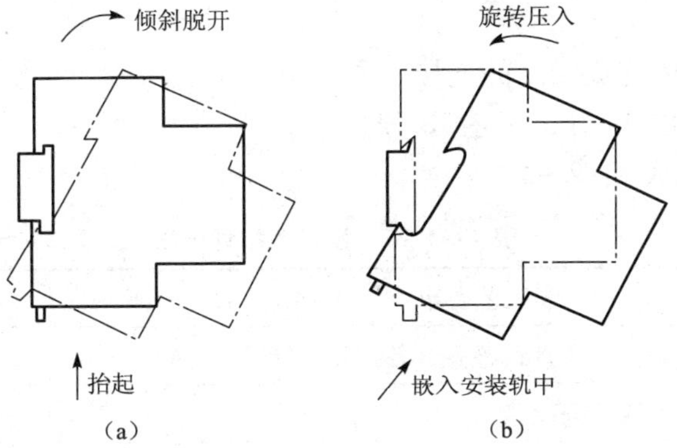

图4－2－19 元件的拆、装示意图
(a) 拆卸；(b) 安装

二、技能训练

1. 实训器材

常用电工工具，电工实训接线面板。

2. 实训内容及要求

安装一个实用的家庭用电线路，并排除线路中出现的故障，具体安装接线如图4－2－20所示。

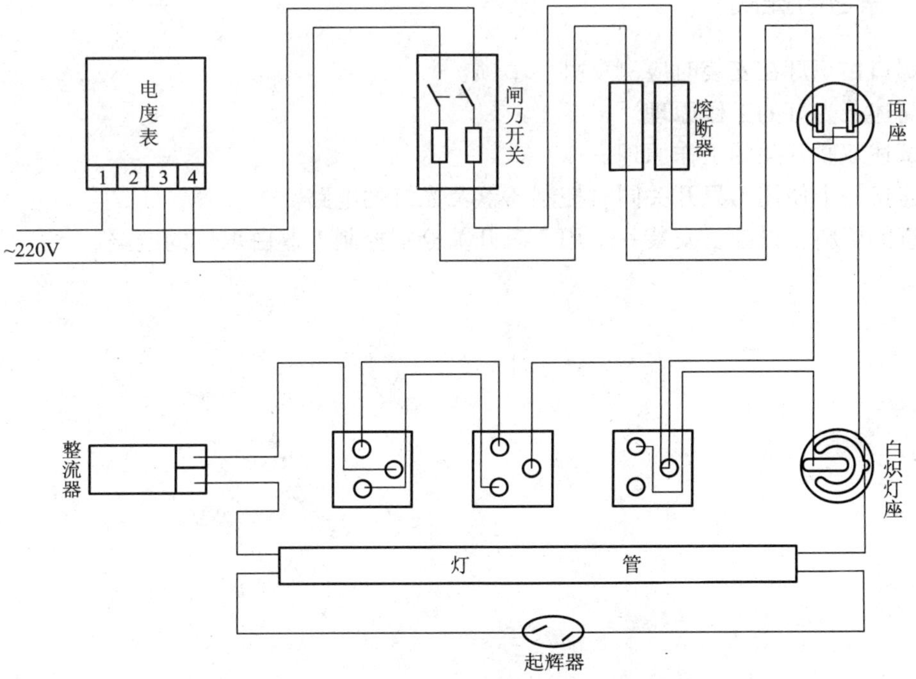

图4－2－20 家庭用电线路图

三、技能考核

考核要求：3 小时内完成线路的连接、调试。
总分：100 分（通电 30 分，工艺 70 分）。
考核及评分标准见表 4 -2 -5。

表 4 -2 -5　技能考核评分表

序号	工艺要求	评分标准	扣分
1	走线合理，做到横平竖直，整齐，各接点不能松动	一处错误扣 5 分	
2	避免交叉、架空线和叠线	一处错误扣 10 分	
3	对螺栓式接点，导线连接时，应打羊眼圈，并按顺时针旋转。对瓦片式接点，导线连接时，直线插入接点固定即可	一处错误扣 5 分	
4	导线变换走向要垂直，并做到高低一致或前后一致	一处错误扣 5 分	
5	严禁损伤线芯和导线绝缘，接点上不能露铜丝太多	一处错误扣 5 分	
6	每个接线端子上连接的导线根数一般以不超过两根为宜，并保证接线固定	一处错误扣 5 分	
7	进出线应合理汇集在端子排上	一处错误扣 5 分	
8	合理使用电工工具，注意电工安全操作规程	酌情扣分	

四、练习与提高

① 螺口白炽灯在安装时应注意哪些事项？
② 简述荧光灯的工作原理。
③ 试述双联开关的工作原理。
④ 连接一个使用 1 只开关同时控制 3 盏荧光灯的电路。
⑤ 查阅资料，设计、安装一个用 3 只开关分别控制 1 盏白炽灯的电路。

项目五

认识和使用电动机、变压器

学习目标

- 了解常见交流电动机、直流电动机和变压器的结构
- 掌握交流电动机、直流电动机和变压器的工作原理
- 会使用、维护交流电动机、直流电动机和变压器

模块一　认识和使用交流电动机

学习目标

- 了解三相异步电动机的机构
- 掌握三相异步电动机的工作原理
- 了解单相异步电动机的结构、工作原理
- 掌握三相异步电动机的测试方法，会使用、维护三相异步电动机

一、理论知识

三相异步电动机是人们日常生活中的重要动力来源，为了更好地使用、维护和修理，必须对三相异步电动机有一定的认识。

1. 三相异步电动机认识

1）认识 Y112M－2 型三相异步电动机的外形结构

Y112M－2 型三相异步电动机（如图 5－1－1 所示）可以大致分为三个部分：转子（转动部分）；定子（静止部分）；气隙（定子与转子之间的空气缝隙），如图 5－1－2 所示。

图5－1－1　Y112M－2型三相异步电动机外形

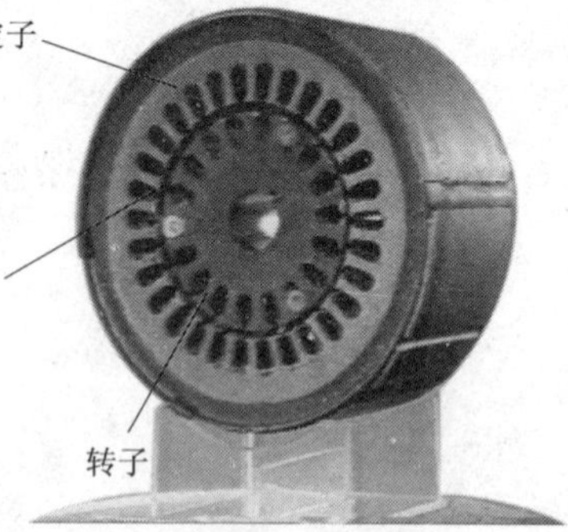

图5－1－2　定子、转子与气隙

观察电动机的结构可以看到，还有其他的一些部件，如图5－1－3所示。

(a)　(b)　(c)　(d)

图5－1－3　电动机拆解图

(a) 风罩；(b) 风叶；(c) 端盖；(d) 转子

2）认识Y112M－2型三相异步电动机的定子

三相异步电动机的定子部分是通以三相交流电流、产生磁场的一个重要场所，它一般由以下几部分组成。

(1) 机座

机座是电动机的机械结构组成部分，主要作用是固定和支撑定子铁心和端盖。机座需要有足够的机械强度和刚度，一般中小型电动机的机座采用铸铁材料，机座外表面有散热筋片，如图5－1－4所示，而大容量的异步电动机采用钢板焊接而成。

(2) 定子绕组

定子绕组是电动机定子的电路部分，它将通过电流建立磁场。如图5－1－5所示，它是由三相绕组组成，嵌放在定子铁心之中并固定的。三相绕组一般有六个出线端，首端标明U_1、V_1、W_1，尾端标明U_2、V_2、W_2，首尾端不能混淆，否则电动机通电后不能正常运行。

(3) 定子铁心

定子铁心是电动机主磁路的一部分，并要放置定子绕组。为了导磁性能良好和减少交变磁场在铁心中的铁心损耗，故一般采用片间绝缘的硅钢片叠压而成。铁心和冲片的示意如图5－1－6所示。

3）认识Y112M－2型三相异步电动机的转子

三相异步电动机的转子是将电能转换为机械能的重要场所，主要由转轴、转子铁心和转子绕组等组成。

图5－1－4　中小型异步电动机机座

图5－1－5　三相异步电动机的定子绕组

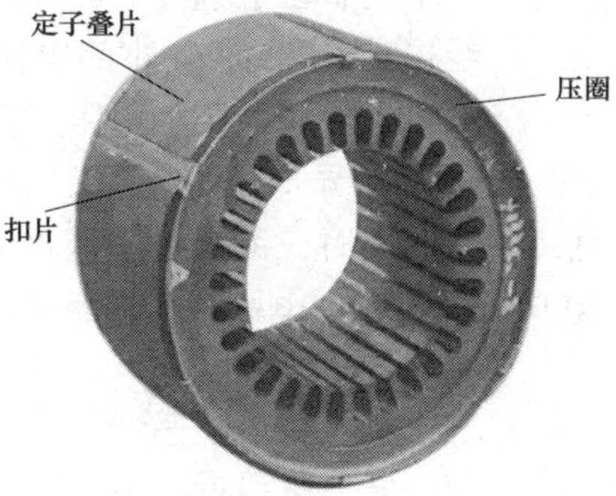

（a）

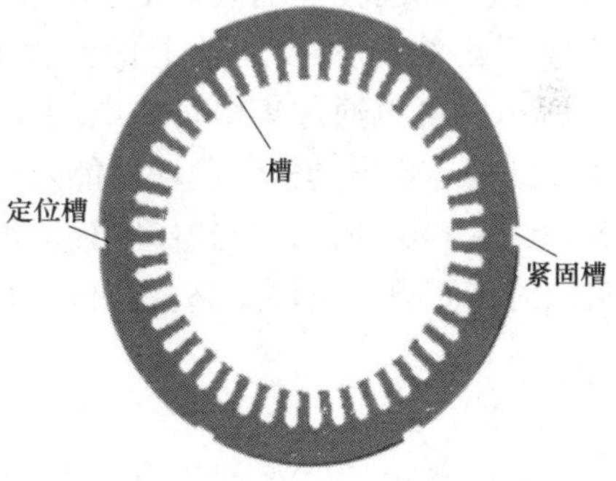

（b）

图5－1－6　定子铁心和冲片

（a）定子铁心；（b）冲片

（1）转子铁心

转子铁心也是电动机中磁场通路的一部分，转子绕组也要放在其中。它一般用冲有转子槽形的硅钢片叠压而成。中小型异步电动机的转子铁心一般都直接固定在转轴上，而大型三相异步电动机的转子铁心则套在转子支架上，然后让支架固定在转轴上。

（2）转轴

转轴是支撑转子铁心和输出转矩的部件，它必须有足够的刚度和强度。转轴一般用中碳钢车削加工而成，轴伸出端铣有键槽，是用来固定带轮或联轴器的。

（3）转子绕组

常见的异步电动机的转子大致分为两种类型：笼形转子和绕线型转子。

笼形转子：笼形转子绕组是在转子铁心的每个槽内放入一根导体，在伸出铁心的两端分别用两个导电端环把所有的导条联结起来，形成一个自行闭合的短路绕组。如果去掉铁心，剩下来的绕组形状就像一个鼠笼子，如图5－1－7所示，所以称之为笼形绕组。对于中小型的三相异步电动机，笼形转子绕组一般采用铸铝，将导条、端环和风叶一次铸出，如图5－1－7（b）所示。也有用铜条焊接在两个铜端环上的铜条笼形绕组，如图5－1－7（a）所示。其实在生产实际中笼形转子铁心槽沿轴向是斜的，这样导致导条也是斜的，这主要是为了削弱由于定、转子开槽引起的齿谐波，以改善笼形电动机的起动性能。

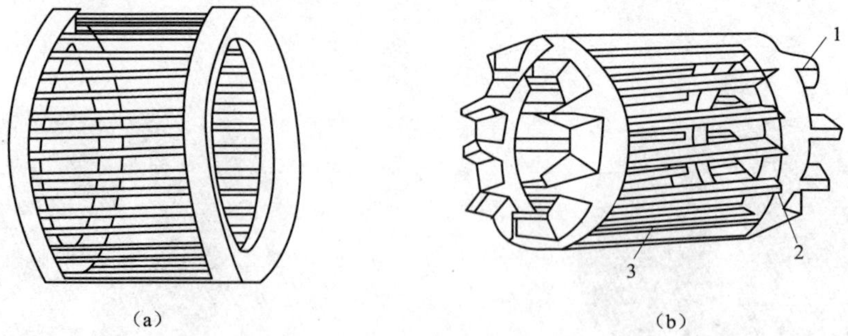

图5-1-7　笼形转子绕组结构示意图

(a) 铜条笼形绕组；(b) 铸铝笼形绕组

1—风叶；2—端环；3—铝导条

绕线型转子：绕线转子绕组与定子绕组一样，也是一个对称三相绕组。它联结成Y形接法后，其三根引出线分别接到轴上的三个集电环，再经电刷引出而与外部电路接通，如图5-1-8所示，可以通过集电环与电刷而在转子回路中串入外接的附加电阻或其他控制装置，以便改善三相异步电动机的起动性能及调速性能。绕线转子异步电动机还装有提刷短路装置，如图5-1-8(b)所示。当电动机起动完毕而又不需调速时，可操作手柄将电刷提起切除全部电阻同时使三只集电环短路，其目的是减少电功机在运行中电刷磨损和摩擦损耗。

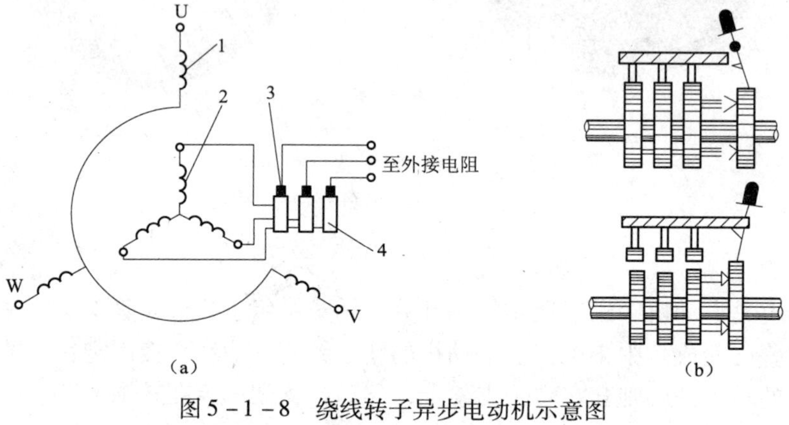

图5-1-8　绕线转子异步电动机示意图

(a) 接线图；(b) 提刷装置

1—定子；2—转子；3—电刷；4—集电环

4）分析Y112M-2型三相异步电动机铭牌参数

每台异步电动机的机座上都有一块铭牌，上面标有型号、额定值、工作制等信息，如表5-1-1所示。

表5-1-1　Y112M-2型三相异步电动机的铭牌

三相异步电动机			
型号 Y112M—2		工作制 S1	
50 Hz	220 V	IP	IP55
4 kW	8.2 A	绝缘等级	F
2 890 r/min		冷却方式	IC0141

续表

三相异步电动机			
接法	△	功率因数	0.87
2007 年 5 月 12 日		效率	85.5
×××电机有限公司			

（1）型号

异步电动机的型号与其他电动机类似，可以表示电动机的种类、规格和用途等。以下面两例来说明。

Y　112M-2

112M-2——规格代号，表示中心高112 mm，中机座，两极

Y——产品代号，表示异步电动机

YR　160S2-4　WF

WF——特殊环境代号，W表示户外用，F表示化工防腐用

160S2-4——规格代号，表示中心高160 mm，短机座2号（长）铁心，四极

YR——产品代号，Y表示异步电动机，R表示绕线转子

一般来说，异步电动机用“Y”来表示，型号中的英文字母 S、M、L 分别表示短、中、长机座。

中心高越大，则电动机容量越大，因此异步电动机按容量大小分类与中心高有关：中心高 80～315 mm 为小型，315～630 mm 为中型，630 mm 以上为大型。在同样的中心高下，机座长即铁心长，则容量大。

（2）额定值

额定值规定了电动机正常运行状态和条件，它是选用、安装和维修电动机时的依据。异步电动机的铭牌上标注的主要额定值有如下几种。

额定功率 P_N：电动机在额定运行状态下，轴上输出的机械功率（kW）。

额定电压 U_N：额定运行时，加在定子绕组出线端的线电压（V）。

额定电流 I_N：电动机在额定电压、额定频率下，轴上输出额定功率时，定子绕组中的线电流（A）。

对三相异步电动机的额定功率与其他额定数据之间有如下关系式：

$$P_N = \sqrt{3} U_N I_N \cos\varphi_N \eta_N \tag{5-1-1}$$

额定频率 f_N：三相异步电动机所接的交流电源的频率，我国电力网的频率为 50 Hz。

额定转速：n_N：三相异步电动机在额定电压、额定频率下，轴上输出额定机械功率时转子的转速（r/min）。

除了以上的一些数据外，铭牌上还标有定子绕组的联结法、绝缘等级及工作制等。对于绕线型转子异步电动机，还标明转子绕组的额定电压（指定子加额定频率的额定电压，而转子绕组开路时集电环间的电压）和转子的额定电流，以此为选用起动变阻器的依据。

（3）其他参数

保护等级：通常用IPXX形式来表示电动机的防尘、防水等级，电动机防护等级见表5－1－2。

表5－1－2　Y112M－2型三相异步电动机的防护等级

防尘等级（第一个X表示）		防水等级（第二个X表示）	
0	没有保护	0	没有保护
1	防止大的固体侵入	1	水滴滴入到外壳无影响
2	防止中等大小的固体侵入	2	当外壳倾斜到15°时，水滴滴入到外壳无影响
3	防止小固体进入、侵入	3	水或雨水从60°角落到外壳上无影响
4	防止物体大于1 mm的固体进入	4	液体由任何方向泼到外壳没有伤害或影响
5	防止有害的粉尘堆积	5	用水冲洗无任何伤害
6	完全防止粉尘进入	6	可用于船舱内的环境
		7	可于短时间内耐浸水（1 min）
		8	于一定压力下长时间浸水

Y112M－2型三相异步电动机标示为IP55，表示该电动机可以防止有害粉尘进入及可用水冲洗而无任何伤害。

工作制：异步电动机能不能长时间运转，不是看转速，而是看电动机的工作制。如为连续工作制（S1），它的持续时间足以达到发热稳定状态，所以它就可以长时间运转；另外还有短时工作制，它就需要在一定时间内休息后才能再转，如榨汁机一类的；其他的还有断续周期工作制（包括S3、S4和S5）、连续周期工作制（包括S6、S7、S8）、非周期负载和转速变化的工作制（S9）、不均匀负载的工作制等。

5）三相异步电动机运行原理

三相异步电动机的磁场是它的三相定子绕组分别通以对称三相交流电而产生的，而且产生的是一个围绕电动机转子轴心旋转的磁场，即是一个旋转磁场，它的转速用n_1表示，又叫同步转速。旋转磁场的转速方向与定子绕组接入的三相电流的相序有关，即改变定子绕组接入电流的相序，就能改变三相异步电动机的旋转磁场的旋转方向。旋转磁场的转速大小与电动机的几个参数有关，具体关系由式（5－1－2）表示：

$$n_1 = \frac{60f}{p} \tag{5-1-2}$$

当三相异步电动机接到三相交流电源上，有对称三相电流通过的三相定子绕组就产生了一个旋转的磁场。若旋转磁场的转速方向（n_1）和某时刻的位置如图5－1－9所示时，静止的转子绕组对于运动的旋转磁场而言，是相对运动的，而且正在切割磁力线，从而感应出感应电动势（右手定则判断方向），在闭合的转子回路中就产生了感应电流，且电流方向应顺应于感应电动势方向。该感应电流在旋转磁场中，必然受到电磁力f的作用（左手定则判断方向），此力驱使每个通有感应电流的转子导体围绕转轴做圆周运动，它的总和就称为转子所受的电磁转矩T，这个电磁转矩驱动转子沿旋转磁场的方向旋转起来。

当然，三相异步电动机的转子转速最终不可能加速到等于同步转速，即同步状态。因为如果同步了，转子与旋转磁场之间就没有了相对运动，也就不会产生感应电流，也就不会有电磁转矩来驱使转子继续转动，所以转子的转速总是略低于同步转速的，这就是异步的由来。

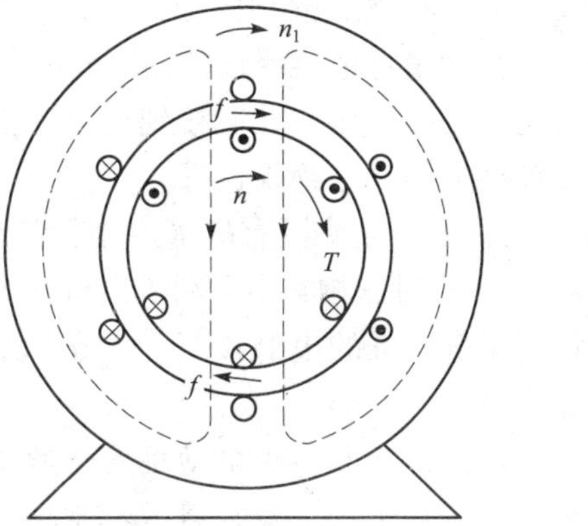

图 5－1－9　三相异步电动机旋转原理图

6）转差率 s

转差（$n_1 - n$）是三相异步电动机运行的必要条件，为此引入转差率的概念，用 s 表示。

$$s = \frac{n_1 - n}{n_1} \qquad (5-1-3)$$

由于三相异步电动机在运行时，转速 n 总是与同步转速 n_1 同向而且略低与它，所以电动机的转差率范围为 0 到 1。其中，$s=0$ 对应的是理想空载状态，$s=1$ 对应的是起动瞬间。一般电动机的额定转差率为 1.5% ~5% 。

（1）起动方式

三相异步电动机的起动方式有很多种，由于直接起动时，起动电流大、起动转矩小，故只有小型异步电动机采用直接起动。除了直接起动，还有如下几种起动方式：自耦变压器起动；星－三角起动；定子回路串电阻起动；绕线转子串频敏变阻器起动。笼形异步电动机有两种特制的转子可以改善起动性能，一是深槽形转子，二是双笼形转子。

（2）反转

三相异步电动机实现反转很简单，只需改变三相异步电动机的三相电源相序即可。因为改变了电源相序，就改变了旋转磁场的转速方向。

（3）调速

三相异步电动机的转速 n 可以用式（5－1－4）来表示，所以调速方式就有变频调速、变极调速、变转差率调速等几种。

$$n = (1-s)n_1 = (1-s)\frac{60f}{p} \qquad (5-1-4)$$

2. 三相异步电动机测试

对异步三相电动机进行检测时，一般有以下几个步骤。

图 5－1－10　用兆欧表检测电动机的绝缘性能

① 观察外观是否完整，除接线盒之外无裸露线圈及线头。

② 慢慢转动转子，转子应能顺畅转动，如不能，需检查轴承和端盖是否安装过紧。

③ 对电动机的绝缘性能进行检测（如图 5－1－10 所示），三相异步电动机需要检测两个绝缘性能。一是相间绝缘，二是对地绝缘。两个绝缘性能的检测都需要用到兆欧表。

在测量相间绝缘时，将兆欧表的两个接线柱分别连接到三相线圈中的任意两相上（取一个接线头即可）然后摇动摇把，进行测量。如三相之间两两不导通，则相间绝缘良好。

在测量对地绝缘性能时，将兆欧表的一个接线柱连接到三相线圈中的任意一相的一个线头上，另一个接线柱连接到机座，然后摇动摇把，进行测量。如三相与机座之间绝缘电阻都比较高，则对地绝缘良好。

④ 检测完毕没有故障后，将三相绕组接为星形联结，通电试车，观察电动机运行状况。

⑤ 在对三相异步电动机进行通电试车前，先需要按照电动机铭牌要求或者现场具体要求将三相电动机的电源接好。定子绕组连接电源一般有星形和三角形两种接法，这点在下面详述。

注意：三相异步电动机的铭牌上若有定子绕组联结方式的，必须按照其联结，否则会有烧毁定子绕组的危险，请思考其原因。

1）定子绕组的首尾端判断

三相绕组每个都有首尾两端，假设接线盒中标识不明，则首要任务即是判断绕组首尾端。

三相绕组每个线圈的首尾端都是不同的，若安装不正确则电动机无法正常工作。在安装接线盒之前需要先判断三相异步电动机首尾端（或称为同极性端）。在定子绕组测量中已经标记好了同一个线圈的两个出线端，接下来就可以开始判别首尾端，具体方法可有如下三种：直流法、交流法和剩磁法。具体联结线路如图 5－1－11 所示。

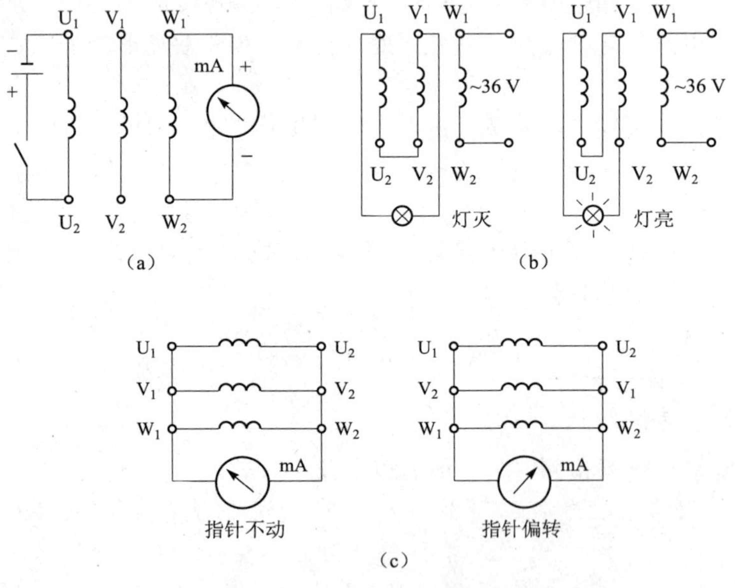

图 5－1－11　三相异步电动机定子绕组判别

（a）直流法；（b）交流法；（c）剩磁法

（1）直流法

直流法的具体步骤为：先用万用表电阻挡分别找出三相绕组的各相两个线头；给各相绕组假设编号为 U_1、U_2、V_1、V_2 和 W_1、W_2；按图 5－1－11（a）的接线，观察万用表指针摆动情况。

合上开关瞬间若指针正偏，则电池正极的线头与万用表负极（黑表棒）所接的线头同为首端或尾端；若指针反偏，则电池正极的线头与万用表正极（红表棒）所接的线头同为首端或尾端；再将电池和开关接另一相的两个线头，进行测试，就可正确判别各相的首尾端。

（2）交流法

给各相绕组假设编号为 U_1、U_2、V_1、V_2 和 W_1、W_2，按图 5－1－11（b）接线，接通电源。若灯灭，则两个绕组相连接的线头同为首端或尾端；若灯亮，则不是同为首端或尾端。

（3）剩磁法

假设异步电动机存在剩磁。给各相绕组假设编号为 U_1、U_2、V_1、V_2 和 W_1、W_2，按图 5－1－11（c）接线，并转动电动机转子，若万用表指针不动，则证明首尾端假设编号是正确的；若万用表指针摆动则说明其中一相首尾端假设编号不对，应逐相对调重测，直至正确为止（注意：若万用表指针不动，还得证明电动机存在剩磁，具体方法是改变接线，使线头编号接反，转动转子后若指针仍不动，则说明没有剩磁，若指针摆动则表明有剩磁）。

2）定子绕组星形和三角形两种接法

在之前判别完首尾端后，可将接线盒中的六个端子的身份判断出来。常见的接线盒中，这六个出线端接在电动机的接线板上的排列如图 5－1－12 所示，可以很方便地将三相绕组接为星形或三角形两种联结方式。

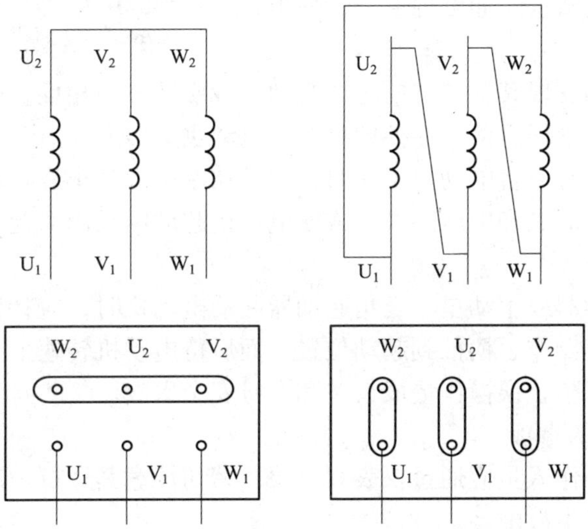

图 5－1－12　定子绕组的联结

3. 三相异步电动机维护、保养及故障处理

1）运行前的检查

为了确保电动机安全正常地投入运行，一般应在电动机起动前作以下各项检查。

仔细检查、核对电动机铭牌所示的各项额定值是否符合使用要求；电动机是否与铭牌接线的指示图相符；接线板上的接头连接是否牢固，有无松动或氧化现象。

检查与机械负载连接后的电动机转轴，看其转动是否灵活轻便；以及电动机的地脚螺栓、螺母等是否拧紧，其他机械方面是否牢固可靠等。

对新安装或长期停用的电动机，投入运行前必须用兆欧表测量电动机绕组对地绝缘电阻

（根据电动机的额定电压选择兆欧表的电压等级）。如绕组的绝缘电阻值按绕组的额定电压计算低于1 MΩ/kV时，则必须对电动机绕组进行干燥处理，直到绕组绝缘电阻符合要求为止。

检查电动机起动设备的规格、容量是否符合使用要求；电动机及起动设备的接地保护装置是否可靠等。

检查传动装置的配置情况，如联轴器的螺钉、销子是否紧固，皮带松紧是否合适等。

检查电动机的旋转方向是否正确，但注意应在与被拖动机械脱离的空载状态下进行。对于三相异步电动机如其旋转方向与负载机械设备的旋转方向相反时，可任意调换与电动机定子绕组相连接的三相电源线中的两相就能改变其旋转方向。

对于绕线型三相异步电动机，还应检查其滑环表面有无锈蚀以及电刷表面与滑环表面的吻合情况、导线间是否相碰触、短路环接触是否良好、电刷提升机构是否灵活以及电刷压力是否正常等。

检查三相电源是否均有电，其电压是否正常。

2）起动后应注意的事项

如果接通电源后电动机不转，应立即切断电源，绝不能迟疑等待或带电检查电动机故障，否则极有可能会将电动机烧毁和发生大的危险。

电动机起动时应特别注意观察电动机、传动装置、负载机械的工作状况，以及电气线路上的电流表、电压表的指示，如发现有异常现象则应立即断电检查，待确实排除故障后再予以起动。

电动机起动时，如发现其旋转方向与被拖动负载旋转方向相反，应立即切断电源停止电动机运行，并将电源线中任意两根互换即可改变电动机旋转方向。

当同一电源线路上有多台电动机工作时，应按功率由大到小逐台起动，以免因多台电动机同时起动造成线路电流大和电压降大，或使电动机起动困难而引起线路故障或使其他负载设备跳闸等。

采用手动自耦补偿器或手动星－三角起动器起动电动机时，应特别注意按正确的操作程序进行。首先一定要将操作手柄推到起动位置，而后待电动机转速上升稳定到接近额定转速时再拉到运转位置，以防止误操作造成设备和人身安全事故。

3）运行中应注意的事项

电动机在运行时操作人员应通过仪表和目检，密切注意其运行情况，以便及早发现和解决问题，避免或减少发生故障。

应注意观察电动机的负载电流大小，在容量较大的电动机控制线路中一般均装有电流表，以便随时对其电流进行检视。如果电流值或三相电流不平衡超过了允许值，电动机应立即停止运行并进行跟踪检查。容量较小的电动机，一般不在控制线路装设电流表，如有疑问时可在线路中临时串接电流表或用钳形电流表检测即可。

注意观察电动机在运行中电流、电压、频率的变化。电源电压和频率过高或过低均不利于电动机的正常运行，而且三相电压不平衡将会造成三相电流的不平衡，这些情况都有可能引起电动机过热或其他不正常现象。

经常检查轴承有无发热、漏油等情况，并定期更换润滑脂（一般可半年更换一次）。在更换润滑脂时应先将轴承盖用煤油清洗，然后再用汽油予以清洗干净。

应经常检查电动机接线板的螺钉是否松动或烧伤，如有此情况应予以紧固和用同等绝缘包垫修复。

应定期检查起动控制设备，观察所有触头有无烧伤、氧化或接触不良等，如发现问题应立即维修保养。

定期检查电动机的绝缘电阻，由于绝缘材料的绝缘能力因干燥程度不同而异，所以保持电动机绕组的干燥是极为重要的。若电动机工作环境潮湿或有腐蚀性气体等存在，均有可能破坏电动机的绝缘。

除按以上几项内容对电动机定期检查和维护保养外，当其运行一年后，应大修一次。大修的目的在于对电动机进行一次全面、彻底的检查和维护保养，增补和更换电动机缺少或磨损的零部件；彻底清除电动机内外的灰尘、杂物；检测绕组绝缘的情况；清洗轴承并检查其磨损情况，及时发现问题并立即予以处理，可延长电动机的工作寿命。

4）三相异步电动机常见的故障及其处理

三相异步电动机的故障一般可分为电气故障和机械故障。电气故障主要包括定子绕组、转子绕组和电路故障；机械故障包括轴承、风扇、端盖、转轴、机壳等故障。三相异步电动机常见故障现象、故障原因及其处理方法如表 5－1－3 所示。

表 5－1－3　三相异步电动机常见故障与处理方法

序号	故障现象	故障原因	处理方法
1	电动机不能起动	1. 电源未接通	1. 检查电源电压、开关、线路、触头、电动机引出线头，查出后修复
		2. 熔断器熔丝烧断	2. 先检查熔丝烧断原因并排除故障，再按电动机容量重新安装熔丝
		3. 控制线路接线错误	3. 根据原理图、接线图检查线路是否符合图样要求，查出错误并纠正
		4. 定子或转子绕组断路	4. 用万用表、兆欧表或串灯法检查绕组，如属断路，应找出断开点，重新连接
		5. 定子绕组相间短路或接地	5. 检查三相电动机的三相电流是否平衡，用兆欧表检查绕组有无接地，找出故障点并修复
		6. 负载过重或机械部分被卡住	6. 重新计算负载，选择容量合适的电动机或减轻负载，检查机械传动机构有无卡住
		7. 热继电器规格不符合或调得太小	7. 选择整定电流范围适当的热继电器，并根据电动机的额定电流重新调整
		8. 将电动机三角形联结误接成星形，使电动机重载下不能起动	8. 根据电动机上的铭牌重新接线
		9. 绕线型转子电动机起动误操作	9. 检查集电环短路装置及起动变阻器位置，起动时应分开短路装置，串接变阻器
		10. 定子绕线接线错误	10. 重新判断绕组头尾，正确接线

续表

序号	故障现象	故障原因	处理方法
2	电动机起动时熔丝被熔断	1. 单相起动	1. 检查电源线、电动机引出线、熔断器、开关、触头，找出断线或假接故障并排除
		2. 熔断器截面太小	2. 重新计算，更换熔丝
		3. 一相绕组对地短路	3. 拆修电动机绕组
		4. 负载过大或机械被卡住	4. 将负载调至额定值，并排除机械故障
		5. 电源到电动机之间短路	5. 检查短路点后进行修复
		6. 绕线转子电动机所接的起动电阻太小或被短路	6. 消除短路故障或增大起动电阻
3	通电后电动机嗡嗡响不能起动	1. 电源电压过低	1. 检查电源电压质量，与供电部门联系解决
		2. 电源缺相	2. 检查电源电压，检查熔断器、接触器、开关是否某相断线，并进行修复
		3. 电动机引出线头尾接错或绕组内部接反	3. 在定子绕组中通入直流电，检查绕组极性，判断绕组极性是否正确
		4. 将电动机三角形联结误接成星形	4. 将星形联结改接成三角形联结
		5. 定子转子绕组断路	5. 找出断路点进行修复，检查绕线转子的电刷与集电环的接触状态，检查起动电阻有无断路或电阻过大现象
		6. 负载过大，机械被卡住	6. 减轻负载，排除机械故障或更换电动机
		7. 装配太紧或润滑脂过硬	7. 重新装配，更换油脂
		8. 改极重绕时，槽配合选择不当	8. 选择合理绕组形式和节距，适当车小转子直径，并重新计算绕组参数
4	电动机外壳带电	1. 电源线与地线接错，且电动机接地不好	1. 纠正接线错误，机壳应与保护地线连接
		2. 绕组受潮，绝缘老化	2. 对绕组进行干燥处理，更换绝缘老化的绕组
		3. 引出线与接线盒相碰接地	3. 包扎或更换引出线
		4. 线圈端部顶端接地	4. 找出接地点，包扎绝缘和涂漆，并在端盖内壁垫绝缘纸

续表

序号	故障现象	故障原因	处理方法
5	电动机空载或负载电流表指针来回摆动	1. 笼形转子断条或开焊	1. 检查断条或开焊处并进行修理
		2. 绕线转子电动机有一相电刷接触不良	2. 调整电刷压力，改善电刷与集电环的接触面
		3. 绕线转子电动机集电环短路装置接触不良	3. 检修或更换短路装置
		4. 绕线式转子一相断路	4. 找出断路处，排除故障
6	电动机起动困难，加额定负载时转速低于额定值	1. 电源电压过低	1. 用电压表或万用表检查电源电压，调整电压
		2. 将三角形联结误接成星形联结	2. 将星形联结改成三角形联结
		3. 绕组头尾接错	3. 重新判断绕组头尾并正确接线
		4. 笼形转子断条或开焊	4. 找出断条或开焊处，进行修理
		5. 负载过重或机械部分转动不灵活	5. 减轻负载或更换电动机，改进机械传动机构
		6. 绕线转子电动机起动变阻器接触不良	6. 检修起动变阻器的接触电阻
		7. 电刷与集电环接触不良	7. 改善点数与集电环的接触面积，调整电刷压力
		8. 定、转子绕组部分绕组接错或接反	8. 纠正接线错误
		9. 绕线转子一相断路	9. 找出断路处，排除故障
		10. 重绕时匝数过多	10. 按正确绕组匝数重绕
7	电动机运行时振动过大	1. 基础强度不够或地脚螺钉松动	1. 将基础加固或加弹簧垫，紧固螺钉
		2. 传动带轮、靠轮、齿轮安装不合适，配合键磨损	2. 重新安装，纠正、更换配合键
		3. 轴承磨损间隙过大	3. 检查轴承间隙
		4. 气隙不均匀	4. 重新调整气隙
		5. 转子不平衡	5. 清扫转子紧固螺钉，校正动平衡
		6. 铁心变形或松动	6. 校正铁心，重新装配
		7. 转轴弯曲	7. 校正转轴，找直
		8. 扇叶变形，不平衡	8. 校正扇叶，找动平衡
		9. 笼形转子绕组断路	9. 进行补焊或更换笼条
		10. 绕线转子绕组短路	10. 找出短路处，排除故障
		11. 定子绕组断路、短路、接地连接错误等	11. 找出故障处，排除故障

续表

序号	故障现象	故障原因	处理方法
8	电动机运行时有杂声	1. 电源电压过高或不平衡	1. 调整电压或与供电部门联系解决
		2. 定、转子铁心松动	2. 检查振动原因，重新压铁心，进行处理
		3. 轴承间隙过大	3. 检修或更换轴承
		4. 轴承缺少润滑脂	4. 清洗轴承，添加润滑脂
		5. 定、转子相擦	5. 正确装配，调整气隙
		6. 风扇碰风扇罩或风道堵塞	6. 修理风扇罩，清理通风道
		7. 转子擦绝缘纸或槽楔	7. 剪修绝缘或检修槽楔
		8. 各相绕组电阻不平衡，局部有短路	8. 找出短路处，进行局部修理或更换线圈
		9. 定子绕组连接错误	9. 重新判断头尾，正确接线
		10. 改极重绕时，槽配合不当	10. 校验定、转子槽配合
		11. 重绕时每相匝数不相等	11. 重新绕线，改正匝数
		12. 电动机单相运行	12. 检查电源电压、熔断器、接触器、电动机接线
9	电动机轴承发热	1. 润滑脂过多或过少	1. 清洗后，添加润滑脂，充满轴承室容量的1/2～2/3
		2. 油质不好，含有杂质	2. 检查油内有无杂质，更换符合要求的润滑脂
		3. 轴承磨损，有杂质	3. 更换轴承，对含有杂质的轴承要清洗，换油
		4. 油封过紧	4. 修理或更换油封
		5. 轴承与轴的配合过紧或过松	5. 检查轴的尺寸公差，过松时用树脂黏合或低温镀铁，过紧时进行车削加工
		6. 电动机与传动机构连接偏心或传动带过紧	6. 校正传动机构中心线，并调整传动带的张力
		7. 轴承与端盖配合过紧或过松	7. 修理轴承内盖，使与轴的间隙合适
		8. 电动机两端盖与轴承盖安装不平	8. 安装时，使端盖或轴承盖口平整装入，然后再旋紧螺钉
		9. 轴承与端盖配合过紧或过松	9. 过松要进行镶套，过紧要进行车削加工
		10. 主轴弯曲	10. 矫直弯轴

续表

序号	故障现象	故障原因	处理方法
10	电动机过热或冒烟	1. 电源电压过高或过低	1. 检查电源电压，或与供电部门联系解决
		2. 电动机过载运行	2. 检查负载情况，减轻负载或增加电动机容量
		3. 电动机单相运行	3. 检查电源、熔丝、接触器，排除故障
		4. 频繁起动和制动及正反转	4. 正确操作，减少起动次数和正反向转换次数或更换合适的电动机
		5. 风扇损坏，风道阻塞	5. 修理或更换风扇，清除风道异物
		6. 环境温度过高	6. 采取降温措施
		7. 定子绕组匝间或相间短路，绕组接地	7. 找出故障点，进行修复处理
		8. 绕组接线错误	8. 将三角形联结电动机误接成星形联结，或将星形联结电动机误接成三角形联结，纠正错误
		9. 大修时曾烧灼铁心，铁耗增加	9. 作铁心检查试验，检修铁心，排除故障
		10. 定、转子铁心相擦	10. 正确装配，调整间隙
		11. 笼形转子断条或绕线转子绕组接线松开	11. 找出断条或松脱处，重新补焊或扭紧固定螺钉
		12. 进风温度过高	12. 检查冷却水装置及环境温度是否正常
		13. 重绕后绕组浸渍不良	13. 要采用二次浸漆工艺或真空浸漆措施
11	集电环发热或电刷火花太大	1. 集电环表面不平、不圆或偏心	1. 将集电环磨光或车光
		2. 电刷压力不均匀或太小	2. 调整刷压
		3. 电刷型号与尺寸不符	3. 采用同型号或相近型号保证尺寸一致
		4. 电刷研磨不好，与集电环接触不良或电刷碎裂	4. 重新研磨电刷或更换电刷
		5. 电刷尺寸太大被卡住，使电刷与集电环接触不良	5. 修磨电刷，尺寸要合适，间隙要符合要求
		6. 电刷数目不够或截面积过小	6. 增加电刷数目或增加电刷接触面积
		7. 集电环表面污垢，表面光洁度不够引起导电不良	7. 清理污物，用干净的布蘸汽油擦净集电环表面

续表

序号	故障现象	故障原因	处理方法
12	绝缘电阻低	1. 绕组绝缘受潮	1. 进行加热烘干处理
		2. 绕组绝缘沾满灰尘、油垢	2. 清理灰尘、油垢，并进行干燥、浸渍处理
		3. 绕组绝缘老化	3. 可清理干净，涂漆处理或更换绝缘
		4. 电动机接线板损坏，引出线绝缘老化破裂	4. 重包引线绝缘，修理或更换接线板
13	电动机空载电流不平衡，并相差很大	1. 绕组头尾接错	1. 重新判断绕组头尾，正确接线
		2. 电源电压不平衡	2. 检查电源电压，找出故障原因并排除故障
		3. 绕组匝间短路，某线圈组接反	3. 检查绕组极性，找出短路处，改正接线并排除故障
		4. 重绕时，三相线圈匝数不一样	4. 重新绕制线圈
14	电动机三相空载电流增大	1. 电源电压过高	1. 检查电源电压，或与供电部门联系解决
		2. 将星形联结电动机误接成三角形联结，气隙不均匀或增大	2. 将绕组改为星形联结
		3. 电动机装配不当	3. 调整气隙
		4. 大修时铁心过热，造成灼损	4. 检查装配情况，重新装配
		5. 重绕时，线圈数不够	5. 检修铁心或重新设计和绕制绕组进行补偿，增加绕组匝数

4. 单相异步电动机运行

由单相交流电源供电的电动机叫作单相异步电动机，在没有三相交流电源的地方使用起来比较方便。因此它被广泛用于日常生活中及医疗器械和某些工业设备上，例如，电风扇、洗衣机、空气调节器、手提式电钻等都用单相电动机作为动力。实用单相电动机的功率都比较小，一般为几瓦至几百瓦。

单相异步电动机与三相异步电动机的区别，仅在于定子绕组是单相绕组，并采用单相交流电源供电。当三相异步电动机的电源线有一相断开（如图5-1-13中的W相）时定子绕组通过单相电流，此时三相绕组变为单相绕组（实为两相串联绕组）。所以单相异步电动机是三相异步电动机在定子绕组一相断路时的特殊运行状态。

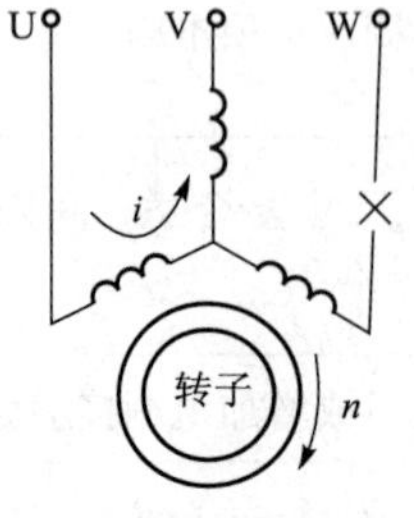

图5-1-13　三相电动机单相运行

1）单相异步电动机的工作原理和特性

从构造上看，单相异步电动机和三相笼形异步电动机差不多，转子是笼形的，定子绕组也是嵌放在定子槽内。不过定子绕组只有两个单相绕组。

(1) 单相异步电动机的磁场

① 单相绕组的定子磁场。单相交流电流是一个随时间按正弦规律变化的电流，它所产生的磁场是一个脉动磁场，脉动磁场可以分解成两个转速相同、大小相等而转向相反的旋转磁场，合成转矩等于零，电动机不能起动。也就是说，单相绕组异步电动机的起动转矩等于零。

要应用单相异步电动机，必须首先解决它的起动问题，也就是要使转子获得一定的起动转矩。

② 两相绕组形成的磁场。单相异步电动机定子中要有两个绕组，即起动绕组 Z_1、Z_2 和工作绕组 U_1、U_2，它们的绕组参数相同，在空间相位上相差90°电角度，当在其中通入相位相差90°电角度的两相对称电流，则两相绕组合成了一个椭圆形磁动势，产生旋转磁场，电动机可起动运转。

(2) 单相电动机的两种主要类型

① 单相分相式异步电动机。应用分相法起动的单相电动机称为分相式电动机，它的定子上有两个绕组，一个是工作绕组，另一个是起动绕组，两个绕组的轴线在空间相差90°电角度；电动机起动时，工作绕组和起动绕组接到同一个单相交流电源上，为了使两个绕组中的电流在时间上有一定的相位差（即分相），须在起动绕组中串入电容器或电阻器，也可以使起动绕组本身的电阻远大于工作绕组的电阻。因此，分相式电动机又可分为电阻分相电动机和电容分相电动机两种类型。

② 罩极式单相异步电动机。采用罩极法起动的单相电动机称为罩极式电动机。罩极式电动机的定子铁心多制成凸极式，由硅钢片冲片叠压而成，每极上装有集中绕组，称为工作绕组。每个极面上的一边开有小槽。小槽中嵌入短路铜环，将部分磁极罩起来。这个短路铜环称为罩极线圈，其作用相当于变压器的副绕组，能产生感应电动势和短路电流。

(3) 单相电动机的常见类型

常用单相电动机可按其工作原理、结构和起动方式进行分类，如表5-1-4所示。从表5-1-4可以看出，单相电动机的类型较多，因而能适应生产、生活各方面的需要。

表5-1-4　常见的单相异步电动机的类型

单相电动机	异步电动机	电阻分相起动电动机
		电容分相起动电动机
		电容运转电动机
		电容起动与运转电动机
		罩极式电动机
	同步电动机	磁滞式电动机
		反应式电动机
		永磁式电动机
	换向器电动机	单相串励电动机
		交直流两用电动机

2）单相异步电动机的调速

单相电动机的调速方法主要有：变极调速法、电抗器调速法、自耦变压器调速法、绕组抽头调速法以及其他一些调速法。以下将简单介绍单相电动机常用的一些调速方法。

（1）变极调速

单相异步电动机的转速公式为

$$n = n_1(1-s) = \frac{60f_1}{p}(1-s) \tag{5-1-5}$$

式中 n——单相异步电动机转速（r/min）；

n_1——同步转速（r/min）；

s——单相异步电动机转差率；

f_1——电源频率（Hz）；

p——电动机极对数。

由此可见，只要设法改变定子绕组的极时数 p，就可以改变单相异步电动机的转速 n。改变电源频率也可改变电动机转速，此即变频调速。

（2）自耦变压器调速

利用自耦变压器的调压特性来直接降低主、辅绕组的电压，或者只降低主绕组的电压，均能对电动机进行调速。具体接线方法有以下三种。如图 5－1－14 所示为主绕组降压调速接线图。从图 5－1－15 中可以看出，自耦变压器以同一电压对电动机的主、辅绕组作电压调控来进行调速。

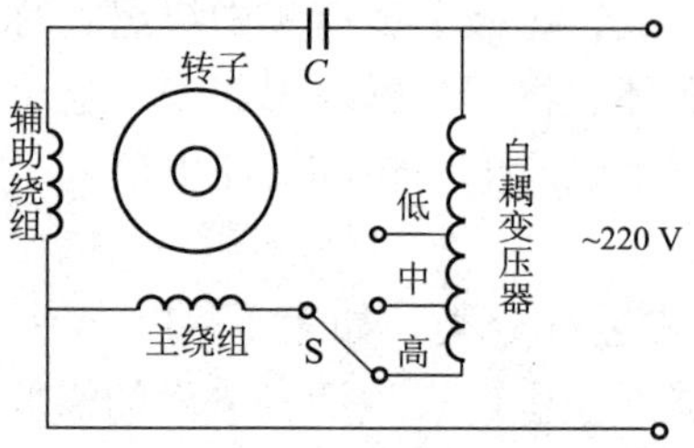

图 5－1－14　主绕组降压调速

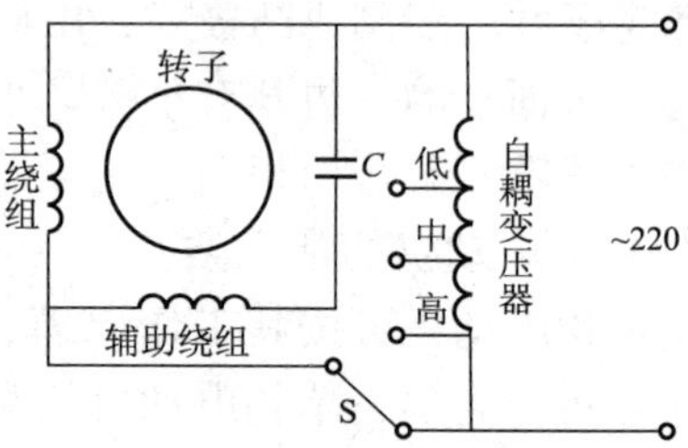

图 5－1－15　主、辅绕组同电压调速接线图

图 5－1－16 所示为主、辅绕组异电压降压调速接线图。从图中可以看出，自耦变压器是分别以不同电压施加到主、辅绕组来进行降压调速。

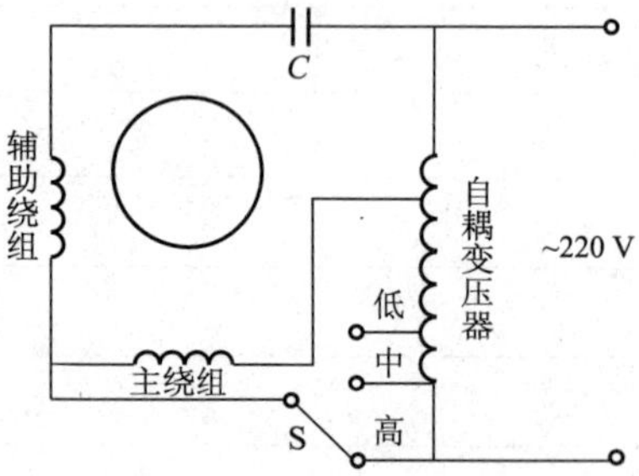

图 5－1－16　主、辅绕组异电压调速接线图

（3）电抗器调速

将电抗器串接到电动机单相电源电路中，通过变换电抗器的线圈抽头来实现降压调速。如图 5－1－17 所示为电抗器调速原理接线图。

① 各电源开关通电应按一定程序进行，与待调试无关的电路开关不应合闸。

② 测量电源电压，其波动范围应为 -7% ～ +7% 。

③ 各机构动作程序的检验调试，应根据电路图在调试前编制的程序进行。

④ 在控制电路正确无误后，才可接通主电路电源。

⑤ 主电路初次送电应点动起动。

⑥ 操作主令控制器时应由低速挡向高速挡逐挡操作，其挡位与运行速度相对应；操作方向与运行方向相一致。

⑦ 对调速系统的各挡速度应进行必要的调整，使其符合调整比，对非调整系统的各挡速度不需调整。

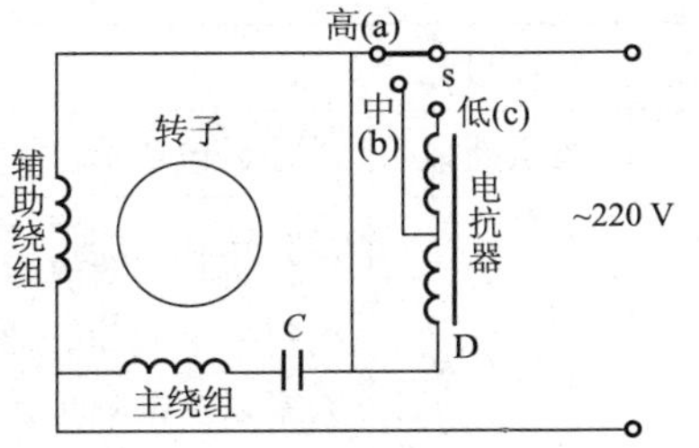

图 5－1－17　电抗器调速接线原理图

⑧ 起升机构为非调速系统时，下降方向的操作应快速过渡，以避免电动机超速运行。

⑨ 保护电路的检验调试应首先手动模拟各保护联锁环节触点的动作，检验动作的正确性和可靠性。

⑩ 限位开关的实际调整，应在机构低速运行的条件下进行，在有惯性越位时，应反复调试。

二、技能训练

1. 实训器材

三相异步电动机，配套三相电源、兆欧表、万用表、电工工具一套。

2. 实训内容及要求

① 三相异步电机参数获取。要求如下：仔细观察 Y112M－2 型三相异步电动机铭牌数据，完成表 5－1－5。

表 5－1－5　Y112M－2 型三相异步电动机性能参数

型号		额定电压		保护等级	
机座中心高度		额定电流		功率因数	
轴长		额定转速		机械效率	
额定功率		绝缘等级		电机极对数	
可用电源频率		额定运行时定子接法		工作制	

② 由教师提供三相异步电动机的故障现象，由学生分析故障发生的可能原因。

③ 将提供的三相异步电动机的 6 个绕组线头在接线盒中接好，要求能正确判断绕组首尾端，并能正确将其联结成星形接法和三角形接法。

三、技能考核

考核要求：在 60 分钟内完成实训内容。

考核及评分标准见表 5－1－6。

表5-1-6　技能考核评分表

序号	项目	评分标准	配分	扣分	得分
1	参数获取	参数包括单位，写错每个扣2分，扣完为止	10		
2	故障分析	分析和判断故障（共5个现象），每个故障占12分 每一个故障，原因判断不正确扣6分；故障解决的方案以及检测步骤错一处扣2分，本故障的12分扣完为止	60		
3	绕组接线	判断首尾端10分，星形联结为10分，三角形联结为10分	30		
4	其他	不能正确使用仪表扣10分；接错导线端子，每次扣5分；故障判断错误并导致电动机故障加剧的，每个故障扣10分；违反电气安全操作规程，造成安全事故者酌情扣分	从总分倒扣		

四、练习与提高

① 如果异步电动机的绕组被烧毁，应如何进行更换？

② 试述电动机运行前必须测试的步骤。

模块二　认识和使用直流电动机

学习目标

- 了解直流电动机结构
- 掌握直流电动机工作原理、使用方法
- 会使用、维护直流电动机

一、理论知识

直流电动机因其良好的调速性能而在电力拖动中得到了广泛应用，其规格繁多，结构也较异步电动机更为复杂。要正确、安全地使用好直流电动机，就必须对它的结构和运行原理比较熟悉，这样才能正确地使用和维护好直流电动机，一旦发生故障，也能熟练、准确、迅速、安全地查找出故障的原因，并予以正确地排除。

1. 直流电动机认识

掌握了阅读机床电气原理图的方法和技巧，对于分析电气电路，排除机床电路故障是十分有意义的。机床电气原理图一般由主电路、控制电路、照明电路、指示电路等几部分组成。阅读方法如下。

1）直流电动机的结构和工作原理

（1）直流电动机的结构

直流电动机和直流发电机的结构基本是相同的，都有可旋转部分和静止部分。可旋转部分称为转子，静止部分称为定子，在定子和转子之间存在着空气隙。小型直流电动机结构如图 5－2－1 所示，其剖面结构如图 5－2－2 所示。

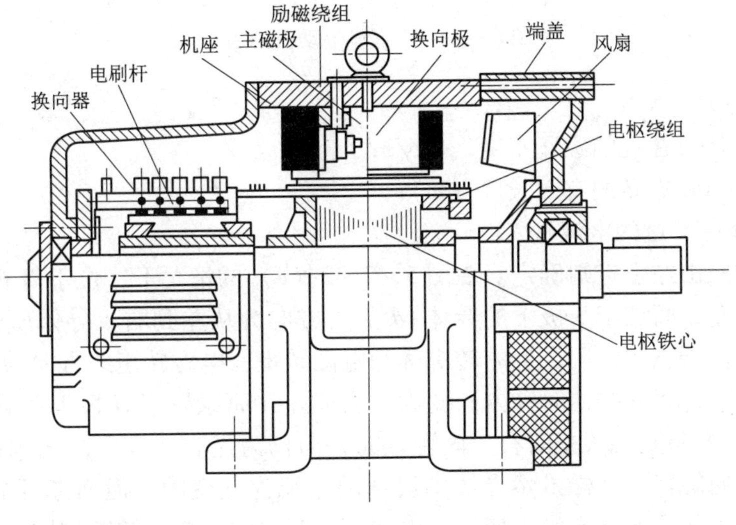

图 5－2－1　小型直流电动机的结构

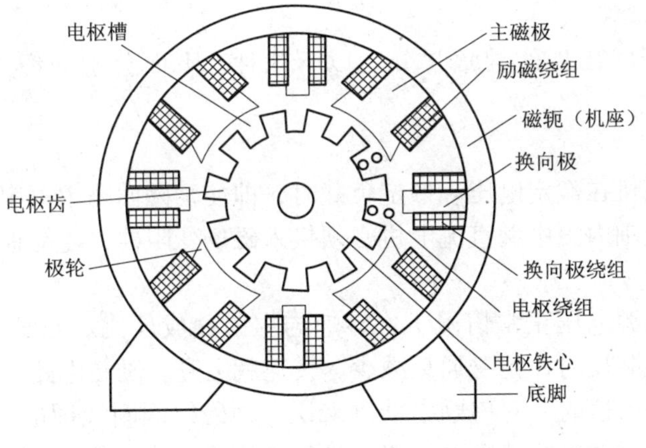

图 5－2－2　小型直流电动机的剖面结构

（2）直流电动机的工作原理

直流电动机的工作原理如图 5－2－3，把电刷 A、B 接到一直流电源上，电刷 A 接电源的正极，电刷 B 接电源的负极，电枢线圈中将有电流流过。

图 5－2－3（a）所示，设线圈的 ab 边位于 N 极下，线圈的 cd 边位于 S 极下，载流导体在磁场中受到电磁力的作用，其大小为

$$f = B_X li \tag{5-2-1}$$

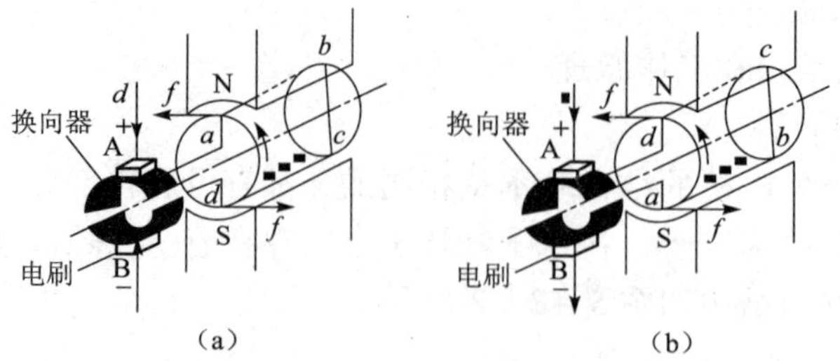

图5-2-3　直流电动机的模型

式中　f——电磁力（N）；

B_X——导体所在处的磁通密度（Wb/m^2）；

l——导体 ab 或 cd 的有效长度（m）；

i——导体中流过的电流（A）。

导体受力方向由左手定则确定。在图5-2-3（a）的情况下，位于N极下的导体 ab 受力方向为从右向左，而位于S极下的导体 cd 受力方向为从左到右。导体所受电磁力对轴产生一转矩，这种由于电磁作用产生的转矩称为电磁转矩，电磁转矩的方向为逆时针。当电磁转矩大于阻力矩时，线圈按逆时针方向变为从右向左；而原位于N极下的导体 ab 转到S极下，导体 ab 受力方向变为从左向右，该转矩的方向仍为逆时针方向，线圈在此转矩作用下继续按逆时针方向旋转。这样虽然导体中流通的电流为交变的，但N极下的导体受力方向和S极下导体受力的方向并未发生变化，电动机在此方向不变的转矩作用下转动。

2. 直流电动机运行时的性能及维护

1）运行故障及危害

直流电动机运行时出现的异常常分为以下几种，下面分别介绍这些异常的现象以及危害。

（1）转速故障

一般小型直流电机在额定电压和额定负载时，即使励磁回路中不串电阻，转速也可保持在额定转速的容差范围内。中型直流电机必须接入磁场变阻器，才能保持额定励磁电流，而达到额定转速。

转速偏高：在电源电压正常情况下，转速与主磁通成反比。当励磁绕组中发生短路现象，或个别磁极极性装反时，主磁通量减少，转速就上升。励磁电路中有断线，便没有电流通过，磁极只有剩磁。这时，对串励电动机来说，励磁线圈断线即电枢开路，与电源脱开，电动机就停止运行；对并励或他励电动机，则转速剧升，有飞车的危险，如所带负载很重，那么电动机速度也不致升高，这时电流剧增，使开关的保护装置动作后跳闸。

转速偏低：电枢电路中连接点接触不良，使电枢电路的电阻压降增大时电动机转速就偏低。所以转速偏低时，要检查电枢电路各连接点（包括电刷）的接头焊接是否良好，接触是否可靠。

转速不稳：直流电动机在运行中当负载逐步增大时，电枢反应的去磁作用亦随之逐步增大。尤其直流电动机在弱磁提高转速运行时，电枢反应的去磁作用所占的比例就较大，在电刷偏离中性线或串励绕组接反时，则去磁作用更强，使主磁通更为减少，电动机的转速上升，同时电流随转速上升而增大，而电流增大又使电枢反应去磁作用增大，这样恶性循环使电动机的转速和电流发生急剧变化，电动机不能正常稳定运行。如不及时制止，电动机和所接仪表均有损坏的危险。在这种情况下，首先应检查串励绕组极性是否准确，减小励磁电阻并增大励磁回路电流。若电刷没有放在中性线上则应加以调整。

（2）电流异常

直流电动机运行时，应注意电动机所带负载不要超过铭牌规定的额定电流。但在故障的情况下（如机械上有摩擦、轴承太紧、电枢回路中引线相碰或有短路现象、电枢电压太低等），会使电枢电流增大。电动机在过负载电流下长时间运行，就易烧毁电动机绕组。

（3）局部过热

凡电枢绕组中有短路现象时，均会产生局部过热。在小型电动机中，有时电枢绕组匝间短路所产生的有害火花并不显著，但局部发热较严重。导体各连接点接触不良亦会引起局部过热；换向器上的火花太大，会使换向器过热；电刷接触不良会使电刷过热。当绕组部分长时间局部过热时，会烧毁绕组。在运行中，若发现有绝缘烤煳味或局部过热情况，应及时检查修理。

注意：如发现异常现象，应尽快在条件允许的情况下停车检查，否则可能出现严重的故障，造成更大的设备损失。

2）直流电动机的电气性能检测

（1）直流电动机绕组的直流电阻、绝缘电阻的测量及耐压试验

电动机在通电运行前，应检查电动机绕组的直流电阻值，电阻值较小时，通常用双臂电桥测量，如图5－2－4所示。

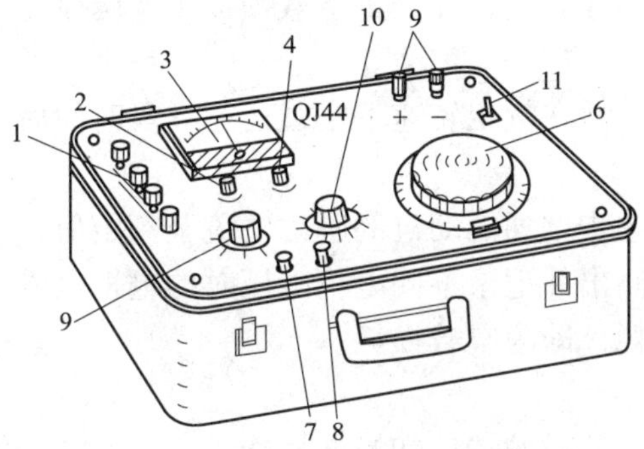

（a）

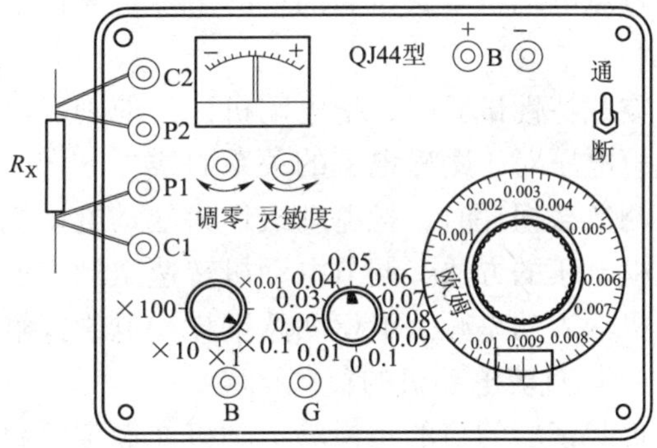

（b）

图5－2－4　QJ44型双臂电桥

（a）QJ44型电桥外形；（b）QJ44型电桥面板（测敏状态）

1—外接引线端子；2—调零旋钮；3—检流计；4—检流计灵敏度旋钮；5—外接电源端钮；6—小数值拨盘；7—电源按钮（B）；8—检流计按钮（G）；9—倍数；10—大数旋钮；11—电源开关

测量绕组相与相、相对地的绝缘电阻（可用兆欧表测量，如图5－2－5所示），检查绕组的接线是否正确，同时还应进行耐压试验（可用耐压仪进行检查，如图5－2－6所示）。绕组直流电阻的测量方法有直流电桥法和电压表电流法。

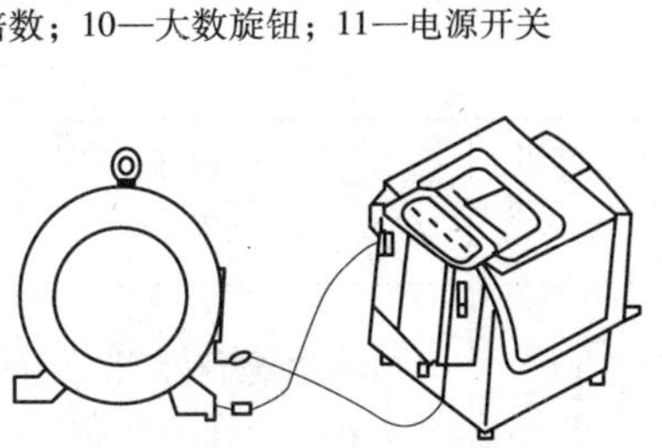

图5－2－5　兆欧表检查电机的绝缘性能

（2）直流电动机的绕组匝间绝缘试验

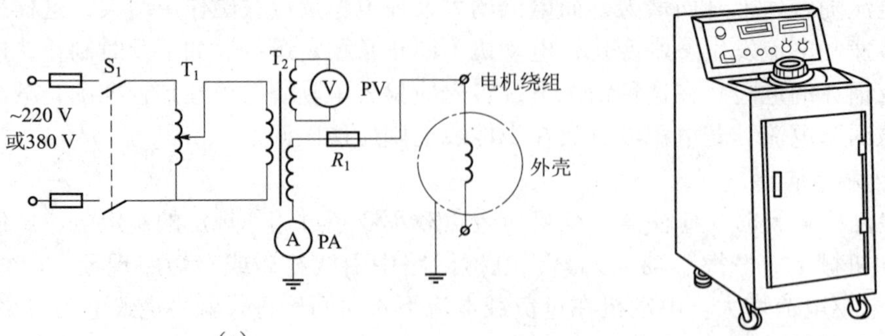

（a）（b）

图5－2－6　低压电动机用耐电压试验设备电路原理和实物

匝间绝缘试验又称为短时升高电压试验。匝间绝缘试验的目的是检查定子或转子绕组匝间的绝缘。作用是用来检查电动机绕组在修理过程中，嵌线、浸漆、烘干、装配、搬运时绕组绝缘是否受到损伤。

直流电枢绕组匝间绝缘强度试验可在电动机空载运行时将电压提高到额定电压的1.3倍，运行5 min无冒烟击穿现象即为合格。也可将直流电动机作为发电机方式运行，并使其感应电动势达到130%额定电压（可通过增加发电机励磁电流及提高转速的方法来实现，但转速不得超过115%额定电压），在此高电压下历时5 min不出现击穿为合格。

（3）直流电动机的空载试验

直流电动机空载试验的目的主要是测得空载特性曲线，并测量空载损耗（机械损耗与铁耗之和）。

空载特性试验时，把电动机作为他励发电机，并在额定转速下空载运行一段时间后，测取电枢电压对于励磁电流的关系曲线。

测空载损耗时，把电动机作为他励电动机，逐步增加电动机的励磁电流至额定值，用改变电枢电压的方法，调节电动机转速至额定值。测出并记录不同电枢电压时的电枢电流。将电动机输入功率减去电枢回路铜耗和电刷接触损耗，即为空载损耗。

（4）直流电动机的负载试验

负载试验的目的是检验电动机在额定负载及过载时的特性和换向性能。

试验时，每0.5 h记录电枢电压、电流、励磁电压、励磁电流、转速、火花等级以及温度等。

负载试验时，火花等级用肉眼观察，可借助于小镜片观察电刷与换向器接触处的火花粒子。火花的程度按表5－2－1分级。

表5－2－1　火花等级表

火花等级	电刷下的火花程度	换向器及电刷状态
1	无火花	换向器上没有黑痕及电刷上没有灼痕
$1\frac{1}{4}$	电刷边缘仅小部分有断续的几点点状火花	

续表

火花等级	电刷下的火花程度	换向器及电刷状态
$1\frac{1}{2}$	电刷边缘大部分有断续的较稀的粒状火花	换向器上有黑痕出现，但不扩大，用汽油擦洗能除去，同时在电刷上有轻微灼痕
2	电刷边缘大部分或全部有连续的较密的粒状火花，并开始有断续的舌状火花	换向器上有黑痕出现，用汽油不能擦去，同时在电刷上有灼痕。如果短时出现该级火花，换向器上不出现灼痕，电刷不致被烧焦或损坏
3	电刷整个边缘有强烈的舌状火花，同时伴有爆裂声音	换向器上黑痕严重，用汽油不能擦去，同时在电刷上有灼痕。如果短时出现该级火花，换向器上出现灼痕，同时电刷被烧焦或损坏

（5）直流电动机的温升试验

电动机运行中的铜耗、铁耗及机械损耗都会转化为热能，使电动机的温度高于周围环境的温度。当电动机的温度超过某一限度，电动机绝缘材料的寿命就会急剧下降。电动机的寿命主要取决于绝缘材料，因此，温升也是判断电动机故障的一种手段。运行前，电动机的温度与环境温度相同；运行后，电动机的温度从环境温度开始升高，温度升高的幅度就是温升。所以有：

$$温升 = 电动机运行后的温度 - 环境温度$$

同一台电动机在相同负载下，温升相同，但电动机温度却随着环境温度的不同而不同。因此在温升试验中，既要记录电动机的温度，也要记录环境温度，以便计算温升。

可用功率消耗法和回馈法进行电动机的温升试验。

按图 5－2－7 所示将被试电动机与负载发电机进行连接，起动电动机，调节 R_f 和 R_L，即调节被试电动机的负载大小，测取电动机的温度。

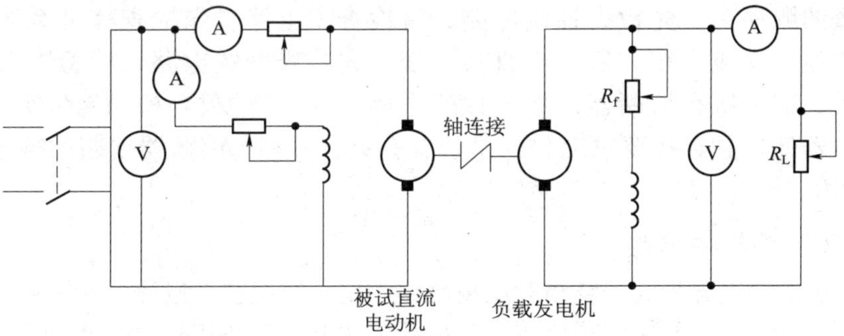

图 5－2－7　直流电动机温升试验的功率消耗法

按图 5－2－8 所示将被试电动机与负载发电机进行同轴连接。首先，起动被试电动机并调到额定转速，再调节发电机的电压，使发电机电压与电源电压相等且一致。然后，合上开关 QS，使被试电动机与直流发电机并联。调节直流发电机的励磁电流，使被试电动机的电流、转速等达到额定值。

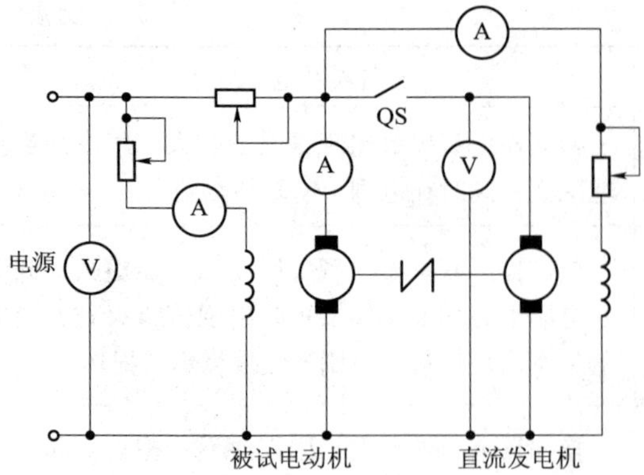

图5-2-8　直流电动机温升试验的回馈法

（6）直流电动机的超速试验

超速试验是将电动机转速提高到1.2倍的额定转速，历时2 min而不发生有害的变形。试验的目的是检查电动机的安装质量，考验转子各部分承受离心力的机械强度和轴承的机械强度。

超速试验前，应仔细检查电动机的装配质量，特别是转动部分的装配质量。被试电动机周围应该有可靠的防护装置，被试电动机转速等的测量应该在远离被试电动机的安全地区进行。超速试验后，应仔细检查电动机转动部分是否有损坏，是否产生有害变形，紧固件是否松动，以及是否产生其他不正常现象。

直流电动机的超速试验也可由其他电动机拖动被试电动机，使它的转速达到1.2倍额定转速，或减小励磁电流，或增加端电压使电动机超速。但端电压的增加不应超过130%额定电压，减小励磁电流应使转速平稳上升。

3）断电检查

检查前先断开机床总电源，然后根据故障可能产生的部位逐步找出故障点。检查时应先检查电源线进线处有无碰伤而引起的电源接地、短路等现象，螺旋式熔断器的熔断指示器是否跳出，热继电器是否动作。然后检查电器外部有无损坏，连接导线有无断路、松动，绝缘是否有过热或烧焦。

4）通电检查

断电检查仍未找到故障时，可对电器设备作通电检查。在通电检查时要尽量使电动机和其所传动的机械部分脱开，将控制器和转换开关置于零位，行程开关还原到正常位置。然后用校灯或万用表检查电源电压是否正常，是否有缺相或严重不平衡。再进行通电检查，检查的顺序为：先检查控制电路，后检查主电路；先检查辅助系统，后检查主传动系统；先检查交流系统，后检查直流系统；先检查开关电路，后检查调整系统。或断开所有开关，取下所有熔断器，然后按顺序逐一插入欲要检查部位的熔断器，合上开关，观察各电器元件是否按要求动作，是否有冒火、冒烟、熔断器熔断的现象，直至查到发生故障的部位。

3. 直流电动机故障检修

直流电动机的绕组分为定子绕组和电枢绕组。定子绕组包括励磁绕组、换向极绕组和补偿绕组。直流电动机在运行中定子绕组发生的故障主要有：绕组过热、匝间短路、接地、绝缘电阻下降等。电枢绕组发生的故障主要有：短路、断路和接地。

1）定子绕组的故障及维修

（1）励磁绕组过热

绕组过热现象较为明显，通常绕组绝缘和表面覆盖漆变色，有绝缘溶剂挥发和焦化气味，绝缘因老化而使绝缘电阻值降低，甚至接地。严重时，绝缘在高温中能冒烟，完全炭化。

产生励磁绕组过热的主要原因：励磁绕组通风散热条件严重恶化；某些电动机长时间过励磁。

检查方法：通过外观检查或使用兆欧表即可检查确定。

(2) 励磁绕组匝间短路

当直流电动机的励磁绕组匝间出现短路故障时，虽然励磁电压不变，但励磁电流增加；或保持励磁电流不变时，电动机出现转矩降低、空载转速升高等现象；或励磁绕组局部发热；或出现部分刷架换向火花加大或单边磁拉力，严重时使电动机产生振动。

产生励磁绕组匝间短路的原因如下。

制造过程中存在缺陷。如S弯处过渡绝缘处理不好，层间绝缘被铜毛刺挤破，经过一段时间的运行，问题逐步显现。

电动机在运行维护和修理过程中受到碰撞，使得导线绝缘受到损伤而形成匝间短路。

检查方法：励磁绕组匝间短路常用交流压降法检查。

把工频交流电通过调压器加到励磁绕组两端上，然后用交流电压表分别测量每个磁极励磁绕组上的交流压降，见图5-2-9，如各磁极上交流电压相等，则表示绕组无短路现象；如某一磁极的交流压降比其余磁极都小，则说明这个磁极上的励磁绕组存在匝间短路，通电时间稍长时，这个绕组将明显发热。

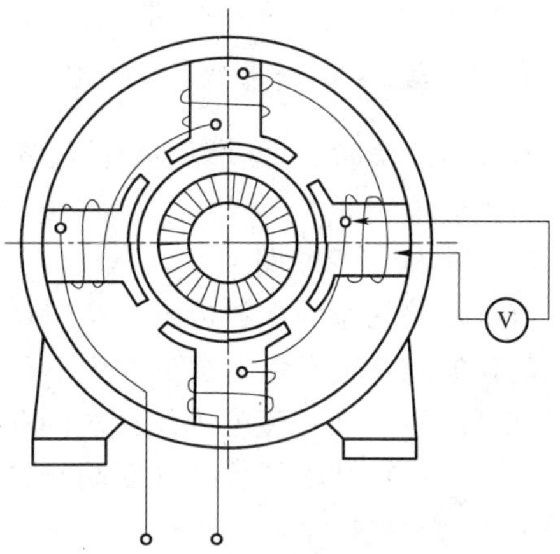

图5-2-9　使用交流压降法检查励磁绕组匝间短路

(3) 定子绕组接地

当定子绕组出现接地故障时，会引起接地保护动作和报警，如果两点接地，还会使得绕组局部烧毁。

产生定子绕组接地的原因如下。

线圈、铁心或补偿绕组槽口存在毛刺，使得绕组击穿；绕组固定不好，在电动机负载运行时绕组发生移位，经常往复移动使得绝缘磨损而接地。

检查方法：定子绕组接地的检查应按照与电枢串联绕组（串励绕组、换向极绕组、补偿绕组）回路和励磁回路进行检查。

先用兆欧表测量，后用万用表核对，以区别绕组是绝缘受潮还是绕组确实接地。分为以下几种情况。

绝缘电阻为零，但用万用表测量时，还有指示，说明绕组绝缘没有击穿，采用清扫吹风办法，有可能使绝缘电阻值上升。

绝缘电阻为零，改用万用表测量也为零，说明绕组已接地，可将绕组连接拆开，分别测量每个磁极绕组的绝缘电阻，可发现某个极绕组接地，其余完好。重点烘干处理这个接地故障的磁极绕组。查出故障线圈后，如果无法判明短路点的位置，可用220 V交流检验灯检查，一般短路点会发生放电、电火花或烟雾，根据这些现象来确定短路点。

所有磁极绕组的绝缘电阻均为零，虽然拆开连接线，测量结果普遍是绝缘电阻值低。处理方法是绕组经清扫后，绝缘材质如果没有老化，可采用中性洗涤剂进行清洗，清洗后烘干处理。

2）电枢绕组的故障及修理

（1）电枢绕组短路

当电枢绕组由于短路故障而烧毁时，可通过观察找到故障点，也可将6～12 V的直流电源接到换向器两侧，用直流毫伏表测量各相邻的两个换向片的电压值，以足够的电流通入电枢，使直流毫伏表的读数约在全读数的3/4处，从1、2片开始，逐片测量，毫伏表的读数应是有规律的，如果出现某个读数很小或接近零，表明接在这两个换向片上的线圈一定有短路故障存在，若读数为零，多为换向器片间短路。如图5－2－10所示。

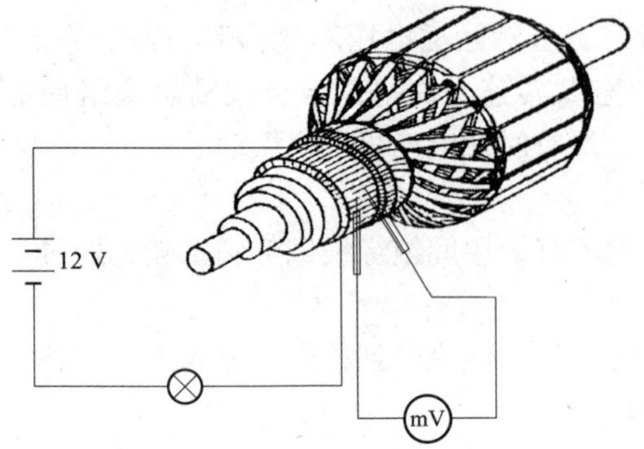

图5－2－10　电枢绕组短路的检查

绕组短路的原因往往是绝缘损坏，使同槽线圈匝间短路，或上下层间短路。若电动机使用不久，绝缘并未老化，当一个或两个线圈有短路故障时，可以切断短路线圈，在两个换向片上接跨接线，继续使用。若短路线圈过多，则应重绕。

（2）电枢绕组断路

绕组断路的原因多数是由于换向片与导线接头片焊接不良，或个别线圈内部导线断线，这时的现象是在运行中电刷下发生不正常的火花。检查方法如图5－2－11所示，将毫伏表跨接在换向片上（直流电源的接法同前），有断路的绕组所接换向片被毫伏表跨接时，将有读数指示，且指针剧烈跳动（要防止损坏表头）；但毫伏表跨接在完好的绕组所接的换向片上时，将无读数指示。对于较大的直流电动机，可将直流电源接在相邻的两个换向片上。但应注意，测试时，必须保证先接通电源，再接电压表，电源未与换向片接通时，电压表不能与电源线相接，否则可能因电压过高而损坏电压表。

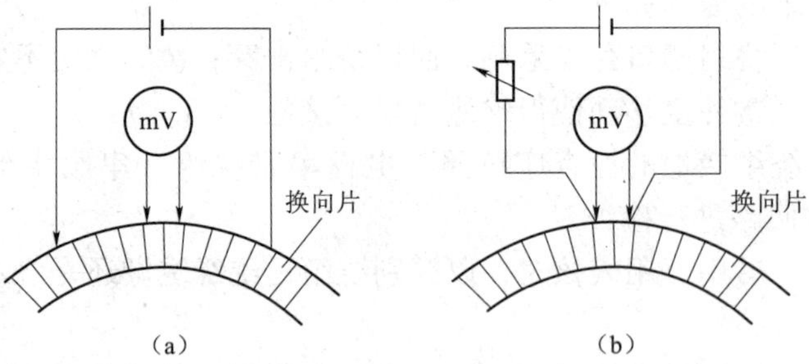

图5－2－11　电枢绕组断路的检查

（a）电源跨接在数片换向片两端；（b）电源直接接在相邻两个换向片上

紧急处理方法：在叠绕组中，将有断路的绕组所接的两相邻换向片用跨接线连起来，在波绕组中，也可以用跨接线将有断路的绕组所接的两换向片连接起来，但这两个换向片相隔一个极距，而不是相邻的两片。

（3）电枢绕组接地

产生绕组短路接地的原因多数是由于槽绝缘及绕组元件绝缘损坏，导体与砖坯钢片碰接所致。也有换向器接地的情况，但并不多见。

检查方法：将电枢取出搁在支架上，将电源线的一根串接一个灯泡接在换向片上，另一根接在轴上，如图 5－2－12 所示，若灯泡发亮，则说明此线圈接地。具体到哪一个槽的线圈接地，可使用毫伏表测量，即将毫伏表一端接轴，另一端与换向片依次接触，若线圈完好，则指针摆动，当与接地线圈所连接的换向片接触时，则指针不动。要判明是线圈接地还是换向器接地，需进一步检查，将接地线圈的接线头从换向片上脱焊下来，分别测量，就能确定。

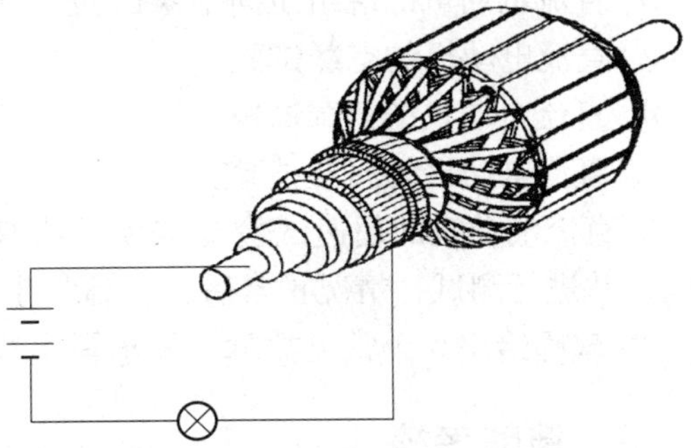

图 5－2－12　电枢绕组接地的检查

3）换向器的修理工艺

（1）片间短路

当毫伏表找出电枢绕组短路处后，为了确定短路故障是发生在绕组内还是在换向片之间，先将与换向片相连的绕组线头脱焊开，然后用万用表检验换向器片间是否短路，如果发现片间表面短路或有火花灼烧伤痕，修理时，只要刮掉片间短路的金属屑、电刷粉末、腐蚀性物质及尘污等，直到用万用电表检验无短路为止。再用云母粉末或者小块云母加上胶水填补孔洞使其干燥。若上述方法不能消除片间短路，那就得拆开换向器，检查其内表面。

（2）接地

换向器接地经常发生在前面的云母损环上，这个环有一部分露在外面，由于灰尘、油污和其他碎屑堆积在上面，很容易造成漏电接地故障。发生接地故障时，这部分的云母片大都已经烧毁，故障查找比较容易，再用万用电表进一步确定故障点，修理时，把换向器上的紧固螺母松开，取下前面的端环，把因接地而烧毁的云母片刮去，换上同样尺寸和厚薄的新云母片，装好即可。

（3）换向片凹凸不平

该故障主要是由于装配不良或过分受热所致，使换向器松弛，电刷下产生火花，并发出“夹夹”的声音，修理时，松开端环，将凹凸的换向片校平，或加工车圆。

（4）云母片凸出

换向片的磨损通常比云母快，就形成云母片凸出，修理时，把凸出的云母片刮削到比换向片约低 1 mm，刮削要平整。

二、技能训练

1. 实训器材

直流电动机、兆欧表、试灯、电压表、电流表、耐压测试仪、万用表、电工工具一套。

2. 实训内容及要求

① 独立完成对直流电动机的测试，测试项目如下。

a. 直流电动机的绕组直流电阻、绝缘电阻的测量及耐压试验。

b. 直流电动机的绕组匝间绝缘试验。

c. 直流电动机的空载试验。

d. 直流电动机的负载试验。

e. 直流电动机的温升试验。

f. 直流电动机的超速试验（本项目或有造成电动机故障的危险，请教师先检查电动机状况，并进行测试，情况正常后，再请学生完成，亦可以笔试形式进行）。

② 教师给出 5 个常见故障，要求写出故障原因及排除方法。

三、技能考核

考核要求如下。

① 在 90 分钟内完成对直流电动机的测试（6 项中随机抽取 2 项），并根据测试结果给出相关的电器性能评估。

② 教师给出 1 个直流电动机故障现象（由学生在常见故障中抽取两个，组合而成），请判断故障原因并给出处理方案。

考核及评分标准见表 5－2－2。

表 5－2－2　技能考核评分表

序号	项目	评分标准	配分	扣分	得分
1	直流电动机测试	两项测试，每项 30 分。测试方法有误，则本项不给分。结论有误，一点扣 5 分，15 分扣完为止	60		
2	直流电动机故障判断及排除	分析和判断故障，两个故障成因每个占 20 分 故障原因，判断不正确每次扣 5 分；扣完这个故障的 20 分为止	40		
3	其他	不能正确使用仪表扣 10 分；错误连接电路，每次扣 2 分；违反电气安全操作规程，造成安全事故者酌情扣分	从总分倒扣		

四、练习与提高

① 直流电动机的换向极作用是什么？它装在哪里？它的绕组如何连接？如果把一台已调整好的直流电动机换向极绕组接反，运行时会出现什么情况？

② 说明更换电刷的注意事项。如何测量和调节电刷对换向器的压力？

模块三　认识和使用变压器

学习目标

- 了解变压器的结构及工作原理
- 掌握变压器测试方法
- 会使用、维护变压器

一、理论知识

变压器是输变电能的常用电器，它可以把电能由某一种电压变换成同频率的另一种电压，还可以用来改变电流、阻抗和相位，在国民经济各部门及日常生活中应用十分广泛。

变压器在运行中，由于种种原因会产生各种故障，必须加强维护及管理，以保证其安全、可靠地运行。为此，既要掌握变压器的维修技能，又要掌握常见故障的分析与处理方法。

1. 认识变压器

变压器是利用电磁感应原理制成的变换交流电压、电流、相位的装置。当一次绕组接至交流电源时，则在一、二次绕组中产生感应电动势，其大小与绕组的匝数成正比。

变压器的种类虽很多，但其基本结构类似、工作原理相同。下面以三相油浸式电力变压器为例来说明，平时所用的小型变压器结构更为简单，可通过拆装来加深了解。

三相油浸式电力变压器的结构，主要由铁心和绕组两个基本部分组成，其次还有油箱和其他附件。图 5－3－1 所示为三相油浸式电力变压器的外形。

（1）铁心

铁心是变压器的磁路部分。变压器铁心可分为心式和壳式两种，如图 5－3－2 所示。

心式变压器的结构特点是绕组包围铁心，构造比较简单，这种结构在单相和三相电力变压器中应用最多。壳式变压器的结构特点是铁心包围绕组，这种结构在单相和小容量变压器中普遍应用，某些特殊变压器也采用此结构，如电焊变压器等。

为了减小涡流损耗和磁滞损耗，变压器的铁心一般由相互绝缘的 0.35 mm 或 0.5 mm 厚的硅钢片叠压而成。通常采用交错方式叠装，使硅钢片的接缝错开，如图 5－3－3 所示。

铁心的紧固结构分铁柱夹紧和铁轭夹紧。铁柱的夹紧可用楔柱楔紧、夹紧螺杆夹紧及绝缘带或金属带扎紧，如采用夹紧螺杆必须与硅钢片绝缘。

（2）绕组

绕组是变压器的电路部分。绕组由绝缘铜导线或铝导线绕制而成。

小容量变压器的绕组可制成长方形或正方形，结构简单，制造方便。电力变压器和其他容量较大的心式变压器的绕组都做成圆筒形，按照一、二次绕组套在铁心上的位置不同，可分为同心式和交叠式绕组。

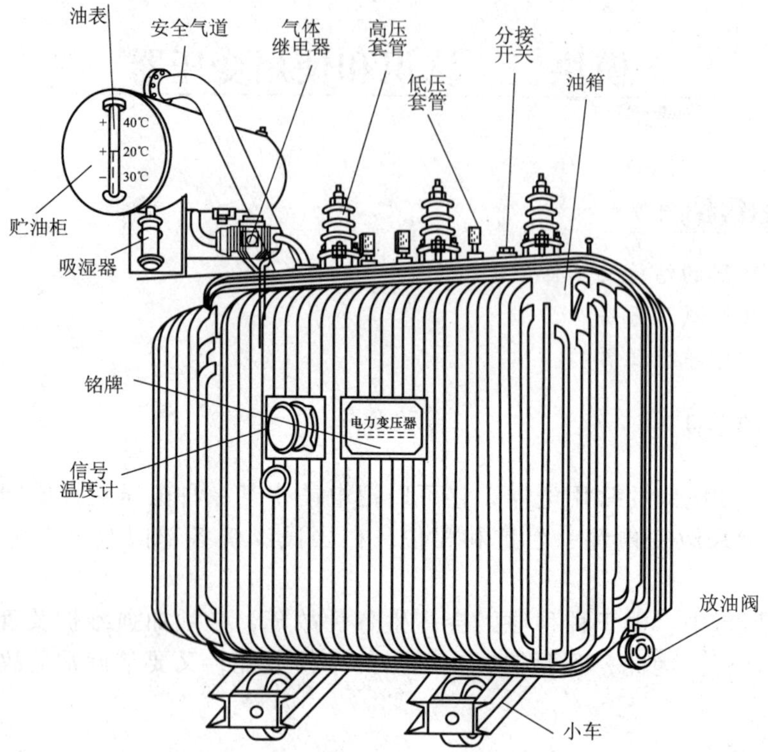

图5-3-1　三相油浸式电力变压器的外形

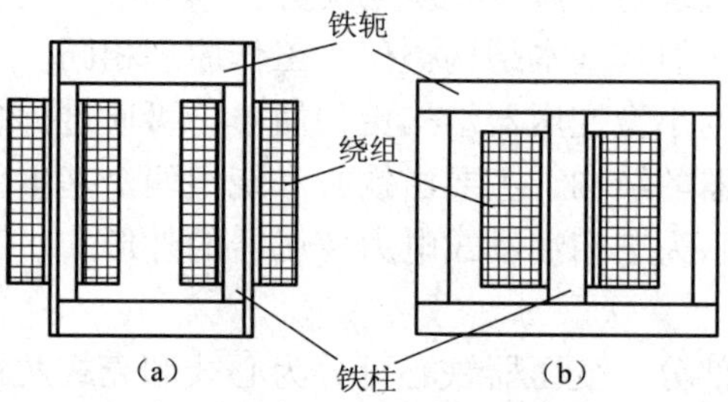

图5-3-2　心式和壳式变压器

(a) 心式；(b) 壳式

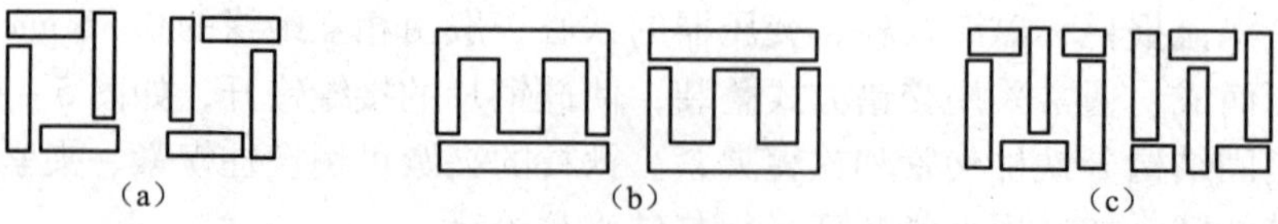

图5-3-3　变压器铁心叠装

(a) 单相心式；(b) 单相壳式；(c) 三相

同心式绕组是将一、二次绕组套在同一铁柱上，为了便于绝缘，一般将低压绕组放在内层，如图5-3-4 (a) 所示。同心式绕组结构简单、制造方便，是最常用的一种形式。交叠式绕组是将一、二次绕组交替地套在铁柱上，为了便于绝缘，通常在铁轭处放置低压绕组，如图 5－3－4（b）所示。

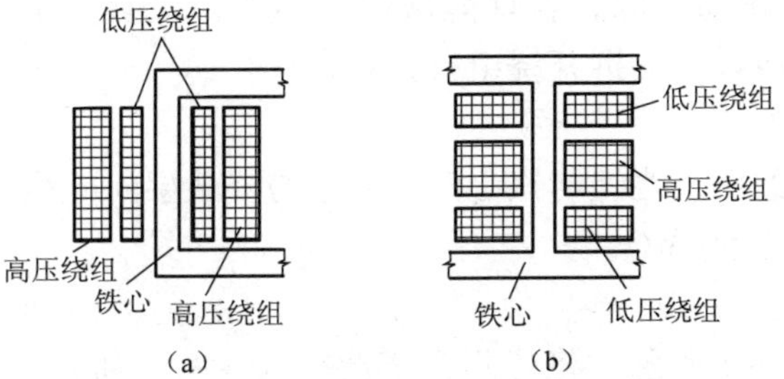

图 5－3－4　变压器绕组的结构

（a）同心式；（b）交叠式

大多数电力变压器都采用同心式绕组。

（3）油箱和附件

变压器在运行中由于存在铜耗与铁耗，使变压器的铁心和绕组发热，当绝缘材料的温度超过其极限值后，将缩短变压器的使用寿命，甚至烧毁变压器。为此，常采用“油浸”的冷却方式以保护变压器安全、可靠地运行，如油浸自冷式、油浸风冷式和强迫油循环冷却等。除了油箱以外，变压器还有许多附件，如贮油柜、气体继电器、安全气道、绝缘套管、分接开关、温度计等。

2. 变压器工作原理

变压器是根据电磁感应原理工作的。如图 5－3－5 所示为变压器的工作原理。

当变压器原绕组通以交流电流时，交变电流将在铁心中产生交变磁通，这个变化的磁通经过闭合磁路同时穿过一次绕组、二次绕组，根据电磁感应原理，在一次、二次绕组都产生感应电动势（即自感电动势、互感电动势）。对于负载来说，二次绕组的感应电动势相当于电源，电能将通过负载进行能量转换。这就是变压器的基本工作原理。

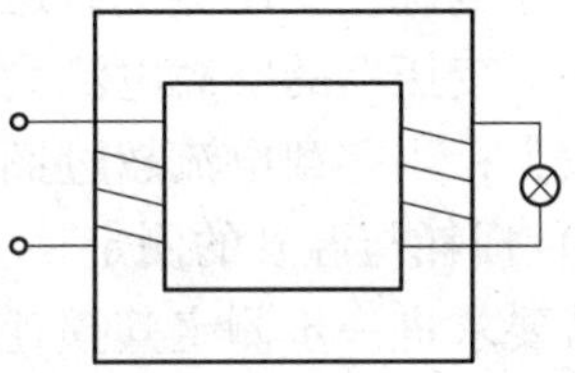

图 5－3－5　变压器工作原理

3. 变压器测试

变压器的测试包含外观和电气性能测试，以小型变压器为例，介绍变压器测试的内容和操作。电力变压器不建议自行检测。

1）外观质量检查

① 绕组绝缘是否良好、可靠。

② 引出线的焊接是否可靠、标志是否正确。

③ 铁心是否整齐、紧密。

④ 铁心的固紧是否均匀、可靠。

2）绕组的通断检查

一般可用万用表或电桥检查各绕组的通断及直流电阻。当变压器绕组的直流电阻较小时，尤其是导线较粗的绕组，用万用表很难测出是否有短路故障，必须用电桥检测。

如没有电桥时，也可用简易方法判断：在变压器一次绕组中串入一只灯泡，其电压和功率可根据电源电压和变压器容量确定，若变压器容量在 100 VA 以下时，灯泡可用 25 ~ 40 W。二次绕组开路，接通电源，若灯泡微红或不亮，说明变压器无短路；若灯泡很亮，则表明一次绕组有短路故障，应拆开绕组检查短路点。

3）绝缘电阻的测定

用兆欧表测量各绕组间、绕组与铁心间、绕组与屏蔽层间的绝缘电阻，对于 400 V 以下的变压器，其值应不低于 50 MΩ。

4）空载电压的测定

测试线路如图 5－3－6 所示。将待测变压器接入线路，断开开关 Q_2，接通电源使其空载运行，当一次电压加到额定值时，电压表 V_2 的读数即为该变压器的空载电压。各绕组的空载电压允许误差为：二次高压绕组误差范围为 ±5%；二次低压绕组误差范围为 ±5%；中心抽头电压误差范围为 ±2%。

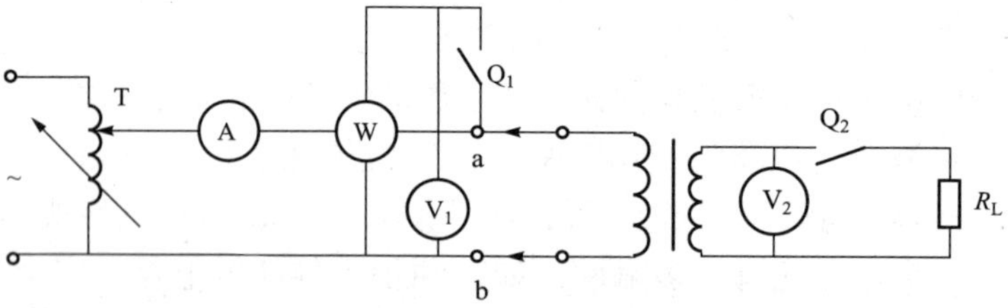

图 5－3－6　变压器测试线路

5）空载电流的测定

接通电源使变压器空载运行，当一次电压加到额定值时，电流表 A 的读数即为空载电流。一般变压器的空载电流为额定电流值的 5% ~8%，若空载电流大于额定电流的 10% 时，损耗较大；当空载电流超过额定电流的 20% 时，它的温升将超过允许值，不能使用。

6）损耗与温升的测定

若要求进一步测定其损耗功率与温升时，可按如图 5－3－6 所示的测试线路进行。

在被测变压器未接入线路前，合上开关 Q_1（见图 5－3－6），调节调压器 T 使它的输入电压为额定电压，此时功率表的读数为电压表、电流表的功率损耗 P_1。将被测变压器接在 a、b 两端，重新调节调压器 T，直至电压表 V_1 的读数为额定电压，这时功率表的读数为 P_2。则空载损耗功率 $= P_2 - P_1$。

先用万用表或电桥测量一次绕组的冷态直流电阻 R_1（因一次绕组常在变压器绕组内层，散热差、温升高，以它为测试对象较为适宜）。然后，加上额定负载，接通电源，通电数小时后，切断电源，再测量一次绕组热态直流电阻值 R_2。这样连续测量几次，在几次热态直流电阻值近似相等时，即可认为所测温度是终端温度，并用下列经验公式求出温升 ΔT 的数值：

$$\Delta T = \frac{R_2 - R_1}{3.9 \times 10^{-3} R_1} \tag{5-3-1}$$

要求温升不得超过 50 K。

7）变压器绕组的极性试验

单相变压器的极性试验，就是测定其同极性端点以及它所属的联结组，试验线路如图 5－3－7 所示。用电压表测量端点 A 和 a 之间电压 U_{Aa} 和一、二次电压 U_{AX} 和 U_{ax}，如果

U_{Aa}的数值是U_{AX}和U_{ax}两数值之差，称为“减极性”，表示U_{AX}和U_{ax}同相，是Ⅰ、Ⅰ12联结组。如果U_{Aa}是U_{AX}和U_{ax}两数值之和，称为“加极性”，表示U_{AX}和U_{ax}的相位差为180°，是Ⅰ、Ⅰ16联结组。

三相变压器联结组的测定，试验线路如图5－3－8所示，表5－3－1为Yyn12的测定结果，表5－3－2为Yd11联结组的测定结果。表中A_+表示高压侧接线端A接电源正极，a_+表示低压侧接线端a接电表的正接线端，电表指示“＋”表示开关闭合时电表指针正转，“－”表示反转，“0”表示指针不动或微动（但有时电表在三种接法中均有读数，其中有一种小于最大的一个读数的一半，也可认为是“0”）。

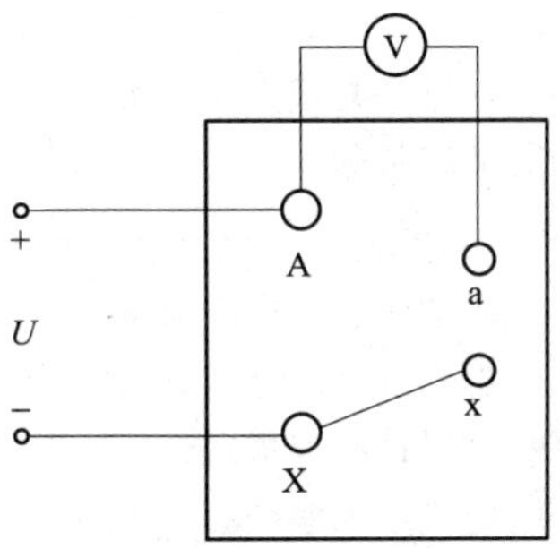

图5－3－7　单相变压器的极性试验

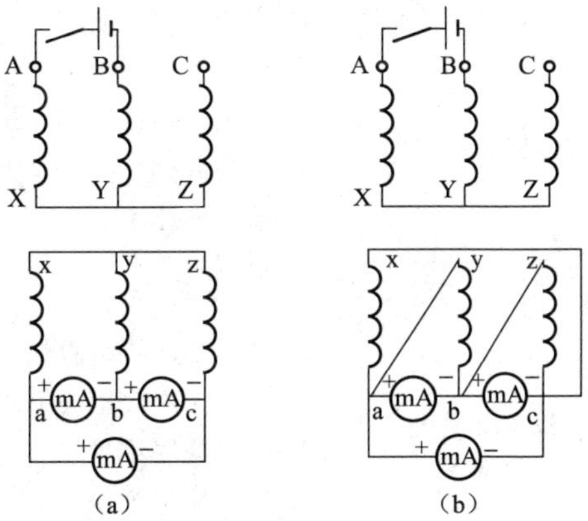

图5－3－8　三相变压器联接组的测试接线图
（a）Yyn12；（b）Yd11

若事先不知道联结组别时，如果测定结果如表5－3－1或表5－3－2所示，再结合一、二次绕组接法，即可确定联结组别为Yyn12或Yd11。

表5－3－1　Yyn12联结组测定结果

电源接线 / 电表指示 / 电表接法	A_+　B_-	B_+　C_-	A_+　C_-
a_+　b－	+	−	+
b_+　c－	−	+	+
a_+　c－	+	+	+

表5－3－2　Yd11联结组测定结果

电源接线 / 电表指示 / 电表接法	A_+　B_-	B_+　C_-	A_+　C_-
a_+　b_-	+	−	0
b_+　c_-	0	+	+
a_+　c_-	+	0	+

4. 变压器维护及故障处理

小型变压器的故障主要是铁心故障和绕组故障，此外还有装配或绝缘不良等故障。这里只介绍小型变压器常见故障的现象、原因与处理方法，见表5－3－3。

表5－3－3　小型变压器的常见故障与处理方法

故障现象	造成原因	处理
电源接通后无电压输出	1. 一次绕组断路或引出线脱焊 2. 二次绕组断路或引出线脱焊	1. 拆换修理一次绕组或焊牢引出线接头 2. 拆换修理二次绕组或焊牢引出线接头
温升过高或冒烟	1. 绕组匝间短路或一、二次绕组间短路 2. 绕组匝间或层间绝缘老化 3. 铁心硅钢片间绝缘太差 4. 铁心叠厚不足 5. 负载过重	1. 拆换绕组或修理短路部分 2. 重新绝缘或更换导线重绕 3. 拆下铁心，对硅钢片重新涂绝缘漆 4. 加厚铁心或重做骨架、重绕绕组 5. 减轻负载
空载电流偏大	1. 一、二次绕组匝数不足 2. 一、二次绕组局部匝间短路 3. 铁心叠厚不足 4. 铁心质量太差	1. 增加一、二次绕组匝数 2. 拆开绕组，修理局部短路部分 3. 加厚铁心或重做骨架、重绕绕组 4. 更换或加厚铁心
运行中噪声过大	1. 铁心硅钢片未插紧或未压紧 2. 铁心硅片不符合设计要求 3. 负载过重或电源电压过高 4. 绕组短路	1. 插紧铁心硅钢片或紧固铁心 2. 将铁心更换为质量较高的同规格硅钢片 3. 减轻负载或降低电源电压 4. 查找短路部位，进行修复
二次电压下降	1. 电源电压过低或负载过重 2. 二次绕组匝间短路或对地短路 3. 绕组对地绝缘老化 4. 绕组受潮	1. 增加电源电压，使其达到额定值或降低负载 2. 查找短路部位，进行修复 3. 重新绝缘或更换绕组 4. 对绕组进行干燥处理
铁心或底板带电	1. 一次或二次绕组对地短路或一、二次绕组间短路 2. 绕组对地绝缘老化 3. 引出线头碰角铁心或底板 4. 绕组受潮或底板感应带电	1. 加强对地绝缘或拆换修理绕组 2. 更新绝缘或更换绕组 3. 排除引出线头与铁心或底板的短路点 4. 对绕组进行干燥处理或将变压器置于环境干燥场合使用

二、技能训练

1. 实训器材

演示用三相油浸式电力变压器、小型变压器、交流电压表、交流电流表、功率表、兆欧表、绝缘导线若干、万用表、电工工具一套。

2. 实训内容及要求

① 能正确指出演示用三相油浸式电力变压器各部分的名称和功用，并能准确做出变压器的结构简图和正确描述运行原理。

② 对变压器进行测试。

a. 外观质量检查。

b. 绕组的通断检查。

c. 绝缘电阻的测定。

d. 空载电压的测定。

e. 空载电流的测定。

f. 损耗与温升的测定。

g. 变压器绕组的极性试验。

③ 对提供的故障变压器进行测试，并通过现象判断故障，提出处理方案。

三、技能考核

考核要求：在 90 分钟内对变压器进行测试，并判断其有无故障，若有则提出处理方案。(教师提供设置过 1 处故障的变压器，如减少一次绕组匝数及二次绕组与外壳短路等故障，并在其中混入完好的变压器)。

考核及评分标准见表 5－3－4。

表 5－3－4　技能考核评分表

序号	项目	评分标准	配分	扣分	得分
1	正确对变压器进行测试	外观检查 5 分，其余检测项目实施正确每个 10 分	65		
2	故障分析	分析和判断故障，未发现故障现象不得分	15		
3	故障排除方案	正确提出故障解决方案。如故障分析错误，但是针对给出的故障其排故方案正确的只扣 10 分。如排故方案也不对，则不得分	20		
4	其他	不能正确使用仪表扣 10 分；违反电气安全操作规程，造成安全事故者酌情扣分	从总分倒扣		

四、练习与提高

① 功率表的接线要注意哪些问题？

② 有一照明变压器，容量为 10 kVA，电压为 380/220 V。今欲在二次侧接上 60 W、220 V 的白炽灯，如果要变压器在额定情况下运行，这种电灯可接多少个？

项目六

电气控制线路分析与安装调试

学习目标

- 掌握三相异步电动机电气控制原理
- 能正确安装、调试三相异步电动机电气控制线路
- 掌握直流电动机电气控制原理

模块一　分析三相异步电动机电气控制线路

学习目标

- 掌握三相异步电动机常用电气控制电路工作原理
- 会分析三相异步电动机电气控制线路原理图

一、理论知识

在工业生产领域的生产机械上广泛使用着电力拖动自动控制设备。电动机是首要被控对象，采用电气控制的方法来实现对电动机的起动、停止、正反转、调速、制动等运行方式的控制，从而实现生产过程自动化，满足生产加工工艺的要求。不同生产机械或自动控制装置的控制要求是不一样的，所以控制电路也是千变万化的，但是它们都是由一些基本的控制环节、基本的单元按一定的控制原则和逻辑规律组合而成的。所以只有掌握这些基本单元电路及其逻辑关系和特点，再结合生产机械具体的生产工艺要求，就能掌握电气控制电路的基本分析方法和设计方法。继电接触器控制法是最基本的方法，是其他控制方法的基础。所以要学会分析继电接触器控制线路。

1. 三相异步电动机点动及连续运行控制

生产机械的运转方式有连续运行与短时间间断运行，所以针对其拖动电动机的控制也有点动与连续运行两种控制方式。

1）三相异步电动机点动控制原理

三相异步电动机点动控制原理如图 6－1－1 所示。

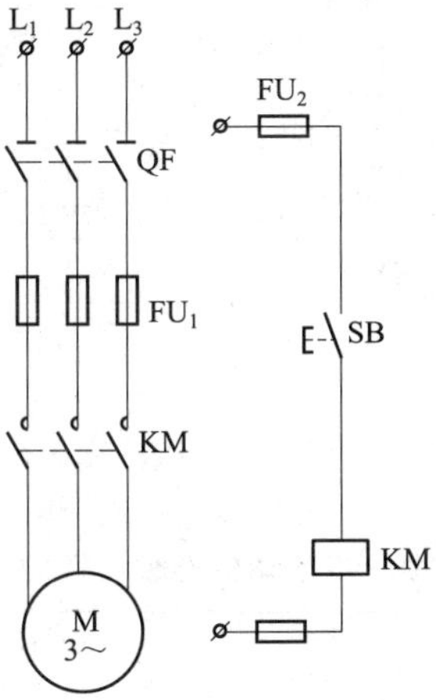

图 6－1－1　三相异步电动机点动控制原理图

（1）列出元件表

三相异步电动机点动控制电路元件见表 6－1－1。

表 6－1－1　三相异步电动机点动控制电路元件列表

序号	符号	名称及用途
1	QF	断路器，电源的通断开关
2	FU_1	熔断器，主电路的短路保护
3	FU_2	熔断器，控制电路的短路保护
4	KM	接触器，控制电动机接通或断开电源
5	SB	按钮，控制接触器线圈的得电与失电

（2）分析工作原理

合上 QF。

① M 运行：按下 SB→KM 线圈得电→KM 主触点闭合→M 得电全压起动运行。

② M 停止：松开 SB→KM 线圈失电→KM 主触点复位断开→M 失电惯性运行至停止。

2）三相异步电动机连续运行控制原理

三相异步电动机连续运行控制原理如图 6－1－2 所示。

（1）列出元件表

三相异步电动机连续运行控制电路元件见表 6－1－2。

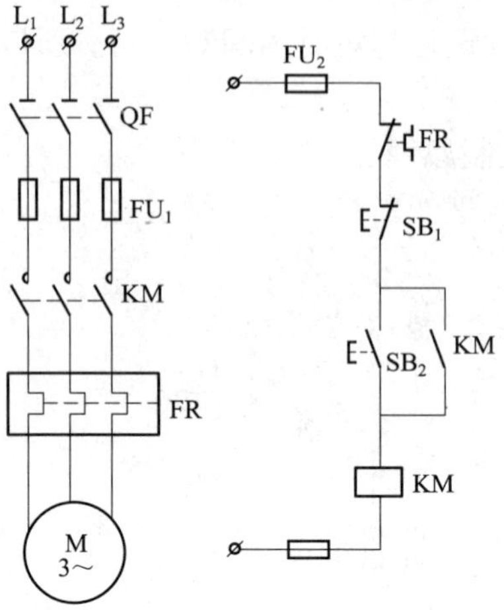

图6－1－2　三相异步电动机连续运行控制原理图

表6－1－2　三相异步电动机连续运行控制电路元件列表

序号	符号	名称及用途
1	QF	断路器，电源的通断开关
2	FU_1	熔断器，主电路的短路保护
3	FU_2	熔断器，控制电路的短路保护
4	KM	接触器，控制电动机接通或断开电源
5	FR	热继电器，电动机长期过载保护
6	SB_1	按钮，控制接触器线圈的失电
7	SB_2	按钮，控制接触器线圈的得电

（2）分析工作原理

合上 QF。

① M 运行：

$$\text{按下 } SB_2 \rightarrow \text{KM 线圈得电}\begin{cases}\text{KM 主触点闭合}\\ \text{KM 常开触点闭合(自锁)}\end{cases}\rightarrow \text{M 全压起动连续运行}$$

② M 停止：

$$\text{按下 } SB_1 \rightarrow \text{KM 线圈失电}\begin{cases}\text{KM 主触点复位}\\ \text{KM 常开触点复位(解锁)}\end{cases}\rightarrow \text{M 失电惯性运行至停止}$$

2. 三相异步电动机异地控制

在一些大型生产机械和设备上，要求操作人员在不同方位能进行操作与控制，即实现异地控制。三相异步电动机异地控制原理如图6－1－3所示。

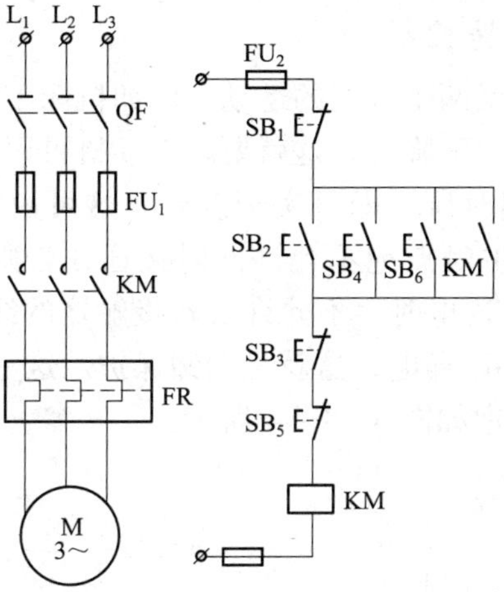

图 6－1－3　三相异步电动机异地控制原理图

1）列出元件表

三相异步电动机异地控制电路元件见表 6－1－3。

表 6－1－3　三相异步电动机异地控制电路元件列表

序号	符号	名称及用途
1	QF	断路器，电源的通断开关
2	FU_1	熔断器，主电路的短路保护
3	FU_2	熔断器，控制电路的短路保护
4	KM	接触器，控制电动机接通或断开电源
5	FR	热继电器，电动机长期过载保护
6	SB_1	按钮，控制接触器线圈的失电
7	SB_3	按钮，控制接触器线圈的失电
8	SB_5	按钮，控制接触器线圈的失电
9	SB_2	按钮，控制接触器线圈的得电
10	SB_4	按钮，控制接触器线圈的得电
11	SB_6	按钮，控制接触器线圈的得电

2）分析工作原理

合上 QF。

（1）M 起动运行

按下 SB_2 或 SB_4 或 SB_6 →KM 线圈得电 {KM 主触点闭合；KM 常开触点闭合（自锁）} →M 全压起动连续运行

（2）M 停止

按下 SB_1 或 SB_3 或 SB_5 →KM 线圈失电 {KM 主触点复位；KM 常开触点复位（解锁）} →M 失电惯性运行至停止

3. 三相异步电动机正反转控制

许多生产机械都需要正、反两个方向的运动。例如机床工作台的前进与后退，主轴的正转与反转，起重机吊钩的上升与下降等，这就要求电动机可以正反转。只需将接至交流电动机的三相电源进线中任意两相对调，即可实现反转。这可由两个接触器 KM_1、KM_2 控制。必须指出的是 KM_1 和 KM_2 的主触点绝不允许同时接通，否则将造成电源短路的事故。因此，在正转接触器的线圈 KM_1 通电时，不允许反转接触器的线圈 KM_2 通电。同样，在线圈 KM_2 通电时，也不允许线圈 KM_1 通电，这就是互锁保护。这一要求，可由控制电路来保证。双重互锁的正反转电气控制原理如图6－1－4所示。

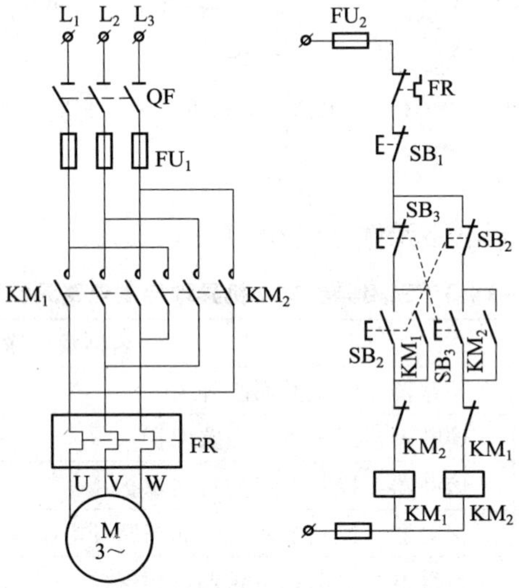

图6－1－4　双重互锁的正反转电气控制原理图

1）列出元件表

三相异步电动机正反转电气控制电路元件见表6－1－4。

表6－1－4　三相异步电动机正反转电气控制电路元件列表

序号	符号	名称及用途
1	QF	断路器，电源的通断开关
2	FU_1	熔断器，主电路的短路保护
3	FU_2	熔断器，控制电路的短路保护
4	KM_1	接触器，控制电动机正转或停止
5	KM_2	接触器，控制电动机反转或停止
6	FR	热继电器，电动机长期过载保护
7	SB_1	按钮，控制接触器线圈的失电
8	SB_2	按钮，控制接触器 KM_1 线圈的得电
9	SB_3	按钮，控制接触器 KM_2 线圈的得电

2）分析工作原理

合上 QF。

（1）M 正向起动运行

按下 SB_2→KM_1 线圈得电
- KM_1 主触点闭合
- KM_1 常开触点闭合（自锁）→M 全压起动正向运行
- KM_1 常闭触点断开（互锁）

（2）M 反向起动运行

按下 SB_3→
- SB_3 常闭断开→KM_1 线圈失电→KM_1 所有触点复位→M 失电惯性运行至停止
- SB_3 常开闭合→KM_2 线圈得电
  - KM_2 主触点闭合
  - KM_2 常开触点闭合（自锁）→M 反向全压起动运行
  - KM_2 常闭触点断开（互锁）

（3）M 停止

① 当 M 正处于正向运行过程中：

按下 SB_1→KM_1 线圈失电
- KM_1 主触点复位
- KM_1 常开触点复位→M 失电惯性运行至停止
- KM_1 常闭触点复位

② 当 M 正处于反向运行过程中：

按下 SB_1→KM_2 线圈失电
- KM_2 主触点复位
- KM_2 常开触点复位→M 失电惯性运行至停止
- KM_2 常闭触点复位

4. 三相异步电动机Y－△接法降压起动控制

10 kW 及以下容量的三相异步电动机，通常采用全压起动，即起动时电动机的定子绕组直接接在额定电压的交流电源上。但当电动机容量超过 10 kW 时，因起动电流较大，线路压降大，负载端电压降低，影响起动电动机附近电气设备的正常运行。一般采用降压起动。所谓降压起动，就是指起动时降低加在电动机定子绕组上的电压，待电动机起动后再将电压恢复到额定值。降压起动可以减少起动电流，减小线路压降，减小起动时对线路的影响。减压起动方式有Y－△接法降压起动、自耦变压器降压起动、延边三角形接法降压起动、定子串电阻降压起动。

凡是正常运行时定子绕组联结成三角形、额定电压为 380 V 的电动机均可采用Y－△接法降压起动。即Y－△接法起动控制只适用于△接法时运行于 380 V 电动机，且电动机引出线端头必须要 6 根，以便进行Y－△接法起动控制。在使用Y－△接法起动控制时，首先要弄清楚电动机的接线方法。

使用Y－△接法起动时，电动机绕组先接成Y形，待转速增加到一定程度时，再将线路切换成△形联结。这种方法可使每相定子绕组所承受的电压在起动时降低到电源电压的 $1/\sqrt{3}$，其电流为直接起动时的 1/3。由于起动电流减小，起动转矩也同时减小到直接起动的 1/3。所以这种方法一般只适用于空载或轻载起动的场合。三相异步电动机Y－△接法降压起动控制原理如图 6－1－5 所示。

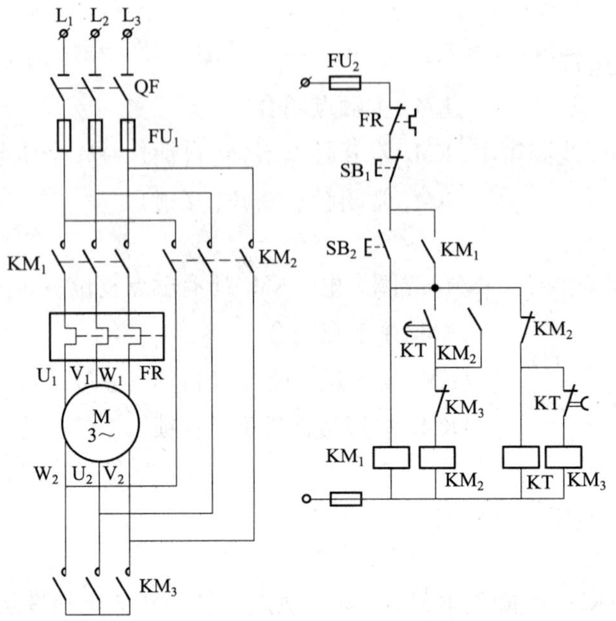

图 6-1-5　三相异步电动机Y-△接法降压起动控制原理

1）列出元件表

三相异步电动机Y-△接法降压起动控制电路元件见表 6-1-5。

表 6-1-5　三相异步电动机Y-△接法降压起动控制电路元件列表

序号	符号	名称及用途
1	QF	断路器，电源的通断开关
2	FU_1	熔断器，主电路的短路保护
3	FU_2	熔断器，控制电路的短路保护
4	KM_1	接触器，KM_1 和 KM_3 同时得电 M 低压起动
5	KM_2	接触器，KM_1 和 KM_2 同时得电 M 全压运行
6	KM_3	接触器，KM_1 和 KM_3 同时得电 M 低压起动
7	FR	热继电器，电动机过载保护
8	SB_1	按钮，控制接触器线圈的失电
9	SB_2	按钮，控制接触器 KM_1、KM_3、KT 线圈的得电
10	KT	按钮，控制接触器 KM_2 线圈的得电

2）分析工作原理

合上 QF。

（1）Y形接法降压起动

按下 SB_2→
- KM_1 线圈得电
  - KM_1 主触点闭合
  - KM_1 常开触点闭合（自锁）
  - →M 以Y形接法降压起动
- KM_3 线圈得电
  - KM_3 主触点闭合
  - KM_3 常闭触点断开（互锁）
- KT 线圈得电
  - KT 延时常开触点（开始延时）
  - KT 延时常闭触点（开始延时）

（2）△形接法全压运行

KT 延时时间到→
- KT 常闭断开→KM_3 线圈失电→KM_1 所有触点复位
- KT 常开闭合→KM_2 线圈得电
  - KM_2 主触点闭合
  - KM_2 常开触点闭合（自锁）
  - → M 以△形接法全压运行
  - KM_2 常闭触点断开→KT 线圈失电→KT 所有触点复位

（3）M 停止

按下 SB_1→
- KM_1 线圈失电
  - KM_1 主触点复位
  - KM_1 常开触点复位
- KM_2 线圈失电
  - KM_2 主触点复位
  - KM_2 常开触点复位
  - KM_2 常闭触点复位
- （KM_1 主触点复位、KM_1 常开触点复位、KM_2 主触点复位）→M 失电惯性运行至停止

5. 三相异步电动机自动往复循环控制

在生产中，某些机床的工作台需要自动往复运行，而自动往复运行通常是利用行程开关来控制自动往复运动的行程，并由此来控制电动机的正反转或电磁阀的通断电，从而实现生产机械的自动往复。

图 6－1－6 所示为机床工作台自动往复运动示意，在床身两端固定有行程开关 SQ_1、SQ_2，用来表明加工的起点和终点。在工作台上安有撞块 A 和 B，其随运动部件工作台一起移动，分别按压下 SQ_2、SQ_1，来改变控制状态，实现电动机的正反转，拖动工作台实现工作台的自动往复运动。具体的电气控制原理如图 6－1－7 所示。

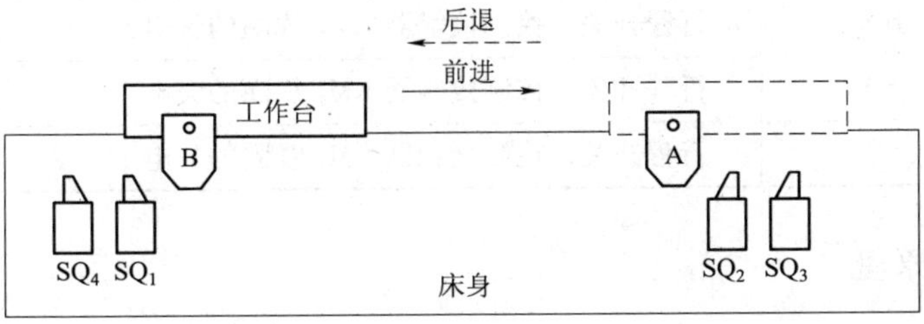

图 6－1－6　机床工作台自动往复运动示意

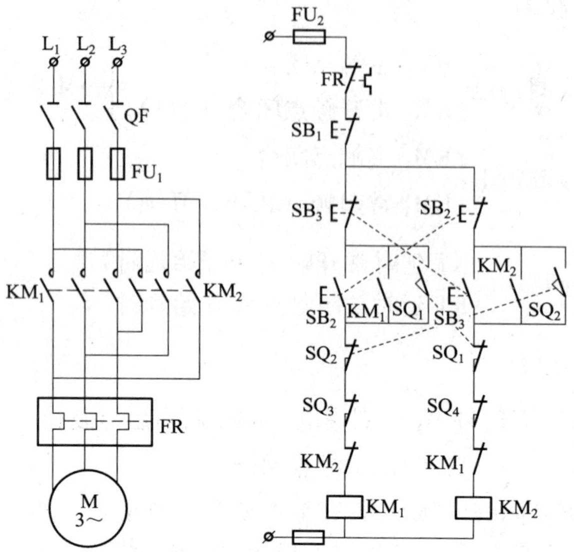

图 6-1-7 三相异步电动机自动往复循环电气控制原理图

1）列出元件表

三相异步电动机自动往复循环电气控制电路元件见表 6-1-6。

表 6-1-6 三相异步电动机自动往复循环电气控制电路元件列表

序号	符号	名称及用途
1	QF	断路器，电源的通断开关
2	FU_1	熔断器，主电路的短路保护
3	FU_2	熔断器，控制电路的短路保护
4	KM_1	接触器，控制电动机正转或停止
5	KM_2	接触器，控制电动机反转或停止
6	FR	热继电器，电动机长期过载保护
7	SB_1	按钮，控制接触器线圈的失电
8	SB_2	按钮，控制接触器 KM_1 线圈的得电
9	SB_3	按钮，控制接触器 KM_2 线圈的得电
10	SQ_1	行程开关，控制接触器 KM_2 线圈的失电
11	SQ_2	行程开关，控制接触器 KM_1 线圈的失电
12	SQ_3	行程开关，控制接触器 KM_1 线圈的失电
13	SQ_4	行程开关，控制接触器 KM_2 线圈的失电

2）分析工作原理

合上 QF。

（1）M 正向起动运行

按下 SB_2→KM_1 线圈得电 {
KM_1 主触点闭合
KM_1 常开触点闭合（自锁）→M 全压起动连续运行
KM_1 常闭触点断开（互锁）

（2）M 反向起动运行

按下 SB_3→或碰触 SQ_2 {
SB_3（SQ_2）常闭断开→KM_1 线圈失电→KM_1 所有触点复位→M 失电惯性运行
SB_3（SQ_2）常开闭合→KM_2 线圈得电 {
KM_2 主触点闭合
KM_2 常开触点闭合（自锁）→M 反向全压起动运行
KM_2 常闭触点断开（互锁）

（3）往复循环

碰触 SQ_1→ {
SQ_1 常闭断开→KM_2 线圈失电→KM_2 所有触点复位→M 失电惯性运行
SQ_1 常开闭合→KM_1 线圈得电 {
KM_1 主触点闭合
KM_1 常开触点闭合（自锁）→M 正向全压起动运行
KM_1 常闭触点断开（互锁）

如此往复循环

（4）M 停止

① 当 M 正处于正向运行过程中：

按下 SB_1→KM_1 线圈失电 {
KM_1 主触点复位
KM_1 常开触点复位→M 失电惯性运行至停止
KM_1 常闭触点复位

②当 M 正处于反向运行过程中：

按下 SB_1→KM_2 线圈失电 {
KM_2 主触点复位
KM_2 常开触点复位→M 失电惯性运行至停止
KM_2 常闭触点复位

6. 三相异步电动机调速控制

三相笼形异步电动机的调速方法之一是依靠变更定子绕组的极对数来实现的。如图 6－1－8 所示为 4/2 极的双速异步电动机定子绕组接线示意图，如图 6－1－8（a）所

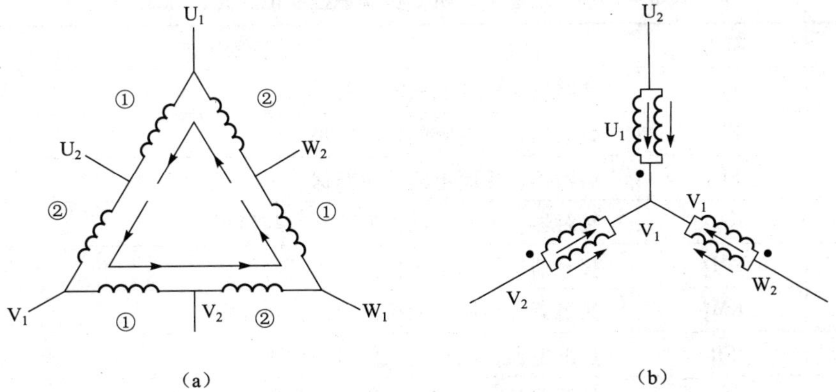

图 6－1－8　4/2 极双速电动机三相定子绕组接线示意图

（a）三角形接法；（b）双星形接法

示将电动机定子绕组的 U_1、V_1、W_1 三个接线端接三相交流电源，而将电动机定子绕组的 U_2、V_2、W_2 三个接线端悬空，三相定子绕组接成三角形。此时每相绕组中的①、②线圈串联，电流方向如图6-1-8（a）中箭头所示，电动机以四极运行为低速。若将电动机定子绕组的 U_2、V_2、W_2 三个接线端子接三相交流电源，而将另外三个接线端子 U_1、V_1、W_1 连在一起如图6-1-8（b）所示，则原来三相定子绕组的三角形接线变为双星形接线，此时每相绕组中的①、②线圈相互并联，电流方向如图6-1-8（b）中箭头所示，于是电动机便以两极运行为高速。

图6-1-9所示为双速电动机变极调速控制电路。

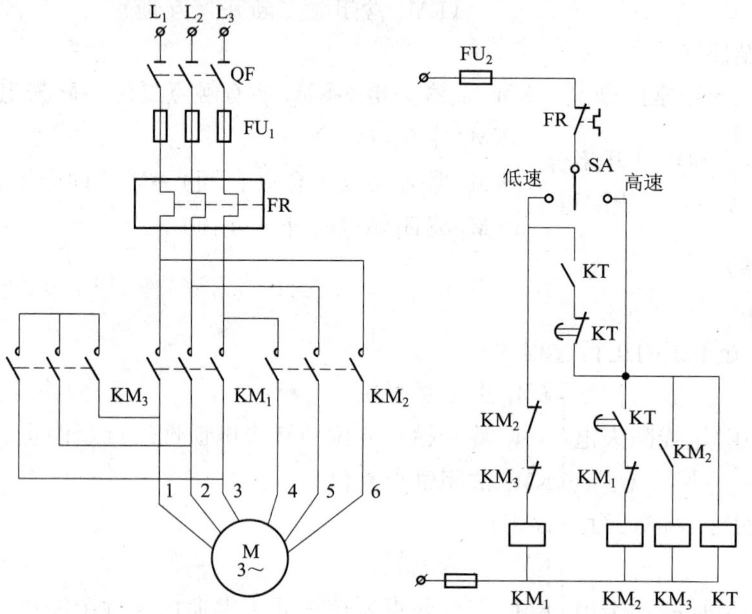

图6-1-9　双速电动机变极调速控制电路

1）列出元件表

双速电动机变极调速控制电路元件见表6-1-7。

表6-1-7　双速电动机变极调速控制电路元件列表

序号	符号	名称及用途
1	QF	断路器，电源的通断开关
2	FU_1	熔断器，主电路的短路保护
3	FU_2	熔断器，控制电路的短路保护
4	KM_1	接触器，控制电动机低速运行与停止
5	KM_2	接触器，控制电动机高速运行与停止
6	KM_3	接触器，控制电动机高速运行与停止
7	FR	热继电器，电动机长期过载保护
8	SA	转换开关，控制电动机低速与高速及停止的切换
9	KT	时间继电器，低速转向高速的时间延时

2）分析工作原理

合上 QF。

（1）M 低速起动运行

SA 扳至左侧→KM_1 线圈得电
- KM_1 主触点闭合
- KM_1 常闭触点断开（互锁）

→M 全压起动低速运行

（2）M 高速起动运行

SA 扳至右侧→
- KM_1 线圈得电
  - KM_1 主触点闭合
  - KM_1 常闭触点断开

  →M 全压起动低速运行
- KT 线圈得电，开始延时，t 秒后
  - KM_1 线圈失电→KM_1 所有触点复位
  - KM_2 线圈得电
    - KM_2 主触点闭合
    - KM_2 常开触点闭合
    - KM_2 常闭触点断开

    →KM_3 线圈得电

KM_3 线圈得电后→
- KM_2 主触点闭合
- KM_2 常闭触点断开

→M 高速运行

（3）M 停止

① 当 M 正处于低速运行过程中：

SA 扳至中间→KM_1 线圈失电
- KM_1 主触点复位
- KM_1 常闭触点复位

→M 失电惯性运行至停止

② 当 M 正处于高速运行过程中：

SA 扳至中间→
- KM_2 线圈失电→KM_2 所有触点复位
- KM_3 线圈失电→KM_3 所有触点复位
- KT 线圈失电 →KT 所有触点复位

→M 失电惯性运行至停止

7. 三相异步电动机制动控制

三相异步电动机从切除电源到完全停止旋转，由于机械惯性，总需经过一定的时间，这往往不能满足生产机械要求迅速停车的要求，也影响生产率的提高。因此应对电动机进行制动控制，制动控制方法有机械制动和电气制动。所谓的机械制动是用机械装置产生机械力来强迫电动机迅速停车；电气制动使电动机的电磁转矩方向与电动机旋转方向相反，起制动作用。电气制动有反接制动、能耗制动、再生制动，以及派生的电容制动等。这里介绍单向反接制动和单向能耗制动。

1）三相异步电动机单向反接制动

反接制动是利用改变电动机电源的相序，使定子绕组产生相反方向的旋转磁场，因而产生制动转矩的一种制动方法。反接制动的特点之一是制动迅速，效果好，但冲击效应较大，通常仅适用于 10 kW 以下的小容量电动机。为了减小冲击电流，通常要求在电动机主电路中串接一定的电阻以限制反接制动电流。这个电阻称为反接制动电阻。反接制动电阻的接线方法有对称和不对称两种接法，采用对称电阻接法可以在限制制动转矩的同时，也限制了制动电流，而采用不对称制动电阻的接法，只是限制了制动转矩，未加制动电阻的那一相，仍具有较大的电流。反接制动的另一要求是在电动机转速接近于零时，及时切断反相序电源，以防止反向再起动。其电气控制原理如图 6－1－10 所示。

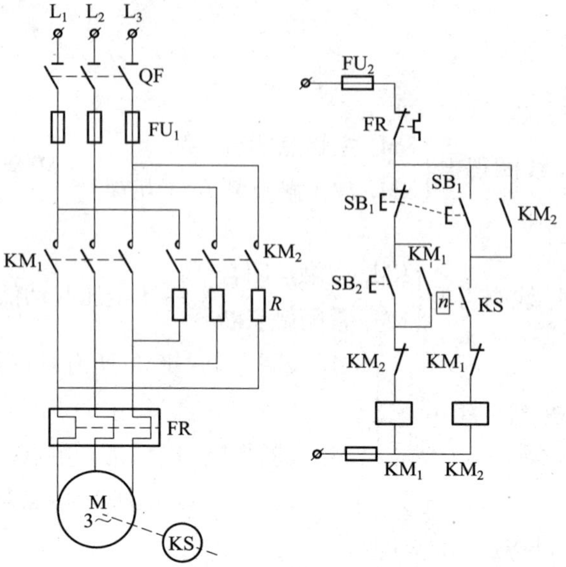

图 6－1－10　三相异步电动机单向反接制动电气控制原理图

（1）列出元件表

三相异步电动机单向反接制动控制电路元件见表 6－1－8。

表 6－1－8　三相异步电动机单向反接制动控制电路元件列表

序号	符号	名称及用途
1	QF	断路器，电源的通断开关
2	FU_1	熔断器，主电路的短路保护
3	FU_2	熔断器，控制电路的短路保护
4	KM_1	接触器，控制电动机运行或停止
5	KM_2	接触器，控制电动机反接制动
6	FR	热继电器，电动机长期过载保护
7	SB_1	按钮，控制接触器线圈的失电
8	SB_2	按钮，控制接触器 KM_1 线圈的得电
9	SB_3	按钮，控制接触器 KM_2 线圈的得电
10	KS	速度继电器，反接制动控制器
11	R	电阻，反接制动电阻

（2）分析工作原理

合上 QF。

① M 单向起动运行：

按下 SB_2→KM_1 线圈得电 $\begin{cases} KM_1\ 主触点闭合 \\ KM_1\ 常开触点闭合（自锁）→M\ 全压起动连续运行 \\ KM_1\ 常闭触点断开（互锁）\end{cases}$

M 转速迅速上升，$n \geq 140$ r/min，KS 常开闭合，为反接制动做准备。

② M 反接制动：

按下 SB_1→
- SB_1 常闭断开→KM_1 线圈失电→KM_1 所有触点复位→M 失电惯性运行
- SB_1 常开闭合→KM_2 线圈得电→
  - KM_2 主触点闭合
  - KM_2 常开触点闭合（自锁）→M 反接制动开始
  - KM_2 常闭触点断开（互锁）

M 转速下降，当 $n \leq 100$ r/min→KS 常开复位→KM_2 线圈失电→
- KM_2 主触点复位
- KM_2 常开触点复位→M 制动结束，停止
- KM_2 常闭触点复位

2）三相异步电动机单向运行能耗制动

所谓能耗制动，就是在电动机脱离三相交流电源之后，在电动机定子绕组上立即加一个直流电压，利用转子感应电流与静止磁场的作用产生制动转矩以达到制动的目的。能耗制动可用时间继电器进行控制，也可用速度继电器进行控制。

在制动过程中，电流、转速和时间三个参量都在变化，原则上可以任取其中一个参量作为控制信号。取时间作为变化参量，其控制线路简单、成本较低，故实际应用较多。其电气控制原理如图 6－1－11 所示。

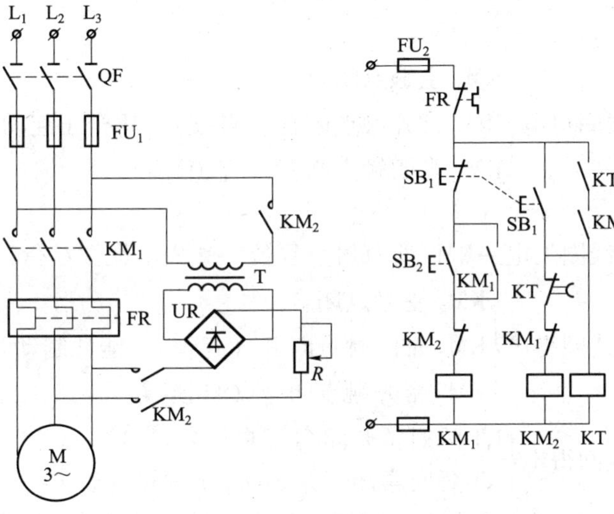

图 6－1－11　三相异步电动机单向运行能耗制动电气控制原理图

（1）列出元件表

三相异步电动机单向运行能耗制动控制电路元件见表 6－1－9。

表 6－1－9　三相异步电动机单向运行能耗制动控制电路元件列表

序号	符号	名称及用途
1	QF	断路器，电源的通断开关
2	FU_1	熔断器，主电路的短路保护
3	FU_2	熔断器，控制电路的短路保护

续表

序号	符号	名称及用途
4	KM_1	接触器，控制电动机正转或停止
5	KM_2	接触器，控制电动机反转或停止
6	T	变压器，调节电压大小
7	UR	整流二极管，将交流电转化为直流电
8	FR	热继电器，电动机长期过载保护
9	SB_1	按钮，控制接触器线圈的失电
10	SB_2	按钮，控制接触器 KM_1 线圈的得电
11	KT	时间继电器，使 KM_2 线圈延时失电
12	R	可调电阻，制动效果的调节

（2）分析工作原理

合上 QF。

① M 单向起动运行：

按下 SB_2→KM_1 线圈得电
- KM_1 主触点闭合
- KM_1 常开触点闭合（自锁）→M 全压起动连续运行
- KM_1 常闭触点断开（互锁）

② M 能耗制动：

按下 SB_1→
- KM_1 线圈失电→KM_1 所有触点复位→M 失电惯性运行
- KM_2 线圈得电
  - KM_2 主触点闭合
  - KM_2 常闭触点断开（互锁）→能耗制动开始，转速迅速下降
  - KM_2 常开触点闭合（自锁）
- KT 线圈得电
  - KT 瞬时常开闭合（自锁）
  - KT 延时常闭开始延时，t 时间后动作

KT 延时时间到→KM_2 线圈失电→KM_2 所有触点复位→能耗制动结束，M 停止

二、技能训练

1. 实训器材

纸、笔等文具。

2. 实训内容及要求

按要求分析电气控制原理图，见图 6－1－12。

① 列出元件表。

② 分析工作原理。

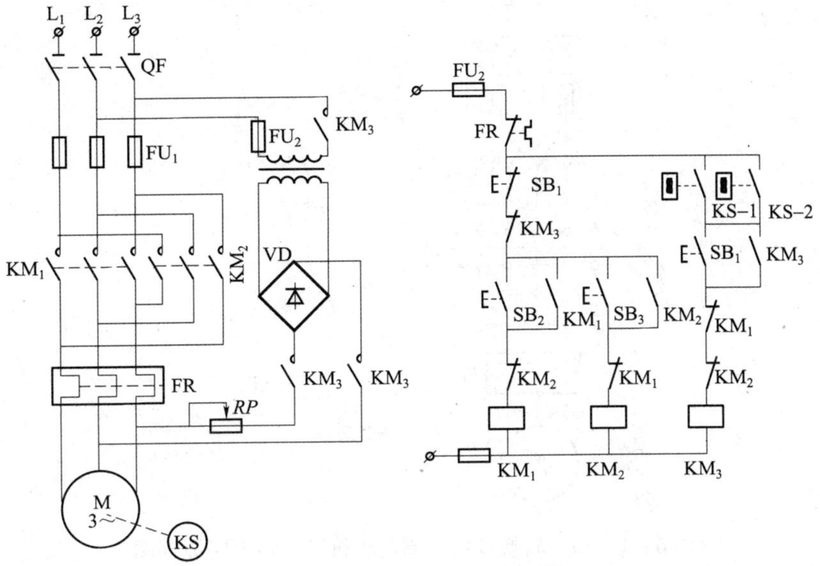

图 6 – 1 – 12　速度原则控制电动机可逆运行能耗制动电路原理图

三、技能考核

考核要求：在 30 分钟内按要求分析电气控制原理图。

考核及评分标准见表 6 – 1 – 10。

表 6 – 1 – 10　技能考核评分表

序号	项目	评分标准	配分	扣分	得分
1	元件清单	正确列出原理图中的元件符号及名称，并写出其用途。少写一个或错写一个扣 5 分，扣完为止	30		
2	M 起动分析	将元件的动作情况分析清楚	30		
3	M 停止分析	将元件的复位情况分析清楚	30		
4	其他	逻辑关系清楚，分析准确，酌情扣分	10		

四、练习与提高

① 三相异步电动机降压起动的控制方式有哪几种？

② 三相异步电动机调速的方法有哪几种？

③ 按要求分析如图 6 – 1 – 13 所示电路工作原理。

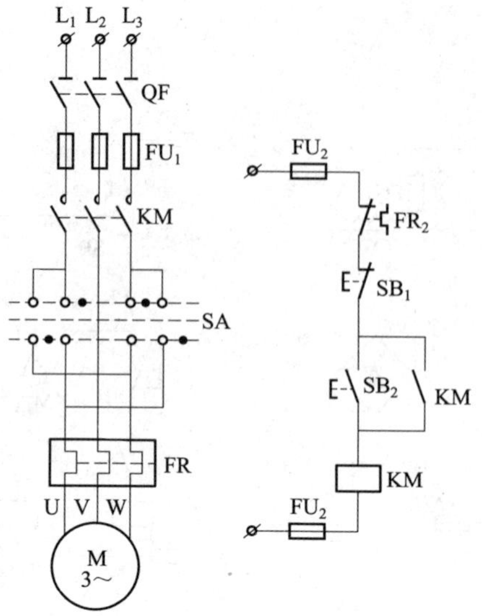

图6-1-13　转换开关控制电动机正反转电路原理图

模块二　安装和调试三相异步电动机电气控制线路

学习目标

- 掌握电气控制线路电器元件布置图、安装接线图绘制方法
- 会安装、调试三相异步电动机电气控制线路

一、理论知识

1. 绘制电器元件布置图

电器元件布置图是用来表明电气原理图中各元器件的实际安装位置，可根据电气控制系统复杂程度采取集中绘制或单独绘制。电器元件布置图可分为电气控制箱中的电器元件布置图、控制面板图等。

1）电器元件布置原则

电器元件布置图是控制设备生产及维护的技术文件，电器元件的布置应注意以下几个方面：

① 体积大和较重的电器元件应安装在电气安装板的下方，而发热元件应安装在电器安装板的上面。

② 强电、弱电应分开，弱电应屏蔽，防止外界干扰。

③ 需要经常维护、检修、调整的电器元件安装位置不宜过高或过低。

④ 电器元件布置不宜过密，应留有一定间距。如用走线槽，应加大各排电器间距，以

利布线和维修。

⑤ 电器元件的布置应考虑整齐、美观、对称。外形尺寸与结构类似的电器元件安装在一起，以利安装和配线。

根据图 6 - 1 - 2 起保停控制线路原理图绘制电器元件布置图，如图 6 - 2 - 1 所示。

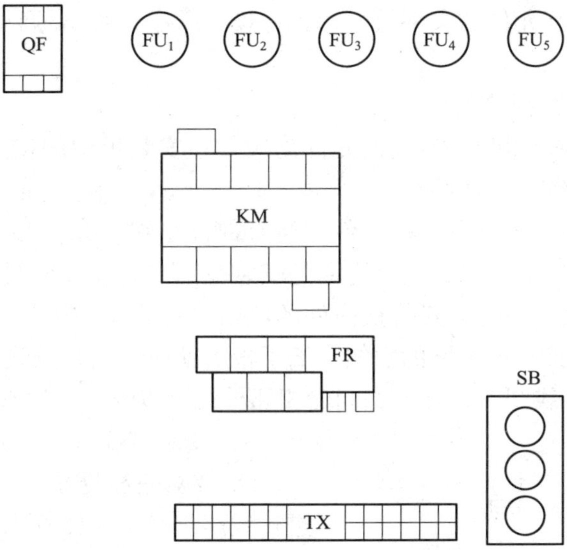

图 6 - 2 - 1　起保停控制线路元件布置图

2）电器元件的检查

① 电器元件的技术数据（如型号、规格、额定电压、额定电流）应完整并符合要求，外观无损伤。

② 电器元件的电磁机构动作是否灵活，有无衔铁卡阻等不正常现象，用万用表检测电磁线圈的通断情况以及各触头的分合情况。

③ 接触器的线圈电压和电源电压是否一致。

④ 电动机质量的常规检查（包括每相绕组的通断、相间绝缘、相对地绝缘）。

3）电器元件的安装要求

① 组合开关、熔断器的受电端子应安装在控制板的外侧。

② 每个电器元件的安装位置应整齐、匀称、间距合理、便于布线及更换。

③ 紧固各电器元件时要用力均匀，紧固程度要适当。

电器元件布置效果如图 6 - 2 - 2 所示。

注意事项：

① 三相闸刀开关应竖直安装，电源进线在上，负载出线在下，上推合闸，下拉开闸。

② 螺旋式熔断器的电源进线应接在下接线端子上，负载出线应接在上接线端子上，安装熔断器时应有足够的间距，以便于拆装、更换熔体。

图 6 - 2 - 2　电器元器件布置效果

2. 绘制安装接线图

1）什么是安装接线图

电气安装接线图主要用于电气设备的安装配线、线路检查、线路维修和故障处理。在图中要表示出各电气设备、电器元件之间的实际接线情况，并标注出外部接线所需的数据。在电气安装接线图中各电器元件的文字符号、元件连接顺序、线路号码编制都必须与电气原理图一致。

2）安装接线图的绘制原则

① 绘制电气安装接线图时，各电器元件均按其在安装板中的实际位置绘出。电器元件所占图面按实际尺寸以统一比例绘制。

② 绘制电气安装接线图时，一种元件的所有部件绘在一起，并用点画线框起来，有时将多个电器元件用点画线框起来，表示它们是安装在同一安装板上的。

③ 绘制电气安装接线图时，安装板内外的电器元件之间的连线通过接线端子板进行连接，安装底板上有几条接至外电路的引线，端子板上就应绘出几条线的接点。

④ 绘制电气安装接线图时，走向相同的相邻导线可以绘成一股线。

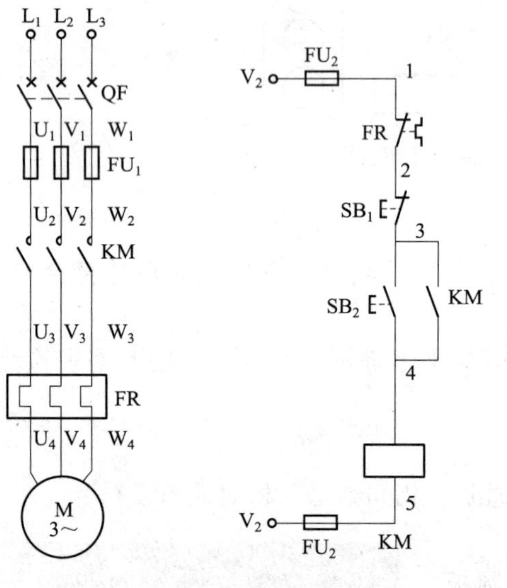

图6-2-3　三相异步电动机起保停控制原理图

3）安装接线图的绘制

① 要对三相异步电动机起保停控制原理图进行线路编号。如图6-2-3所示。

电气原理图线号排序方法如下。

a. 主回路线号的编写。三相电源自上而下编号为L_1、L_2和L_3，经电源开关后出线上依次编号为U_1、V_1和W_1，每经过一个电器元件的接线柱编号要递增，如U_1、V_1和W_1递增后为U_2、V_2和W_2……如果是多台电动机的编号，为了不引起混淆，可在字母的前面冠以数字来区分，如1U、1V和1W；2U、2V和2W，$1L_1$、$1L_2$和$1L_3$。

b. 控制回路线号的编写。通常是从上至下、由左至右依次进行编写。每一个电气接点有一个唯一的接线编号，编号可依次递增。如编号的起始数字，控制回路从阿拉伯数字“1”开始，其他辅助电路可依次递增为101，201…作为起始数字，如照明电路编号从101开始；信号电路从201开始。

② 根据图6-2-3绘出三相异步电动机起保停控制电路电气安装接线图。

在接线图中，导线连接的表示方法有两种：连续线、中断线。当采用连续线表示法时，端子之间的连接导线用连续的线条来表示；采用中断线表示时，端子之间的连线用数字替代。在连线不多的情况下可使用连续线表示法；若连接导线较多，则采用中断线表示。如图6-2-4所示为采用中断线表示法。

3. 安装三相异步电动机电气控制线路

1）板前明线布线的工艺要求

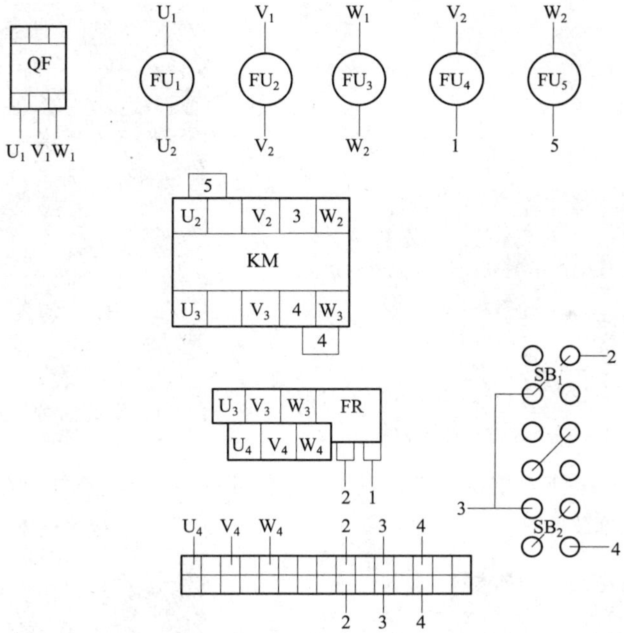

图 6 – 2 – 4　起保停控制电路电气安装接线图

① 布线通道尽可能少，同路并行导线按主、控电路分类集中，单层密排，紧贴安装面布线。

② 同一平面的导线应高低一致。

③ 布线应横平竖直，导线与接线螺栓连接时，应打羊眼圈，并按顺时针旋转，不允许反圈。对瓦片式接点，导线连接时，直线插入接点固定即可。

④ 布线时不得损伤线芯和导线绝缘。所有从一个接线端子到另一个接线端子的导线必须连续，中间无接头。

⑤ 导线与接线端子或接线桩连接时，不得压绝缘层及露铜过长。在每根剥去绝缘层导线的两端套上编码套管。

⑥ 一个电器元件接线端子上的连接导线不得多于两根，每节接线端子板上的连接导线一般只允许连接一根。

⑦ 同一元件、同一回路的不同接点的导线间距离应一致。

2）根据安装接线图接线（以具有双重互锁的三相异步电动机正反转控制线路为例）

（1）首先接主电路部分

① 从空气开关 QF 至熔断器 FU_1 的接线效果图，如图 6 – 2 – 5、图 6 – 2 – 6 所示。

② 从熔断器 FU_1 至接触器 KM_1 主触点接线效果图，如图 6 – 2 – 7、图 6 – 2 – 8 所示。

③ 从接触器 KM_1 主触点至热继电器 FR 热元件触点接线效果图，如图 6 – 2 – 9、图 6 – 2 – 10 所示。

④ 从热继电器 FR 热元件触点至接线端子排接线效果图，如图 6 – 2 – 11、图 6 – 2 – 12 所示。

⑤ 从接触器 KM_1 主触点至接触器 KM_2 主触点接线效果图，如图 6 – 2 – 13、图 6 – 2 – 14 所示。此时主电路部分接线已完成。

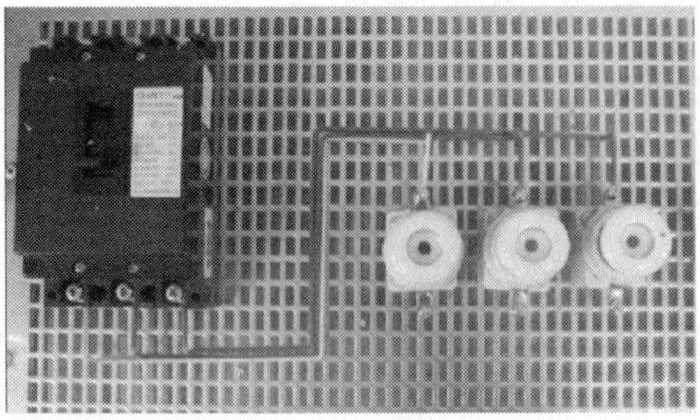

图6-2-5　空气开关QF至熔断器FU_1接线局部效果图

图6-2-6　空气开关QF至熔断器FU_1接线整体效果图

图6-2-7　熔断器FU_1至接触器KM_1主触点接线局部效果图

图6-2-8　熔断器FU_1至接触器KM_1主触点接线整体效果图

图6-2-9　接触器KM_1主触点至热继电器FR热元件触点接线局部效果图

图6-2-10　接触器KM_1主触点至热继电器FR热元件触点接线整体效果图

图 6-2-11　热继电器 FR 热元件触点至接线端子排接线局部效果图

图 6-2-12　热继电器 FR 热元件触点至接线端子排接线整体效果图

图 6-2-13　接触器 KM_1 主触点至接触器 KM_2 主触点接线局部效果图

图 6-2-14　接触器 KM_1 主触点至接触器 KM_2 主触点接线整体效果图

（2）控制电路部分接线

① 控制电路的接线效果图（不包含按钮盒内接线），如图 6-2-15 所示。

② 按钮盒内接线效果图，如图 6-2-16、图 6-2-17 所示。按钮内接线时，用力不能过猛，以防止螺钉打滑。

（3）接线完成后的整体效果图，如图 6-2-18 所示。

（4）接上三相异步电动机后的整体效果图，如图 6-2-19所示。

4. 调试三相异步电动机电气控制线路

1）不通电测试

（1）主电路的检查

图 6-2-15　控制电路的接线效果图

图6-2-16　按钮盒内接线效果图（纯盒内接线）

图6-2-17　按钮盒内接线效果图

图6-2-18　接线完成后的整体效果图

图6-2-19　接上三相异步电动机后的整体效果图

① 按查号法检查。重点检查交流接触器 KM_1 和 KM_2 之间的换相线，并用查线法逐线核对。检查主电路时，可以手动来代替受电线圈励磁吸合时的情况进行检查。

② 万用表检查法。将万用表打到 $R\times10$ 挡（调零），断开控制线路（断开 FU_2），用表笔分别测 U_{11}、V_{11}、W_{11}之间的阻值为∞；按下 KM_1 触点架，测得阻值应为电动机两相绕组直流电阻串联的阻值；松开 KM_1 的触点架。松开 KM_2 触点架，测得同样结果；最后用表笔测 U_{11}和 W_{11}两端，按下 KM_1 触点架，测得电动机两相绕组直流电阻串联的阻值，将 KM_1 和 KM_2 触点架同时按下，测得阻值为零，说明换相正确。

（2）控制线路的检查

用查线号法对照原理和接线图分别检查按钮、自锁触点和联锁触点的布线；用万用表检查控制电路，连接 FU_2，检查自锁触点、互锁触点、按钮、热继电器常闭触点、熔断器等的通断情况。

（3）检查起动、停止和按钮控制

按下 SB_2 测得 KM_1 线圈的电阻值，同时按下 SB_1，测得阻值为∞。同时按下 SB_2 和 SB_3 测得阻值为∞，松开 SB_2，测得 KM_2 线圈的阻值。

（4）检查自锁、联锁控制

按下 KM_1 触点架，测得 KM_1 线圈的电阻值，同时按下 KM_2 触点架，测得阻值为∞。反之，按下 KM_2 触点架，测得 KM_2 线圈阻值，同时按下 KM_1 触点架，测得阻值为∞。

2）通电试车

接电前必须征得教师同意，并由教师接通电源和现场监护。

① 做好线路板的安装检查后，按安全操作规定进行试运行，即一人操作，一人监护。

② 先合上 QF，检查三相电源。在确保电动机不接入的情况下，按下 SB_2，接触器 KM_1 触点架吸合，按下 SB_3 接触器 KM_1 释放，KM_2 触点架吸合。按下 SB_1，接触器 KM_2 释放。

③ 断开 QF，接上电动机。再合上 QF，按下 SB_2，电动机正转。按下 SB_3，电动机反转。按下 SB_1，电动机停转。

注意事项：

① 电动机必须安放平稳，以防止在可逆运转时产生滚动而引起事故，并将其金属外壳可靠接地。

② 要注意主电路必须进行换相，否则，电动机只能进行单向运转。

③ 要特别注意接触器的联锁触点不能接错；否则将会造成主电路中两相电源短路事故。

④ 接线时，不能将正、反转接触器的自锁触点进行互换；否则只能进行点动控制。

⑤ 通电校验时，应先合上 QF，再检验 SB_2（或 SB_3）及 SB_1 按钮的控制是否正常，并在按 SB_2 后再按 SB_3，观察有无联锁作用。

⑥ 应做到安全操作。

3）常见故障分析

该电路故障发生率比较高，常见故障主要有以下几方面原因。

① 接通电源后，按起动按钮（SB_1 或 SB_2），接触器吸合，但电动机不转且发出“嗡嗡”声响；或者虽能起动，但转速很慢。

分析：这种故障大多是主回路一相断线或电源缺相。

② 控制电路时通时断，不起联锁作用。

分析：联锁触点接错，在正、反转控制回路中均用自身接触器的常闭触点做为联锁触点。

③ 按下起动按钮，电路不动作。

分析：联锁触点用的是接触器常开辅助触点。

④ 电动机只能点动正转控制。

分析：自锁触点用的是另一接触器的常开辅助触点。

⑤ 按下 SB_2，KM_1 剧烈振动，起动时接触器“叭哒”就不吸了。

分析：联锁触点接到自身线圈的回路中。接触器吸合后常闭触点断开，接触器线圈断电释放，释放常闭触点又接通，接触器又吸合，触点又断开，所以会出现“叭哒”接触器不吸合的现象。

⑥ 在电动机正转或反转时，按下 SB_3 不能停车。

分析：可能是 SB_3 失效。

⑦ 合上 QS 后，熔断器 FU_2 马上熔断。

分析：可能是 KM_1 或 KM_2 线圈、触点短路。

⑧ 合上 QS 后，熔断器 FU_1 马上熔断。

分析：可能是 KM_1 或 KM_2 短路，或电动机相间短路，或正、反转主电路换相线接错。

⑨ 按下 SB_1 后电动机正常运行，再按下 SB_2，FU_1 马上熔断。

分析：可能是正、反转主电路换相线接错或 KM_1、KM_2 常闭辅助触点联锁不起作用。

注意事项：

① 主电路必须将两相电源换向，在交流接触器进线换相或者在出线换相都可以，主电路绝对不能短路。

② 必须要有互锁，否则在换相时会导致电源相间短路。

③ 安装训练可从简单到复杂，先从接触器互锁再到双重互锁，体会双重互锁的优点和接线特点。

二、技能训练

1. 实训器材

绕线式、笼形三相异步电动机，交流接触器、按钮一组、网孔实验板、熔断器、空气开关、热继电器、接线端子、导线若干、万用表、电工工具一套。

2. 实训内容及要求

按要求进行三相异步电动机电气控制线路安装接线。

① 仔细观察电气原理图，认识图中各个电器符号的含义，明确各个电器元件的作用，认真分析其工作原理。

② 按原理图中给出的电器元件列出元器件明细表。

③ 根据电气原理图，画出电器布置图。

④ 按电器布置图，将各电器元件安装在网孔实验板上。

⑤ 根据电器布置图及电气原理图绘制安装接线图。

⑥ 按电气线路安装的工艺要求进行接线训练。

⑦ 在完成接线情况下，进行线路的不通电测试。

⑧ 完成通电试车。

三、技能考核

考核要求：在240分钟内按要求进行安装调试三相异步电动机电气控制线路。

考核及评分标准见表6－2－1。

表6－2－1　技能考核评分表

序号	项目	评分标准	配分	扣分	得分
1	电器布置图的绘制	1. 体积大和较重的电器元件安排不合理扣1分 2. 强电、弱电不分开扣2分 3. 布置图不按原理图绘制扣5分	10		
2	列出所用元器件清单，并判断其好坏	1. 元器件多写或少写，错一处扣1分 2. 元器件填写错误，错一处扣1分 3. 元器件好坏判断错误，错一处扣1分	10		
3	安装元器件	1. 电器元件布置过密扣1分 2. 电器元件的布置做不到整齐、美观、对称扣2分	10		

续表

序号	项目	评分标准	配分	扣分	得分
4	绘制安装接线图	1. 原理图线路编号，主电路编号错误一处扣5分，控制电路编号错误一处扣5分 2. 主电路接线图绘制，少绘制一根导线扣5分 3. 控制电路接线图绘制，少绘制一根导线扣5分 4. 按钮盒内导线的连接，常开常闭端绘制错误一处扣5分	10		
5	按接线工艺要求进行接线	具体要求参照项目三中模块二安装工艺	20		
6	不通电测试	用万用表测试阻值，填入表格中，错一处扣5分	10		
7	通电测试	能达到题目要求的功能，功能减少一项扣10分	30		
8	其他	发生违反安全用电规定，视事故大小酌情倒扣分			

四、练习与提高

① 绘制图6－1－5、图6－1－7、图6－1－10、图6－1－11电气控制线路电器布置图、安装接线图。

② 安装、调试图6－1－5、图6－1－10电气控制线路。

模块三　分析直流电动机电气控制线路

学习目标

- 掌握直流电动机电气控制原理
- 会分析直流电动机电气控制线路

一、理论知识

1. 直流电动机单向旋转起动控制

直流电动机在额定电压下直接起动，起动电流为额定电流的10～20倍，产生很大的起动转矩，导致电动机换向器和电枢绕组损坏。为此在电枢回路中串入电阻起动。同时，他励直流电动机在弱磁或零磁时会产生“飞车”现象，因此在接入电枢电压前，应先接入额定励磁电压，而且在励磁回路中应有弱磁保护。如图6－3－1所示为直流电动机电枢串两级电阻，按时间原则起动控制电路。图中KM_1为线路接触器，KM_2、KM_3为短接起动电阻接触器，KA_1过电流继电器，KA_2为欠电流继电器，KT_1、KT_2为时间继电器，R_3为放电电阻。

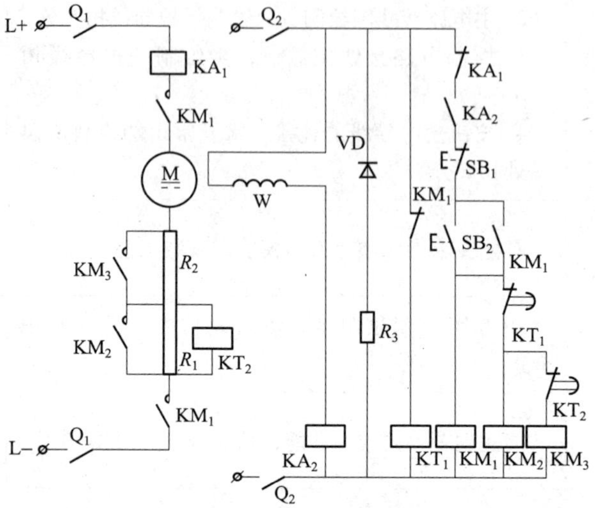

图6－3－1　直流电动机电枢串两级电阻单按时间原则起动控制电路

电路工作原理：合上电枢电源开关Q_1和励磁与控制电路电源开关Q_2，励磁回路通电，KA_2线圈通电吸合，其常开触点闭合，为起动做准备；同时KT_1线圈通电，其常闭触点断开，切断KM_2、KM_3线圈电路。保证串入R_1、R_2起动。按下起动按钮SB_2，KM_1线圈通电并自锁，主触点闭合，接通电动机电枢回路，电枢串入两级起动电阻起动；同时KM_1常闭辅助触点断开，KT_1线圈失电，为延时使KM_2、KM_3线圈得电短接R_1、R_2做准备。在串入R_1、R_2起动同时，并接在R_1电阻两端的KT_2线圈通电，其常开触点断开，使KM_3不得电，确保R_2电阻串入起动。经过一段时间延时后，KT_1延时常闭触点闭合，KM_2线圈得电，主触点闭合短接电阻R_1，电动机转速升高，电枢电流减小。就在R_1被短接同时，KT_2线圈断电释放，在经过一定时间延时，KT_2延时常闭触点闭合，KM_3线圈通电吸合，KM_3主触点闭合短接电阻R_2，电动机在额定电枢电压下运行。

2. 直流电动机可逆旋转起动控制

图6－3－2所示为改变直流电动机电枢电压极性实现电动机正反转控制电路。图中KM_1、KM_2为正反转接触器，KM_3、KM_4为短接电枢电阻接触器，KT_1、KT_2为时间继电器，R_1、R_2为起动电阻，R_3为放电电阻，SQ_1为反向转正向行程开关，SQ_2为正向转反向行程开关。起动时电路工作情况与图6－3－1电路相同，但起动后，电动机将按行程原则实现电动机的正反转，拖动运动部件实现自动往返运动。工作原理请读者自行分析。

3. 直流电动机单向旋转能耗制动控制

图6－3－3所示为直流电动机单向旋转能耗制动电路。图中KM_1、KM_2、KM_3、KA_1、KA_2、KT_1、KT_2的作用与图6－3－1相同，KM_4为制动接触器，KV为电压继电器。

工作原理：电动机起动时电路工作情况与图6－3－1相同，此处不再重复。停车时，按

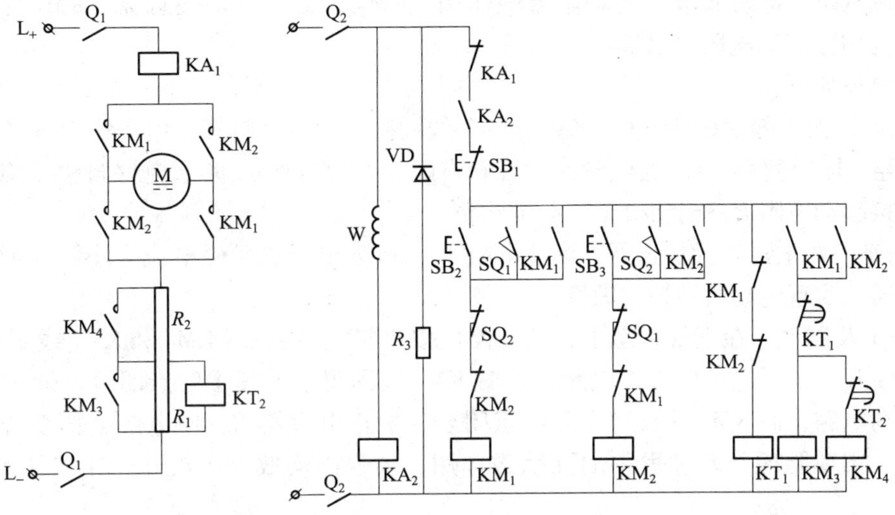

图 6-3-2　直流电动机正反转控制电路

下停止按钮 SB_1，KM_1 线圈断电释放，其主触点断开电动机电枢电源，电动机以惯性旋转。由于此时电动机转速较高，电枢两端仍建立足够大的感应电动势，使并联在电枢两端的电压继电器 KV 经自锁触点仍保持通电吸合状态，KV 常开触点仍闭合，使 KM_4 线圈通电吸合，其主触点将电阻 R_4 并联在电枢两端，电动机实现能耗制动，使转速迅速下降，电枢感应电动势也随之下降，当将至一定值时电压继电器 KV 释放，KM_4 线圈失电，电动机能耗制动结束，电动机自然停车至转速为零。

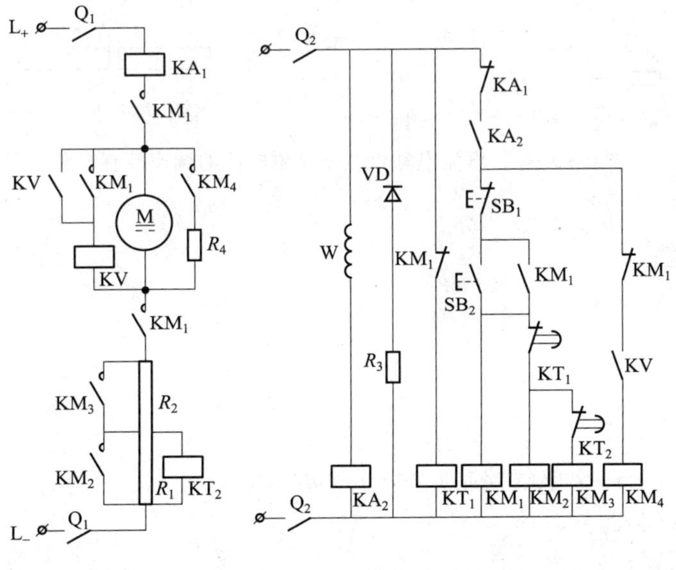

图 6-3-3　直流电动机单向旋转能耗制动电路

4. 直流电动机调速控制

图 6-3-4 所示为直流电动机改变励磁电流的调速控制电路。电动机的直流电源采用两

相零式整流电路，电阻 R 兼有起动限流的作用。KM_1 为能耗制动接触器，KM_2 为运行接触器，KM_3 为切除起动电阻接触器。

工作原理如下。

① 起动。按下起动按钮 SB_2，KM_2 和 KT 线圈同时通电并自锁，电动机 M 电枢串入电阻 R 起动。经一段时间后，KT 通电延时常开触点闭合，使 KM_3 线圈通电并自锁，KM_3 主触点闭合，短接起动电阻 R，电动机全压起动运行。

② 调速。在正常运行状态下，调节电阻 R_P，改变电动机励磁电流大小，从而改变电动机励磁磁通，实现电动机转速的改变。

③ 停车及制动。在正常状态下，按下停止按钮 SB_1，接触器 KM_2 和 KM_3 线圈同时失电，其主触点断开，切断电动机电枢电路；同时 KM_1 线圈得电，其主触点闭合，通过电阻 R 接通能耗制动电路，而 KM_1 另一对常开触点闭合，短接电容器 C，使电源电压全部加在励磁线圈两端，实现能耗制动过程中的强励磁作用，加强制动效果。松开停止按钮 SB_1，制动结束。

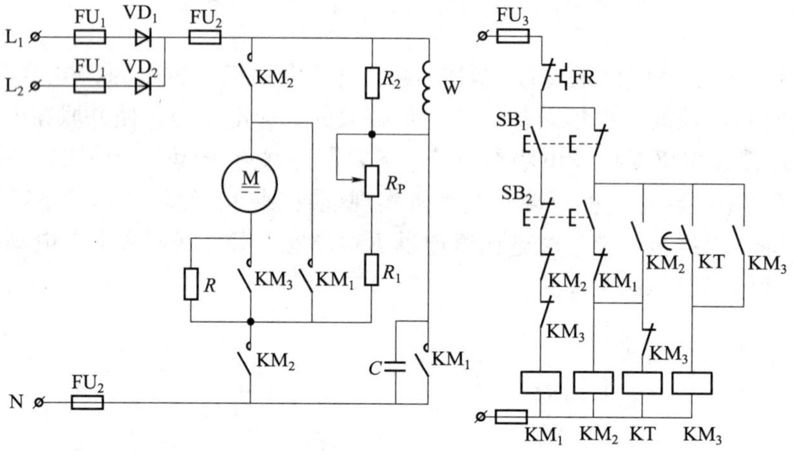

图 6-3-4　直流电动机改变励磁电流的调速控制电路

二、技能训练

1. 实训器材

纸、笔等文具。

2. 实训内容及要求

按要求分析图 6-3-2 电气控制原理。

① 结出元器件列表。

② 分析工作原理。

三、技能考核

考核要求：在 30 分钟内按要求分析电气控制原理图。

考核及评分标准见表 6－3－1。

表 6－3－1　技能考核评分表

序号	项目	评分标准	配分	扣分	得分
1	元器件清单	正确列出原理图中的元器件符号及名称，并写出其用途。少些一个或错写一个扣 5 分，扣完为止	30		
2	M 起动分析	将元器件的动作情况分析清楚	30		
3	M 停止分析	将元器件的复位情况分析清楚	30		
4	其他	逻辑关系清楚，分析准确，酌情扣分	10		

四、练习与提高

分析如图 6－3－5 所示工作原理。

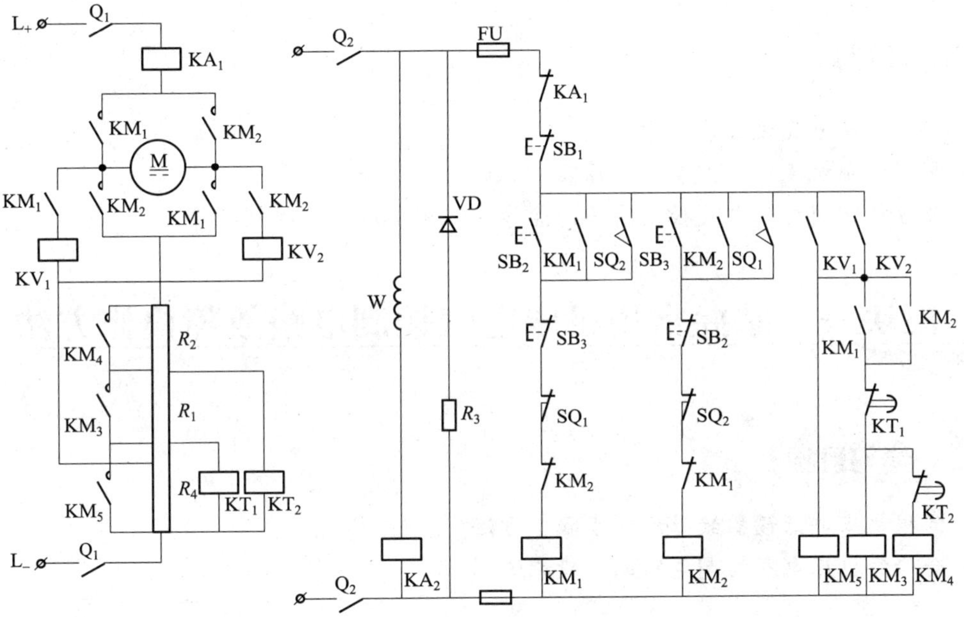

图 6－3－5　直流电动机可逆旋转反接制动控制电路

项目七

典型机床电气控制线路分析与故障排除

学习目标

- 掌握机床电气设备诊断方法
- 掌握常用机床电气控制工作原理
- 会分析常用机床电气控制线路，能排除常用机床电气控制故障

模块一　掌握常用机床电气控制电路故障检修方法

学习目标

- 掌握机床电器设备故障诊断步骤、方法
- 会检修机床电气控制电路的一般故障

一、理论知识

机床电气设备的电器元件种类和规格繁多，不同的机床有不同的电气结构，而引起机床电气线路发生故障的因素也特别多，因此，机床电气线路往往发生多种难以预料的故障，处理这些故障也存在着很大的难度。要了解电气设备的主要结构和运动形式、电力拖动和控制的要求、电气控制线路的基本的单元控制原理以及工艺生产过程或操作方法，熟悉和掌握故障诊断方法，才能熟练、准确、迅速、安全地查找出故障的原因，并予以正确地排除。

1. 阅读机床电气原理图

掌握阅读机床电气原理图的方法和技巧，对于分析电气电路，排除机床电路故障是十分

有意义的。机床电气原理图一般由主电路、控制电路、照明电路、指示电路等几部分组成。阅读方法如下。

1）主电路的分析

阅读主电路时，关键是先了解主电路中有哪些用电设备，它们所起的主要作用，由哪些电器来控制，采取哪些保护措施。

2）控制电路的分析

阅读控制电路时，根据主电路中接触器的主触点编号，很快找出相应的线圈以及控制电路（即线圈的得电回路），依次分析出电路的控制功能。从简单到复杂，从局部到整体，最后综合起来分析，就可以全面读懂控制电路。

3）照明电路的分析

阅读照明电路时，主要查看变压器的电压比及照明灯的额定电压。

4）指示电路的分析

阅读指示电路时，需要了解这部分内容的很重要一点是：当电路正常工作时，为机床正常工作状态的指示；当机床出现故障时，是机床故障信息反馈的依据。

2. 机床电气设备故障诊断步骤

1）故障调查

（1）问

机床发生故障后，首先应向操作者了解故障发生的前后情况，有利于根据电气设备的工作原理来分析发生故障的原因。一般询问的内容有：故障发生在开车前、开车后，还是发生在运行中；是运行中自行停车，还是发现异常情况后由操作者停下来的；发生故障时，机床工作在什么工作顺序，按动了哪个按钮，扳动了哪个开关；故障发生前后，设备有无异常现象（如响声、气味、冒烟或冒火等）；以前是否发生过类似的故障，是怎样处理的等。

（2）看

熔断器内熔丝是否熔断，其他电器元件有无烧坏、发热、断线，导线连接螺钉有无松动，电动机的转速是否正常。

（3）听

电动机、变压器和有些电器元件在运行时声音是否正常，可以帮助寻找故障的部位。

（4）摸

电机、变压器和电器元件的线圈发生故障时，温度显著上升，可切断电源后用手去触摸。

注意：不论电路通电还是断电，都不能用手直接去摸金属触点，必须借助仪表来测量。

2）电路分析

根据调查结果，参考该电气设备的电气原理图进行分析，初步判断故障产生的部位，然后逐步缩小故障范围，直至找到故障点并加以消除。

分析故障时应有针对性，如接地故障一般先考虑电气柜外的电气装置，后考虑电气柜内的电器元件。断路和短路故障，应先考虑动作频繁的元器件，后考虑其余元器件。

3）断电检查

检查前先断开机床总电源，然后根据故障可能产生的部位，逐步找出故障点。检查时应先检查电源线进线处有无碰伤而引起的电源接地、短路等现象，螺旋式熔断器的熔断指示器是否跳出，热继电器是否动作。然后检查电器外部有无损坏，连接导线有无断路、松动，绝缘有否过热或烧焦。

4）通电检查

断电检查仍未找到故障时，可对电气设备作通电检查。在通电检查时要尽量使电动机和其所传动的机械部分脱开，将控制器和转换开关置于零位，行程开关还原到正常位置。然后用校灯或万用表检查电源电压是否正常，有否缺相或严重不平衡。再进行通电检查，检查的顺序为：先检查控制电路，后检查主电路；先检查辅助系统，后检查主传动系统；先检查交流系统，后检查直流系统；先检查开关电路，后检查调整系统。或断开所有开关，取下所有熔断器，然后按顺序逐一插入欲要检查部位的熔断器，合上开关，观察各电器元件是否按要求动作，有否冒火、冒烟、熔断器熔断的现象，直至查找到发生故障的部位。

3. 机床电气设备故障诊断方法

1）断路故障的诊断

（1）试电笔诊断法

试电笔诊断断路故障的方法如图7－1－1所示。诊断时用试电笔依次测试1、2、3、4、5、6各点，测到哪点试电笔不亮即为断路处。

注意：

试电笔诊断法不适用于控制电路电源为380 V的电路。

（2）万用表诊断法

① 电阻测量法。

a. 分阶测量法。电阻的分阶测量法如图7－1－2所示。

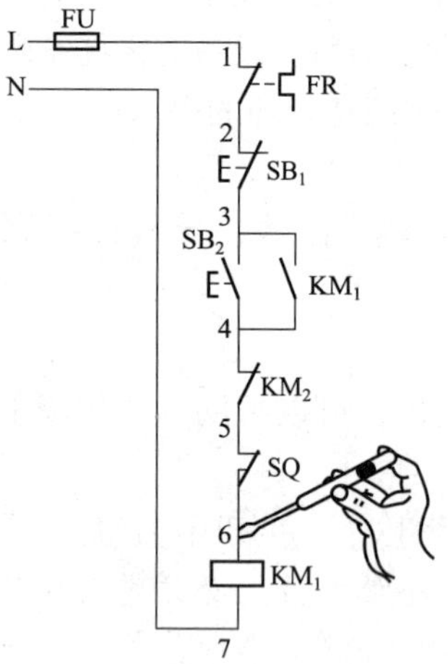

图7－1－1　试电笔诊断断路故障

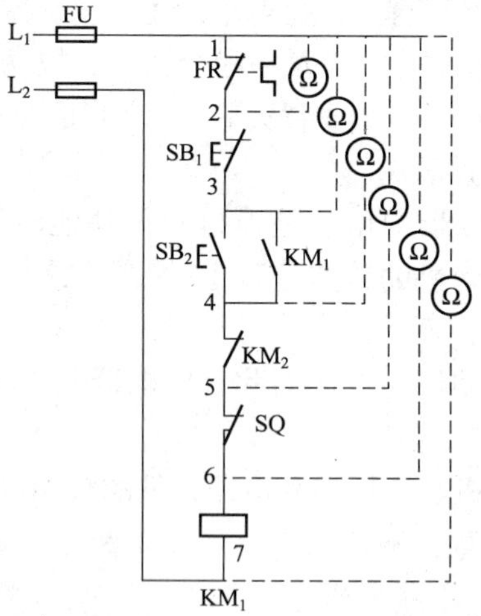

图7－1－2　电阻的分阶测量法

按下起动按钮SB_2，接触器KM_1不吸合，该电气回路有断路故障。

用万用表的电阻挡检测前应先断开电源，然后按下SB_2不放松，先测量1－7两点间的电阻，如电阻值为无穷大，说明1－7之间的电路断路。然后分阶测量1－2、1－3、1－4、1－5、1－6各点间电阻值。若电路正常，则该两点间的电阻值为0；当测量到某标号间的电阻值为无穷大，则说明表棒刚跨过的触点或连接导线断路。

根据各阶电阻值来检查故障的方法如表7－1－1所示。

表 7－1－1　使用电阻分阶测量法判别故障原因

故障现象	测试状态	1－2	1－3	1－4	1－5	1－6	1－7	故障原因
按下 SB_2，KM_1 不吸合	按下 SB_2 不放松	∞						FR 常闭触点接触不良
		0	∞					SB_1 常闭触点接触不良
		0	0	∞				SB_2 常开触点接触不良
		0	0	0	∞			KM_2 常闭触点接触不良
		0	0	0	0	∞		SQ 常闭触点接触不良
		0	0	0	0	0	∞	KM_1 线圈断路

b. 分段测量法。电阻的分段测量法如图 7－1－3 所示。

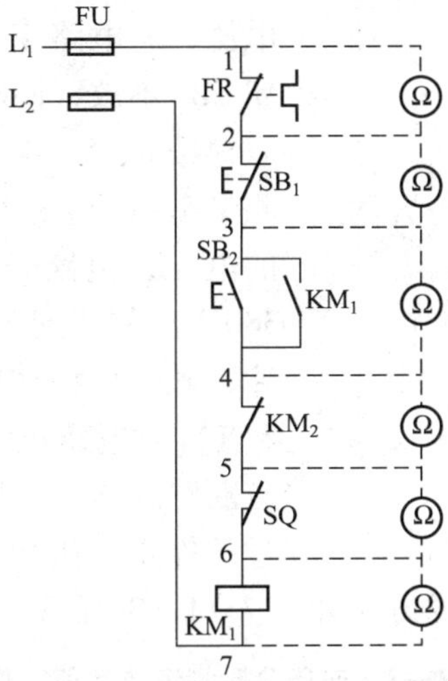

图 7－1－3　电阻的分段测量法

检查时，先切断电源，按下起动按钮 SB_2，然后依次逐段测量相邻两标号点 1－2、2－3、3－4、4－5、5－6 间的电阻。如测得某两点间的电阻为无穷大，说明这两点间的触点或连接导线断路。例如当测得 2－3 两点间电阻值为无穷大时，说明停止按钮 SB_1 或连接 SB_1 的导线断路。

根据各段电阻值来检查故障的方法如表 7－1－2 所示。

表 7－1－2　电阻分段测量法判别故障原因

故障现象	测试状态	1－2	2－3	3－4	4－5	5－6	6－7	故障原因
按下 SB_2，KM_1 不吸合	按下 SB_2 不放松	∞						FR 常闭触点接触不良
		0	∞					SB_1 常闭触点接触不良
		0	0	∞				SB_2 常开触点接触不良
		0	0	0	∞			KM_2 常闭触点接触不良
		0	0	0	0	∞		SQ 常闭触点接触不良
		0	0	0	0	0	∞	KM_1 线圈断路

电阻测量法的优点是安全，缺点是测得的电阻值不准确时，容易造成判断错误。为此应注意下列几点。

a. 用电阻测量法检查故障时一定要断开电源。

b. 如被测的电路与其他电路并联时，必须将该电路与其他电路断开，否则所测得的电阻值是不准确的。

c. 测量高电阻值的电器元件时，把万用表的选择开关旋转至适合电阻挡。

② 电压测量法。检查时把万用表的选择开关旋到交流电压500 V挡位上（数字万用表一般是700 V）。

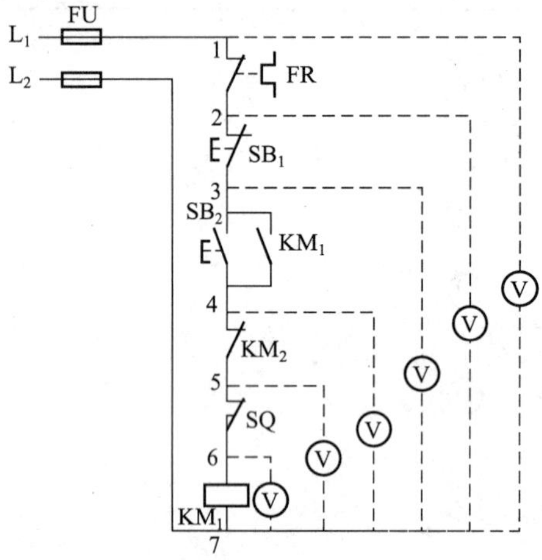

图7－1－4　电压分阶测量法

a. 分阶测量法。电压的分阶测量法如图7－1－4所示。

检查时，首先用万用表测量1、7两点间的电压，若电路正常应为380 V。然后按住起动按钮SB_2不放，同时将黑色表棒接到点7上，红色表棒按6、5、4、3、2标号依次向前移动，分别测量7－6、7－5、7－4、7－3、7－2各阶之间的电压，电路正常情况下，各阶的电压值均为380 V。如测到7－6之间无电压，说明是断路故障，此时可将红色表棒向前移，当移至某点（如2点）时电压正常，说明2点以前的触点或接线有断路故障。一般是2点后第一个触点（即刚跨过的停止按钮SB_1的触点）或连接线断路。

根据各阶电压值来检查故障的方法如表7－1－3所示。

表7－1－3　电压分阶测量法判别故障原因

故障现象	测试状态	2－7	3－7	4－7	5－7	6－7	故障原因
按下SB_2，KM_1不吸合	按下SB_2不放松	0	0	0	0	0	FR常闭触点接触不良
		380 V	0	0	0	0	SB_1常闭触点接触不良
		380 V	380 V	0	0	0	SB_2常开触点接触不良
		380 V	380 V	380 V	0	0	KM_2常闭触点接触不良
		380 V	380 V	380 V	380 V	0	SQ常闭触点接触不良
		380 V	380 V	380 V	380 V	380 V	KM_1线圈断路

b. 分段测量法。电压的分段测量法如图7－1－5所示。

先用万用表测试1、7两点，电压值为380 V，说明电源电压正常。

电压的分段测试法是将红、黑两根表棒逐段测量相邻两标号点1－2、2－3、3－4、4－5、5－6、6－7间的电压。

如电路正常，按SB_2后，除6－7两点间的电压等于380 V之外，其他任何相邻两点间的电压值均为零。

如按下起动按钮SB_2，接触器KM_1不吸合，说明发生断路故障，此时可用电压表逐段测

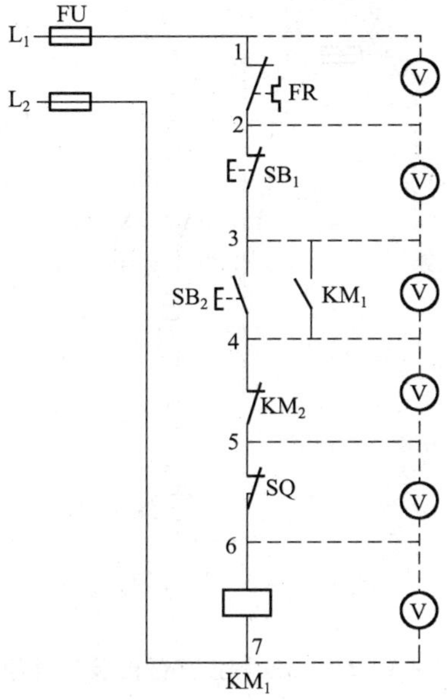

图 7－1－5　电压分段测量法

试各相邻两点间的电压。如测量到某相邻两点间的电压为 380 V 时，说明这两点间所包含的触点、连接导线接触不良或有断路故障。例如标号 4－5 两点间的电压为 380 V，说明接触器 KM_2 的常闭触点接触不良。

根据各段电压值来检查故障的方法见表 7－1－4。

表 7－1－4　电压分段测量法判别故障原因

故障现象	测试状态	1－2	2－3	3－4	4－5	5－6	故障原因
按下 SB_2，KM_1 不吸合	按下 SB_2 不放松	380 V	0	0	0	0	FR 常闭触点接触不良
		0	380 V	0	0	0	SB_1 常闭触点接触不良
		0	0	380 V	0	0	SB_2 常开触点接触不良
		0	0	0	380 V	0	KM_2 常闭触点接触不良
		0	0	0	0	380 V	SQ 常闭触点接触不良

（3）短接法

短接法是用一根绝缘良好的导线，把所怀疑断路的部位短接，如短接过程中，电路被接通，就说明该处断路。

① 局部短接法。局部短接法如图 7－1－6 所示。按下起动按钮 SB_2 时，接触器 KM_1 不吸合，说明该电路有故障。检查前先用万用表测量 1－7 两点间的电压值，若电压正常，可按下起动按钮 SB_2 不放松，然后用一根绝缘良好的导线，分别短接标号相邻的两点，如短接 1－2、2－3、3－4、4－5、5－6。当短接到某两点时，接触器 KM_1 吸合，则说明断路故障就在这两点之间。具体短接部位及故障原因如表 7－1－5 所示。

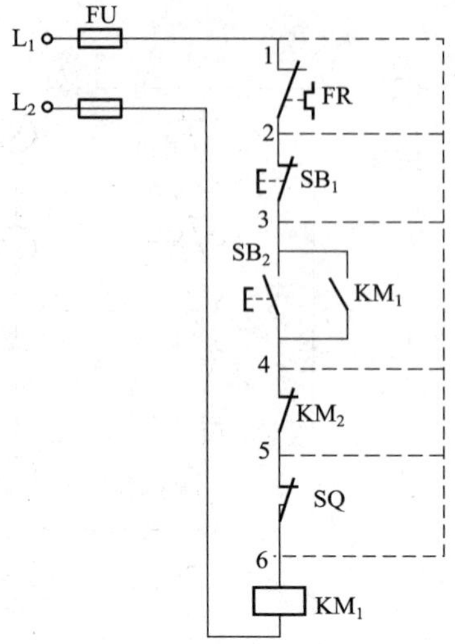

图 7－1－6　局部短接法

表 7－1－5　局部短接法部位及故障原因

故障现象	短接点标号	KM_1 动作	故障原因
按下起动按钮 SB_2，接触器 KM_1 不吸合	1－2	KM_1 吸合	FR 常闭触点接触不良
	2－3	KM_1 吸合	SB_1 常闭触点接触不良
	3－4	KM_1 吸合	SB_2 常开触点接触不良
	4－5	KM_1 吸合	KM_2 常闭触点接触不良
	5－6	KM_1 吸合	SQ 常闭触点接触不良

② 长短接法。长短接法检查断路故障如图 7－1－7 所示。长短接法是指一次短接两个或

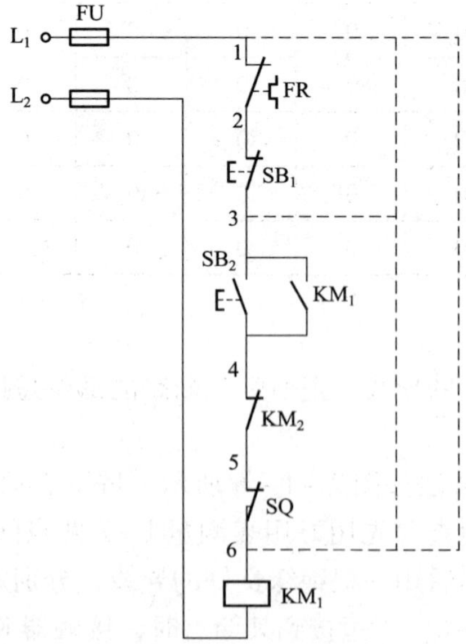

图 7－1－7　长短接法

多个触点，来检查故障的方法。当 FR 的常闭触点和 SB_1 的常闭触点同时接触不良，如用上述局部短接法短接 1－2 点，按下起动按钮 SB_2，KM_1 仍然不会吸合，故可能会造成判断错误。而采用长短接法将 1－6 短接，如 KM_1 吸合，说明 1－6 这段电路中有断路故障，然后再短接 1－3 和 3－6，若短接 1－3 时 KM_1 吸合，则说明故障在 1－3 段范围内。再用局部短接法短接 1－2 和 2－3，能很快地排除电路的断路故障。

短接法检查故障时应注意下述几点。

① 短接法是用手拿绝缘导线带电操作的，所以一定要注意安全，避免触电事故发生。

② 短接法只适用于检查压降极小的导线和触点之类的断路故障。对于压降较大的电器，如电阻、线圈、绕组等断路故障，不能采用短接法，否则会出现短路故障。

③ 对于机床的某些要害部位，必须保障电气设备或机械部位不会出现事故的情况下才能使用短接法。

2）短路故障的诊断

（1）电源间短路故障的检修

这种故障一般是通过电气的触点或连接导线将电源短路，如图 7－1－8 所示。行程开关 SQ 中的 3 号与 0 号因某种原因连接将电源短路，电源合上熔断器 FU 就熔断。现采用电池灯进行检修的方法如下。

① 拿去熔断器 FU 的熔芯，将电池灯的两根线分别接到 1 号和 0 号线上，灯亮，说明电源间短路。

② 将行程开关 SQ 常开触点上的 0 号线拆下，灯暗，说明电源短路在这个环节。

③ 再将电池灯的一根线从 0 号移到 9 号上，如灯灭，说明短路在 0 号上。

④ 将电池灯的两根线分别接到 1 号和 0 号线上，然后依次断开 4、3、2 号线，当断开 2 号线时灯灭，说明 2 号和 0 号间短路。

上述短路亦可用万用表的电阻挡检查短路故障。

（2）电气触点本身短路故障的检修

图 7－1－8 中所示的停止按钮 SB_1 的常闭触点短路，则接触器 KM_1 和 KM_2 工作后就不能释放。又如接触器 KM_1 的自锁触点短路，这时一合上电源，KM_2 就吸合，这类故障较明显，只要通过分析即可确定故障点。

（3）电气触点之间的短路故障检修

图 7－1－9 所示的接触器 KM_1 的两副辅助触点 3 号和 8 号因某种原因而短路，这样当合上电源，接触器 KM_2 即吸合。

① 通电检修。通电检修时可按下 SB_1，如接触器 KM_2 释放，则可确定一端短路故障在 3 号；然后将 SQ_2 断开，KM_2 也释放，则说明短路故障可能在 3 号和 8 号之间。若

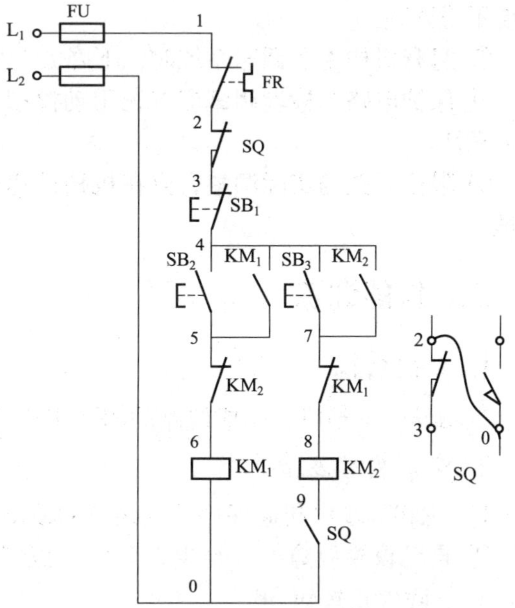

图 7－1－8　电源间短路故障

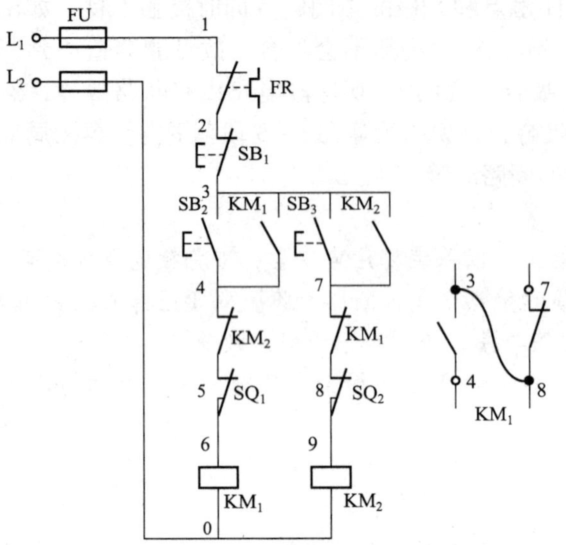

图 7-1-9　电气触点间的短路故障

拆下 7 号线，KM_2 仍吸合，则可确定 3 号和 8 号为短路故障点。

② 断电检修。将熔断器 FU 拔下，用万用表的电阻挡（或电池灯）测2-9，若电阻为0（或电池灯亮）表示 2-9 之间有短路故障；然后按下 SB_1，若电阻为 ∞（或电池灯不亮），说明短路不在 2 号；再将 SQ_2 断开，若电阻为∞（或电池灯不亮），则说明短路也不在 9 号。然后将 7 号断开，电阻为∞（或电池灯不亮），则可确定短路点为 3 号和 8 号。

4. 检修后通电调试的一般要求

① 各电源开关通电应按一定程序进行，与待调试无关的电路开关不应合闸。

② 测量电源电压，其波动范围不应为 -7% ～ +7%。

③ 各机构动作程序的检验调试，应根据电路图在调试前编制的程序进行。

④ 在控制电路正确无误后，才可接通主电路电源。

⑤ 主电路初次送电应点动起动。

⑥ 操作主令控制器时应由低速挡向高速挡逐挡操作，其挡位与运行速度相对应；操作方向与运行方向相一致。

⑦ 对调速系统的各挡速度应进行必要的调整，使其符合调整比，对非调整系统的各挡速度不需调整。

⑧ 起升机构为非调速系统时，下降方向的操作应快速过渡，以避免电动机超速行驶。

⑨ 保护电路的检验调试应首先手动模拟各保护联锁环节触点的动作，检验动作的正确和可靠性。

⑩ 限位开关的实际调整，应在机构低速运行的条件下进行，在有惯性越位时，应反复调试。

二、技能训练

1. 实训器材

三相异步电动机，完成线路的网孔实验板、绝缘导线若干、万用表、电工工具一套。

2. 实训内容及要求

1）三相异步电机起保停控制线路的故障检修

① 自己设置故障点（至少 5 个），观察有故障时电路的故障现象。

a. 去除停止按钮 SB_1。

b. 将 SB_2 换为常闭按钮。

c. 将 KM 线圈的两个接线端子断开一个不接。

d. 将 KM 主触点的 3 个接线端子断开一个不接。
e. 将 KM 三个主触点中的一个垫上一张小纸片。
② 由教师假设故障现象，由学生对照电路分析发生故障的可能原因。
2）三相异步电动机正反转控制线路的故障检修
① 自己设置故障点（至少 5 个），观察有故障时电路的故障现象。
a. 将停止按钮 SB_1 换成常开按钮。
b. 将 KM_1 常开辅助触点与 SB_2 串联，KM_2 常开辅助触点与 SB_3 串联。
c. 将 KM_1 线圈断路。
d. 将 KM_1 和 KM_2 的常开主触点直接并联不换相。
e. 将 KM_1 主触点的 3 个接线端子断开一个不接。
② 由教师假设故障现象，由学生对照电路分析发生故障的可能原因。

三、技能考核

考核要求：在 30 分钟内排除两个电气线路故障。
考核及评分标准见表 7－1－6。

表 7－1－6　技能考核评分表

序号	项目	评分标准	配分	扣分	得分
1	观察故障现象	两个故障，观察不出故障现象，每个扣 5 分	10		
2	故障分析	分析和判断故障范围，每个故障占 30 分 每一个故障，范围判断不正确每次扣 10 分；范围判断过大或过小，每超过一个元器件扣 5 分，扣完这个故障的 30 分为止	60		
3	故障排除	正确排除两个故障，不能排除故障，每个扣 15 分	30		
4	其他	不能正确使用仪表扣 10 分；拆卸无关的元器件、导线端子，每次扣 5 分；扩大故障范围，每个故障扣 10 分；违反电气安全操作规程，造成安全事故者酌情扣分	从总分倒扣		

四、练习与提高

① 检查电气线路故障有哪些基本方法？
② 试述机床电气设备故障的诊断步骤。

模块二　分析 C6140T 型普通车床电气控制线路并排除故障

学习目标

- 会分析 C6140T 型普通车床电气控制线路
- 能用万用表检查并排除 C6140T 型普通车床常见电气故障

一、理论知识

车床是一种应用极为广泛的金属切削机床，主要用来车削外圆端面、内圆端面、螺纹和定型表面等。

1. C6140T 型普通车床的结构及运动形式

C6140T 型普通车床主要由床身、主轴变速箱、进给箱、溜板与刀架、尾座、丝杠、光杠等几部分组成，其外形结构如图 7－2－1 所示。

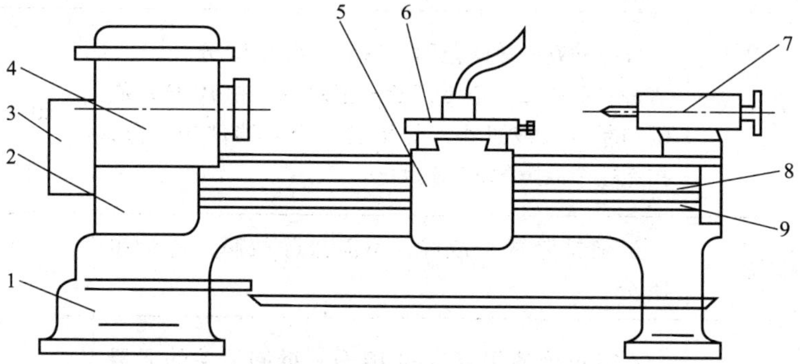

图 7－2－1　车床结构示意图

1—床身；2—进给箱；3—挂轮箱；4—主轴箱；5—溜板箱；6—溜板及刀架；7—尾座；8—丝杠；9—光杠

车床的运动形式有主运动、进给运动和辅助运动。

车床的主运动为工件的旋转运动，它是由主轴通过卡盘或顶尖带动工件旋转，承受车削加工时的主要切削功率。车削加工时，应根据被加工工件材料、刀具种类、工件尺寸、工艺要求等选择不同的切削速度。其主轴正转速度有 24 种（10～1 400 r/min），反转速度有 12 种（14～1 580 r/min）。

车床的进给运动是溜板带动刀架的纵向或横向直线运动。溜板箱把丝杠或光杠的转动传递给刀架部分，变换溜板箱外的手柄位置，经刀架部分使车刀做纵向或横向进给。

车床的辅助运动有刀架的快速移动、尾架的移动以及工件的夹紧与放松等。

2. C6140T 型普通车床电气控制线路

1）车床加工对电气控制线路要求

① 加工螺纹时，工件的旋转速度与刀具的进给速度应保持严格的比例，因此，主运动和进给运动由同一台电动机拖动，一般采用笼形异步电动机。

② 工件材料、尺寸加工工艺等不同，切削速度应不同，因此要求主轴的转速也不同，这里采用机械调速。

③ 车削螺纹时，要求主轴反转来退刀，因此要求主轴能正反转。车床主轴的旋转方向可通过机械手柄来控制。

④ 主轴电动机采用直接起动，为了缩短停车时间，主轴停车时采用能耗制动。

⑤ 车削加工时，由于刀具与工件温度高，所以需要冷却。为此，设有冷却泵电动机且要求冷却泵电动机应在主轴电动机起动后方可选择起动与否；当主轴电动机停止时，冷却泵电动机应立即停止。

⑥ 为实现溜板箱的快速移动，由单独的快速移动电动机拖动，采用点动控制。

⑦ 应配有安全照明电路和必要的联锁保护环节。

C6140T 型普通车床由三台三相笼形异步电动机拖动，即主电动机 M_1、冷却泵电动机 M_2 和刀架快速移动电动机 M_3。

2）C6140T 型普通车床电气控制线路分析

C6140T 型普通车床的电气控制线路如图 7－2－2 所示。

（1）主要电器介绍

表 7－2－1 列出了 C6140T 型普通车床的主要电器及其作用，供检修、调试时参考。

表 7－2－1　C6140T 型普通车床的主要电器元件表

序号	符号	名称及用途
1	QF_1	电源开关
2	QF_2	冷却泵开关
3	FU_{1-1}	主电路及变压器输入端短路、过载保护熔断器
4	FU_{1-2}	主电路短路、过载保护熔断器
5	FU_{1-3}	主电路及变压器输入端短路、过载保护熔断器
6	FU_2	主轴电动机能耗制动主电路短路、过载保护熔断器
7	KM_1	主轴电动机起动接触器主触点
8	KM_2	冷却泵电动机起动接触器主触点
9	KM_3	刀架快速移动电动机起动接触器主触点
10	KM_4	主轴电动机能耗制动接触器主触点
11	VD	主轴电动机能耗制动整流二极管
12	M_1	主轴电动机
13	M_2	冷却泵电动机
14	M_3	刀架快速移动电动机

续表

序号	符号	名称及用途
15	TB	变压器
16	FU5	控制电路短路、过载保护熔断器
17	SB_1	主轴电动机停止及冷却泵电动机的控制接触器失电按钮
18	SB_2	主轴电动机起动及冷却泵电动机的控制接触器得电按钮
19	SB_3	刀架快速移动电动机点动按钮
20	SQ_1（002－003）	主轴电动机能耗制动开关，切断主轴电动机控制接触器线圈得电回路
21	SQ_1（002－012）	主轴电动机能耗制动开关，接通时间继电器线圈得电回路
22	KM_1（006－000）	主轴电动机控制接触器线圈
23	KM_1（004－005）	主轴电动机起动接触器常开自锁触点
24	KM_1（012－013）	接触器常开触点，能耗制动准备，接通时间继电器线圈得电回路
25	KM_1（013－014）	接触器常闭触点，互锁保护触点，防止主轴电动机工作时接通能耗制动控制接触器线圈
26	KM_2（006－000）	冷却泵电动机控制接触器线圈
27	KM_2（014－015）	接触器常闭触点，互锁保护触点，防止主轴电动机工作时接通能耗制动控制接触器线圈
28	KM_3（007－000）	刀架快速移动电动机控制接触器线圈
29	KM_4（015－000）	能耗制动控制接触器线圈
30	KM_4（013－016）	接触器常闭触点，切断时间继电器线圈得电回路，触发时间继电器开始延时
31	KM_4（005－006）	接触器常闭触点，互锁保护触点，防止主轴电动机能耗制动时接通起动控制接触器线圈
32	KT（016－000）	时间继电器线圈
33	KT（002－013）	时间继电器断电延时常开自锁触点
34	KT（002－003）	时间继电器断电延时常闭触点，保证时间继电器线圈得电后才能切断主轴电动机控制接触器线圈
35	FU_3	照明电路短路、过载保护熔断器
36	FU_4	指示电路短路、过载保护熔断器

续表

序号	符号	名称及用途
37	K	照明开关
38	EL	照明灯
39	HL_1	冷却泵工作指示灯
40	HL_2	电源指示灯
41	HL_3	刻度照明灯
42	TA / A	电流互感器 TA 配合电流表 A 监视主轴电动机的工作电流

（2）主电路分析

主电路如图 7－2－3 所示，共有三台电动机：M_1 为主轴电动机，M_2 为冷却泵电动机，M_3 为刀架快速移动电动机。

合上自动空气开关 QF_1。

① M_1：交流接触器 KM_1 主触点闭合，M_1 直接起动运行。

② M_2：交流接触器 KM_1 主触点闭合后，交流接触器 KM_2 主触点闭合，再合上自动空气开关 QF_2，M_2 直接起动运行。

③ M_3：交流接触器 KM_3 主触点闭合，M_3 直接起动运行。

冷却泵电动机 M_2 由 KM_2 和自动空气开关 QF_2 控制。刀架快速移动电动机 M_3 由交流接触器 KM_3 控制，并由熔断器 FU_1 实现短路保护。

（3）控制电路分析

控制电路的电源由控制变压器 TB 供给控制电路交流电压 127 V，控制电路如图 7－2－4 所示。

① M_1、M_2 起动和停止：

按下 SB_2→
- KM_1 线圈得电
  - KM_1 主触点闭合→M_1 直接起动
  - KM_1 常开触点（004－005）闭合→自锁
- KM_2 线圈得电→KM_2 主触点闭合→合上 QF_2→ M_2 直接起动

按下 SB_1→
- KM_1 线圈失电
  - KM_1 主触点复位→M_1 停止
  - KM_1 常开触点（004－005）复位→解锁
- KM_2 线圈失电→KM_2 主触点复位→M_2 停止（M_2 停止也可直接断开 QF_2）

② M_3 点动：

按下 SB_3→KM_3 线圈得电→ KM_3 主触点闭合→M_3 直接起动

松开 SB_3→KM_3 线圈失电→ KM_3 主触点复位→M_3 停止

③ M_1 能耗制动：

合上 SQ_1→KT 线圈得电→
- KT 常闭触点（002－003）断开→KM_1、KM_2 线圈断电
- KT 常开触点（002－013）闭合自锁

⇨
- KM_4 线圈得电→KM_4 主触点闭合，M_1 能耗制动。
- KT 线圈断电→延时 t 后，KT 延时触点复位，KM_4 主触点断开，制动结束

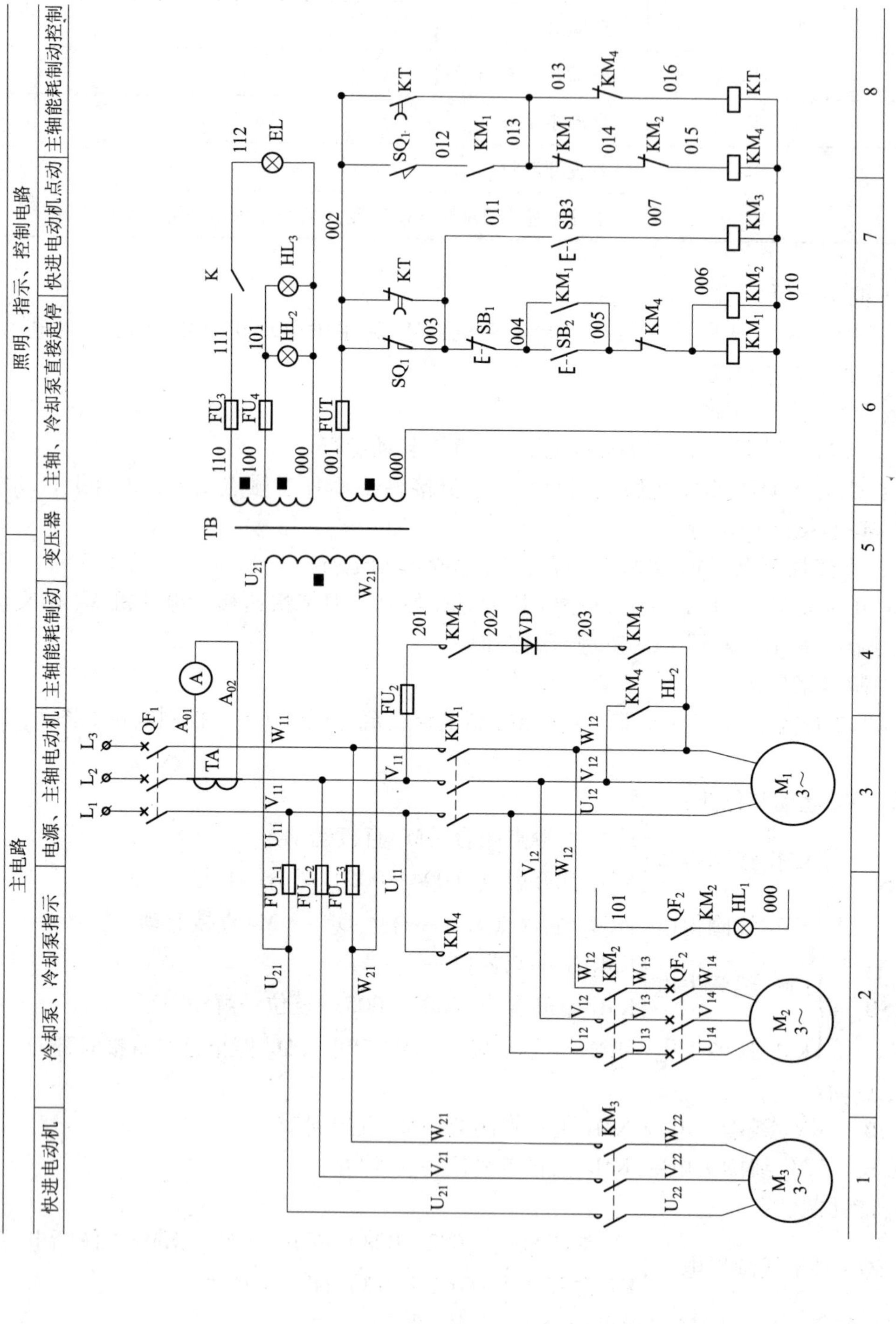

图 7-2-2　C6140T型普通车床的电气控制线路

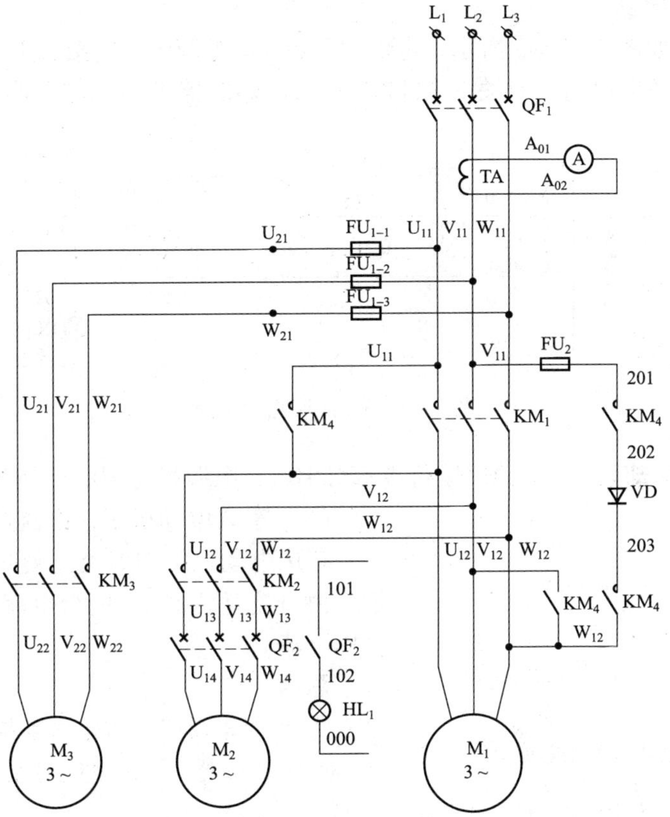

图 7－2－3　C6140T 型普通车床控制线路的主电路

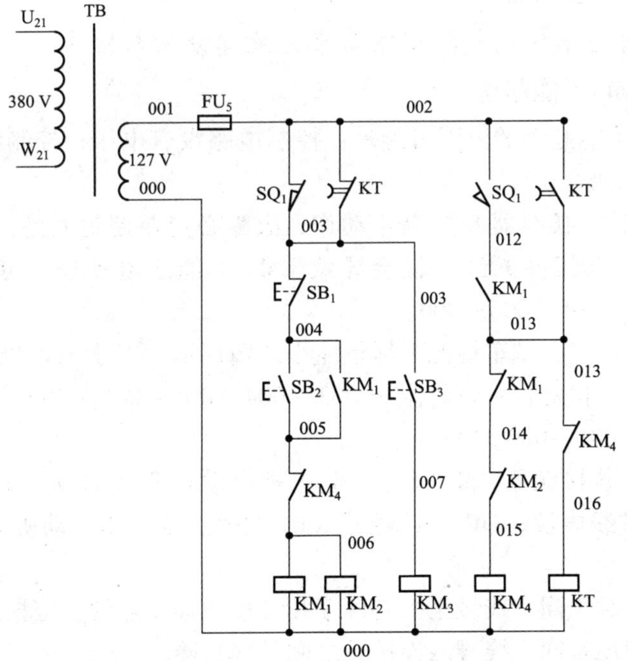

图 7－2－4　C6140T 型普通车床控制线路的控制电路

（4）照明指示电路

照明指示电路如图7－2－5所示，电源变压器TB将380 V的交流电压降到36 V的安全电压，供照明用。照明电路由开关K控制灯泡EL。熔断器FU_3用作照明电路的短路保护。

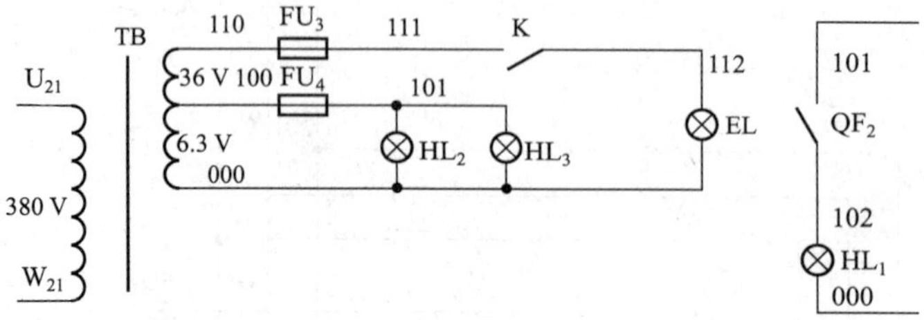

图7－2－5　照明指示电路

6.3 V电压供冷却泵电动机M_2运行指示灯HL_1、电源指示HL_2、刻度照明HL_3。

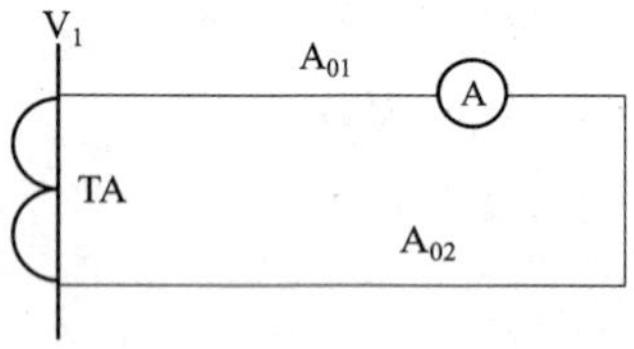

图7－2－6　车床电动机工作电流监测回路

（5）车床电动机工作电流监测回路

车床电动机工作电流监测回路如图7－2－6所示，由电流互感器TA配合电流表A监视电动机的工作电流。

总结：

① 主轴电动机采用单向直接起动，单管能耗制动。能耗制动时间用断电延时型时间继电器控制。

② 用电流互感器检测电流，监视电动机的工作电流。

③ 主轴电动机和冷却泵电动机在主电路中保证顺序联锁关系。

④ 快进电动机采用点动控制。

3. C6140T型普通车床电气控制线路常见故障分析与检修

1）主轴电动机M_1不能起动

主轴电动机M_1不能起动的原因可能是：控制电路没有电压；控制线路中的熔断器FU_5熔断；接触器KM_1未吸合。

按下起动按钮SB_2，接触器KM_1若不动作，故障必定在控制电路，如按钮SB_1、SB_2的触点接触不良，接触器线圈断线，就会导致KM_1不能通电动作。可用电阻法依次测量001－002－003－004－005－006－000。

在实际检测中应在充分试车情况下尽量缩小故障区域。对于电动机M_1不能起动的故障现象，若刀架快速移动正常，故障将限于003－004－005－006－000之间。若KM_2线圈不能得电，故障将限于006－000之间。

当按下SB_2后，若接触器KM_1吸合，但主轴电动机不能起动，故障原因必定在主电路中，可依次检查进线电源、QF_1、接触器KM_1主触点及三相电动机的接线端子等是否接触良好。

在故障测量时，对于同一线号至少有两个相关接线连接点的，应根据电路逐一测量，判断是属于连接点故障还是同一线号两连接点之间导线故障。

控制电路的故障测量尽量采用电压法，当测量到故障之后应断开电源再排除。

2）主轴电动机能运转不能自锁

当按下按钮 SB_2 时，电动机能运转，但放松按钮后电动机即停转，这是由于接触器 KM_1 的辅助常开触点接触不良或位置偏移、卡阻引起的故障。这时只要将接触器 KM_1 的辅助常开触点进行修整或更换即可排除故障。辅助常开触点的连接导线松脱或断裂也会使电动机不能自锁，用电阻法测量 004 - 005 号的连接情况。

3）主轴电动机不能停车

造成这种故障的原因可能有接触器 KM_1 的主触点熔焊；停止按钮 SB_1 击穿或线路中 003 - 004 两点连接导线短路；接触器铁心表面粘有污垢。可采用下列方法判明是哪种原因造成电动机 M_1 不能停车。若断开 QF_1，接触器 KM_1 释放，则说明故障为 SB_1 击穿或导线短路；若接触器过一段时间释放，则故障为铁心表面粘牢污垢；若断开 QF_1，接触器 KM_1 不释放，则故障为主触点熔焊，打开接触器灭弧罩，可直接观察到该故障。应根据具体故障情况采取相应措施。

4）刀架快速移动电动机不能运转

按下点动按钮 SB_3，接触器 KM_3 未吸合，故障必然在控制线路中，这时可检查点动按钮 SB_3，接触器 KM_3 的线圈是否断路。用电阻法检测 003 - 007 - 000 之间的连接情况。

5）M_1 能起动，不能能耗制动

起动主轴电动机 M_1 后，若要实现能耗制动，只需踩下行程开关 SQ_1 即可。若踩下行程开关 SQ_1，不能实现能耗制动，其故障现象通常有两种，一种是电动机 M_1 能自然停车，另一种是电动机 M_1 不能停车，仍然转动不停。

踩下行程开关 SQ_1，不能实现能耗制动，其故障范围可能在主电路，也可能在控制电路。有如下方法加以判别。

① 由故障现象确定。当踩下行程开关 SQ_1 时，若电动机能自然停车，说明控制电路中 KT（002 - 003）能断开，时间继电器 KT 线圈得过电，不能制动的原因在于接触器 KM_4 是否动作。KM_4 动作，故障点在主电路中；KM_4 不动作，故障点在控制电路中。

当踩下行程开关 SQ_1 时，若电动机不能停车，说明控制电路中 KT（002 - 003）不能断开，致使接触器 KM_1 线圈不能断电释放，从而造成电动机不能停车，其故障点在控制电路中，这时可以检查继电器 KT 线圈是否得电。

② 由电器的动作情况确定。当踩下行程开关 SQ_1 进行能耗制动时，反复观察电器 KT 和 KM_4 的衔铁有无吸合动作。若 KT 和 KM_4 的衔铁先后吸合，则故障点肯定在主电路的能耗制动支路中；KT 和 KM_4 的衔铁只要有一个不吸合，则故障点必在控制电路的能耗制动支路中。

例 1：主轴电动机 M_1 不能起动。

① 故障现象：主轴电动机不能起动，KM_1 线圈不得电。

② 故障分析：首先用万用表电压挡测量变压器 TB 是否有 380 V 电压输入，如果没有，故障范围在以下线路中。

$L_1 \rightarrow QF_1 \rightarrow U_{11} \rightarrow FU_{1-1} \rightarrow U_{21} \rightarrow TB$

$L_3 \rightarrow QF_1 \rightarrow W_{11} \rightarrow FU_{1-3} \rightarrow W_{21} \rightarrow TB$

如果有 380 V 输入，测量变压器是否有 127 V 输出，没有则变压器有故障；如果有，则故障范围在以下线路中，如图 7 - 2 - 7 所示。

$$001\rightarrow FU_5\rightarrow 002\rightarrow\begin{cases}SQ_1\ (002-003)\\ KT\ (002-003)\end{cases}\rightarrow 003\rightarrow SB_1\rightarrow 004\rightarrow\begin{cases}SB_2\\ KM_1\ (004-005)\end{cases}\rightarrow 005\rightarrow KM_4$$

$(005-006)\rightarrow 006\rightarrow KM_1$ 线圈 $\rightarrow 000$

③ 故障测量：（假设 KM_4 常闭下端的006断开）用万用表测量如图7-2-8所示电路。

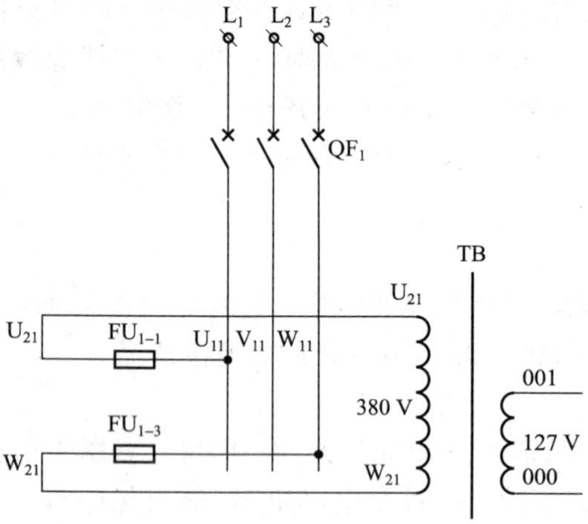

图7-2-7　电源、变压器回路

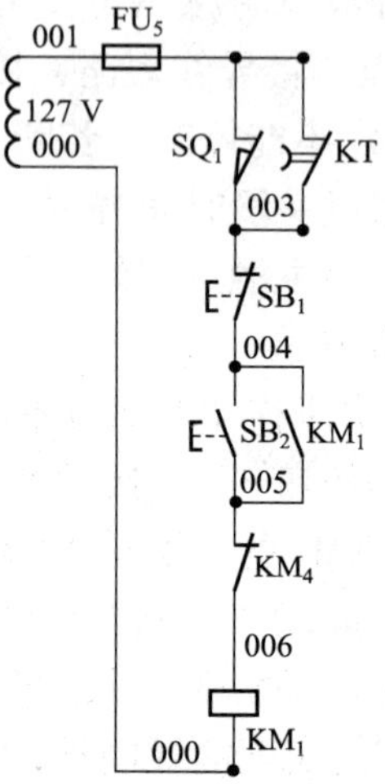

图7-2-8　主轴控制接触器 KM_1 得电电路

a. 电阻法。断开 FU_5，测量001、002、003、004、005、006、000导线，正常情况电阻值应近似为0，按照假设测006时电阻应近似为∞。

断开 FU_5，按下 SB_2 或 KM_1 常开，将一根表笔固定在TB的001上，另外一根表笔依次测量001、002、003、004、005、006，正常情况电阻值应近似为0，按照假设测到005时电阻值应近似为0，测到 KM_1 线圈006时电阻应近似为∞。

b. 电压法。测量001、002、003、004、005、006、000导线，正常情况电压值应近似为0，按照假设测006时电压应近似为127 V。

按下 SB_2 或 KM_1 常开，将一根表笔固定在TB的000上，另外一根表笔依次测量001、002、003、004、005、006，正常情况电压值应近似为127 V，按照假设测到005时电压值应近似为127 V，测到 KM_1 线圈006时电压应为0。

故障点：KM_4（005-006）到 KM_1 线圈的006。

例2：主轴电动机不能制动。

① 故障现象：主轴电动机不能制动。

② 故障分析：主轴电动机制动电路分两部分，即主电路与控制电路。首先判断主电路，按下 SB_2 主轴起动后，按下 SB_1 停止按钮（此时电动机在惯性下仍旋转），手动强制按下 KM_4 接触器衔铁，观察电动机停止情况。若电动机仍在旋转，说明故障就在制动主电路中；若电动机立即停止旋转，制动主电路没有故障，故障在制动控制电路中。

注意：进行手动强制制动时是强行接通能耗制动直流工作回路，一定要先按下停止按钮

SB_1，待主轴电动机脱离三相电源后才能够手动强制按下 KM_4 接触器衔铁，否则将出现严重的短路事故。

制动主电路故障范围如下，如图 7－2－9 所示为制动主电路。

$V_{11} \rightarrow FU_2 \rightarrow 201 \rightarrow KM_4$（201 － 202）$\rightarrow 202 \rightarrow VD \rightarrow 203 \rightarrow KM_4$（203 － W12）$\rightarrow$

$$\left\{\begin{array}{l} W_{12} \\ KM_4\ (W_{12} - V_{12}) \rightarrow V_{12} \end{array}\right. \rightarrow M_1 \rightarrow U_{12} \rightarrow KM_4\ (U_{12} - U_{11}) \rightarrow U_{11}$$

制动控制电路故障范围如图 7－2－10 所示。

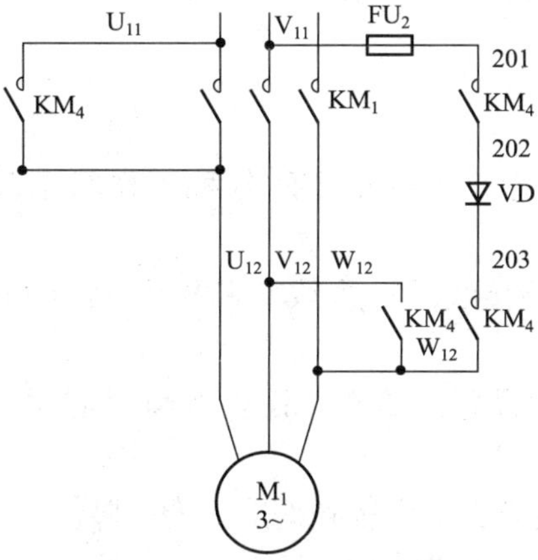

图 7－2－9　制动主电路

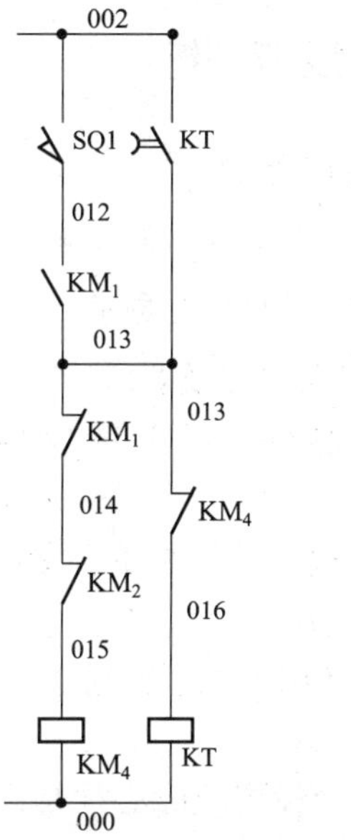

图 7－2－10　制动控制电路

制动控制电路按以下步骤分析。

a. KT 动作情况：KT 线圈是否得电，若得电，故障不在 KT 线圈得电回路中；若不得电，故障在 KT 线圈得电回路中。

KT 线圈得电回路：

002→SQ_1（002－012）→012→KM_1（012－013）→013→KM_4（013－016）→016→KT 线圈→000。

KT 得电后是否自锁，若自锁，故障不在 KT 自锁回路中；若不自锁，故障在 KT 自锁回路中。

KT 自锁回路：

002→KT（002－013）→013。

b. KM_4 动作情况：若 KM_4 线圈不得电，故障就在 KM_4 得电回路中。

KM_4 线圈得电回路：

002→KT（002－013）→013→KM_1（013－014）→014→KM_2（014－015）→015→KM_4 线圈→000。

KM_4 得电回路中含有 KT 自锁回路，如 KT 自锁，故障只在 013→KM_1（013－014）→014→KM_2（014－015）→015→KM_4 线圈→000 中。

③ 故障测量：根据各自习惯选用电阻法或电压法测量以上线路，其中需要注意的是在使用电阻法测量时应防止寄生回路产生的误判断。设 016 断开，测量 KM_4（013－016）→016→KT 线圈时，原则上电阻应近似为∞；而实际测量时电阻值为 KM_4 与 KT 线圈的串联值，如图 7－2－11 所示。

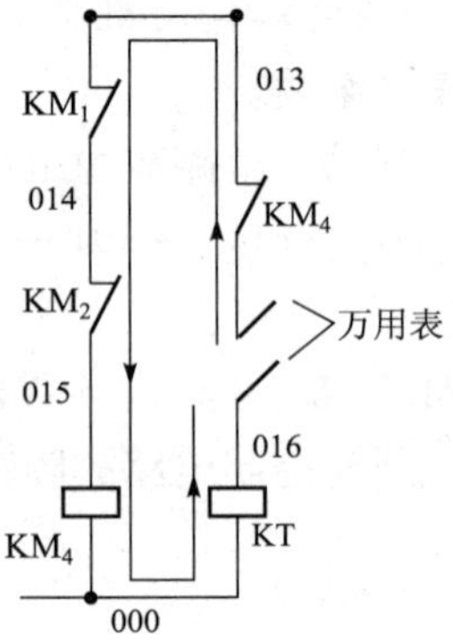

图 7－2－11　寄生回路

二、技能训练

1. 实训器材

常用电工工具，万用表，C6140T 型普通车床模拟电气控制柜。

2. 实训内容及要求

1）实训步骤及要求

① 在教师指导下对 C6140T 型普通车床进行操作，了解车床的各种工作状态及操作方法。

② 在教师的指导下，参照电气原理图和电气安装接线图，熟悉车床电器元件的分布位置和走线情况。

③ 在 C6140T 型普通车床模拟电气控制柜上人为设置故障点，设置故障时应注意以下几点。

a. 人为设置故障必须是模拟车床在使用中由于受外界因素影响而造成的故障。

b. 切忌设置更改线路或更换元器件等由于人为原因而造成的故障。

c. 设置的故障应与学生具备的能力相适应。

d. 学生进行检修故障练习时，教师必须在现场密切观察学生操作，随时做好采取应急措施的准备。

④ 教师进行检修示范，示范时应边讲解边检修。

a. 根据故障现象用逻辑分析法确定故障范围。

b. 再用电阻法检查故障。

c. 用电压法检查故障。

d. 用验电笔检查故障。

e. 排除电路中故障，并通电试车。

f. 教师设置故障点，主电路一处、控制电路一处，让学生进行检修练习。

2）注意事项

① 掌握 C6140T 型车床线路工作原理及操作方法，认真观摩教师检修示范。

② 检修时所用工具、仪表应正确。

③ 检修时，严禁扩大故障范围或产生新的故障。

④ 带电检修时，必须有指导教师监护，以保证安全。

三、技能考核

考核要求：在30分钟内排除两个电气线路故障。

考核及评分标准见表7－2－2。

表7－2－2　技能考核评分表

序号	项目	评分标准	配分	扣分	得分
1	观察故障现象	两个故障，观察不出故障现象，每个扣5分	10		
2	故障分析	分析和判断故障范围，每个故障占30分 每一个故障，范围判断不正确每次扣10分；范围判断过大或过小，每超过一个元器件扣5分，扣完这个故障的30分为止	60		
3	故障排除	正确排除两个故障，不能排除故障，每个扣15分	30		
4	其他	不能正确使用仪表扣10分；拆卸无关的元器件、导线端子，每次扣5分；扩大故障范围，每个故障扣10分；违反电气安全操作规程，造成安全事故者酌情扣分	从总分倒扣		

四、练习与提高

① 在C6140T型普通车床中，若主轴电动机 M_1 只能点动，则可能的故障原因是什么？

② 试述C6140T型普通车床主轴电动机 M_1 的控制特点及制动过程，其中时间继电器KT的作用是什么？

③ C6140T型普通车床电气控制具有哪些保护环节？

④ 假设C6140T型普通车床电源开关合上后，操作任何开关所有元器件都不能工作，分析一下故障原因，如何快速地检测到故障点？

⑤ 如图7－2－12所示设置故障点，分析故障原因并列出排除故障思路及步骤。

⑥ 两人一组，一人在C6140T型普通车床模拟电气控制柜上设置故障，由另一人练习排除故障，相互交替。

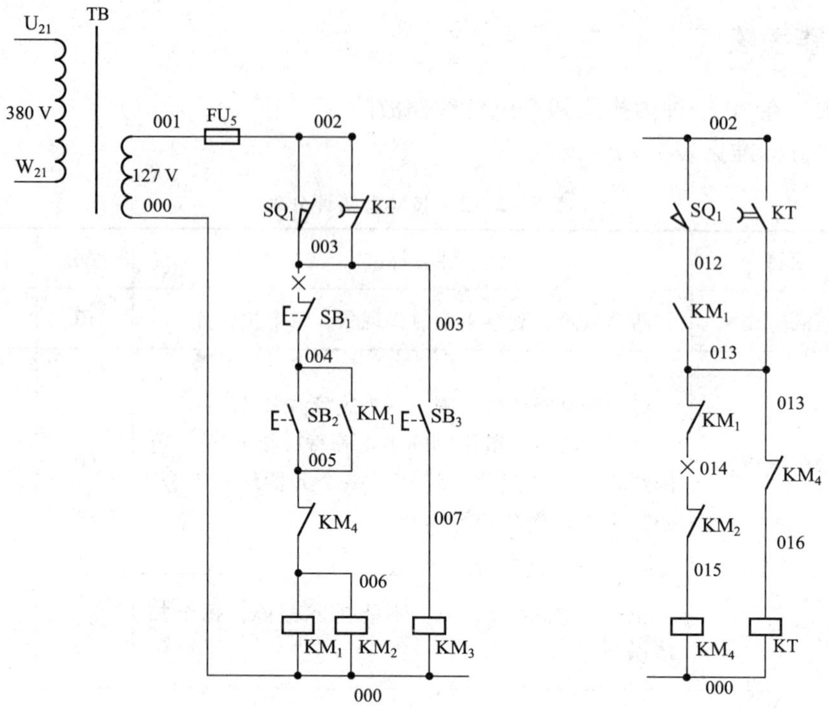

（a）　　（b）

图 7－2－12　练习⑤的图

模块三　分析 Z3040 型摇臂钻床的电气控制线路并排除故障

学习目标

- 会分析 Z3040 型摇臂钻床电气控制线路
- 能用万用表检查并排除 Z3040 型摇臂钻床常见电气故障

一、理论知识

钻床是一种用途广泛的万能机床。钻床的结构形式很多，有立式钻床、卧式钻床、深孔钻床及台式钻床等。摇臂钻床是一种立式钻床，主要用于对大型零件进行钻孔、扩孔、铰孔和攻螺纹等。Z3040 型摇臂钻床是在 Z35 型摇臂钻床基础上的更新产品。它取消了 Z35 汇流环的供电方式，改为直接由机床底座进线，由外立柱顶部引出再进入摇臂后面的电气壁龛；对内外立柱、主轴箱及摇臂的夹紧放松和其他一些环节，采用了先进的液压技术。由于在机械上 Z3040 有两种形式，所以其电气控制电路也有两种形式，下面以沈阳中捷友谊厂生产的

Z3040 型摇臂钻床为例进行分析。

1. Z3040 型摇臂钻床结构及运动形式认识

Z3040 型摇臂钻床的主要构造由底座、工作台、主轴箱、内外立柱、摇臂等几部分组成。摇臂钻床的运动形式有：主运动（主轴旋转）、进给运动（主轴纵向移动）、辅助运动（摇臂沿外立柱的垂直移动，主轴箱沿摇臂的径向移动，摇臂与外立柱一起相对于内立柱的回转运动）。Z3040 型摇臂钻床的主要结构及运动示意如图 7-3-1 所示。

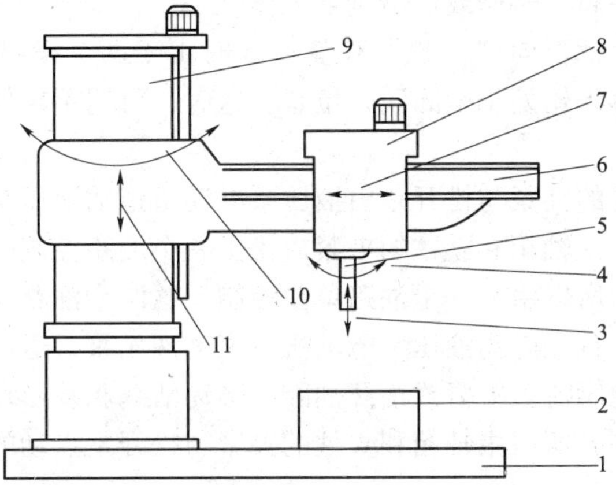

图 7-3-1　Z3040 型摇臂钻床的主要结构与运动示意图

1—底座；2—工作台；3—主轴纵向进给；4—主轴旋转主运动；5—主轴；6—摇臂；
7—主轴箱沿摇臂径向运动；8—主轴箱；9—内外立柱；10—摇臂回转运动；11—摇臂垂直移动

Z3040 型摇臂钻床具有两套液压控制系统，一个是操纵机构液压系统；一个是夹紧机构液压系统。前者安装在主轴箱内，用以实现主轴正反转、停车制动、空挡、预选及变速；后者安装在摇臂背后的电气盒下部，用以夹紧松开主轴箱、摇臂及立柱。

1）操纵机构液压系统

该系统压力油由主轴电动机拖动齿轮泵送出。由主轴变速、正反转及空挡操作手柄来改变两个操纵阀的相互位置，使压力油作不同的分配，获得不同的动作。操作手柄有五个空间位置：上、下、里、外和中间位置。其中上为“空挡”，下为“变速”，外为“正转”，里为“反转”，中间位置为“停车”。而主轴转速及主轴进给量各由一个旋钮预选，然后再操作手柄。

起动主轴时，首先按下主轴电动机起动按钮，主轴电动机起动旋转，拖动齿轮泵，送出压力油，然后操纵手柄，扳至所需转向位置，于是两个操纵阀相互位置改变，使一股压力油将制动摩擦离合器松开，为主轴旋转创造条件；另一股压力油压紧正转（反转）摩擦离合器，接通主轴电动机到主轴的传动链，驱动主轴正转或反转。

在主轴正转或反转过程中，也可旋转变速旋钮，改变主轴转速或主轴进给量。

主轴停车时，将操作手柄扳回中间位置，这时主轴电动机仍拖动齿轮泵旋转，但此时整个液压系统为低压油，无法松开制动摩擦离合器，而在制动弹簧作用下将制动摩擦离合器压紧，使制动轴上的齿轮不能转动，主轴实现停车。所以主轴停车时主轴电动机仍然旋转，只是不能将动力传到主轴。

主轴变速与进给变速：将操作手柄扳至“变速”位置，于是改变两个操纵阀的相互位置，使齿轮泵送出的压力油进入主轴转速预选阀和主轴进给量预选阀，然后进入各变速液压缸。各变速液压缸为差动液压缸，具体哪个液压缸上腔进压力油或回油，取决于所选定的主轴转速和进给量的大小。与此同时，另一条油路系统推动拨叉缓慢移动，逐渐压紧主轴正转摩擦离合器，接通主轴电动机到主轴的传动链，使主轴缓慢转动，称为缓速。缓速的目的在于使滑移齿轮能比较顺利地进入啮合位置，避免出现齿顶齿现象。当变速完成，松开操作手柄，此时将在弹簧作用下由“变速”位置自动复位到主轴“停车”位置，这时便可操纵主轴正转或反转，主轴将在新的转速或进给量下工作。

主轴空挡：将操作手柄扳向“空挡”位置，这时由于两个操纵阀相互位置改变，压力油使主轴传动系统中滑移齿轮处于中间脱开位置。这时，可用手轻便地转动主轴。

2）夹紧机构液压系

主轴箱、立柱和摇臂的夹紧与松开是由液压泵电动机拖动液压泵送出压力油、推动活塞和菱形块来实现的。其中主轴箱和立柱的夹紧放松由一个油路控制，而摇臂的夹紧松开因与摇臂升降构成自动循环，所以由另一个油路单独控制。这两个油路均由电磁阀操纵。欲夹紧或松开主轴箱及立柱时，首先起动液压泵电动机，拖动液压泵，送出压力油，在电磁阀操纵下，使压力油经二位六通阀流入夹紧或松开油腔，推动活塞和菱形块实现夹紧或松开。由于液压泵电动机是点动控制，所以主轴箱和立柱的夹紧与松开是点动的。

2. Z3040 型摇臂钻床电气控制线路分析

图7－3－2为Z3040型摇臂钻床电气原理图。图中 M_1 为主轴电动机，M_2 为摇臂升降电动机，M_3 为液压泵电动机，M_4 为冷却泵电动机。

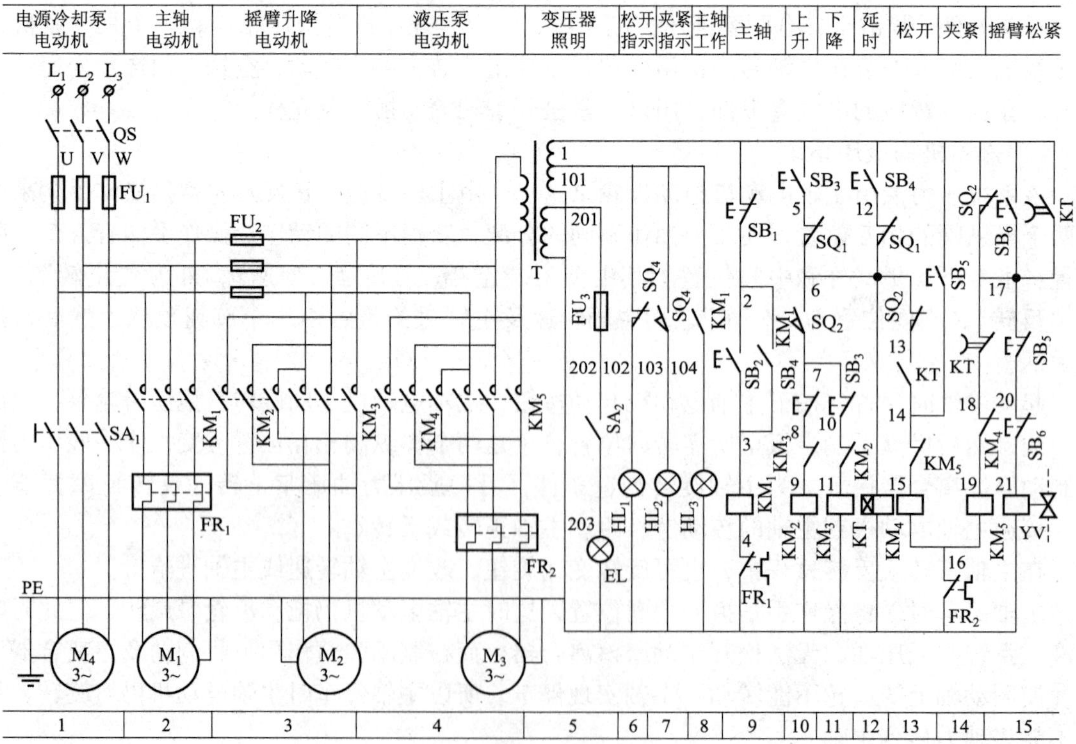

图7－3－2　Z3040型摇臂钻床电气原理图

1）主要电器介绍

Z3040 型摇臂钻床电器位置示意如图 7－3－3 所示，供检修、调试时参考，表 7－3－1 列出了 Z3040 型摇臂钻床主要电器及其作用。

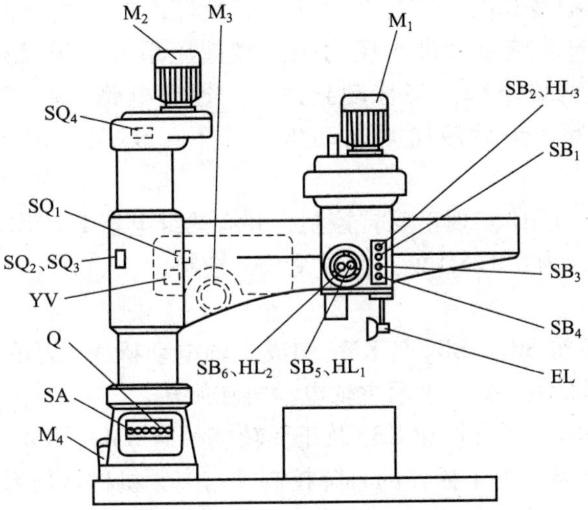

图 7－3－3　Z3040 型摇臂钻床电器位置示意图

表 7－3－1　Z3040 型摇臂钻床主要电器元件表

序号	符号	名称及用途
1	EL	照明灯
2	M_1	主轴电动机
3	M_2	摇臂升降电动机
4	M_3	液压泵电动机
5	M_4	冷却泵电动机
6	QS	电源开关
7	SA	液压泵电动机用转换开关
8	SB_1	主轴停止按钮
9	SB_3	摇臂上升按钮
10	SB_4	摇臂下降按钮
11	SB_2、HL_3	主轴电动机起动按钮及指示灯
12	SB_5、HL_1	主轴箱和立柱松开按钮及指示灯
13	SB_6、HL_2	主轴箱和立柱夹紧按钮及指示灯
14	SQ_1	摇臂升降限位用行程开关
15	SQ_2、SQ_3	摇臂松开、夹紧用行程开关
16	SQ_4	主轴箱与立柱松开或夹紧用行程开关
17	YV	电磁阀

2）主电路分析

主电路中 M_1 为单方向旋转，由接触器 KM_1 控制，主轴的正反转则由机床液压系统操纵机构配合正反转摩擦离合器实现，并由热继电器 FR_1 作电动机长期过载保护。

M_2 由正、反转接触器 KM_2、KM_3 控制实现正反转。控制电路保证在操纵摇臂升降时，首先使液压泵电动机起动旋转，供出压力油，经液压系统将摇臂松开，然后才使电动机 M_2 起动，拖动摇臂上升或下降。当移动到位后，控制电路又保证 M_2 先停下，再自动通过液压系统将摇臂夹紧，最后液压泵电动机才停下。M_2 为短时工作，不用设长期过载保护。

M_3 由接触器 KM_4、KM_5 实现正反转控制，并有热继电器 FR_2 作长期过载保护。

M_4 电动机容量小，为 0.125 kW，由开关 SA_1 控制。

3）控制电路分析

控制电路中，由按钮 SB_1、SB_2 与 KM_1 构成主轴电动机 M_1 的单方向旋转起动、停止电路。M_1 起动后，指示灯 HL_3 亮，表示主轴电动机在旋转。

由摇臂上升按钮 SB_3、下降按钮 SB_4 及正反转接触器 KM_2、KM_3 组成具有双重互锁的电动机正反转点动控制电路。由于摇臂的升降控制须与夹紧机构液压系统紧密配合，所以与液压泵电动机的控制有密切关系。下面以摇臂的上升为例分析摇臂升降的控制。

按下上升点动按钮 SB_3，时间继电器 KT 线圈通电，触点 KT（1－17）、KT（13－14）立即闭合，使电磁阀 YV、KM_4 线圈同时通电，液压泵电动机起动旋转，拖动液压泵送出压力油，并经两个六通阀进入松开油腔，推动活塞和菱形块，将摇臂松开。同时，活塞杆通过弹簧片压上行程开关 SQ_2，发出摇臂松开信号，即触点 SQ_2（6－7）闭合，SQ_2（6－13）断开，使 KM_2 通电，KM_4 断电。于是电动机 M_3 停止旋转，液压泵停止供油，摇臂维持松开状态；同时 M_2 起动旋转，带动摇臂上升。所以 SQ_2 是用来反映摇臂是否松开并发出松开信号的电器元件。

当摇臂上升到所需位置时，松开按钮 SB_3，KM_2 和 KT 断电，M_2 电动机停止旋转，摇臂停止上升。但由于触点 KT（17－18）经 1～3 s 延时闭合，触点 KT（1－17）经同样延时断开，所以 KT 线圈断电经 1～3 s 延时后，KM_5 通电，此时 YV 通过 SQ_3 仍然得电。M_3 反向起动，拖动液压泵，供出压力油，经两个六通阀进入摇臂夹紧油腔，向反方向推动活塞和菱形块，将摇臂夹紧。同时，活塞杆通过弹簧片压下行程开关 SQ_3，使触点 SQ_3（1－17）断开，使 KM_5 断电，液压泵电动机 M_3 停止旋转，摇臂夹紧完成。所以 SQ_3 为摇臂夹紧信号开关。

时间继电器 KT 是为保证夹紧动作在摇臂升降电动机停止运转后进行而设的，KT 延时长短根据摇臂升降电动机切断电源到停止的惯性大小来调整。

摇臂升降的极限保护由行程开关 SQ_1 来实现。SQ_1 有两对常闭触点，当摇臂上升或下降到极限位置时相应触点动作，切断对应上升或下降接触器 KM_2 或 KM_3 线圈的电源，使 M_2 停止旋转，摇臂停止移动，实现极限位置保护。SQ_1 开关两对触点平时应调整在同时接通位置；一旦动作时，应使一对触点断开，而另一对触点仍保持闭合。

摇臂自动夹紧程度由行程开关 SQ_3 控制。如果夹紧机构液压系统出现故障不能夹紧，那么触点 SQ_3（1－17）断不开，或者 SQ_3 开关安装调整不当，摇臂夹紧后仍不能压下 SQ_3，这时都会使电动机 M_3 处于长期过载状态，易将电动机烧毁，为此 M_3 采用热继电器 FR_2 作过载保护。

主轴箱和立柱松开与夹紧的控制：主轴箱和立柱的夹紧与松开是同时进行的。当按下松开按钮 SB_5，KM_4 通电，M_3 电动机正转，拖动液压泵送出压力油，这时 YV 处于断电状态，压力油经两个六通阀，进入主轴箱松开油腔与立柱松开油腔，推动活塞和菱形块，使主轴箱和立柱实现松开。在松开的同时通过行程开关 SQ_4 控制指示灯发出信号，当主轴箱与立柱松开时，开关 SQ_4 不受压，触点 SQ_4（101－102）闭合，指示灯 HL_1 亮，表示确已松开，可操作主轴箱和立柱移动。当夹紧时，将压下 SQ_4，触点（101－103）闭合，指示灯 HL_2 亮，可以进行钻削加工。

机床安装后接通电源，可利用主轴箱和立柱的夹紧、松开来检查电源相序，当电源相序正确后，再调整电动机 M_2 的接线。

3. Z3040 型摇臂钻床电气控制线路故障检修

Z3040 型摇臂钻床电气线路比较简单，其电气控制的特殊环节是摇臂的运动。摇臂在上升或下降时，摇臂的夹紧机构先自动松开，在上升或下降到预定位置后，其夹紧机构又要将摇臂自动夹紧在立柱上。这个工作过程是由电气、机械和液压系统的紧密配合实现的。所以，在维修和调试时，不仅要熟悉摇臂运动的电气过程，而且更要注重掌握机械、电气、液压配合的调整方法和步骤。

1）摇臂不能上升（或下降）

① 首先检查行程开关 SQ_2 是否动作，如已动作，即 SQ_2 的常开触点（6－7）已闭合，说明故障发生在接触器 KM_2 或摇臂升降电动机 M_2 上；如 SQ_2 没有动作，而这种情况较常见，实际上此时摇臂已经放松，但由于活塞杆压不上 SQ_2，使接触器 KM_2 不能吸合，升降电动机不能得电旋转，摇臂不能上升。

② 液压系统发生故障，如液压泵卡死、不转，油路堵塞或气温太低时油的黏度增大，使摇臂不能完全松开，压不上 SQ_2，摇臂也不能上升。

③ 电源的相序接反，按下 SB_3 摇臂上升按钮，液压泵电动机反转，使摇臂夹紧，压不上 SQ_2，摇臂也就不能上升或下降。

排除故障时，当判断是行程开关 SQ_2 位置改变造成的，则应与机械、液压维修人员配合，调整好 SQ_2 的位置并紧固。

2）摇臂上升（或下降）到预定位置后，摇臂不能夹紧

① 限位开关 SQ_3 安装位置不准确，或紧固螺钉松动造成 SQ_3 限位开关过早动作，使液压泵电动机 M_3 在摇臂还未充分夹紧时就停止旋转。

② 接触器 KM_5 线圈回路出现故障。

3）立柱、主轴箱不能夹紧（松开）

立柱、主轴箱各自的夹紧或松开是同时进行的，立柱、主轴箱不能夹紧或松开可能因油路堵塞、接触器 KM_4 或 KM_5 线圈回路出现故障造成的。

4）按 SB_6 按钮，立柱、主轴箱能夹紧，但放开按钮后，立柱、主轴箱却松开

立柱、主轴箱的夹紧和松开，都采用菱形块结构。故障多为机械原因造成，可能是因菱形块和承压块的角度方向装错，或者因距离不合适造成的。如果菱形块立不起来，这是因为夹紧力调得太大或夹紧液压系统压力不够所致。作为电气维修人员掌握一些机械、液压知识，将对维修带来方便，避免盲目检修并能缩短机床停机时间。

5）摇臂上升或下降，行程开关失灵

行程开关 SQ_1 失灵分两种情况。

① 行程开关损坏，触点不能因开关动作而闭合，接触不良，使线路不能正常工作。线路断开后，信号不能传递，不能使摇臂上升或下降。

② 行程开关不能动作，触点熔焊，使线路始终呈接通状态。当摇臂上升或下降到极限位置后，摇臂升降电动机堵转，发热严重，由于电路中没设过载保护元件，会导致电动机绝缘损坏。

6）主轴电动机刚起动运转，熔断器就熔断

按主轴起动按钮 SB_2，主轴电动机刚旋转，就发生熔断器熔断故障。原因可能是机械机构发生卡住现象，或者是钻头被铁屑卡住，进给量太大，造成电动机堵转；负荷太大，主轴电动机电流剧增，热继电器来不及动作，使熔断器熔断。也可能因为电动机本身的故障造成熔断器熔断。

排除故障时，应先退出主轴，根据空载运行情况，区别故障现象，找出原因。

例：主轴电动机 M_1 不能起动。

① 故障现象：主轴电动机不能起动，KM_1 线圈不得电。

② 故障分析：首先用万用表电压挡测量变压器 TB 是否有 380 V 电压输入，如果没有，故障范围在以下线路中，如图 7－3－4 所示。

$L_2 \to Q \to V_{11} \to FU_1 \to V_{21} \to TB$

$L_3 \to Q \to W_{11} \to FU_1 \to W_{21} \to TB$

如果有 380 V 电压输入，测量变压器是否有 127 V 输出，没有则变压器有故障；如果有，则故障范围在以下线路中，如图 7－3－5 所示。

$$1 \to SB_1 \to 2 \to \begin{cases} SB_2 \\ KM_1\ (2-3) \end{cases} \to 3 \to KM_1\text{ 线圈} \to FR_1 \to PE$$

③ 故障测量：（假设 KM 线圈下端的 4 断开）用万用表测量如图 7－3－5 所示电路。

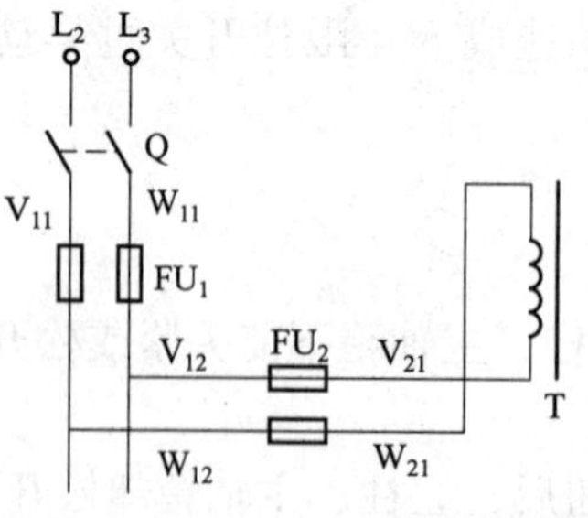

图 7－3－4　电源、变压器回路

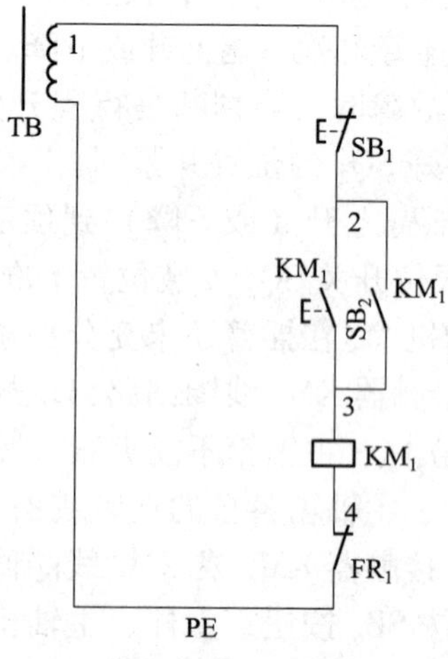

图 7－3－5　主轴控制接触器 KM_1 得电电路

a. 电阻法：测量 1、2、3、4、PE 导线，正常情况电阻值应近似为 0，按照假设测 4 时电阻应近似为∞。

按下 SB_2 或 KM_1 常开，将一根表笔固定在 TB 的 1 上，另外一根表笔依次测量 1、2、3、4、PE，正常情况电阻值应近似为 0，按照假设测到 3 时电阻值应近似为 0，测到 FR_1 常闭 4 时电阻应近似为∞。

b. 电压法：测量 1、2、3、4、PE 导线，正常情况电压值应近似为 0，按照假设测 4 时电压应近似为 127 V。

按下 SB_2 或 KM_1 常开，将一根表笔固定在 TB 的 PE 上，另外一根表笔依次测量 1、2、3、4，正常情况电压值应近似为 127 V，按照假设测到 3 时电压值应近似为 127 V，测到 FR_1 常闭 4 时电压应为 0。

故障点：KM_1 线圈到 FR_1 常闭的 4。

二、技能训练

1. 实训器材

常用电工工具，万用表，Z3040 型摇臂钻床模拟电气控制柜。

2. 实训内容及要求

1）实训步骤及要求

① 在教师指导下对 Z3040 型摇臂钻床进行操作，了解钻床的各种工作状态及操作方法。

② 在教师的指导下，参照电气原理图和电气安装接线图，熟悉摇臂钻床电器元件的分布位置和走线情况。

③ 在 Z3040 型摇臂钻床模拟电气控制柜上人为设置故障点，设置故障时应注意以下几点。

a. 人为设置故障必须是模拟摇臂钻床在使用中由于受外界因素影响而造成的故障。

b. 切忌设置更改线路或更换元器件等由于人为原因而造成的故障。

c. 设置的故障应与学生具备的能力相适应。

d. 学生进行检修故障练习时，教师必须在现场密切观察学生操作，随时做好采取应急措施的准备。

④ 教师进行检修示范，示范时应边讲解边检修。

a. 根据故障现象用逻辑分析法确定故障范围。

b. 再用电阻法检查故障。

c. 用电压法检查故障。

d. 用验电笔检查故障。

e. 排除电路中故障，并通电试车。

f. 教师设置故障点，主电路一处、控制电路一处，让学生进行检修练习。

2）注意事项

① 掌握 Z3040 型摇臂钻床线路工作原理及操作方法，认真观摩教师检修示范。

② 检修时所用工具、仪表应正确。

③ 检修时，严禁扩大故障范围或产生新的故障。

④ 带电检修时，必须由指导教师监护，以保证安全。

三、技能考核

考核要求：在30分钟内排除两个电气线路故障。

考核及评分标准见表7－3－2。

表7－3－2 技能考核评分表

序号	项目	评分标准	配分	扣分	得分
1	观察故障现象	两个故障，观察不出故障现象，每个扣5分	10		
2	故障分析	分析和判断故障范围，每个故障占30分 每一个故障，范围判断不正确每次扣10分；范围判断过大或过小，每超过一个元器件扣5分，扣完这个故障的30分为止	60		
3	故障排除	正确排除两个故障，不能排除故障，每个扣15分	30		
4	其他	不能正确使用仪表扣10分；拆卸无关的元器件、导线端子，每次扣5分；扩大故障范围，每个故障扣10分；违反电气安全操作规程，造成安全事故者酌情扣分	从总分倒扣		

四、练习与提高

① Z3040型摇臂钻床在摇臂升降的过程中，液压泵电动机和摇臂升降电动机应如何配合工作？并以摇臂上升为例叙述电路的工作情况。

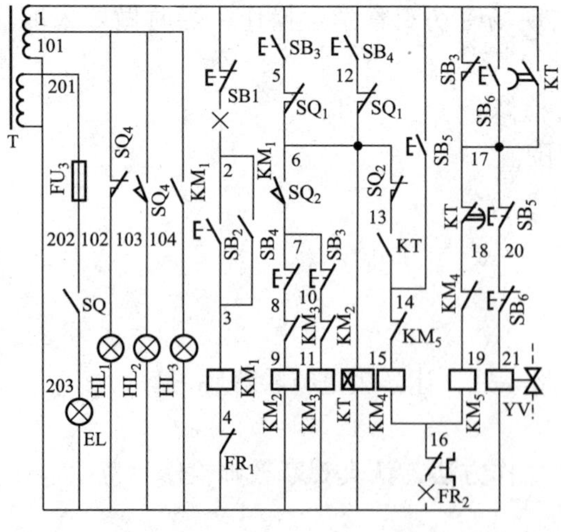

图7－3－6 练习④图

② 在Z3040型摇臂钻床修理后，若摇臂升降电动机的三相电源相序接反会发生什么事故？

③ 在Z3040型摇臂钻床中各行程开关的作用是什么？结合电路工作情况进行说明。

④ 如图7－3－6所示设置故障点，分析故障原因并列出排除故障的思路及步骤。

⑤ 两人一组，一人在Z3040型摇臂钻床模拟电气控制柜上设置故障，由另一人练习排除故障，相互交替。

模块四　分析X6132型万能卧式升降台铣床电气控制线路并排除故障

学习目标

- 会分析X6132型万能卧式升降台铣床电气控制线路
- 能用万用表检查并排除X6132型万能卧式升降台铣床常见电气故障

一、理论知识

万能卧式铣床是一种通用的多用途机床，可以用来加工平面、斜面、沟槽；装上分度头后，可以铣切直齿轮和螺旋面；加装回转工作台，可以铣切凸轮和弧形槽。

1. X6132型万能卧式升降台铣床的结构及运动形式

X61320型万能卧式升降台铣床外形如图7－4－1所示。它的主要构造由底座、床身、主轴、升降台、工作台、悬梁、刀杆、横溜板、转盘等几部分组成。在床身的前面有垂直导轨，升降台可沿垂直导轨上下移动；在升降台的水平导轨上装有可在平行于主轴轴线方向移动（前后移动）的溜板；溜板上部有可转动的转盘，工作台装于溜板上部转盘上的导轨上，做垂直于主轴轴线方向的移动（左右移动）。工作台上有T形槽来固定工件，因此，安装在工作台上的工件可以在三个坐标的6个方向（上下、左右、前后）调整位置或进给。

铣床的主运动为铣刀的旋转运动。进给运动是工件相对于铣刀的移动，包括工作台的上下、左右和前后进给运动；工作台装上附件（回转工作台）可作旋转进给运动。其他运动有：几个进给方向的快移运动；工作台沿上下、左右、前后方向的手摇移动；转盘使工作台向左、右转动±45°以及悬梁及刀架支架的水平移动。除几个进给方向的快速运动由电动机拖动外，其余均为手动。其中，进给速度与快移速度的区别，在于进给速度低，快移速度高。在机械方面通过电磁离合器改变传动链来实现。

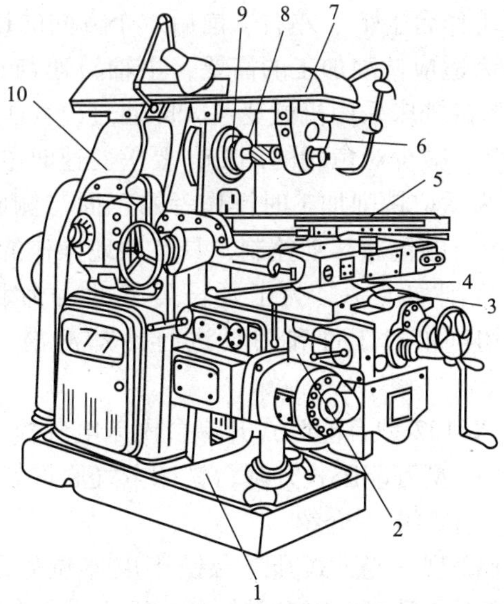

图7－4－1　X6132万能卧式升降台铣床外形

1—底座；2—升降台；3—横溜板；4—回转盘；5—工作台；6—刀杆挂脚；7—悬梁；8—刀杆；9—主轴；10—床身

2. X6132 型万能卧式升降台铣床电气控制线路分析

1）铣床加工对电气控制线路的要求

（1）主运动对电气控制线路要求

① 为能满足顺铣和逆铣两种铣削加工方式的需要，要求主轴电动机能够实现正反转，但转动方向不需要经常改变，仅在加工前预先选择主轴转动方向而在加工过程中不改变。主轴电动机在主电路中采用倒顺开关改变电源相序。

② 铣削加工是多刀多刃不连续切削，负载会波动。为减轻负载波动的影响，往往在主轴传动系统中加入飞轮，使转动惯量加大，但为实现主轴快速停车，主轴电动机应设有停车制动。同时，主轴在更换刀具上刀时，也应使主轴制动，为此，本铣床采用电磁离合器控制主轴停车制动和主轴上刀制动。

（2）进给运动对电气控制线路的要求

① 工作台的垂直方向、横向和纵向三个方向的运动由同一台进给电动机拖动，而三个方向的选择是由操作手柄改变传动链来实现的。每个方向又有正、反向的运动，这就要求进给电动机能正、反转。而且，同一时间只允许工作台沿一个方向移动，故应有联锁保护。

② 垂直、横向、纵向与回转工作台的联锁。为保证机床、刀具的安全，在使用回转工作台加工时，不允许工件作垂直、横向、纵向的进给运动。为此，各方向进给运动之间应具有联锁环节。

（3）其他要求

① 在铣削加工中，为了不使工件和铣刀碰撞发生事故，要求进给运动一定要在铣刀旋转时才能进行，因此要求主轴电动机和进给电动机之间要有可靠联锁，即进给运动要在铣刀开始旋转之后进行，加工结束必须停止进给运动后铣刀才能停转。

② 工作台上下、左右、前后六个方向的运动应具有限位保护。

③ 为适应铣削加工的需要，主轴转速与进给速度应有较宽的调节范围。X6132 型万能卧式升降台铣床采用机械变速，即通过改变主轴箱的传动比来实现变速。为保证变速时齿轮易于啮合，减少对齿轮的冲击，要求变速时电动机有冲动控制。

④ 为适应铣削加工时操作者的正面与侧面操作要求，机床应对主轴电动机的起动与停止及工作台的快速移动控制，具有两地操作的性能。

⑤ 铣削加工中，为了延长刀具的寿命和提高加工质量，针对不同的工件材料，有时需要切削液对工件和刀具进行冷却润滑，因此采用转换开关控制冷却泵电动机单向旋转。

2）X6132 型万能卧式升降台铣床电气控制线路分析

X6132 型万能卧式升降台铣床电气原理如图 7－4－2 所示。

（1）主要电器介绍

X6132 型万能卧式升降台铣床电器位置示意如图 7－4－3 所示。表 7－4－1 列出了 X6132 型万能卧式升降台铣床的主要电器及作用，供检修、调试时参考。

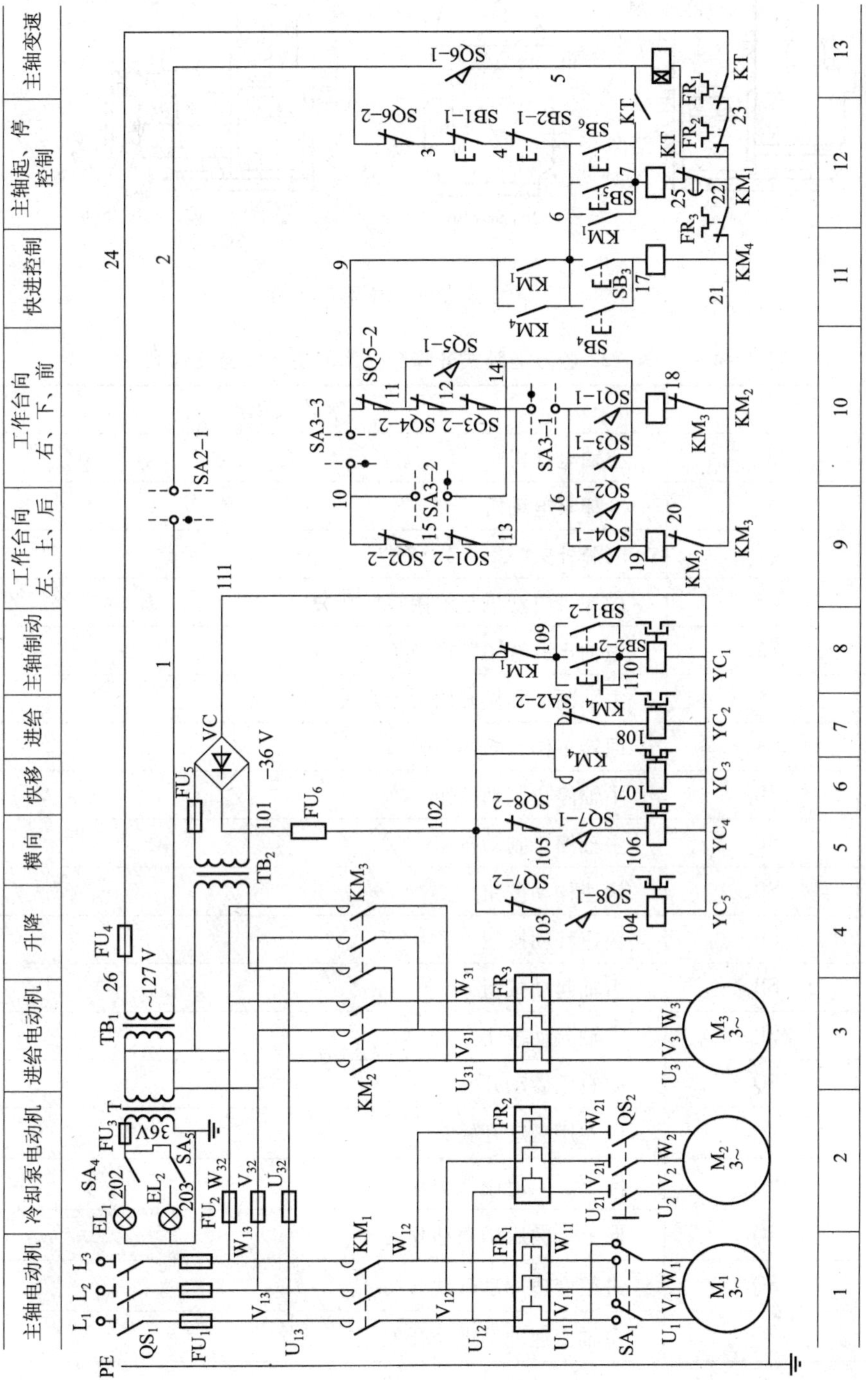

图 7-4-2　X6132型万能卧式升降台铣床电气原理图

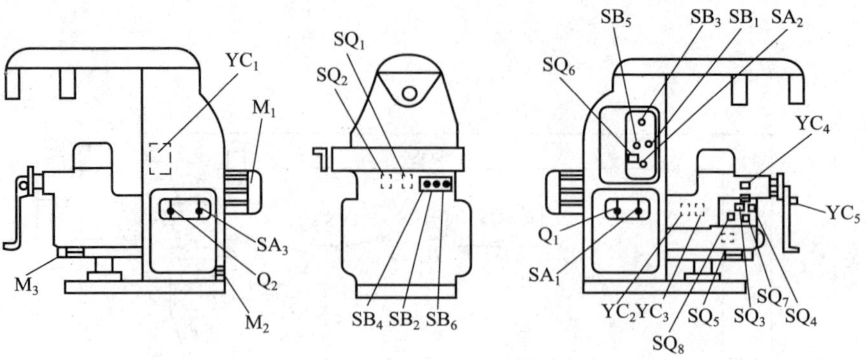

图 7-4-3　X6132 万能铣床电器位置

表 7-4-1　X6132 型万能卧式升降台铣床的主要电器元件表

序号	符号	名称及用途
1	M_1	主轴电动机
2	M_2	冷却泵电动机
3	QS_1	电源开关
4	QS_2	冷却泵电动机起停用转换开关
5	SA_1	主轴正反转用转换开关
6	SA_2	主轴制动和松开用主令开关
7	SA_3	回转工作台转换开关
8	SB_1	主轴停止制动按钮
9	SB_2	主轴停止制动按钮
10	SB_3	快速移动按钮
11	SB_4	快速移动按钮
12	SB_5	主轴起动按钮
13	SB_6	主轴起动按钮
14	SQ_1	向右用微动开关
15	SQ_2	向左用微动开关
16	SQ_3	向下、向前用微动开关
17	SQ_4	向上、向后用微动开关
18	SQ_5	进给变速冲动微动开关
19	SQ_6	主轴变速冲动微动开关
20	SQ_7	横向微动开关
21	SQ_8	升降微动开关
22	YC_1	主轴制动离合器

续表

序号	符号	名称及用途
23	YC_2	进给电磁离合器
24	YC_3	快速移动电磁离合器
25	YC_4	横向进给电磁离合器
26	YC_5	升降电磁离合器

（2）主电路分析

开关 QS_1 为本机床的电源总开关。熔断器 FU_1 为总电源的短路保护。本机床共有三台电动机：M_1 为主轴电动机，M_2 为冷却泵电动机，M_3 为进给电动机。主轴电动机 M_1 的起动与停止由接触器 KM_1 的常开主触点控制，其正转与反转在起动前用组合开关 SA_1 预先选择。主轴换向开关 SA_1 在换向时只调换两相相序，使电动机电源相序相反，电动机实现反向旋转。热继电器 FR_1 为主轴电动机的过载保护。

进给电动机 M_3 的正反转由接触器 KM_2 和 KM_3 的常开主触点控制，用 FU_2 作短路保护，热继电器 FR_3 作过载保护。

主电路中，冷却泵电动机 M_3 接在接触器 KM_1 的常开主触点之后，所以，只有主轴电动机 M_1 工作时才能起动。由于容量很小，故用开关 QS_2 直接控制其起停，用热继电器 FR_2 作为其过载保护。

（3）控制电路分析

① 主轴电动机的控制。主轴的起动：为了操作方便，主轴电动机的起动停止在两处中的任何一处可进行操作，一处设在工作台的前面，另一处设在床身的侧面。起动前，先将主轴换向开关 SA_1 旋转到所需要的旋转方向。主轴电动机的控制线路如图 7 - 4 - 4 所示。然后按下起动按钮 SB_5 或 SB_6，接触器 KM_1 因线圈通电而吸合，其常开辅助触点（5 - 7）闭合进行自锁，常开主触点闭合，电动机 M_1 便拖动主轴旋转。在主轴起动的控制电路中串联有热继电器 FR_1 和 FR_2 的常闭触点（22 - 23）和（23 - 24）。这样，当电动机 M_1 和 M_2 中有

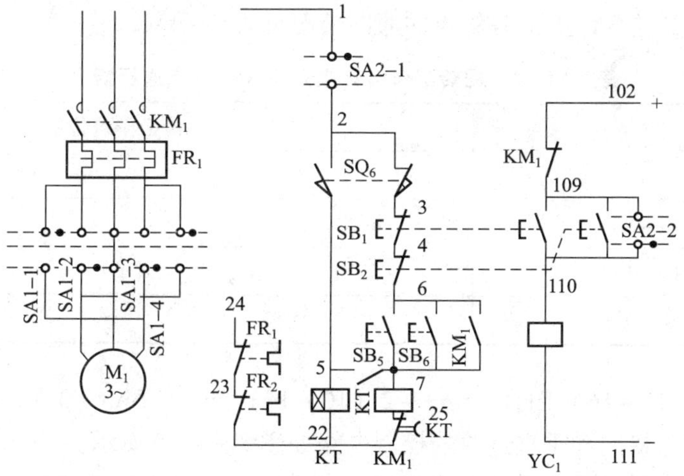

图 7 - 4 - 4　主轴电动机的控制线路

任一台电动机过载，热继电器常闭触点的动作将使两台电动机都停止。

主轴起动的控制回路为：1→SA2－1→SQ5－2→SB1－1→SB2－1→SB_5（或SB_6）→KM_1 线圈→KT→22→FR_2→23→FR_1→24。

主轴的停车制动：按下停止按钮SB_1 或SB_2，其常闭触点（3－4）或（4－6）断开，接触器KM_1 因断电而释放，但主轴电动机等因惯性仍然在旋转。按停止按钮时应按到底，这时其常开触点（109－110）闭合，主轴制动离合器YC_1 因线圈通电而吸合，使主轴制动，迅速停止旋转。

主轴的变速冲动：主轴变速时，首先将变速操纵盘上的变速操作手柄拉出，然后转动变速盘，选好速度后再将变速操作手柄推回。当把变速手柄推回原来位置的过程中，通过机械装置使冲动开关SQ5－1闭合一次，SQ5－2断开。SQ5－2（2－3）断开，切断了KM_1 接触器自锁回路，SQ5－1瞬时闭合，时间继电器KT通电，其常开触点（5－7）瞬时闭合，使接触器KM_1 瞬时通电，则主轴电动机作瞬时转动，以利于变速齿轮进入啮合位置；同时，延时继电器KT线圈通电，其常闭触点（25－22）延时断开，又断开KM_1 接触器线圈电路，以防止由于操作者延长推回手柄的时间而导致电动机冲动时间过长、变速齿轮转速高而发生打坏轮齿的现象。

主轴正在旋转，主轴变速时不必先按停止按钮再变速。这是因为当变速手柄推回原来位置的过程中，通过机械装置使SQ5－2（2－3）触点断开，使接触器KM_1 因线圈断电而释放，电动机M_1 停止转动。

主轴换刀时的制动：为了使主轴在换刀时不随意转动，换刀前应将主轴制动。将转换开关SA_2 扳到换刀位置，它的一个触点（1－2）断开了控制电路的电源，以保证人身安全；另一个触点（109－110）接通了主轴制动电磁离合器YC_1，使主轴不能转动。换刀后再将转换开关SA_2 扳回工作位置，使触点SA2－1（1－2）闭合，触点SA2－2（109－110）断开，断开主轴制动离合器YC_1，接通控制电路电源。

② 进给电动机的控制。将电源开关Q_1 合上，起动主轴电动机M_1，接触器KM_1 吸合自锁，进给控制电路有电压，就可以起动进给电动机M_3。

工作台纵向（左、右）进给运动的控制：先将回转工作台的转换开关SA_3 扳在“断开”位置，这时，转换开关SA_3 上的各触点的通断情况见表7－4－2。

表7－4－2　回转工作台转换开关SA_3 触点通断情况

触点	回转工作台位置	
	接通	断开
SA3－1（13－16）	－	+
SA3－2（10－14）	+	－
SA3－3（9－10）	－	+

由于SA3－1（13－16）闭合，SA3－2（10－14）断开，SA3－3（9－10）闭合，所以这时工作台的纵向、横向和垂直进给的控制电路如图7－4－5所示。

操纵工作台纵向运动手柄扳到右边位置（如图7－4－6所示）时，一方面机械机构将进给电动机的传动链和工作台纵向移动机构相联结，另一方面压下向右进给的微动开关

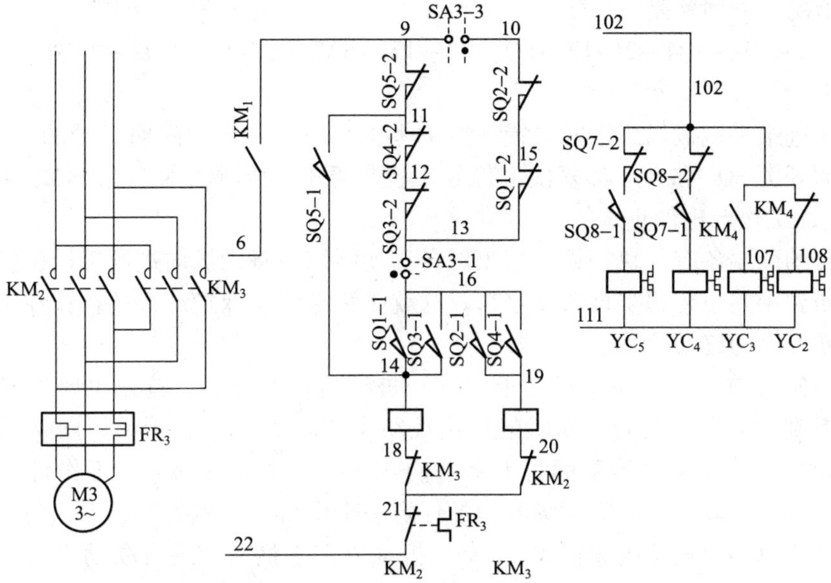

图 7-4-5　工作台的纵向、横向、和垂直进给控制线路

SQ_1，其常闭触点 SQ1-2（13-15）断开，常开触点 SQ1-1（14-16）闭合。触点 SQ1-1 的闭合使正转接触器 KM_2 因线圈通电而吸合，进给电动机 M_3 就正向旋转，拖动工作台向右移动。

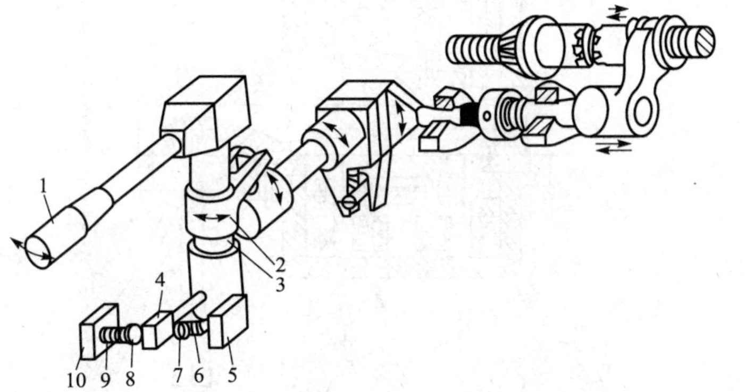

图 7-4-6　工作台纵向进给操纵机构

1—手柄；2—叉子；3—垂直轴；4—压块；5—微动开关 SQ_1；

7、8—可调螺钉；6、9—弹簧；10—微动开关 SQ_2

向右进给的控制回路是：

9→SQ5-2→SQ4-2→SQ3-2→SA3-1→SQ1-1→KM_2 线圈→KM_3→21。

当将纵向进给手柄向左扳动时，一方面机械机构将进给电动机的传动链和工作台纵向移动机构相联结，另一方面压下向左进给的微动开关 SQ_2，其常闭触点 SQ2-2（10-15）断开，常开触点 SQ2-1（15-19）闭合，触点 SQ2-1 的闭合使反转接触器 KM_3 因线圈通电而吸合，进给电动机 M_3 就反向转动，拖动工作台向左移动。

向左进给的控制回路是：

9→SQ5 - 2→11→SQ4 - 2→12→SQ3 - 2→13→SA3 - 1→16→SQ2 - 1→19→KM_3 线圈→20→KM_2→21。

当将纵向进给手柄扳回到中间位置（或称零位）时，一方面纵向运动的机械机构脱开，另一方面微动开关 SQ_1 和 SQ_2 都复位，其常开触点断开，接触器 KM_2 和 KM_3 释放，进给电动机 M_3 停止，工作台也停止。

在工作台的两端各有一块挡铁，当工作台移动到挡铁碰动纵向进给手柄位置时，会使纵向进给手柄回到中间位置，实现自动停车。这就是终端限位保护。调整挡铁在工作台上的位置，可以改变停车的终端位置。

工作台横向（前、后）和垂直（上、下）进给运动的控制：首先也要将回转工作台转换开关 SA_3 扳到“断开”位置，这时的控制线路也如图 7 - 4 - 7 所示。操纵工作台横向联合进给运动和垂直进给运动的手柄为十字手柄。它有两个，分别装在工作台左侧的前、后方。它们之间有机构联结，只需操纵其中的任意一个即可。手柄有上、下、前、后和零位共五个位置。进给也是由进给电动机 M_3 拖动。扳动十字手柄时，通过联动机构压下相应的行程开关 SQ_3 或 SQ_4，与此同时，操纵鼓轮压下 SQ_7 或 SQ_8，使电磁离合器 YC_4 或 YC_5 通电，电动机 M_3 旋转，实现横向（前、后）进给或垂直（上、下）进给运动。工作台的操纵机构示意如图 7 - 4 - 7 所示。

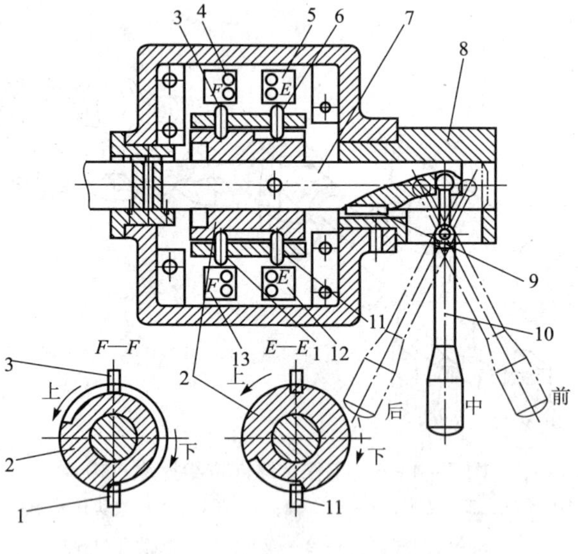

图 7 - 4 - 7　工作台的横向和垂直进给操纵机构示意图

1、3、6、11—顶销；2—鼓轮；4—SQ_7；5—SQ_8；7—轴；8—壳体；9—平键；10—手柄；12—SQ_3；13—SQ_4

当将十字手柄扳到向下或向前位置时，一方面通过电磁离合器 YC_4 或 YC_5 将进给电动机 M_3 的传动链和相应的机构联结。另一方面压下微动开关 SQ_3，其常闭触点 SQ3 - 2（12 - 13）断开，常开触点 SQ3 - 1（14 - 16）闭合，正转接触器 KM_2 因线圈通电而吸合，进给电动机 M_3 正向转动。当十字手柄压 SQ_3 时，若向前，则同时压 SQ_7，使电磁离合器 YC_4 通电，工作台向前移动。若向下，则同时压下 SQ_8，使电磁离合器 YC_5 通电，接通垂直传动链，工作台向下移动。

向下、向前控制回路是：

6→KM_1→9→SA3－3→10→SQ2－2→15→SQ1－2→13→SA3－1→16→SQ3－1→KM_2 线圈→18→KM_3→21。

向下、向前控制回路相同，而电磁离合器通电不一样。向下时压 SQ_8，电磁离合器 YC_5 通电。向前时压下 SQ_7，电磁离合器 YC_4 通电，改变传动链。

当将十字手柄扳到向上或向后位置时，一方面压下微动开关 SQ_4，其常闭触点 SQ4－2（11－12）断开，常开触点 SQ4－1（15－19）闭合，反转接触器 KM_3 因线圈通电而吸合，进给电动机 M_3 反向转动。另一方面操纵鼓轮压下微动开关 SQ_7 或 SQ_8，若向后，则压下 SQ_7，使 YC_4 通电，接通向后传动链，在进给电动机 M_3 反向转动下，向后移动。若向上，则压下 SQ_8，使电磁离合器 YC_5 通电，接通向上传动链，在进给电动机 M_3 反向转动下，向上移动。

向上、向后控制回路是：

6→KM_1→9→SA3－3→10→SQ2－2→15→SQ1－2→13→SA3－1→16→SQ4－1→19→KM_3 线圈→20→KM_2→21。

向上、向后控制回路相同，电动机 M_3 反转，而电磁离合器通电不一样。向上时，在压 SQ_4 的同时压下 SQ_8，电磁离合器 YC_5 通电。向后时，在压 SQ_4 的同时压下 SQ_7，电磁离合器 YC_4 通电，改变传动链。

当手柄回到中间位置时，机械机构都已脱开，各开关也都已复位，接触器 KM_2 和 KM_3 都已释放，所以进给电动机 M_3 停止，工作台也停止。

工作台前后移动和上下移动均有限位保护。其原理和前面介绍的纵向移动限位保护的原理相同。

工作台的快速移动：在进行对刀时，为了缩短对刀时间，应快速调整工作台的位置，也就是将工作台快速移动。快速移动的控制电路如图 7－4－8 所示。主轴起动以后，将操纵工作台进给的手柄扳到所需的运动方向，工作台就按操纵手柄指定的方向作进给运动。这时如按下快速移动按钮 SB_3 或 SB_4，接触器 KM_4 因线圈通电而吸合，KM_4 在直流电路中的常闭触点（102－108）断开，进给电磁离合器 YC_2 失电。KM_4 在直流电路中的常开触点（102－107）闭合，快速移动电磁离合器 YC_3 通电，接通快速移动传动链。工作台按原操作手柄指定的方向快速移动。当松开快速移动按钮 SB_3 或 SB_4 时，接触器 KM_4 因线圈断电而释放。快速移动电磁离合器 YC_3 因 KM_4 的常开触点（102－107）断开而脱离，进给电磁离合器 YC_2 因 KM_4 的常闭触点（102－108）闭合而接通进给传动链，工作台就以原进给的速度和方向继续移动。

进给变速冲动：为了使进给变速时齿轮容易啮合，进给也有变速冲动。进给变速冲动控制线路如图 7－4－9 所示。变速前也应先起动主轴电动机 M_1，使接触器 KM_1 吸合，它在进给变速冲动控制电路中的常开触点（5－9）闭合，为变速冲动作准备。

变速时将变速盘往外拉到极限位置，再把它转到所需的速度，最后将变速盘往里推。在推的过程中挡块压一下微动开关 SQ_5，其常闭触点 SQ5－2（9－11）断开一下，同时，其常开触点 SQ5－1（11－14）闭合一下，接触器 KM_2 短时吸合，进给电动机 M_3 就转动一下。当变速盘推到原位时，变速后的齿轮已顺利啮合。

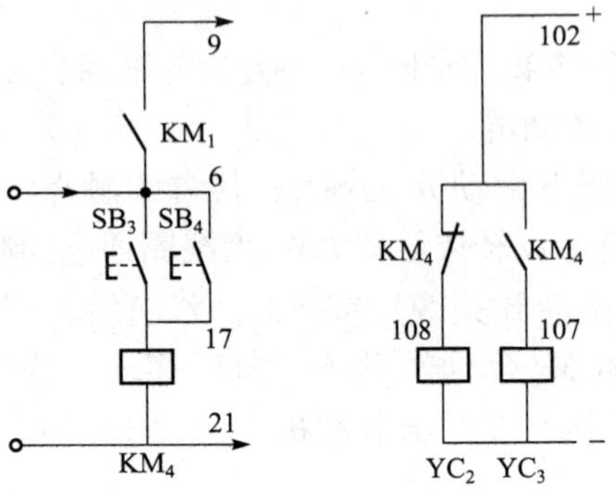

图7－4－8　工作台快速移动的控制线路

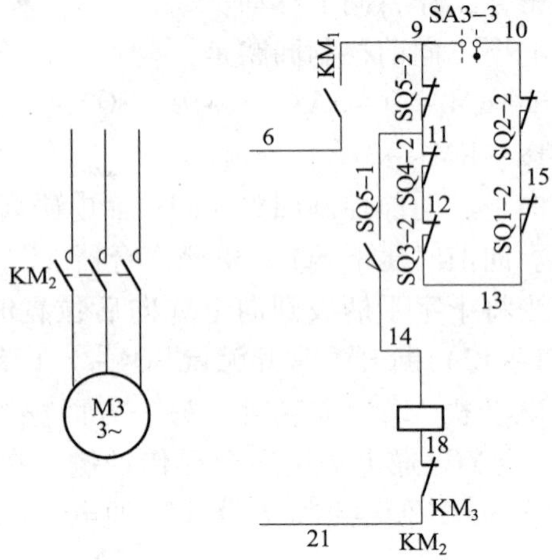

图7－4－9　进给的变速冲动控制线路

变速冲动的控制回路是：

6→KM_1→9→SA3－3→10→SQ2－2→15→SQ1－2→13→SQ3－2→12→SQ4－2→11→SQ5－1→14→KM_2 线圈→18→KM_3→21。

圆形工作台时的控制：回转工作台是机床的附件。在铣削圆弧和凸轮等曲线时，可在工作台上安装回转工作台进行铣切。回转工作台由进给电动机 M_3 经纵向传动机构拖动，在开动回转工作台前，先将回转工作台转换开关 SA_3 转到“接通”位置，SA_3 的触点 SA3－2（13－16）断开，SA3－2（10－14）闭合，SA3－3（9－10）断开。这时，回转工作台的控制电路如图7－4－10所示。工作台的进给操作手柄都扳到中间位置。按下主轴起动按钮 SB_5 或 SB_6，接触器 KM_1 吸合并自锁，回转工作台的控制电路中 KM_1 的常开辅助触点（5－9）也同时闭合，接触器 KM_2 也紧接着吸合，进给电动机 M_3 正向转动，拖动回转工作台转动。因为只能接触器 KM_2 吸合，KM_3 不能吸合，所以回转工作台只能沿一个方向转动。

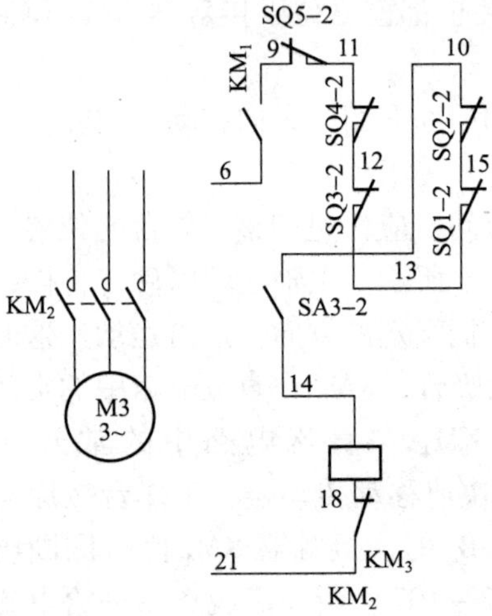

图7－4－10　回转工作台的控制线路

回转工作台的控制回路是：

6→KM_1→9→SQ5－2→11→SQ4－2→12→SQ3－2→13→SQ1－2→15→SQ2－2→10→SA3－2→14→KM_2 线圈→18→KM_3→21。

进给的联锁：只有主轴电动机 M_1 起动后才可能起动进给电动机 M_3。主轴电动机起动时，接触器 KM_1 吸合并自锁，KM_1 常开辅助触点（5－9）闭合，进给控制电路有电压。这时才可能使接触器 KM_2 或 KM_3 吸合而起动进给电动机 M_3。如果工作中的主轴电动机 M_1 停止，进给电动机也立即跟着停止。这样，可以防止在主轴不转时，工件与铣刀相撞而损坏机床。工作台不能几个方向同时移动。工作台两个以上方向同时进给容易造成事故。由于工作台的左右移动是由一个纵向进给手柄控制，同一时间内不会又向左又向右。工作台的上、下、前、后是由同一个十字手柄控制，同一时间内这四个方向也只能一个方向进给。所以只要保证两个操纵手柄都不在零位时，工作台不会沿两个方向同时进给即可。控制电路中的联锁解决了这一问题。在联锁电路中，将纵向进给手柄可能压下的微动开关 SQ_1 和 SQ_2 的常闭触点 SQ1－2（13－15）和 SQ2－2（10－15）串联在一起，再将垂直进给和横向进给的十字手柄可能压下的微动开关 SQ_3 和 SQ_4 的常闭触点 SQ3－2（12－13）和 SQ14－2（11－12）串联在一起，并将这两个串联电路再并联起来，以控制接触器 KM_2 和 KM_3 的线圈通路。如果两个操作手柄都不在零位，则有不同的支路的两个微动开关被压下，其常闭触点的断开使两条并联的支路都断开，进给电动机 M_3 因接触器 KM_2 和 KM_3 的线圈都不能通电而不能转动。

进给变速时两个进给操纵手柄都必须在零位。为了安全起见，进给变速冲动时不能有进给移动，当进给变速冲动时，短时间压下微动开关 SQ_5，其常闭触点 SQ5－2（9－11）断开，其常开触点 SQ5－1（11－14）闭合，两个进给手柄可能压下微动开关 SQ_1 或 SQ_2、SQ_3 或 SQ_4 的四个常闭触点 SQ1－2、SQ2－2、SQ3－2 和 SQ4－2 是串联在一起的。如果有一个进给操纵手柄不在零位，则因微动开关常闭触点的断开而接触器 KM_2 不能吸合，进给电动机 M_3 也就不能转动，防止了进给变速冲动时工作台的移动。

回转工作台的转动与工作台的进给运动不能同时进行：由图 7－4－10 可知，当回转工作台的转换开关 SA_3 转到“接通”位置时，两个进给手柄可能压下微动开关 SQ_1 或 SQ_2、SQ_3 或 SQ_4 的四个常闭触点 SQ1－2、SQ2－2、SQ3－2 或 SQ4－2 是串联在一起的。如果有一个进给操纵手柄不在零位，则因开关常闭触点的断开而使接触器 KM_2 不能吸合，进给电动机 M_3 不能转动，回转工作台也就不能转动。只有两个操纵手柄恢复到零位，进给电动机 M_3 方可旋转，回转工作台方可转动。

（4）照明电路

照明变压器 T 将 380 V 的交流电压降到 36 V 的安全电压，供照明用。照明电路由开关 SA_4、SA_5 分别控制灯泡 EL_1、EL_2。熔断器 FU_3 用作照明电路的短路保护。

整流变压器 TB_2 输出低压交流电，经桥式整流电路供给五个电磁离合器以 36 V 直流电源。控制变压器 TB_1 输出 127 V 交流控制电压。

3. X6132 型万能卧式升降台铣床电气控制线路故障检修

1）主轴电动机 M_1 不能起动

① 转换开关 SA_2 在断开位置。

② SQ_6、SB_1、SB_2、SB_5 或者 SB_6、KT 延时触点任一个接触不良。

③ 热继电器 FR_1、FR_2 动作后没有复位导致它们的常闭触点不能导通。

2）主轴电动机不能变速冲动或冲动时间过长

① 不能变速冲动的原因可能是 SQ5－1 触点或者时间继电器 KT 的触点接触不良。

② 冲动时间过长的原因是时间继电器 KT 的延时太长。

3）工作台各个方向都不能进给

① KM_1 的辅助触点 KM_1（5－9）接触不良。

② 热继电器 FR_3 动作后没有复位。

4）进给不能变速冲动

如果工作台能正常地进行各个方向的进给，那么故障可能的原因是 SQ5－1 常开触点坏。

5）工作台能够左、右和前、下运动，而不能后、上运动

由于工作台能左、右运动，所以 SQ_1、SQ_2 没有故障；由于工作台能够向前、向下运动，所以 SQ_7、SQ_8、SQ_3 没有故障，所以故障的可能原因是 SQ_4 行程开关的常开触点 SQ4－1 接触不良。

6）工作台能够左、右和前、后运动，而不能上、下运动

由于工作台能左、右运动，所以 SQ_1、SQ_2 没有故障；由于工作台能前后运动，所以 SQ_3、SQ_4、SQ_7、YC_4 没有故障，因此故障可能的原因是 SQ_8 常开触点接触不良或 YC_5 线圈坏。

7）工作台不能快速移动

如果工作台能够正常进给，那么故障可能的原因是 SB_3 或 SB_4、KM_4 常开触点、YC_3 线圈坏。

例：主轴电动机 M_1 不能起动。

① 故障现象：主轴电动机不能起动，KM_1 线圈不得电。

② 故障分析：首先用万用表电压挡测量变压器 TB 是否有 380 V 电压输入，如果没有，故障范围在以下电路中，如图 7－4－11 所示。

$L_2 \rightarrow Q_1 \rightarrow V_{14} \rightarrow FU_1 \rightarrow V_{13} \rightarrow FU_2 \rightarrow V_{32} \rightarrow TB$

$L_3 \rightarrow Q_1 \rightarrow W_{14} \rightarrow FU_1 \rightarrow W_{13} \rightarrow FU_2 \rightarrow W_{32} \rightarrow TB$

如果有 380 V 输入，测量变压器是否有 127 V 输出，没有则变压器有故障；如果有则故障范围在以下电路中，如图 7－4－12 所示。

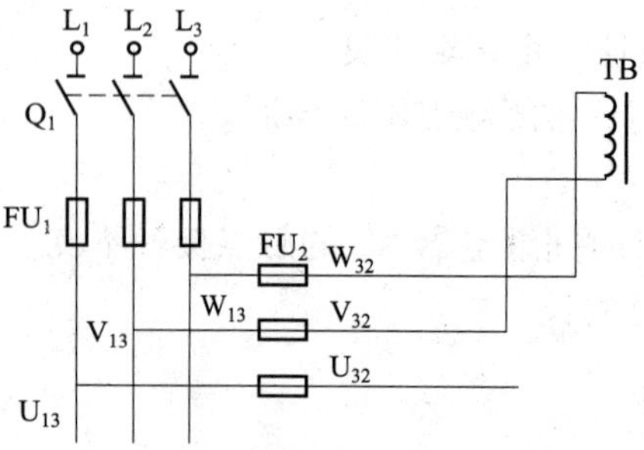

图 7－4－11　电源、变压器回路

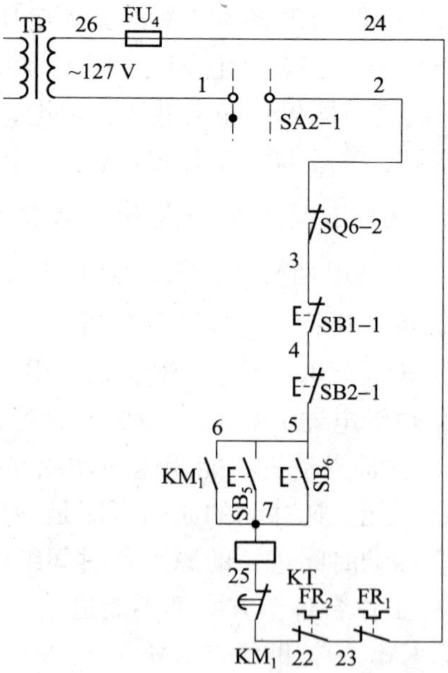

图 7－4－12　主轴控制接触器 KM_1 得电回路

$$1 \rightarrow SA2-1 \rightarrow 2 \rightarrow SQ6-2 \rightarrow 3 \rightarrow SB1-1 \rightarrow 4 \rightarrow SB2-1 \rightarrow 6 \rightarrow \begin{cases} SB_5 \\ SB_6 \\ KM_1\ (6-7) \end{cases} \rightarrow 7 \rightarrow KM_1 \text{ 线圈} \rightarrow 25 \rightarrow KT\ (25-22)$$

$\rightarrow 22 \rightarrow FR_2 \rightarrow 23 \rightarrow FR_1 \rightarrow 24 \rightarrow FU_4 \rightarrow 26$。

③ 故障测量：（假设 SB1 -1 下端的 4 断开）用万用表测量如图 7 -4 -12 所示电路。

a. 电阻法：断开 FU_4，测量 1、2、3、4、5、6、7、25、22、23、24、26 导线，正常情况电阻值应近似为 0，按照假设测 4 时电阻应近似为∞ 。

断开 FU_4，按下 SB_5、SB_6 或 KM_1 常开，将一根表笔固定在 TB 的 1 上，另外一根表笔依次测量 1、2、3、4、5、6、7，正常情况电阻值应近似为 0；25、22、23、24 正常情况电阻值应近似为 KM_1 线圈电阻值；按照假设测到 3 时电阻值应近似为 0，测到 SB2 -1 的 4 时电阻应近似为∞ 。

b. 电压法：测量 1、2、3、4、5、6、7、25、22、23、24、26 导线，正常情况电压值应近似为 0，按照假设测 4 时电压应近似为 127 V。

按下 SB_5、SB_6 或 KM_1 常开，将一根表笔固定在 TB 的 26 上，另外一根表笔依次测量 1、2、3、4、5、6、7、25、22、23、24，正常情况电压值应近似为 127 V，按照假设测到 3 时电压值应近似为 127 V，测到 SB2 -1 的 4 时电压应为 0。

故障点：SB1 -1 到 SB2 -1 的 4。

二、技能训练

1. 实训器材

常用电工工具，万用表，X6132 万能卧式铣床模拟电气控制柜。

2. 实训内容及要求

1）实训步骤及要求

① 熟悉铣床的主要结构和运动形式，对铣床进行实际操作，了解铣床各种工作状态及操作手柄的作用。

② 熟悉铣床电器元件的安装位置、走线情况及操作手柄处于不同位置时，位置开关的工作状态及运动部件的工作情况。

③ 根据条件，在 X6132 万能卧式铣床模拟电气控制柜上人为设置故障，由教师边讲解边示范检修，直至故障排除。

④ 由教师设置故障，学生进行检修，并观察检修过程是否按正确步骤和方法进行操作，检修后及时纠正存在的问题。

⑤ 根据故障现象，先在电路图上标出故障最小范围，然后采用正确的检查排除故障方法，在规定的时间内查出并排除故障。

⑥ 检修时应严防损坏电器元件，以免扩大故障范围和产生新的故障。

2）注意事项

① 检修前应认真阅读电路图，掌握各个环节的原理及应用，并认真仔细地观察教师的示范检修。

② 由于铣床的电气控制与机械结构的配合十分紧密，因此在出现故障时应首先判别是

机械故障还是电气故障。

③ 在修复故障时，要注意造成故障的原因，以免再次发生同一故障。

④ 检修前应先调查研究，检修时停电要验电，带电检修时，工具、仪表使用要正确，必须有指导教师在现场监护，以确保安全。

三、技能考核

考核要求：在30分钟内排除两个电气线路故障。

考核及评分标准见表7－4－3。

表7－4－3　技能考核评分表

序号	项目	评分标准	配分	扣分	得分
1	观察故障现象	两个故障，观察不出故障现象，每个扣5分	10		
2	故障分析	分析和判断故障范围，每个故障占30分 每一个故障，范围判断不正确每次扣10分；范围判断过大或过小，每超过一个元器件扣5分，扣完这个故障的30分为止	60		
3	故障排除	正确排除两个故障，不能排除故障，每个扣15分	30		
4	其他	不能正确使用仪表扣10分；拆卸无关的元器件、导线端子，每次扣5分；扩大故障范围，每个故障扣10分；违反电气安全操作规程，造成安全事故者酌情扣分	从总分倒扣		

四、练习与提高

① 在X6132万能卧式铣床电路中有哪些联锁与保护？它们是如何实现的？

② 在X6132万能卧式铣床电路中，电磁离合器YC_1、YC_2、YC_3的作用是什么？

③ X6132万能卧式铣床主轴变速能否在主轴停止或主轴旋转时进行？为什么？

④ 如果X6132万能卧式铣床的工作台能纵向（左右）进给，但不能横向（前后）和垂直（上下）进给，试分析故障原因。

⑤ 说明X6132万能卧式铣床控制线路中圆工作台控制过程及联锁保护的原理。

⑥ 如图7－4－13所示设置故障点，分析故障原因并列出排除故障的思路及步骤。

⑦ 两人一组，一人在X6132万能卧式铣床模拟电气控制柜上设置故障，由另一人练习排除故障，相互交替。

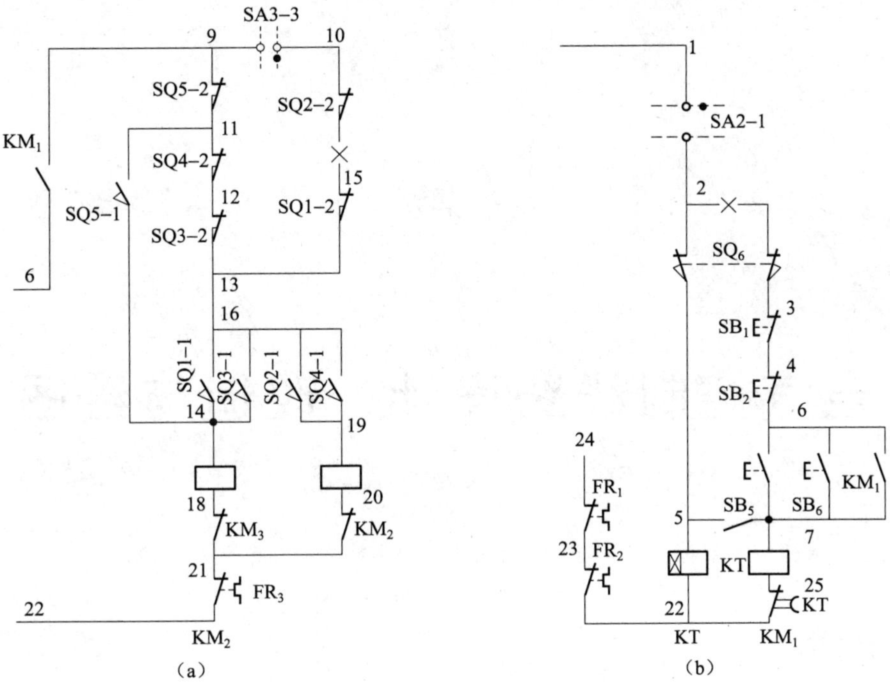
SA3-3
9
10
SQ5-2
SQ2-2
11
KM1
SQ4-2
15
12
SQ1-2
SQ5-1
SQ3-2
6
13
16
SQ1-1
SQ3-1
SQ2-1
SQ4-1
14
19
18
20
KM3
KM2
21
FR3
22
KM2
(a)
1
SA2-1
2
SQ6
3
SB1
4
SB2
6
24
KM1
FR1
5
SB5
SB6
7
23
FR2
KT
25
KT
22
KT
KM1
(b)

图 7 - 4 - 13　练习⑥的图

项目八

电气控制线路设计、改造与绘图

学习目标

- 能根据要求设计电气控制线路
- 会用 PLC 改造简单电气控制电路
- 能用 SurperWORKS 软件绘制电气控制线路图

模块一　设计电气控制线路

学习目标

- 掌握电气控制原理图设计方法
- 会设计电气控制线路

一、理论知识

电气控制原理图是为满足生产机械及其工艺要求而进行的电气控制系统设计，是电气控制设计的核心，是电气工艺设计和编制各种技术资料的依据，电气控制原理图设计直接决定着设备的实用性和自动化程度的高低。

1. 电气控制原理图设计的基本步骤

① 根据选定的拖动方案和控制方式设计系统的原理框图，拟定各部分的主要技术要求和技术参数。

② 根据各部分的要求，设计出原理框图中各个部分的具体电路。对于每一部分电路的设计都是按照主电路、控制电路、保护电路、总体检查、反复修改和完善的步骤来进行，力

求尽善尽美。

③ 绘制系统总原理图。按系统框图机构将各部分电路连成一个整体，完善辅助电路，绘成系统原理图。

④ 合理选择电器原理图中每一个电器元件，制订出电器元件目录清单。

对于比较简单的控制电路，可以省去前面两步，直接进行电气原理图的设计和选用电器元件。对于比较复杂的电气控制电路，则要按照上述步骤分步进行。

2. 电气控制原理图的设计方法

电气控制原理图的设计方法一般有两种。下面分别进行简单介绍。

1）分析设计法

分析设计法是根据生产工艺的要求选择适当的基本控制环节或将比较成熟的电路按各部分的联锁条件组合起来，并经补充和修改，将其综合成满足控制要求的完整电路，当没有现成典型环节可运用时，可根据控制要求边分析边设计。由于这种设计方法是以熟练掌握各种电气控制电路的基本环节和具备一定的阅读分析电气控制电路的经验为基础，所以又称为经验设计法。分析设计法的基本步骤如下。

① 设计各控制单元环节中拖动电动机的起动、正反向运转、制动、调速、停车等的主电路或执行元件的电路。

② 设计与满足各电动机的运转功能和工作状态相对应的控制电路，以及与满足执行元件实现规定动作相适应的指令信号的控制电路。

③ 连接各单元环节构成满足整机生产工艺要求，实现加工过程自动或半自动化和调整的控制电路。

④ 设计保护、联锁、检测、信号和照明等环节的控制电路。

⑤ 全面检查所设计的电路。

这种设计方法相对简单，容易为初学者所掌握，在电气控制中被普遍采用。其缺点是不易获得最佳设计方案；当经验不足或考虑不周时会影响电路工作的可靠性。因此，应反复审核电路的工作情况，有条件时进行模拟实验，发现问题及时修改，直至电路动作准确无误，满足生产工艺的要求为止。

2）逻辑设计法

逻辑设计法是利用逻辑代数这一数学工具来进行电路设计。它是从工艺资料出发，将控制电路中的接触器、继电器线圈的通电与断电，触头的闭合与断开，以及主令元件的接通与断开等看成逻辑变量，并根据控制要求，将这些逻辑变量关系表示为逻辑函数关系式，再运用逻辑函数基本公式和运算规律对逻辑函数式进行化简，然后按化简后的逻辑函数式画出相应的电路结构图，最后再作进一步的检查和完善，以期获得最佳设计方案，使设计出的控制电路既符合工艺要求，又达到线路简单、工作可靠、经济合理的要求。设计步骤如下。

① 按工艺要求画出工作循环图。

② 决定执行元件与检测元件，做出执行元件动作节拍表和检测元件状态表。

③ 根据检测元件状态表写出各程序的特征码，并确定相区分组，设置中间记忆元件，使所有程序皆可区分。

④ 列写中间记忆元件开关逻辑函数式及执行元件动作逻辑函数式，进而画出相应的电路结构图。

⑤ 对画出的电路进行检查、化简和完善。

逻辑设计法的优点：能获得理想、经济的设计方案，但设计难度较大，设计过程较复杂，在一般常规设计中很少单独使用。

3. 电气控制原理图设计中的一般要求

电气控制原理图设计中首先要满足生产机械加工工艺要求，电路要具有安全可靠、结构合理、操作维修方便、设备投资少等特点。为此，必须正确地设计电气控制电路，合理选择电器元件。电气控制原理图设计应满足以下几个要求。

1）电气控制电路满足生产工艺要求

设计前必须对生产机械工作性能、结构特点和实际加工情况有充分的了解，并在此基础上考虑控制方式、起动、反向、制动及调速的要求，设置必要的联锁与保护装置。

2）尽量减少控制电路中电流、电压的种类

控制电压选择标准电压等级，参见表8-1-1。

表8-1-1　常用控制电压等级

控制电路类型	常用的电压值/V		电源设备
交流电力传动的控制电路较简单	交流	380、220	不用控制电源变压器
交流电力传动的控制电路较复杂		110（127）、48	采用控制电源变压器
照明及信号指示电路		48、24、6	采用控制电源变压器
直流电力传动的控制电路	直流	220、110	整流器或直流发电机
直流电磁铁及电磁离合器的控制电路		48、24、12	整流器

3）确保电气控制电路工作的可靠性和安全性

为保证电气控制电路能可靠地工作，应考虑以下几方面。

① 尽量减少电器元件的品种、规格与数量。

② 正常工作中，尽可能减少通电电器的数量。

③ 合理使用电器触头。

④ 做到正确接线。

首先，正确连接电器线圈，即便是两个同型号电压线圈也不能串联后连接于两倍线圈额定电压上，以免电压分配不均引起工作不可靠。对于交流电压线圈不能串联使用。

其次，要合理安排电器元件及触头的位置。对一个串联电路，电器元件或触头位置互换，并不影响其工作原理，但却影响到运行安全和节约用线。如图8-1-1所示。

最后要注意避免出现寄生回路。在控制电路的动作过程中，出现的不是由于误操作而产生的意外接通的电路成为寄生回路。如图8-1-2所示为一个具有指示灯和长期过载保护的电动机正反向控制电路。正常工作时，能完成正反向起动、停止与信号的指示。但当热继电器FR动作，FR常闭触头断开后，就会出现图中虚线所示的寄生电路，使接触器不能可靠释放而得不到过载保护。若将FR常闭触点移接到SB_1上端，再将原有FR常闭触点处用导线短接，就可避免寄生回路。

⑤ 尽量减少连接导线的数量，缩短连接导线的长度。

⑥ 尽可能提高电路工作的可靠性、安全性。

4）应具有必要的保护

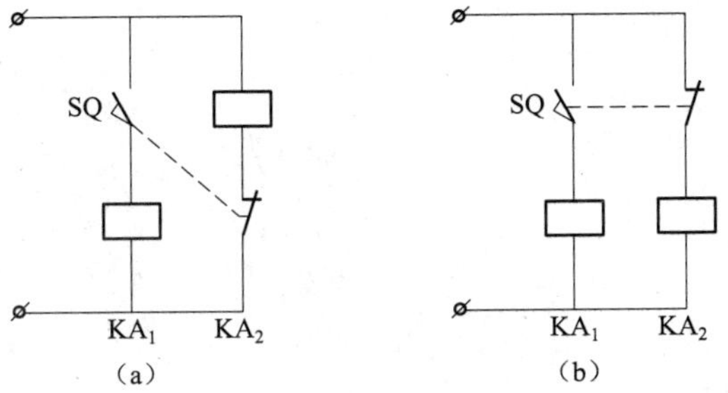

图 8－1－1　合理安排触头位置

（a）不合理；（b）合理

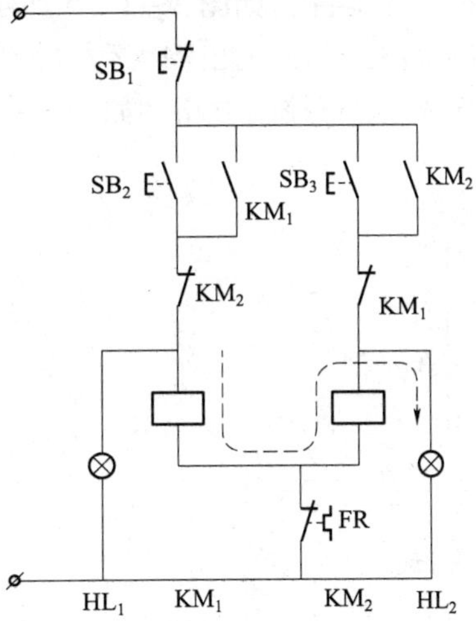

图 8－1－2　存在寄生回路的控制电路

电气控制电路在事故情况下，应能保证操作人员、电气设备、生产机械的安全，并能有效地制止事故的扩大。为此，在电气控制电路中，应设有必要的保护措施。常用的保护有：漏电开关保护、过载、短路、过电流、过电压、失电压、联锁与行程保护等，必要时还应设置相应的指示信号与报警信号。

5）电路设计要考虑操作、使用、调试与维修的方便

6）电路力求简单、经济

4. 设计示例

1）设计要求

两台电动机 M_1 和 M_2，要求按下按钮 SB_2，M_1 先起动，再按下 SB_3，M_2 才能起动（由控制电路实现顺序起动控制），M_2 起动后 M_1 立即停止。按下停止按钮 SB_1，M_2 停止。

设计如短路、过载等相关的保护环节。

2）绘制线路原理图

（1）草图绘制

主电路绘制：画出电源、电源开关部分，如图 8－1－3 所示。

画出 M_1 运行控制接触器（设为 KM_1）、M_2 运行控制接触器（设为 KM_2），如图 8－1－4 所示。

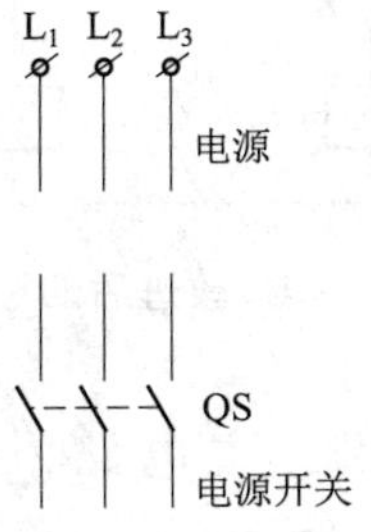

图 8－1－3　电源、开关部分

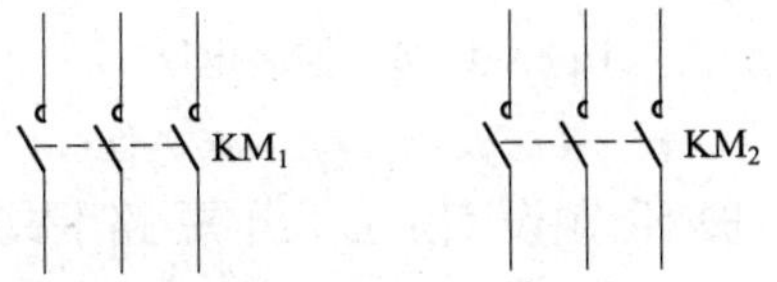

图 8－1－4　M_1、M_2 运行控制接触器

连接各元器件，如图 8－1－5 所示。

控制电路绘制：画出 M_1 运行控制电路，如图 8－1－6 所示。

画出 M_2 运行控制电路，如图 8－1－7 所示。

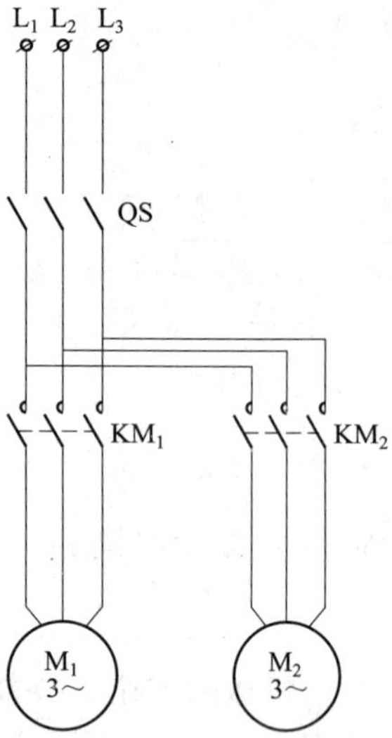

图 8－1－5 主电路

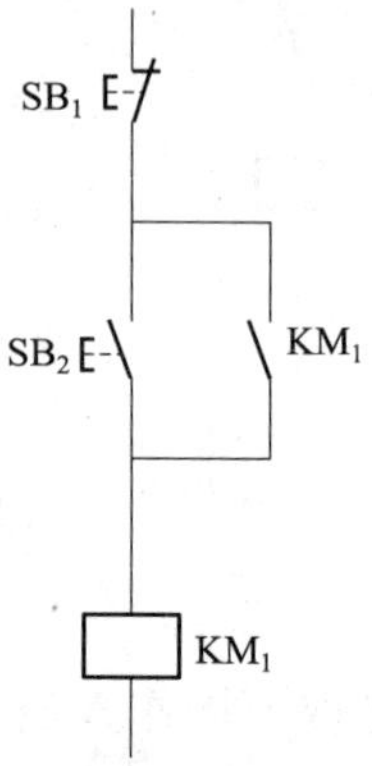

图 8－1－6 M_1 运行控制

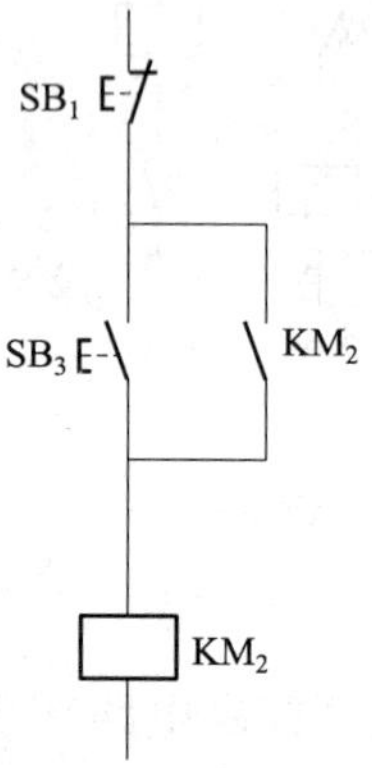

图 8－1－7 M_2 运行控制

将 M_1 和 M_2 运行控制电路合并成设计控制电路，如图 8－1－8 所示。

由设计中“要求按下按钮 SB_2，M_1 先起动，再按下 SB_3，M_2 才能起动（由控制电路实现顺序起动控制）”可知 M_1 先得电，M_2 再得电有先后顺序，那么在 KM_2 支路里要加上 KM_1 常开触点加以限制，再由设计中“M_2 起动后 M_1 立即停止”可知，KM_1 支路里要加上 KM_2 常闭触点加以限制。如图 8－1－9 所示为改进后的控制电路。

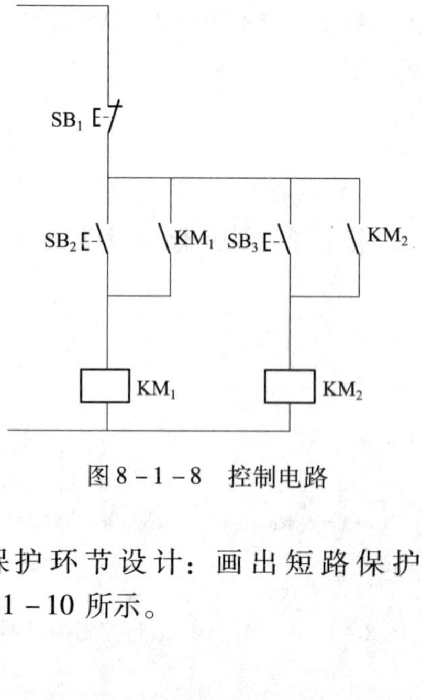

图 8－1－8 控制电路

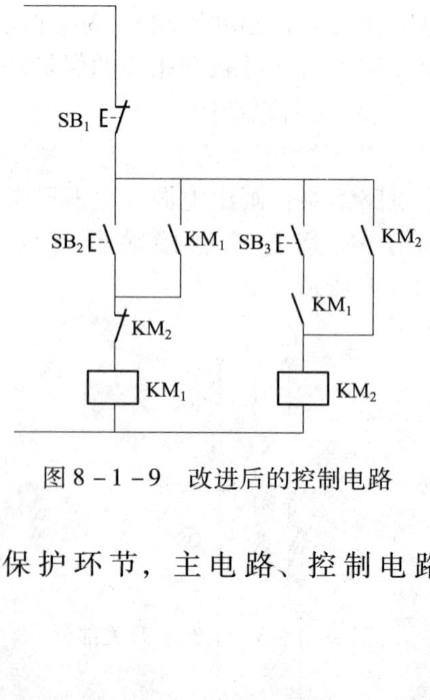

图 8－1－9 改进后的控制电路

保护环节设计：画出短路保护环节、过载保护环节，主电路、控制电路，如图 8－1－10 所示。

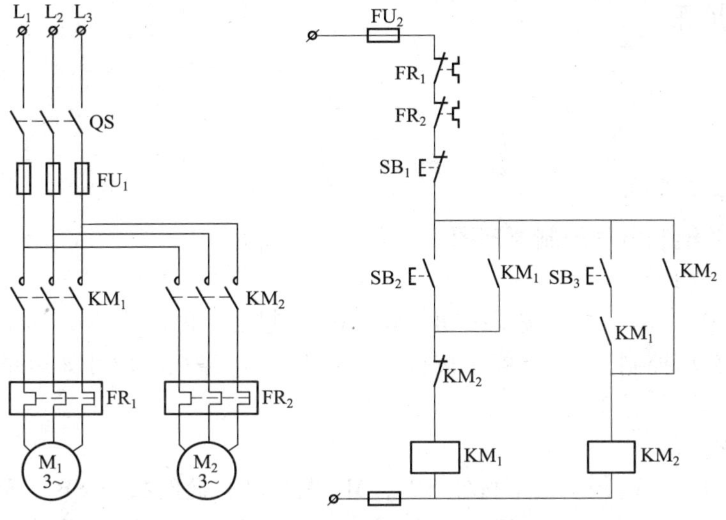

图 8-1-10　加上短路保护、过载保护的原理图

（2）原理图合成

整理草图，添加索引，合成原理图，如图 8-1-11 所示。

电源、开关及总短路保护	主电路		控制电路短路保护	控制电路	
	M_1运行	M_2运行		M_1运行	M_2运行

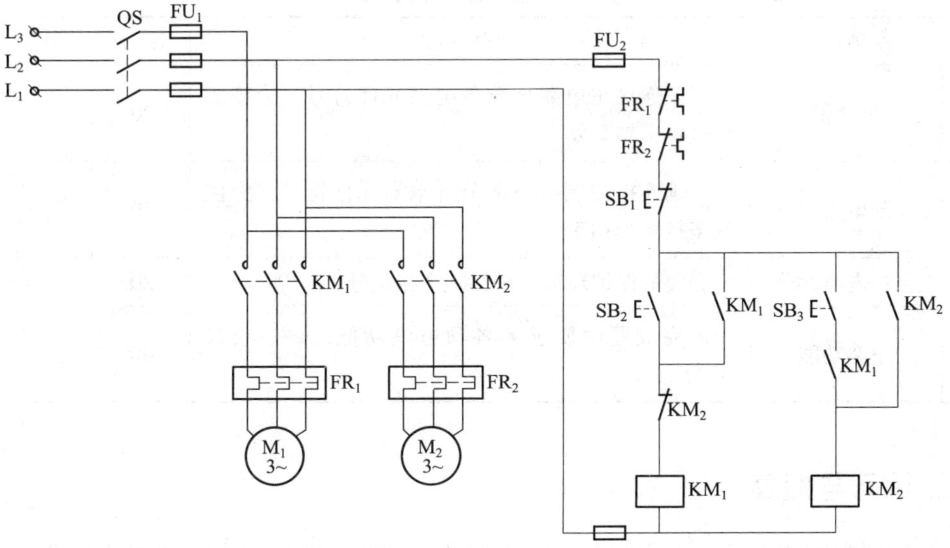

图 8-1-11　设计原理图

注意：原理图的绘制要层次分明，各电器元件及触头的安排要合理，既要做到所用元件、触头最少，耗能最少，又要保证电路运行可靠，节省连接导线以及安装、维修方便。

二、技能训练

1. 实训器材

纸、笔等文具。

2. 实训内容及要求

按要求设计并绘制电气控制原理图。

1）设计要求（1）

两台电动机 M_1、M_2，要求按下按钮 SB_2，M_1 先起动，再按下 SB_3，M_2 才能起动（由控制电路实现顺序起动控制）。按下停止按钮 SB_1，M_1、M_2 停止。设计如短路、过载等相关的保护环节。

2）设计要求（2）

两台电动机 M_1 与 M_2，当按下按钮 SB_3，M_1 先起动，此时按下 SB_4，M_2 才能起动，M_1 和 M_2 同时工作时，按下停止按钮 SB_2，M_2 停止，再按下 SB_1，M_1 才能停止。设计如短路、过载等相关的保护环节。

三、技能考核

考核要求：在30分钟内按要求设计并绘制电气控制原理图。

考核及评分标准见表8－1－2。

表8－1－2　技能考核评分表

序号	项目	评分标准	配分	扣分	得分
1	主电路部分	正确连接主电路部分各电器元件符号，少接或多接每个扣5分	20		
2	控制电路部分	正确连接控制电路部分各电器元件符号，少接或多接每个扣5分	20		
3	保护电路部分	必要的保护环节，少接一个扣5分	20		
4	电路功能	能完成题中要求的各项电气功能，缺一项扣10分	40		

四、练习与提高

① 电气控制原理图设计方法有几种？常用什么方法？电气控制原理图的要求有哪些？

② 某机床由两台三相笼形异步电动机 M_1 与 M_2 拖动，其拖动要求如下。

a. M_1 容量较大，采用Y－△联结减压起动，停车带有能耗制动。

b. M_1 起动后20 s后方允许 M_2 起动（M_2 容量较小可直接起动）。

c. M_2 停车后方允许 M_1 停车。

d. M_1 与 M_2 起动、停止均要求两地控制，试设计电气原理图并设置必要的电气保护。

模块二　用 PLC 改造电气控制线路

学习目标

- 了解 PLC 的原理
- 能用三菱 PLC 改造简单电气控制线路

一、理论知识

1. PLC 简介

PLC 是一种专门为在工业环境下应用而设计的数字运算操作的电子装置。它采用可以编制程序的存储器，用来在其内部存储执行逻辑运算、顺序运算、计时、计数和算术运算等操作的指令，并能通过数字式或模拟式的输入和输出，控制各种类型的机械或生产过程。PLC 及其有关的外围设备都应该按易于与工业控制系统形成一个整体，易于扩展其功能的原则而设计。

世界上公认的第一台 PLC 是 1969 年美国数字设备公司（DEC）研制的。限于当时的元器件条件及计算机发展水平，早期的 PLC 主要由分立元件和中小规模集成电路组成，可以完成简单的逻辑控制及定时、计数功能。20 世纪 70 年代初出现了微处理器。人们很快将其引入可编程控制器，使 PLC 增加了运算、数据传送及处理等功能，完成了真正具有计算机特征的工业控制装置。为了方便熟悉继电器、接触器系统的工程技术人员使用，可编程控制器采用和继电器电路图类似的梯形图作为主要编程语言，并将参加运算及处理的计算机存储元件都以继电器命名。此时的 PLC 为微机技术和继电器常规控制概念相结合的产物。

20 世纪 70 年代中末期，可编程控制器进入实用化发展阶段，计算机技术已全面引入可编程控制器中，使其功能发生了飞跃。更高的运算速度、超小型体积、更可靠的工业抗干扰设计、模拟量运算、PID 功能及极高的性价比奠定了它在现代工业中的地位。20 世纪 80 年代初，可编程控制器在先进工业国家中已获得广泛应用。这个时期可编程控制器发展的特点是大规模、高速度、高性能、产品系列化。这个阶段的另一个特点是世界上生产可编程控制器的国家日益增多，产量日益上升。这标志着可编程控制器已步入成熟阶段。

20 世纪末期，可编程控制器的发展特点是更加适应于现代工业的需要。从控制规模上来说，这个时期发展了大型机和超小型机；从控制能力上来说，诞生了各种各样的特殊功能单元，用于压力、温度、转速、位移等各式各样的控制场合；从产品的配套能力来说，生产了各种人机界面单元、通信单元，使应用可编程控制器的工业控制设备的配套更加容易。目前，可编程控制器在机械制造、石油化工、冶金钢铁、汽车、轻工业等领域的应用都得到了长足的发展。

我国可编程控制器的引进、应用、研制、生产是伴随着改革开放开始的。最初是在引进设备中大量使用了可编程控制器。接下来在各种企业的生产设备及产品中不断扩大了 PLC 的应用。目前，我国自己已可以生产中小型可编程控制器。上海东屋电气有限公司生产的

CF 系列、杭州机床电器厂生产的 DKK 及 D 系列、大连组合机床研究所生产的 S 系列、苏州电子计算机厂生产的 YZ 系列等多种产品已具备了一定的规模并在工业产品中获得了应用。此外，无锡华光公司、上海乡岛公司等中外合资企业也是我国比较著名的 PLC 生产厂家。可以预期，随着我国现代化进程的深入，PLC 在我国将有更广阔的应用天地。

目前，PLC 在国内外已广泛应用于钢铁、石油、化工、电力、建材、机械制造、汽车、轻纺、交通运输、环保及文化娱乐等各个行业，使用情况大致可归纳为如下几类。

1）开关量的逻辑控制

这是 PLC 最基本、最广泛的应用领域，它取代传统的继电器电路，实现逻辑控制、顺序控制，既可用于单台设备的控制，也可用于多机群控及自动化流水线。如注塑机、印刷机、订书机械、组合机床、磨床、包装生产线、电镀流水线等。

2）模拟量控制

在工业生产过程当中，有许多连续变化的量，如温度、压力、流量、液位和速度等都是模拟量。为了使可编程控制器处理模拟量，必须实现模拟量（Analog）和数字量（Digital）之间的 A/D 转换及 D/A 转换。PLC 厂家都生产配套的 A/D 和 D/A 转换模块，使可编程控制器用于模拟量控制。

3）运动控制

PLC 可以用于圆周运动或直线运动的控制。从控制机构配置来说，早期直接用于开关量 I/O 模块连接位置传感器和执行机构，现在一般使用专用的运动控制模块。如可驱动步进电动机或伺服电动机的单轴或多轴位置控制模块。世界上各主要 PLC 厂家的产品几乎都有运动控制功能，广泛用于各种机械、机床、机器人、电梯等场合。

4）过程控制

过程控制是指对温度、压力、流量等模拟量的闭环控制。作为工业控制计算机，PLC 能编制各种各样的控制算法程序，完成闭环控制。PID 调节是一般闭环控制系统中用得较多的调节方法。大中型 PLC 都有 PID 模块，目前许多小型 PLC 也具有此功能模块。PID 处理一般是运行专用的 PID 子程序。过程控制在冶金、化工、热处理、锅炉控制等场合有非常广泛的应用。

5）数据处理

现代 PLC 具有数学运算（含矩阵运算、函数运算、逻辑运算）、数据传送、数据转换、排序、查表、位操作等功能，可以完成数据的采集、分析及处理。这些数据可以与存储在存储器中的参考值比较，完成一定的控制操作，也可以利用通信功能传送到别的智能装置，或将它们打印制表。数据处理一般用于大型控制系统，如无人控制的柔性制造系统；也可用于过程控制系统，如造纸、冶金、食品工业中的一些大型控制系统。

6）通信及联网

PLC 通信含 PLC 间的通信及 PLC 与其他智能设备间的通信。随着计算机控制的发展，工厂自动化网络发展得很快，各 PLC 厂商都十分重视 PLC 的通信功能，纷纷推出各自的网络系统。新近生产的 PLC 都具有通信接口，通信非常方便。

2. PLC 改造电气控制线路

当前，电气设备的电气控制类型常用的有传统的继电控制和先进的 PLC 控制。传统的继电控制电路完全可以用 PLC 取代，且 PLC 控制具有很多优点。

与传统继电控制电路相比，用PLC控制电动机的运行状态，外部接线简单，运行稳定，故障率低，维护方便，特别是不需要改变PLC外电路的结构，仅通过修改程序就可实现复杂电路的功能等，其优越性是多方面的。继电控制电路目前仍然应用很广泛，但在有些场合控制要求提高了，在保持原有控制功能的情况下用PLC替代，PLC方法用起来比较简单，人们并不需要详细分析继电控制电路的工作原理及其控制功能。用PLC改造继电控制电路的步骤：第一步，主电路保持不变，分析控制电路的原理；第二步，由继电控制电路写出控制电路的逻辑关系，并化简控制电路的逻辑关系；第三步，由控制电路的逻辑关系写出PLC梯形图程序并写出指令表；第四步，画出PLC外部电路图。

以电动机顺序起动控制为例，说明PLC改造继电控制电路的方法，此方法对于复杂的继电控制电路改造显得轻松、明了。本文的PLC以三菱FX系列为例，如用其他公司的PLC也是同样的道理。

第一步，主电路保持不变，分析控制电路的原理。

图8-2-1所示，两台电动机 M_1 与 M_2，当按下按钮 SB_2，KM_1 线圈得电自锁，M_1 先起动，同时KT线圈得电，KT延时触点开始延时，经过10 s后，KT触点动作，KM_2 线圈得电自锁，M_2 起动，KT线圈失电，KT触点复位，按下停止按钮 SB_1，M_1 与 M_2 同时停止。

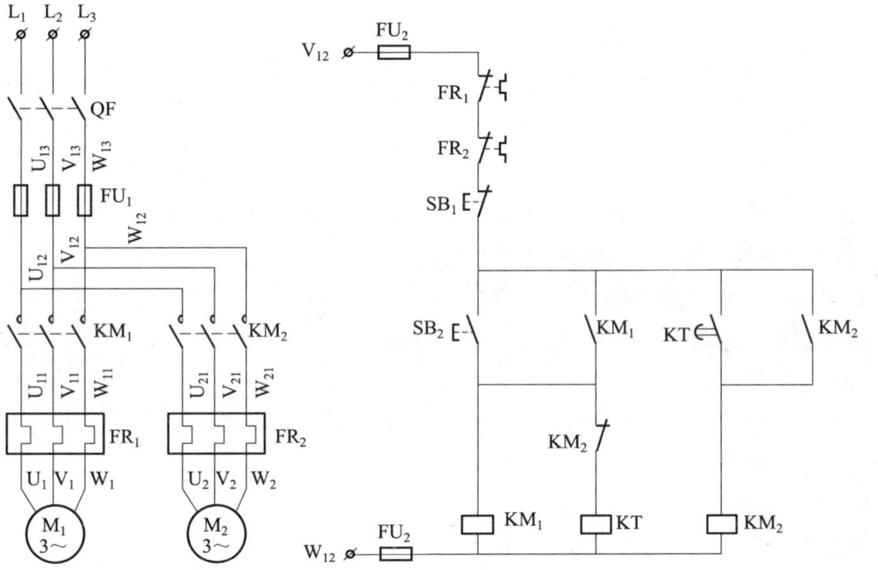

图8-2-1　两台电动机顺序起动控制电路

第二步，由继电接触器控制电路写出控制电路的逻辑关系，并化简控制电路的逻辑关系。

控制电路的逻辑关系。以交流接触器的线圈为控制对象，其余为响应部分，即“结果”，与之串联的元件为激励部分，即“条件”。串联电路为“与”关系，符号为“.”；并联电路为“或”关系，符号为“+”；状态相反为“非”关系，符号为“—”。元件的开关状态：断开为“0”，闭合为“1”；线圈状态：有电为“1”，无电为“0”。常开和常闭的逻辑关系是“非”逻辑。各种复杂的逻辑关系均是基本逻辑“与”、“或”、“非”的组合。

下面主要介绍FX2系列可编程序控制器的使用。

1）型号命名方式

型号命名的基本格式表示如下。

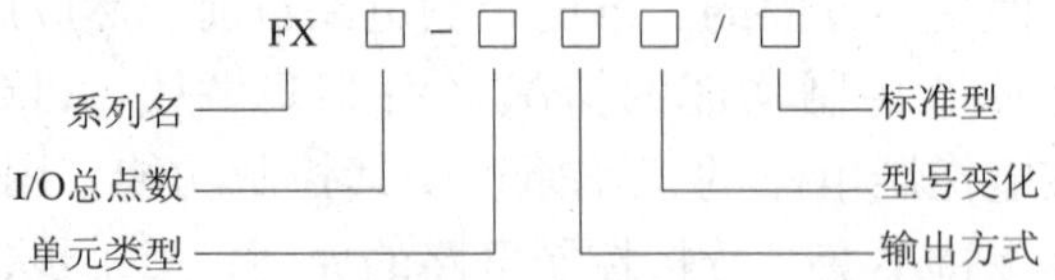

I/O 总点数：14 ~ 256。

单元类型：M - 基本单元；E - 扩展单元及扩展模块；EX - 扩展输入单元；EY - 扩展输出单元。

型号变化：DS - DC24V，世界型；ES - 世界型（晶体管型为漏输出）；ESS - 世界型（晶体管型为源输出）。

输出形式：R - 继电器输出；T - 晶体管输出；S - 晶闸管输出。

2）FX2 系列 PLC 内部继电器的功能及编号

（1）输入继电器 X（X0 ~ X177）

输入继电器是 PLC 用来接收用户设备发来的输入信号。输入继电器与 PLC 的输入端相连。

（2）输出继电器 Y（Y0 ~ Y177）

输出继电器是 PLC 用来将输出信号传给负载的元件。输出继电器的外部输出触点接到 PLC 的输出端子上。

（3）辅助继电器 M

辅助继电器可分为：通用型、断电保持型和特殊辅助继电器三种。

① 通用辅助继电器 M0 ~ M499（500 点）。

② 断电保持辅助继电器 M500 ~ $M_1$023（524 点）。

③ 特殊辅助继电器 M8000 ~ M8255（256 点）。

（4）状态继电器 S

状态继电器 S 是编制步进控制顺序中使用的重要元件，它与步进指令 STL 配合使用。状态继电器有下列五种类型。

① 初始状态继电器：S0 ~ S9 共 10 点。

② 回零状态继电器：S10 ~ S19 共 10 点。

③ 通用状态继电器：S20 ~ S499 共 480 点。

④ 保持状态继电器：S500 ~ S899 共 400 点。

⑤ 报警用状态继电器：S900 ~ S999 共 100 点。

（5）定时器 T

定时器在 PLC 中的作用相当于一个时间继电器，它有一个设定值寄存器，一个当前值寄存器以及无限个触点。

（6）计数器 C

（7）数据寄存器 D

（8）变址寄存器（V/Z）

设图中 KM_1、KM_2、SB_1、SB_2、FR_1、FR_2、KT 分别用 Y0、Y1、X0、X1、X2、X3、T0

表示，控制电路的逻辑关系为：

$$Y0=(X1+Y0)\cdot\overline{X2}\cdot\overline{X3}\cdot\overline{X0}$$
$$T0=(X1+Y0)\cdot\overline{X2}\cdot\overline{X3}\cdot\overline{X0}\cdot\overline{Y1}$$
$$Y1=(T0+Y1)\cdot\overline{X2}\cdot\overline{X3}\cdot\overline{X0}$$

根据上面的逻辑关系进行化简得到如下等式：

$$Y0=(X1+Y0)\cdot\overline{X2}\cdot\overline{X3}\cdot\overline{X0}$$
$$T0=Y0\cdot\overline{Y1}$$
$$Y1=(T0+Y1)\cdot\overline{X2}\cdot\overline{X3}\cdot\overline{X0}$$

第三步，由控制电路的逻辑关系写出 PLC 梯形图程序并写出指令表。

梯形图（LAD）是 PLC 使用得最多的图形编程语言，被称为 PLC 的第一编程语言。梯形图与电器控制系统的电路图很相似，具有直观易懂的优点，很容易被电气人员掌握，特别适用于开关量逻辑控制。梯形图常被称为电路或程序，梯形图的设计称为编程。

梯形图有其特定的编制和绘制规则。

① 梯形图的每一逻辑行必须从左边母线以节点输入开始，以线圈结束，线圈右边母线可以不画出。

② 节点的使用次数可以不受限制。

③ 在一个程序中，一个线圈只能使用一次，不得重复使用。

④ 一段完整的梯形图程序必须用 END 指令（PLC 执行程序阶段的结束标志）结束。

⑤ 编码表的设计原则是：根据梯形图，按从上到下，从左到右的顺序进行。

⑥ 梯形图中，触点应该画在水平线上，而不能画在垂直分支上；不包含触点的分支应放在垂直线上，不可放在水平位置，以便于识别触点的组合和输出线圈的控制路径；不能将触点画在线圈的右边，只能在触点的右边接线圈；在有几个串联回路相并联时，应将触点最多的那个串联回路放在梯形图的最上边。在有几个并联回路相串联时，应将触点最多的并联回路放在梯形图的最左边。这种安排，所编制的程序简洁明了，语句较少。

图 8－2－2 所示，就是根据控制电路的逻辑关系写出的 PLC 梯形图程序。

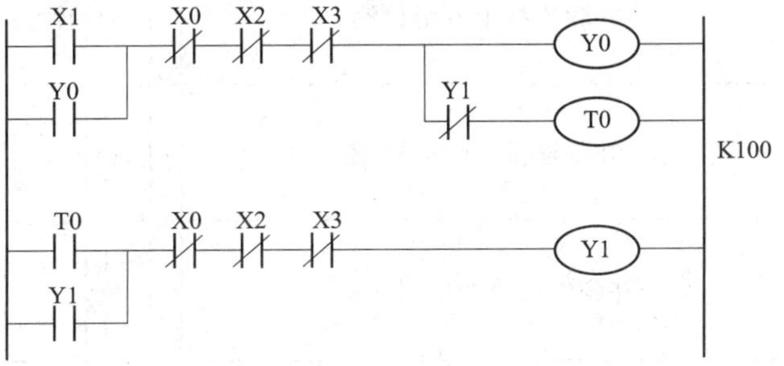

图 8－2－2　顺序控制的 PLC 梯形图

根据梯形图来编写指令表程序，首先要了解三菱 FX2N 系列 PLC 相关基本指令（见表 8－2－1）。

表 8-2-1　FX2N 系列 PLC 基本指令一览表

助记符名称	功能	梯形图表示及可用元件
LD 取	逻辑运算开始与左母线连接的常开触点	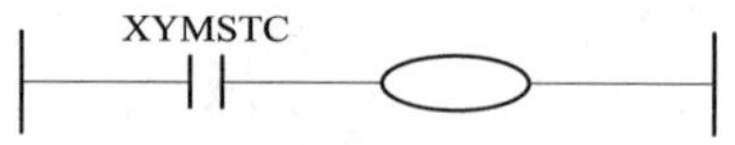
LDI 取反	逻辑运算开始与左母线连接的常闭触点	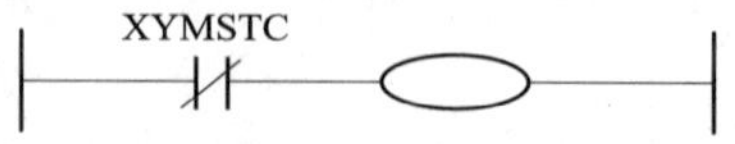
LDP 取脉冲上升沿	逻辑运算开始与左母线连接的上升沿检测	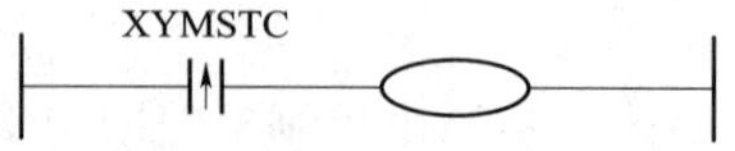
LDF 取脉冲下降沿	逻辑运算开始与左母线连接的下降沿检测	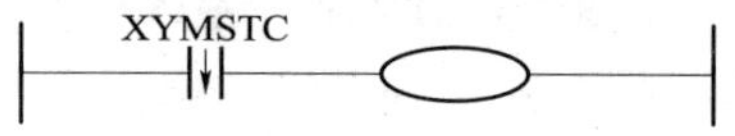
AND 与	串联连接常开触点	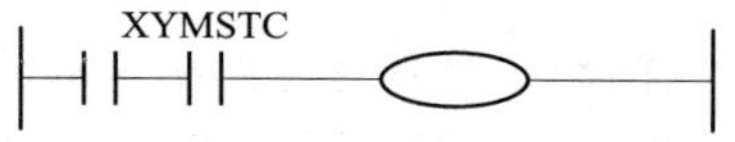
ANI 与非	串联连接常闭触点	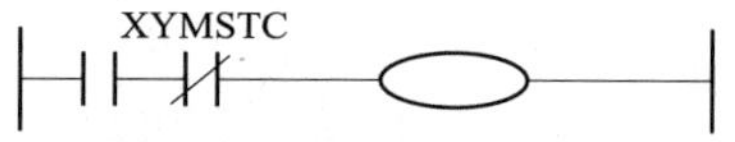
ANDP 与脉冲上升沿	串联连接上升沿检测	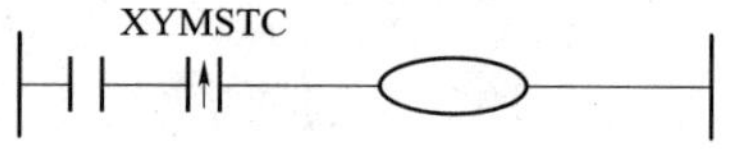
ANDF 与脉冲下降沿	串联连接下降沿检测	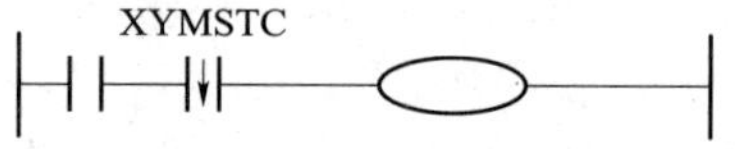
OR 或	并联连接常开触点	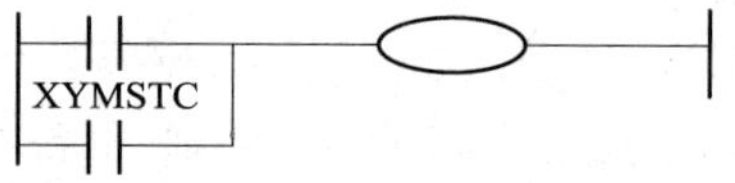
ORI 或非	并联连接常闭触点	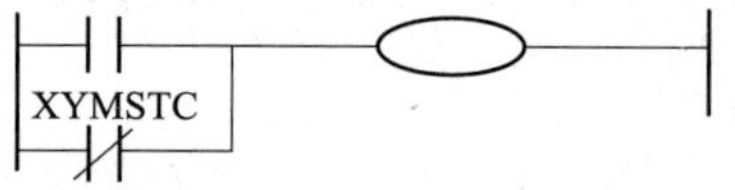
ORP 或脉冲上升沿	并联连接上升沿检测	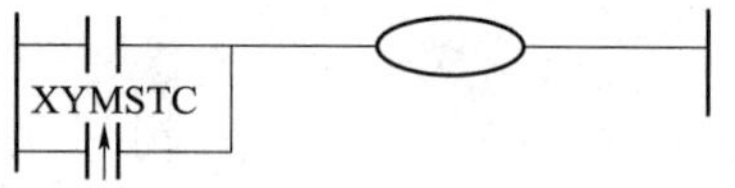
ORF 或脉冲下降沿	并联连接下降沿检测	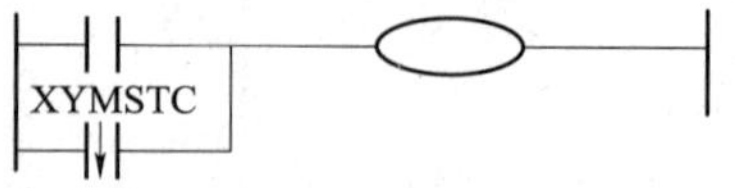
ANB 电路块与	并联电路块的串联连接	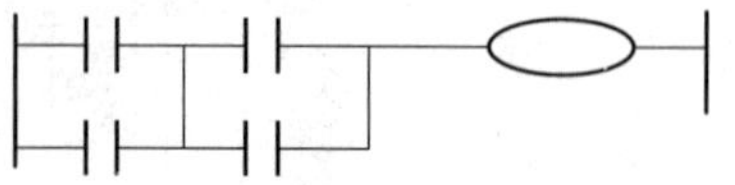
ORB 电路块或	串联电路块的并联连接	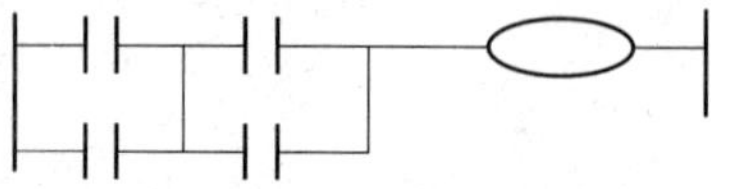
OUT 输出	线圈驱动指令	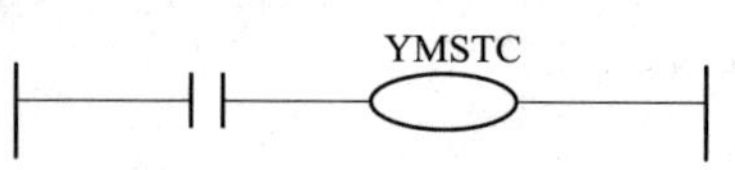

续表

助记符名称	功能	梯形图表示及可用元件
SET 置位	线圈接通保持指令	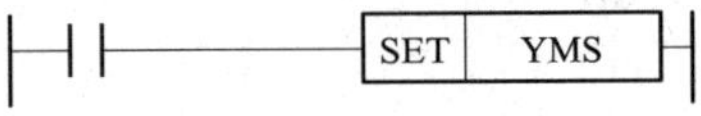
RST 复位	线圈接通清除指令	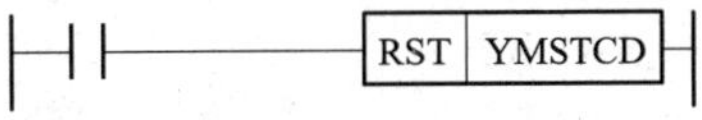
PLS 上升沿脉冲	上升沿微分输出指令	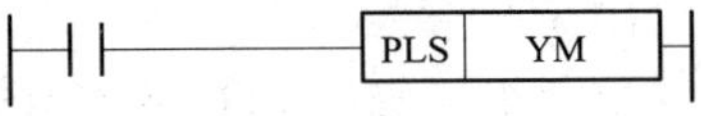
PLF 下降沿脉冲	下降沿微分输出指令	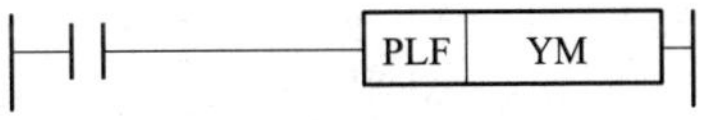
MC 主控	公共串联点的连接线圈	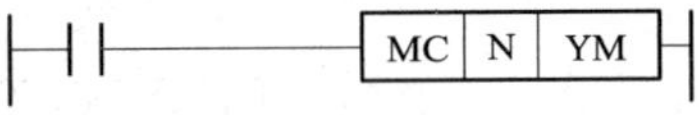
MCR 主控复位	公共串联点的清除指令	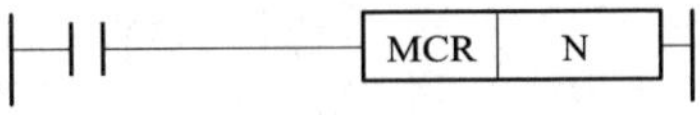
INV 反转	运算结果取反	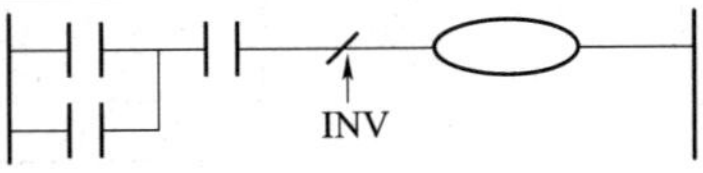
MPS 进栈	连接点数据入栈	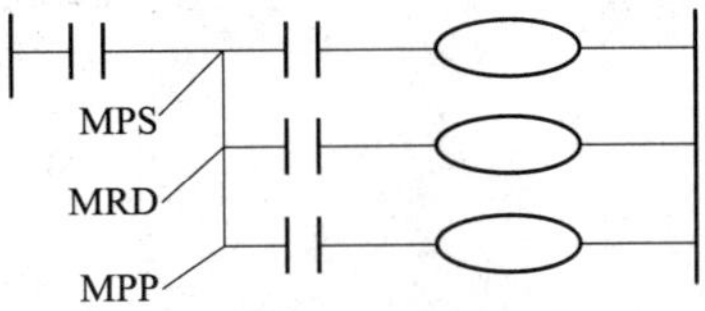
MRD 读栈	从堆栈读出连接点数据	
MPP 出栈	从堆栈读出数据并复位	
NOP 空操作	无动作	变更程序中替代某些指令
END 结束	顺控程序结束	顺控程序结束返回到 0 步

图 8－2－2 所示的指令表程序如下：

LD X1

OR Y0

ANI X0

ANI X2

ANI X3

OUT Y0

ANI Y1

OUT T0

SP K100

LD T0

OR Y1

ANI X0

ANI X2

ANI X3

OUT Y1

第四步，画出 PLC 外部电路图，如图 8－2－3 所示。

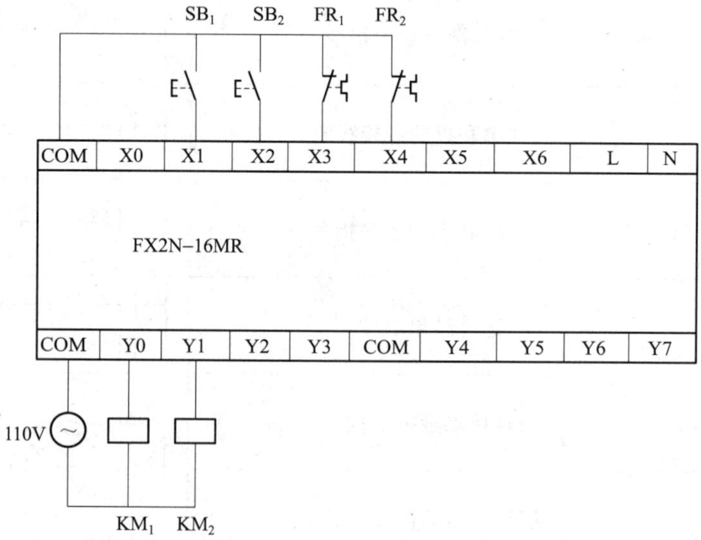

图 8－2－3　顺序控制的 PLC 外部接线

二、技能训练

1. 实训器材

纸、笔等文具。

2. 实训内容及要求

按要求进行如下步骤。

① 两台电动机 M_1、M_2，要求按下按钮 SB_2，M_1 先起动，再按下 SB_3，M_2 才能起动（由控制电路实现顺序起动控制）。按下停止按钮 SB_1，M_1、M_2 停止。设计如短路、过载等相关的保护环节。

a. 确定输入、输出点。

b. 列出输入、输出点之间的逻辑关系。

c. 绘制相应的梯形图。

d. 写出指令表。

e. 绘制 PLC 外部接线图。

② 两台电动机 M_1、M_2，要求按下按钮 SB_2，M_1 先起动，再按下 SB_3，M_2 才能起动（由控制电路实现顺序起动控制），M_2 起动后 M_1 立即停止。按下停止按钮 SB_1，M_2 停止。设计短路、过载等相关的保护环节。

a. 确定输入、输出点。

b. 列出输入、输出点之间的逻辑关系。

c. 绘制相应的梯形图。

d. 写出指令表。

e. 绘制 PLC 外部接线图。

三、技能考核

考核要求：在 30 分钟内将继电接触器控制按要求进行 PLC 改造。

考核及评分标准见表 8－2－2。

表 8－2－2　技能考核评分表

序号	项目	评分标准	配分	扣分	得分
1	确定输入、输出点	正确列出输入、输出点，少列或多列每个扣 5 分	20		
2	逻辑关系	正确梳理出输入、输出点之间的逻辑关系，出错则每条关系扣 10 分	20		
3	绘制梯形图	按梯形图绘制原则进行绘制，错一处扣 5 分	20		
4	写出指令表	根据 PLC 指令编写原则进行编写，错一处扣 5 分	20		
5	绘制 PLC 外部接线图	按要求进行绘制，错一处扣 5 分	20		

四、练习与提高

① 三菱 FX2N 有几条指令，请列出各条指令。

② 某机床由两台三相笼形异步电动机 M_1 与 M_2 拖动，其拖动要求如下。

a. M_1 容量较大，采用Y－△联结减压起动，停车带有能耗制动。

b. M_1 起动后 20 s 后方允许 M_2 起动（M_2 容量较小可直接起动）。

c. M_2 停车后方允许 M_1 停车。

d. M_1 与 M_2 起动、停止均要求两地控制。

请将该原理图进行 PLC 改造。

模块三　用电气 CAD 绘图

学习目标

- 掌握电器 CAD 软件——SuperWORKS 使用方法
- 会用电器 CAD 软件绘制电气线路

一、理论知识

几年前，制造电气柜一般都是由技术人员，根据电器原理图人工绘制接线图。这样不但所消耗的时间长，而且准确性也得不到保证。近几年，计算机技术迅猛发展，应用范围也越来越广，这一技术在电气领域同样得到了应用。现已有好几家公司开发了相应的电器 CAD 软件，如 THECAD R14.01 、JDS－CAD 3.0、SuperWORKS V7.0 等。有了这些软件，就可很方便地根据电气原理图，自动生成接线图、接线表以及其他的各种接线信息。不但可以缩短生产周期，而且准确性也得到了保证。成套电气 CAD 软件 SuperWORKS V7.0 是以 AutoCAD 版本为操作平台开发而成，使用安装方便快捷，本任务将系统介绍。

1. 单机版的安装与卸载

1）硬件环境

① 内存：32 MB 以上。

② 硬盘：单机版：500 MB 以上（网络版：服务器 5 GB 以上，客户端 500 MB 以上）。

③ Pentium 133 或更好的处理器，或者兼容的处理器。

④ 800×600 VGA256 色视频显示器（推荐使用分辨率为 1024×768 或更高）。

⑤ CD－ROM 驱动器（仅使用于初始安装）。

⑥ 网络适配卡（安装网络版的设备必须配置）。

⑦ 广泛支持各外围设备产品，常见的打印机、绘图仪产品基本都可与之相匹配，如 HP 系列、Canon 系列、Epson 系列等。

2）软件环境

① 操作系统：Microsoft Windows 95/98/Me/2000/XP/2003。

② 软件平台：AutoCAD 2002/2004/2005/2006。

注：以下软件的安装以 AutoCAD 2002 操作平台为例进行说明，其他平台安装要求与步骤与此相同。

3）单机版软件的安装的步骤

① 预装 AutoCAD 2002，并保证 AutoCAD 2002 正常运行。

② 关机状态下插好单机版加密锁。

③ 安装 SuperWORKS V7.0 工厂版单机版软件。

注意：安装前应首先检查 AutoCAD 2002 软件是否运行正常。

SuperWORKS V7.0 工厂版的运行需要软件加密锁的支持，在开始安装前，请先安装相配套的加密锁。加密锁的安装方法是：关闭微机系统电源，如果是并口加密锁，把加密锁安装在微机并口（即打印口上），固定好，再把打印机或绘图仪接在加密锁上；如果是 USB 口的加密锁，则插在 USB 口上。

安装程序路径为：E：\ SuperWORKS V7.0 \ setup.exe；其中“E:”为相对应的光驱符号，可用两种方法起动该安装程序。

① 选择“开始”菜单中的“运行”命令。

② 从资源管理器中打开。

起动安装程序后，用户只需做一些必要的选择即可，安装程序可自动完成相应工作。以下以第一种方式为例对整个安装过程做详细介绍。

① 先确认系统已正确安装了 AutoCAD 2002 软件。

② 选择“开始”菜单，选择“运行”命令，弹出如图 8－3－1 所示的“运行”对话框。

图 8－3－1

在打开文本框中输入 E：\ SuperWORKS V7.0 \ setup.exe，E：为当前安装光驱所用的盘符，用户可以根据自己的实际盘符来确定是否对其修改。当然也可以单击“浏览”按钮，查找 setup.exe，然后单击“确定”按钮。

③ 出现 setup 对话框，系统自动自检，自检结束。

④ 出现“SuperWORKS V7.0 安装向导”对话框，如图 8－3－2 所示。

单击 Next > 按钮，在弹出的下一个对话框中单击 Yes 按钮，接受版权协议，如图 8－3－3 所示。

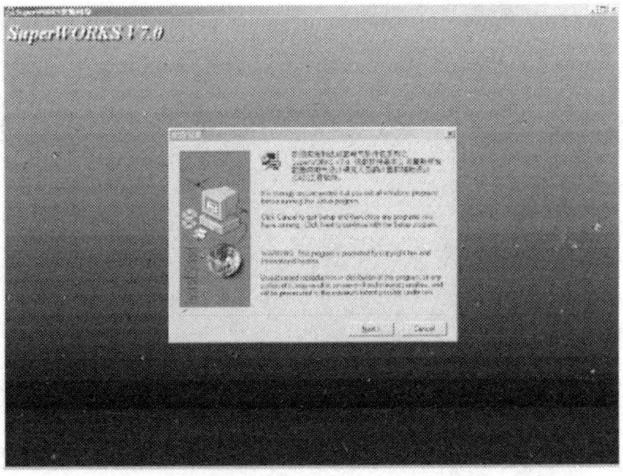

图 8－3－2

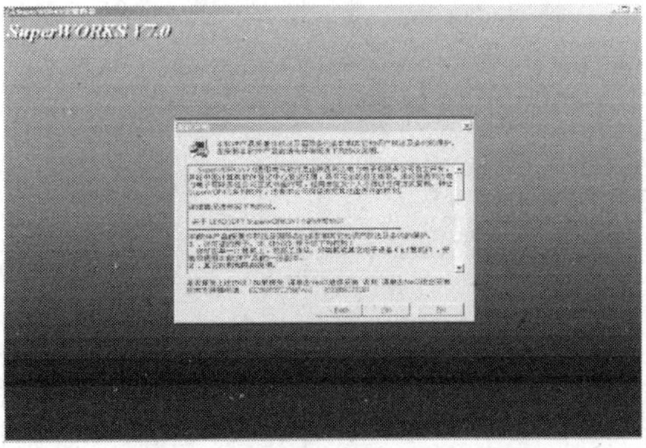

图 8－3－3

⑤ 出现“系统配置”对话框，如图8－3－4所示。

单击 Next > 按钮，出现“用户注册”对话框，如图8－3－5所示。

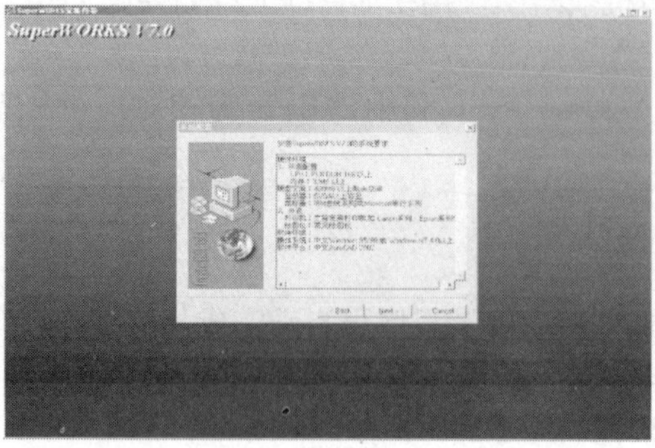

图8－3－4

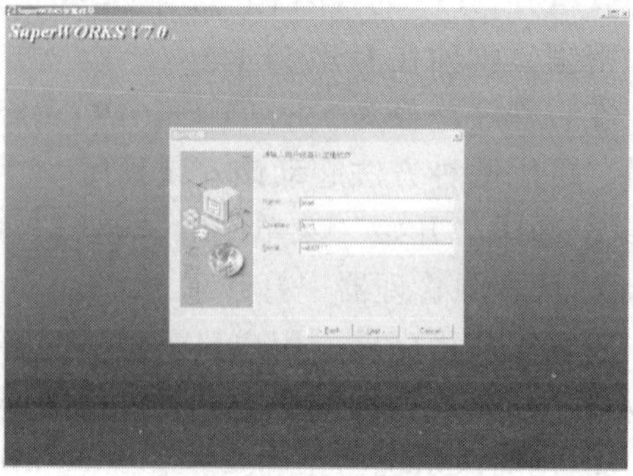

图8－3－5

其中Serial是安装序列号，用户按照安装光盘上Readme文件中给出的序列号（sxl00117）输入。单击 Next > 按钮继续，出现“选择安装路径”对话框，如图8－3－6所示。

单击 Browse... 按钮选择软件的安装路径（默认为C：\SWORKS V7.0），单击 Next > 按钮继续，出现“开始菜单”对话框，如图8－3－7所示。

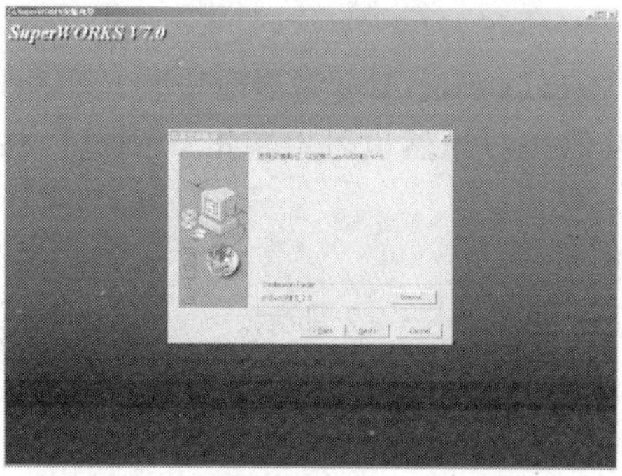

图8－3－6

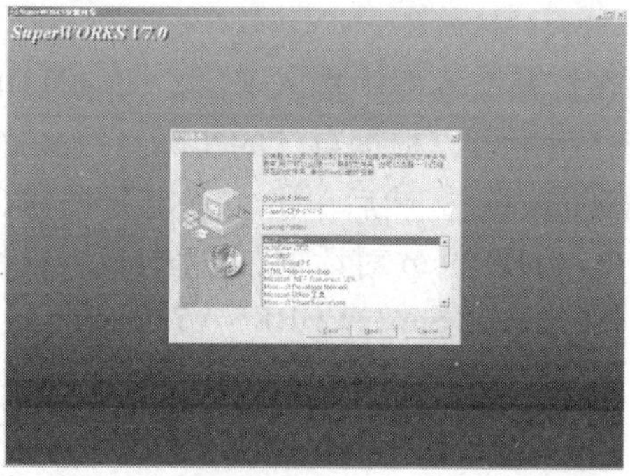

图8－3－7

用户可以选择软件在开始菜单中的文件夹名称，建议用户无须重新设置文件夹，单击 Next > 按钮继续，出现“准备安装”对话框如图8－3－8所示。

单击 Next > 按钮继续，出现选择AutoCAD 2002安装路径对话框，如图8－3－9所示。

系统会自动地查找AutoCAD 2002的安装路径，如果不正确，用户可单击 Browse... 按钮选择AutoCAD 2002正确的安装路径。单击 Next > 按钮继续，出现“SuperWORKS V7.0安装向导”对话框，如图8－3－10所示。

用户无须进行任何操作，系统自动进行安装直至安装结束，出现“安装结束”对话框，如图8－3－11所示。

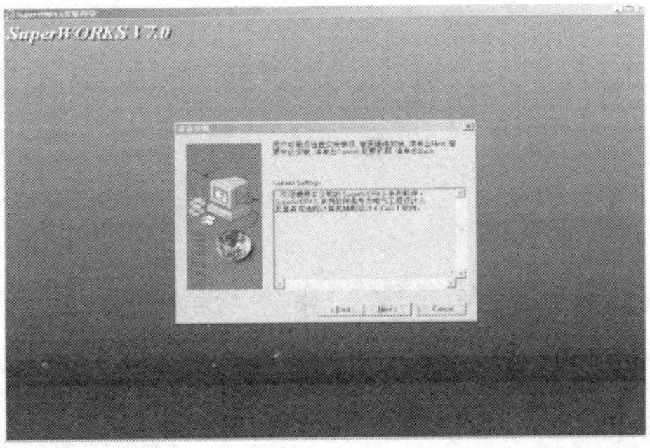

图 8-3-8

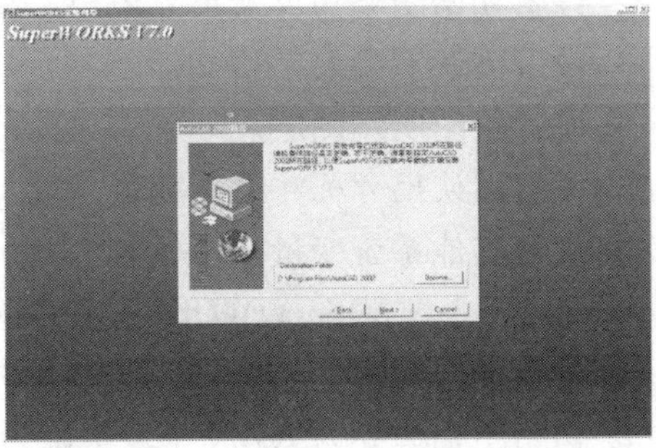

图 8-3-9

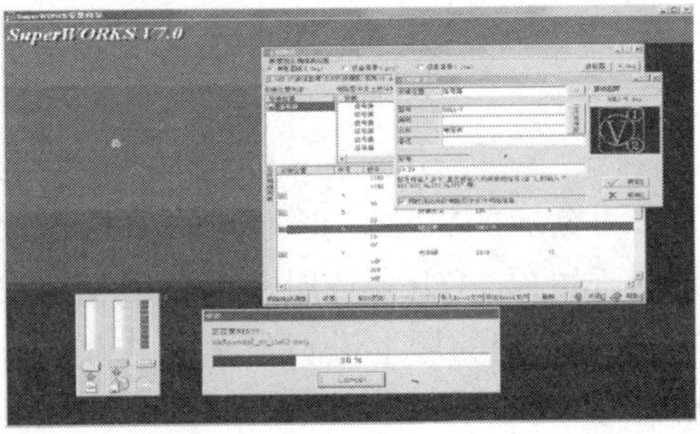

图 8-3-10

图 8-3-11

单击  退出。软件安装成功。桌面上出现 SuperWORKS V7.0 快捷方式图标。

4）单机版的卸载

① 从 Windows“开始”菜单中卸载。

② 从控制面板的“添加/删除程序”选择 SuperWORKS V7.0 程序选项进行删除。

2. 系统的启动

1）SuperWORKS 软件的启动

此程序有两种启动方法。

① 双击桌面上 SuperWORKS V7.0 快捷方式图标。

② 从 Windows“开始”菜单中启动。

在 Windows 桌面双击 SuperWORKS V7.0 快捷图标，首先进入 AutoCAD 2002 系统，并出现如图 8-3-12 所示的 Start up 对话框，强烈建议用户，选取 Use a Template 标签下的模板文件 Acad. dwt，最后单击 OK 按钮确认。

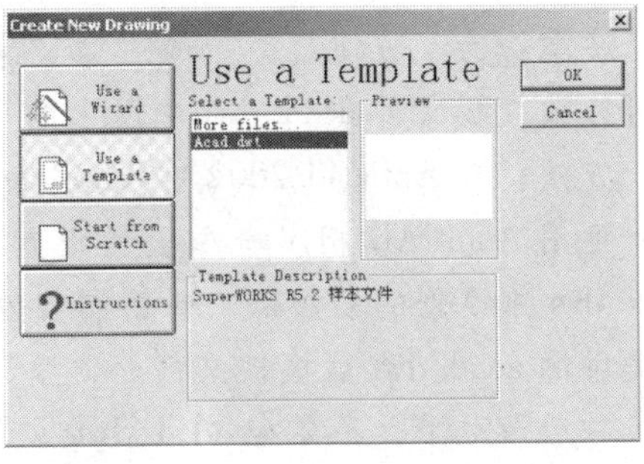

图 8-3-12

2）关于模板文件

SuperWORKS 安装完毕后，在 AutoCAD 2002 的 template 目录下，将生成一个图形文件 acad. dwt 此文件是 SuperWORKS 系统默认使用的模板文件。

其主要作用如下。

① 设置默认文件路径及文件名。

② 设置初始图幅边界及尺寸单位。

③ 设置默认字型及字型文件。

④ 设置绘图所用图层。

⑤ 设置默认尺寸标注系统变量。

⑥ 设置其他系统变量。

Acad. dwt 中定义 SuperWORKS 正常运行所需的基本环境及参数，部分参数设置如下。

① 菜单文件为：\ AutoCAD 2002 \ Support \ acad. mnc。

② 初始图幅边界为 A3 尺寸，单位为 mm，不显示小数点后数字。

③ 设置了尺寸标注及绘图所需的其他系统变量。

举例如下。

线型比例系数——LTSCAIE：15。

尺寸标注箭头大小——DIMASZ：4。

绘图比例——USERR1：1。

层是 AutoCAD 本身的一个优秀的组织工具，它采用叠加的方法，把不同的信息存放在不同的图层上，以便能单个地显示或绘制各层，或以不同的方式组合各层。当图形变得更加复杂时，各层可随时被打开或关闭，这样就比较容易在未关闭的层上进行显示和修改。

SuperWORKS 在样本文件 acad. dwt 中设置下列层，如表 8－3－1 所示。

表 8－3－1　图层设置

层名	图层颜色	图层线型	图层用途
0	黑	实线	默认绘图层
Cent	青	中心线	中心线层
Dim	灰白	实线	尺寸标注层
Text	白	实线	文本标记层
Mark	红	实线	特殊标记层
Connect	绿	实线	电路连线层
Board	暗红	实线	粗实线层

这些层中有些是系统在自动绘图中要用到，所以用户不要随意删除、更改图层，以免产生错误。

注意：为了方便绘图，请注意文字区有关提示信息，不可全盘用 AutoCAD 命令；用户亦可修改模板文件 acad. dwt 中以上的设置。

方法：在 Autocad 2002 \ Template 文件下打开，打开 acad. dwt（注意文件类型 . dwt）后，可用 AutoCAD 相应命令重新设置各参数，然后存盘退出，这样在每次新建一幅图时，acad. dwt 中设置的参数都将对新图有效。切记，为保证 SuperWORKS 的正常运行，请使用系统提供的 acad. dwt 为模板文件。

一般情况下，不要在 acad. dwt 文件名下进行绘图工作，即使做了也勿存盘，以免损坏模板文件，影响系统正常运行。

3）系统图 System 的启动

此程序可从 Windows“开始”菜单中启动。

4）SuperWORKS 工具条的调用

SuperWORKS 中的各菜单命令都可以以工具条的形式调用，在 SuperWORKS 的“工具条调用”菜单下，列出了以下工具条调用菜单选项。

①“环境设置及一次电路”子菜单，单击“工具条调用”后弹出如图 8－3－13 所示“环境设置及一次电路”工具条。

图 8－3－13

各按钮从左至右代表的含意为：环境设定、系统设置、设置图幅、标题栏填写、一次元件、一次原理、方案建库、方案调用。

②“二次电路”子菜单，单击“工具条调用”后，弹出如图 8－3－14 所示“二次电路1”工具条。

图 8－3－14

各按钮从左至右代表的含意为：二次原理、二次元件、回路插入、字符替换、回路复制、回路粘贴、替换、删除、强制端号、接线表、明细表、端子表、自动布置、接线生成。

③“二次电路 2”子菜单，单击“工具条调用”后，弹出如图 8－3－15 所示“二次电路 2”工具条。

图 8－3－15

各按钮从左至右代表的含意为：文件管理、断线查看、等价元件、接线路径调整、接线信息查看、小母线排、出接线表、明细表总汇、生产规范、反向、删除接线。

④“元件库”子菜单，单击“工具条调用”后，弹出如图 8－3－16 所示“元件库”工具条。

图 8－3－16

各按钮从左至右代表的含意为：元件库管理、查符号库、查元件库、自动建库、模型建库、链接建库、建多端库、元件幻灯片库扩充。

3. SuperWORKS 的环境设置

此项功能主要针对各个厂家的图样及施工文件格式有所不同的现实而设定，可以通过让用户修改其设定值，使文件格式适合用户的需要。

1）环境设定

菜单访问次序为：SuperWORKS→“环境设置”→“环境设定”。

此项功能可使未在 acad. dwt 模板文件进行绘制的图形恢复到绘图环境下，但强烈推荐用户尽可能在 acad. dwt 模板上进行绘图。

2）系统设置

菜单访问次序为：SuperWORKS→“环境设置”→“系统设置”。

具体操作步骤如下。

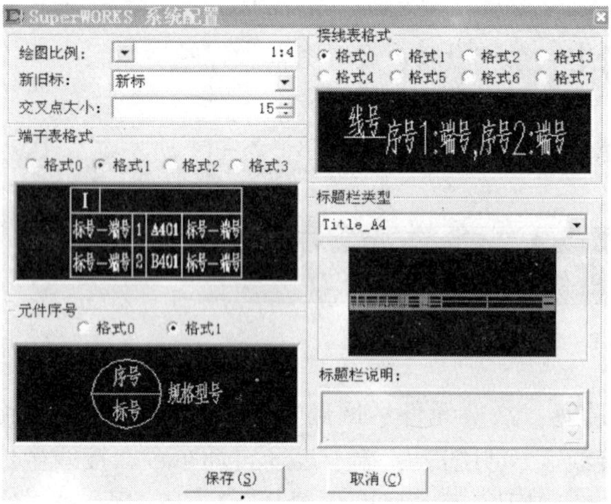

图 8－3－17

在下拉菜单中选择“系统设置”选项，出现“SuperWORKS 系统配置”对话框，如图 8－3－17 所示。

对话框中共有七条可供设置的选项，每条设定的选项都有其默认值，绘图比例、新旧标的转换和交叉点大小设置都通过此功能预先设定，使得操作大大简化，修改编辑框中对应的各项数字，单击“保存”按钮确认，即完成需要的设定。

各项设置的具体功能如下。

（1）绘图比例

通过编辑该项数值，实现绘图中尺寸按所设定比例自动转换，而标注尺寸保持原值，此比例设定只在绘制面板开孔和画结构图时有效，而对电路图无效。

（2）标题栏

可实现标题栏格式的切换，共有三种格式供用户选择，代号分别为 0、1、2；默认值为 0，其含义为选用标准标题栏格式。

（3）新旧标

可设定新、旧两种电气元件符号模式。0 为旧标（默认值）；1 为新标。

（4）交叉点大小

用来设定原理图中交叉连接点的大小。编辑框中的数字代表交叉连接点半径（单位为 mm）的 10 倍数。用 20 代表交叉半径为 2 mm（默认值为 20）。

（5）端子表格式

目前共有 0、1、2、3、4、5、6、7 八种格式供设定。

具体如下：

0：（默认）表示格式：线号序号：端号格式。例如：N411 1：2，3：1。

1：表示格式：序号：端号格式。例如：—1：2，3：1。

2：表示格式：标号：线号标号：端号格式。例如：N411 LHa：1，3 rd：1。

3：表示格式：标号：端号格式。例如：－LHa：1，3rd：1。

4：表示格式：线号—序号1，序号2格式。例如：－.411－1，3。

5：表示格式：线号—序号/端号，序号/端号。例如：.421－1/2，3/2。

6：表示格式：线号—标号/端号，标号/端号。例如：N421－1A/2，3A/2。

7：表示格式：线号—序号：端号/序号：端号。例如：03－1：2/7：3。

（6）端子表格式

端子表格式是指施工接线图上端子排格式的设定。目前共有0、1、2、3四种格式可供设定。具体如下。

0：表示格式：元件序号＋元件端号。例如：1－2。

1：（默认）表示格式：元件标号＋元件端号。例如：LHa－2。

2：表示格式：元件标号。例如：LHa。

3：表示格式：六栏端子模式。即在0格式时的四栏端子形式两边各加一栏，标出与元件序号对应的元件标号。实际上是0、2两种格式的组合。

具体格式如表8－3－2所示。

表8－3－2　端子表六栏端子模式

I					
LHa	4－K1	1	A401	1－1	1A
LHb	5－K1	2	B401	2－1	2A
LHc	6－K1	3	C401	3－1	3A
LHc	6－K1	4	N401	3－2	3A
		5			

（7）元件序号

元件序号是设定接线图中元件布置序号标注的格式。目前有0、1两种设定，默认为0格式。如图8－3－18所示。

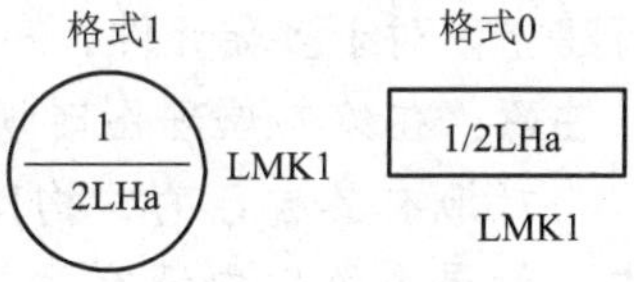

图8－3－18

3）设置图幅

菜单访问次序为：SuperWORKS→“环境设置”→“设置图幅”。

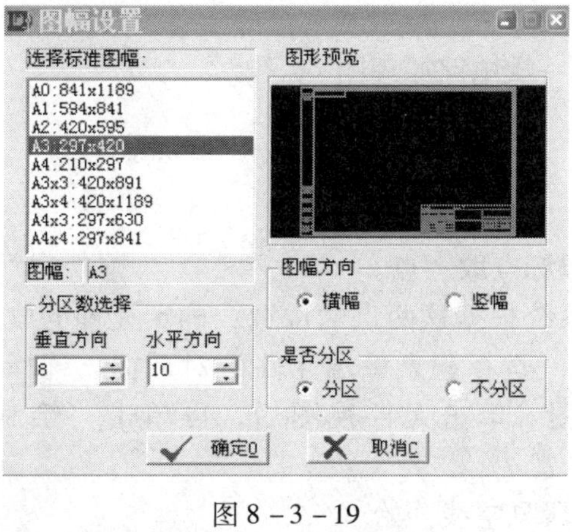

图8－3－19

选择“设置图幅”选项后，出现如图8－3－19所示“图幅设定”对话框，用户须选择图幅。包括横幅或竖幅、不分区或分区，则系统自动绘出图幅边框线及标题栏。

当选择分区时，可在下拉列表选取4×6或6×8两种格式，如用户选取6×8格式，则系统会自动将图幅沿水平分成8等份，沿垂直方向分成6等份，并沿水平方向标注1、2、3、4、5、6、7、8，沿垂直分方向标注A、B、C、D、E、F。

其后对标题栏进行填写，建议用户采用“标

题栏填写”菜单，最好不要在标题栏上直接输入。

4）题栏填写

菜单访问次序为：SuperWORKS→“环境设置”→“标题栏填写”。

选择“标题栏填写”菜单选项，弹出“标题栏填写”对话框，如图8－3－20所示，用户可根据自己的实际情况一一填入，单击“确定”按钮后，系统可自动生成标题栏。

注意：标题栏是作为图形文件插入到图形中的，文件名是C：\ca\blocklib\title.dwg，用户可对此图形文件进行编辑修改，也可以把设计单位名称固化在图形文件中。

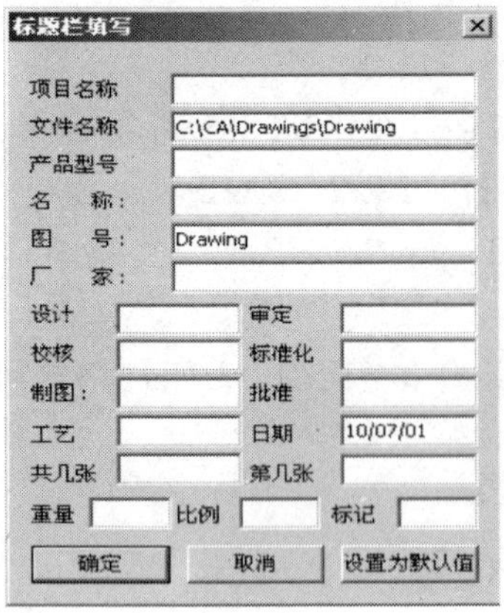

图8－3－20

4. 一次原理图绘制

1）绘制原理图的一些基本概念

一般电气原理图分为一次电路和二次电路，使用SuperWORKS绘制电气原理图时，也要对一次电路和二次电路分别绘制。由原理图智能生成施工接线图，是SuperWORKS系列软件的主要功能之一。但此项功能主要是针对二次电路而言，对一次电路无效。如要求将一次电路的接线信息，以同样的要求生成在施工接线图中，只能将一次电路用二次电路的绘制方法进行绘制，否则接线图中将没有一次电路的接线信息。

在绘制原理图的过程中，经常会出现单端元件、双端元件及以多端元件。单端元件一般表示电路的起始和结束，双端元件一般在电路中间出现，而多端元件既可作为始末端元件，也可放在电路的中间。常用的单双端元件，在软件系统图库中已经列出，而其他则要求用户自行建立。对于多端元件，一般都需要用户自行建立原理结构图。

注意：在绘制原理图时所需的是元件的图形代号，这里称为原理结构图。而每一件元件都相对地有其自己的结构图，这里称为元件结构图。元件结构图主要使用在施工接线图中，如果系统库中没有元件结构图，仍需要用户自行建立，建立的方法会在后面进行介绍。

2）一次电路的绘制

（1）绘制一次原理图的一般步骤

利用“一次原理”菜单，可以方便、快速绘制一次电路原理图。

菜单调用次序为：SuperWORKS→“一次电路”→“一次原理”。

具体操作步骤：

① 选择“一次原理”菜单。

② 命令行提示：“起点”，输入起点坐标或用鼠标点取一点。

③ 命令行继续提示“未点”，确定末点后，系统根据这两点的位置，确定元件的放置位置与方向，选择末点后，弹出图8－3－21所示“选择起点单端元件”对话框，选择所需单端元件有两种方法：双击元件名或元件视图。单击元件视图后，再单击“绘制”按钮。

如果无单端元件，则选结束项，主电路图以一段悬空线开始。

④ 命令行继续提示：“请输入元件符号”，此时系统需要用户输入元件标号，若无标号，请按回车键继续。

⑤ 命令行继续提示：“退回（UNDO）/末点”，确定末点，系统会自动选取上个元件或连线的末点，与此时输入的点以导线相连。

⑥ 命令行继续提示：“退回（UNDO）/末点”，含义同上，此时也可输入 U 命令，即删去刚刚输入的元件及连线，用户可连续删除，直到不能再删为止。

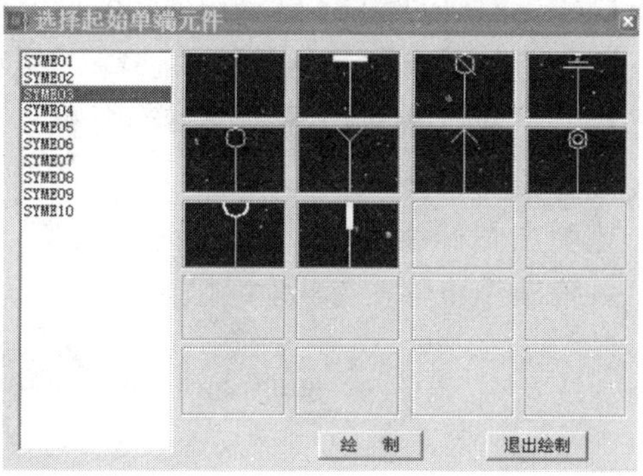

图 8－3－21

⑦ 命令行继续提示：“退回（UNDO）/末点”，按回车键或单击鼠标右键弹出一次双端元件图标菜单，如图 8－3－11 所示，选择所需元件。

⑧ 命令行继续提示：“请输入元件标号（提示：XX）”，用户输入一次元件符号，若无标号按回车键继续。

⑨ 命令行继续提示：“退回（UNDO）/末点”。

⑩ 重复一次元件及导线的绘制，当需要结束时，在“退回（UNDO）/末点”提示下，按回车键弹出一次双端元件图标菜单，如图 8－3－22 所示。

⑪ 双击“结束”选项，出现“选择终点单端元件”对话框，如图 8－3－23 所示，若以导线作为终端，双击“结束”选项即可。若以单端元件作为终端，选择所需元件作为终端元件，系统继续提示输入元件标号，用户输入标号后即可结束“一次原理”功能操作，如有需要可按回车键继续进行“一次原理”绘图。

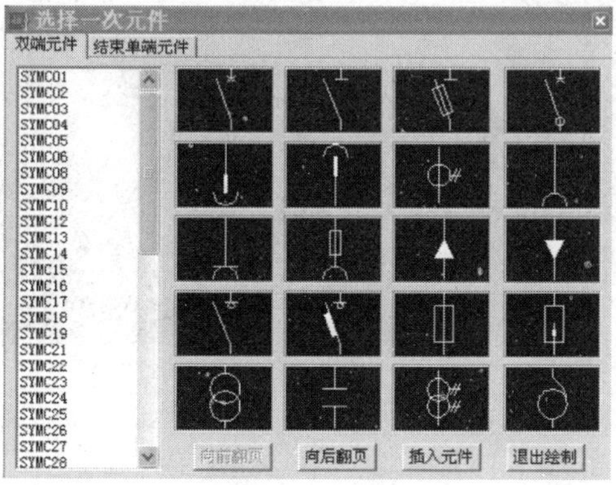

图 8－3－22

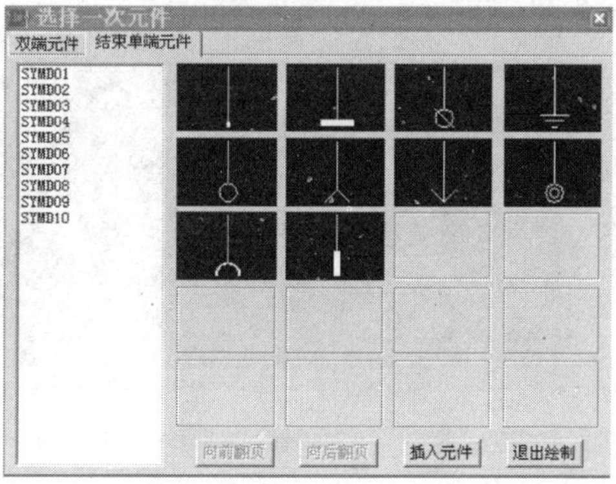

图 8－3－23

注意： 鼠标右键可代替回车键操作，请用户自己体会，另外在如图 8－3－21、图 8－3－22、图 8－3－23 所示界面中不能使用 Esc 键退出。

使用“一次原理”绘制一次电路的几点说明。

一次元件分三部分：起点单端元件（见图 8－3－21）、双端元件（见图 8－3－22）和终点单端元件（见图8－3－23）。在起点单端元件中选择“结束”表示无单端元件，以导线开始绘图。在双端元件菜单中选择“结束”则进入终点单端元件菜单，在终点单端元件中选择“结束”表示以导线结束绘图。

系统提示“退回（UNDO）/末点”时，给予空输入（回车，按空格键或单击鼠标右键）则弹出图标菜单，供用户选择。

系统操作步骤实际做如下循环。

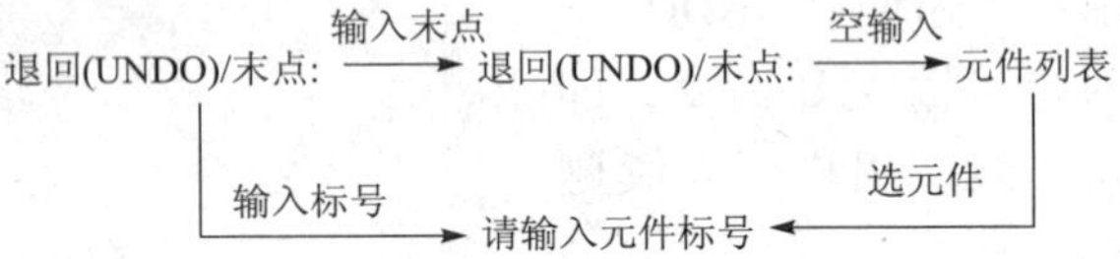

起点及末点控制电路走向，系统自动取上一元件或连接末点为下一根连线起点。电路绘制方向只沿水平或垂直方向绘制。当起点与末点在水平或垂直方向偏差在2 mm以内不拐弯；否则将自动拐弯。

当要求输入元件标号时系统将自动按国标给出标号提示。

要求输入连接末点时，输入U会删去刚刚输入的连线及元件。用户可连续输入U使输入过程回退，直到不能再删为止。当发现刚刚的输入有错时，可采用这种方法来改正。

系统会自动调整元件符号插入方向，使其沿与之相连的上一根连线的方向放置。

对水平放置的元件符号，系统自动将标号标注在其上方；垂直放置的元件标号，标注在其右方。

下面以上述方法绘制了一次原理图，如图8－3－24、图8－3－25、图8－3－26、图8－3－27所示。

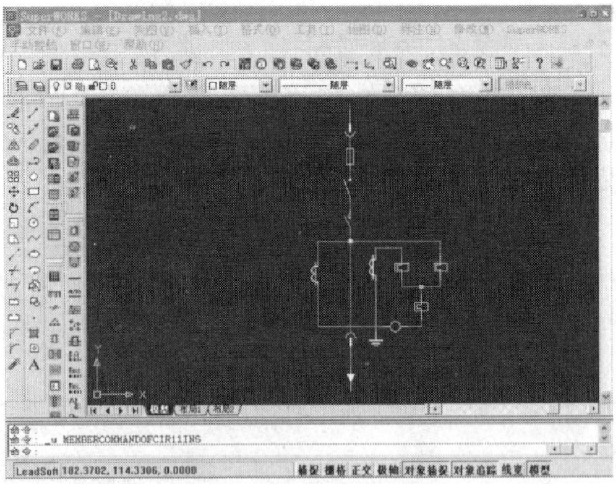

图8－3－24

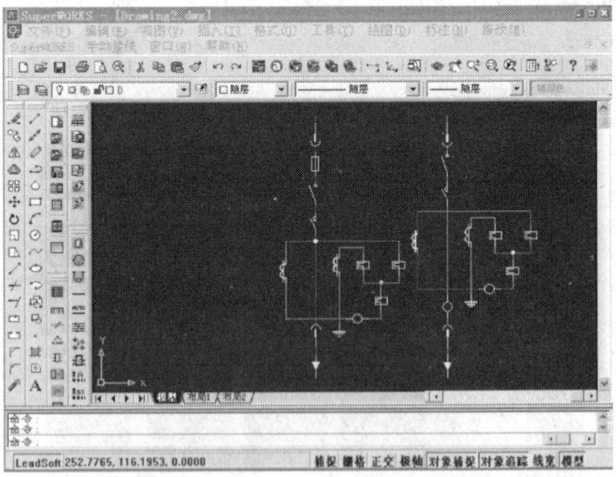

图8－3－25

5. 二次原理图的绘制

由原理图智能生成施工接线图是SuperWORKS系列软件的主要功能之一，它不仅能方便快捷地进行原理图的绘制，更主要的是能智能生成施工接线图、端子排、材料表、生产规范书等施工辅助文档，使施工设计的效率大大提高。

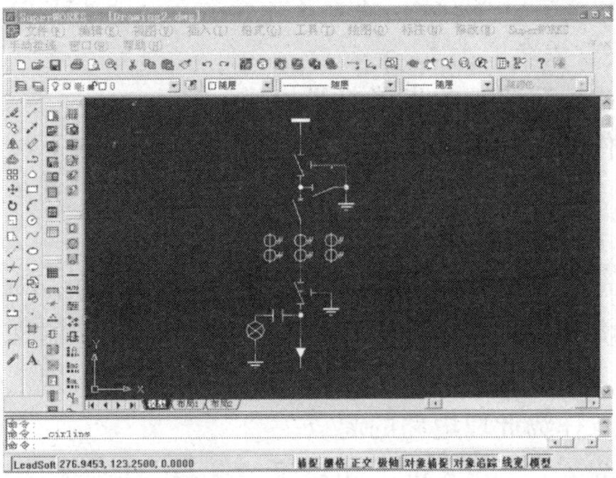

图 8－3－26

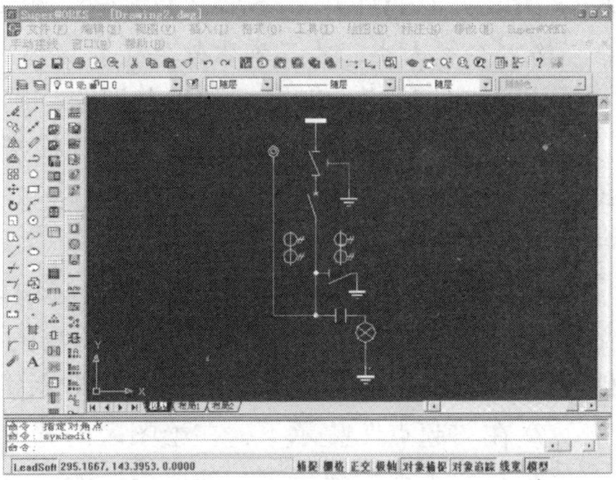

图 8－3－27

二次原理图的绘制是生成接线图过程中最重要的环节，是 SuperWORKS 生成端子表、明细表、接线表及自动生成施工接线图和生产规范书的前提和基础。成功运用 SuperWORKS 的关键之一，就是熟练掌握 SuperWORKS 的二次原理图的画法。

SuperWORKS 提供的主要画法有链式画法、点式画法、模块画法以及复制替换画法。下面使用以上几种画法来绘制如图 8－3－28 所示的二次原理图，用户可以从这幅原理图的绘制过程中对以上几种画法加以领会及掌握。以下主要介绍链式画法。

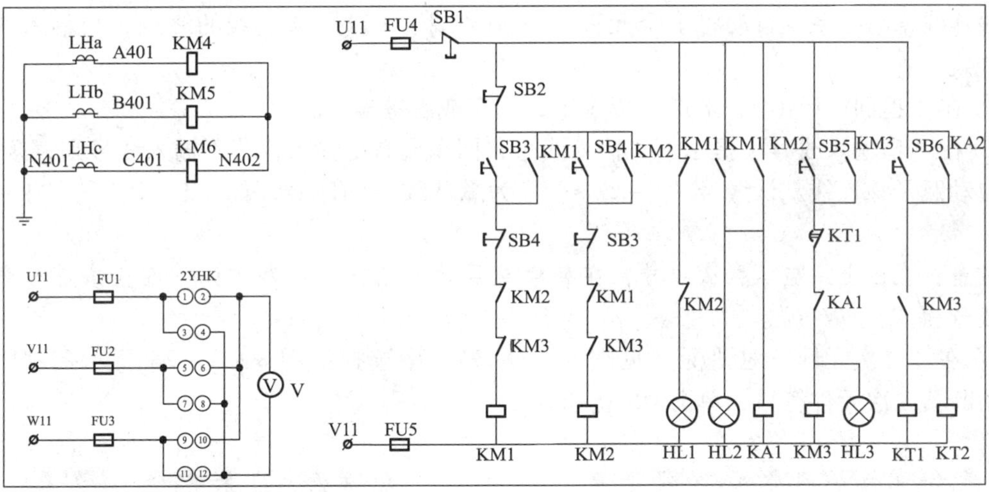

图 8－3－28

1）链式画法

链式画法是绘制二次原理图的主要画法，它的要领是一次画完一条相对完整的支路。根据用户使用的情况来看，链式画法是用户初次学习的一个难点。

注意：在用链式画法绘制二次原理图时，应先确定打开了步长（SNAP）、正交（ORTHO）、栅格（GRID）。方法是注意命令行底部状态中 SNAP、ORTHO、GRID 的状态。若 GRID 为灰显，按 F7 键打开 GRED，再按一次 F7 键则关闭 GRED；若 ORTHO 是灰显，则按F8键打开ORTHO；若SNAP是灰显，则按F9键打开SNAP，还可在命令行键入SNAP命令，输入步长大小，为了和本软件工作环境一致设置步长为5。

对于如图8-3-28所示的控制回路，用链式画法绘制的步骤如下。

① 建立一个新的以acad.dwt文件为模板文件的新图形文件drawing，设置图幅，在下拉式菜单中选择SuperWORKS→“二次电路”→“二次原理”项或直接点取二次电路工具条中的“二次原理”。

注意：建立一个新的图形文件时，必须以acad.dwt文件为样本文件建立一个新的.dwt文件，因为该文件包含了绘制原理图所需的系统环境。若用户不以此样本文件建立新的文件，则必须调用“环境设定”，重新设置系统绘图环境。

② 在“起点”提示下，在绘图区内选取一点作为此段电路的起点。

③ 在“末点”提示下，选取合适的一点作为末点，“末点”相对于“起点”的方向将决定电路的绘制方向。以起点为中心，电路四个方向：正上、正下、正左、正右，即末点与起点始终保持垂直或水平的关系。

④ 在“选择起点单端元件”对话框（见图8-3-29）中，选择绘制回路原理图起始元件小母线符号，再点取绘制或直接双击该元件符号，对话框消失，且该小母线出现在绘图区内。

⑤ 在“请输入元件标号”提示下，输入元件标号，元件标号不能为空，在此输入起始端子U11。

⑥ 在“退回<UNDO>末点”提示下，选择一点（此点离开元件一个步长以上）作为下一段连线末点，系统自动将上个元件（本例为端子U11）或连线的终点，与输入的末点连接成线。

⑦ 在“退回<UNDO>末点”提示下，回车或右键输入。

⑧ 在“请输入线号”提示下，输入线号，回车或右键输入，若不输入线号则直接回车，系统自动赋予该连线默认线号“!-@*”（为默认线号的序号，如“!-@1”、“!-@2”等）。

注意：在图上不显示默认线号，在替换线号时可见其线号为“!”，在生成端子表时可见其线号为“!-@*”。

⑨ 在“二次元件”对话框（见图8-3-30）中选择如图8-3-28所示控制回路中FU1熔断器二次元件符号，单击OK按钮。

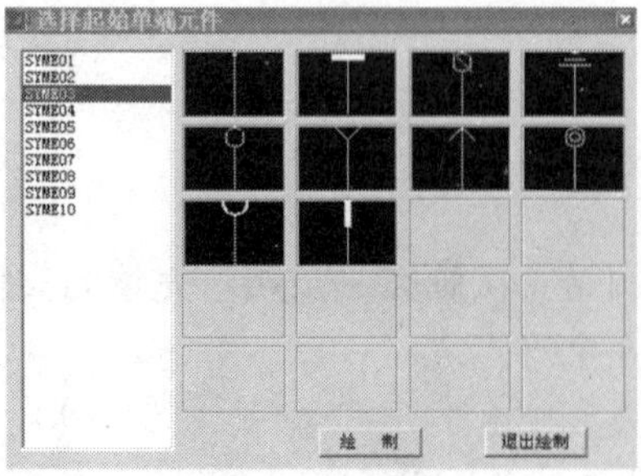

图8-3-29

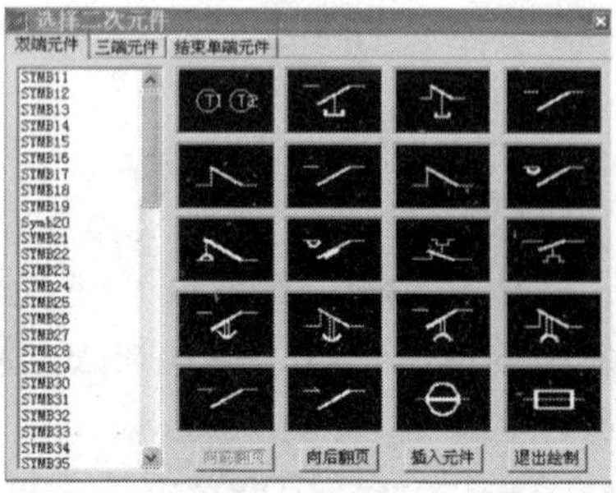

图8-3-30

⑩“请输入元件标号（提示：RD）”提示下，输入元件标号 FU1。

⑪ 重复步骤⑥～⑪连续绘制第一条支路中的按钮 SB、信号灯 HL、熔断器 FU2、接触器 KM 等，直到绘制到终点单端元件端子 V11，若在“二次元件”对话框中选择结束，则电路以悬空线结束，若连续单击 Next 按钮翻页到“二次元件”符号库最后部分，选择控制回路终点单端元件小母线，则以单端元件结束。至此，一条相对完整的支路绘制完毕。

⑫ 再次选择二次电路的二次原理，在“起点”提示下将起点落在两者之间的直角点处，系统自动打上交叉点标记以示与电路交汇，再重复上述步骤将第二条支路绘制完毕。

⑬ 重复上述操作将控制回路原理图绘制完毕。

技巧：绘制原理图中多端元件（位置指示仪 GK）时，应先选择 SuperWORKS→“二次电路”→“回路插入”选项，在调出的“回路插入”对话框中选择多端元件，在型号列表中选择 GK. dwg，单击 OK 按钮，将该多端元件放置在原理图中合适位置，再用“二次原理”功能连线。但千万不要直接把多端元件搭在连线上，这样看上去多端元件已连线，但实际上是断线。为了保险起见，放置多端元件时，多端元件各管脚应离开各连线 1 个步长以上。

注意：利用“二次原理”绘制原理图过程中，须注意屏幕底部命令行提示，按照系统提示“末点”、“线号”及“元件标号”等，输入相应信息。在系统提示输入信息时，不要去进行非信息提示的操作，只有当系统提示返回到 command 状态下时才允许进行其他操作。

在“二次元件”对话框中选择“结束”选项。以终点单端元件为结束元件。

绘制电路末点落在一条线上或某元件的某一端上时系统自动结束绘图操作。

除了以上三种情况以外，其余强行结束操作（如按 Esc 键，单击 Cancel 按钮等）均属非法操作，系统将不会正常结束。

在绘制原理图时元件标号不超过 8 个字符，并且不能包括空格、“。”、“，”、“·”、“?”、“/”等操作系统及 AutoCAD 中的保留字符，线号中除不能出现上述保留字符外，还不能使用“@”。

2）关于绘制二次原理图的几点说明

① 二次元件按其在绘制原理图过程中的特性及被调用的先后次序可分为以下两种。

a. 起点二次单端元件（如图 8－3－29 所示）被用于电路的开始。如果在选择起点单端元件的图标菜单中选择“结束”选项，则电路将从一段悬空线开始。如果电路是从一条连线或单端、双端、三端及多端元件的某端作为起点开始绘制的，系统将直接以连线开始绘制，而不重调用起点单端元件对话框。

b. 双端、三端（包括长双端）二次元件（如图 8－3－31、图 8－3－32、图 8－3－33 所示）可通过单击二次元件对话框中的“上一组”、“下一组”按钮前后翻看和选择。

② 在绘制原理图的过程中，系统提示“末点”时，进行空输入（回车，鼠标右键）后，系统提示“请输入线号”，在输入线号并回车后，则系统弹出二次元件的菜单供用户选择，如在此图标菜单中选择某一二次元件，系统将提示输入元件标号，输入标号后再回到“末点”提示状态中。二次原理图的绘制过程实际上是以上过程的循环。

③ 相对于起点，末点将决定电路的走向，若起点为元件的末端，系统会自动取该点作为下一段连线的起点，取上一段连线的终点作为下一个元件的起点；若起点为线上一点，

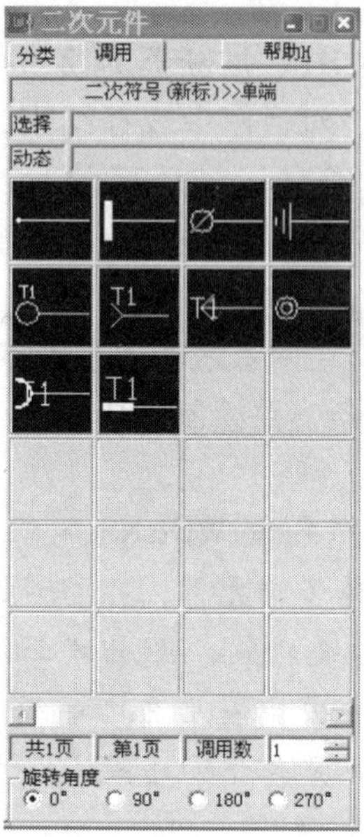

图8－3－31

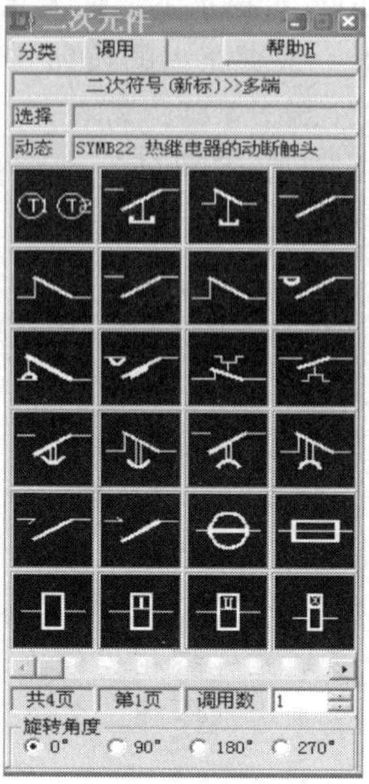

图8－3－32

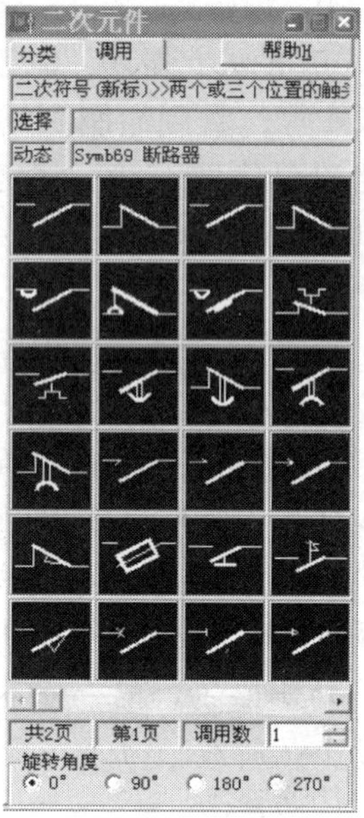

图8－3－33

系统自动取该点为下段连线的起点；若起点为任一与线路无关的一点，则该点为起点单端元件的起点或悬空线开始的起点。电路绘制方向只沿水平或垂直方向绘制。当起点与终点在水平垂直方向偏差在2 mm以内连线不拐弯，否则连线将自动拐弯。

④ 要求输入元件标号时，系统自动按国际标准给出标号提示“（提示）”（仅为提示，并非默认）。

⑤ 当系统提示“退回（UNDO）/末点”时，输入U会自动删去刚刚输入的连线及元件。用户可连续输入U，使输入过程回退，直至不能再删除，此命令不能用回车或鼠标右键重复。当用户发现刚输入的元件或连线有错时，可采用这种方法来更正。

根据以上要求绘制了二次基本原理图，如图8－3－34所示。

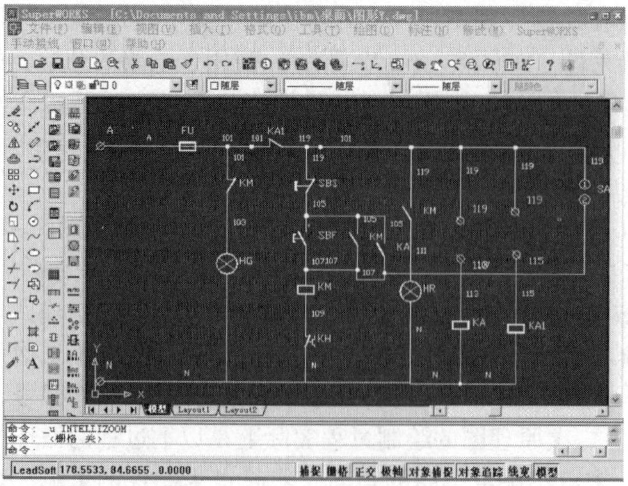

图8－3－34

二、技能训练

1. 实训器材

SuperWORKS V7.0 安装软件一套，PC（奔腾Ⅱ处理器以上）一台。

2. 实训内容及要求

① 利用 SuperWORKS V7.0 绘制三相异步电机正反转控制电路原理图。

② 利用 SuperWORKS V7.0 绘制三相异步电机△－Y联结减压起动控制电路原理图。

③ 利用 SuperWORKS V7.0 绘制三相异步电机双速电动机控制电路原理图。

三、技能考核

以上实训内容中任选一题作为考核题目。

考核要求：在 60 分钟内按要求绘制电气控制原理图。

考核及评分标准见表 8－3－3。

表 8－3－3　技能考核评分表

序号	项目	评分标准	配分	扣分	得分
1	主电路部分	正确连接主电路部分各电器元件符号，少接或多接每个扣 5 分	20		
2	控制电路部分	正确连接控制电路部分各电器元件符号，少接或多接每个扣 5 分	20		
3	保护电路部分	有必要的保护环节，少接一个扣 5 分	20		
4	电路参数设置	参数设置完整，缺一项扣 10 分	40		

四、练习与提高

① 利用 SuperWORKS V7.0 绘制 C6140T 车床电气原理图。

② 利用 SuperWORKS V7.0 绘制 X6132 万能铣床电气原理图。

附录A

电气图用符号

分类	名称	图形符号	文字符号
A 组件部件	起动装置	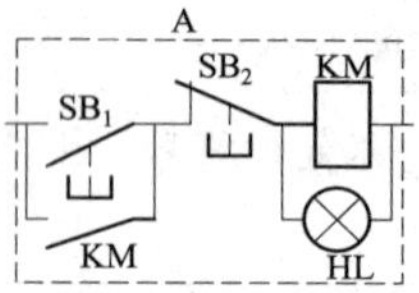	A
B 将电量变换成非电量，将非电量变换成电量	扬声器	（将电量变换成非电量）	B
	传声器	（将非电量变换成电量）	B
C 电容器	一般电容器	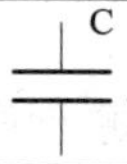	C
	极性电容器	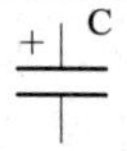	C
	可变电容器	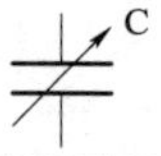	C
D 二进制元件	与门	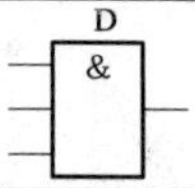	D
	或门	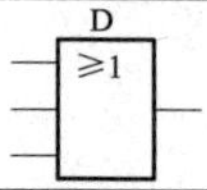	D
	非门	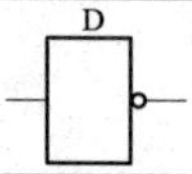	D
F 保护器件	欠电压继电器	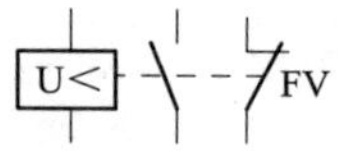	FV
	过电压继电器	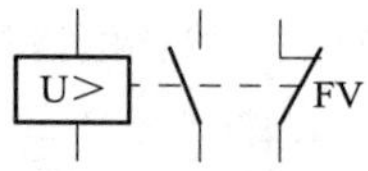	FV
	热继电器	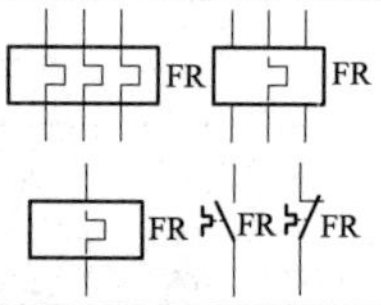	FR
	熔断器		FU
G 发生器，发电机，电源	交流发电机	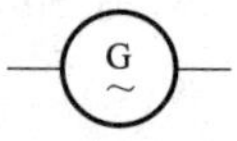	G
	直流发电机	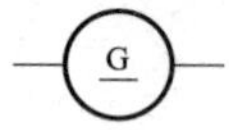	G
	电池	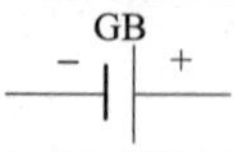	GB
H 信号器件	电喇叭	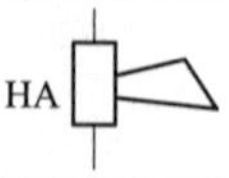	HA
	蜂鸣器	 优选形 一般形	HA

续表

分类	名称	图形符号 文字符号	分类	名称	图形符号 文字符号
E 其他	照明灯	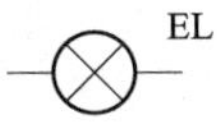	H 信号器件	信号灯	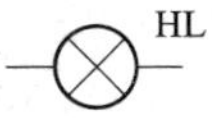
F 保护器件	欠电流继电器	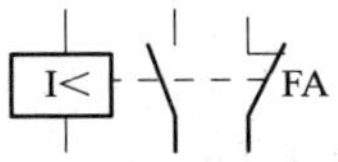	I		（不使用）
	过电流继电器	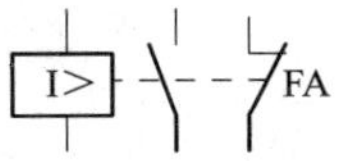	J		（不使用）
K 继电器，接触器	中间继电器		M 电动机	并励直流电动机	
	通用继电器			串励直流电动机	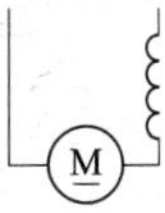
	接触器	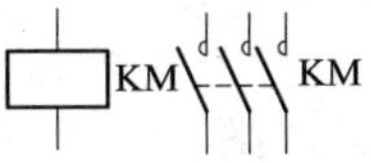		三相步进电动机	
	通电延时型时间继电器	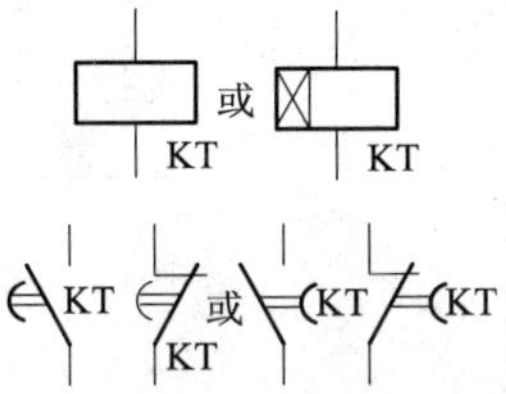		永磁直流电动机	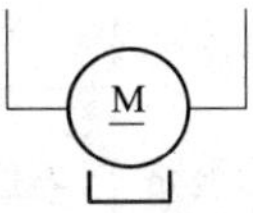
	断电延时型时间继电器	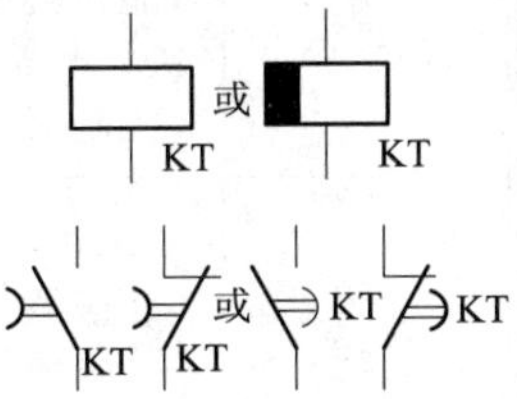	N 模拟元件	运算放大器	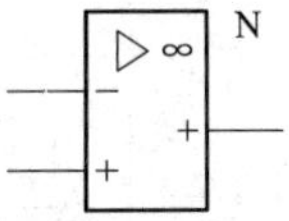
L 电感器，电抗器	电感器	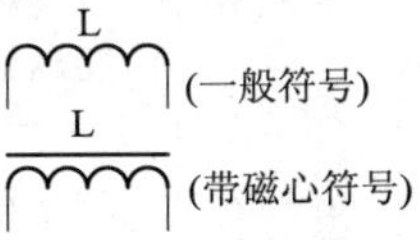		反相放大器	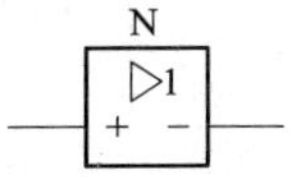
	可变电感器			数-模转换器	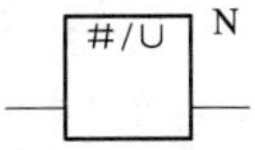
	电抗器		N	模-数转换器	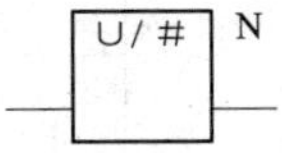

续表

分类	名称	图形符号　文字符号
M 电动机	笼形电动机	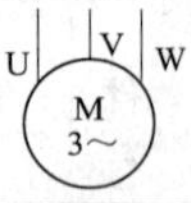
	上绕线型电动机	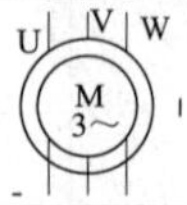
	他励直流电动机	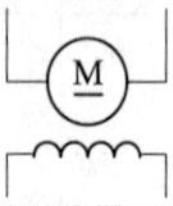
P 测量设备，试验设备	有功功率表	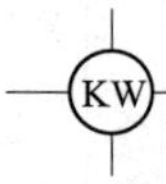 PW
	有功电度表	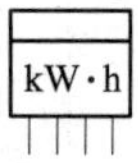 PJ
Q 电力电路的开关器件	断路器	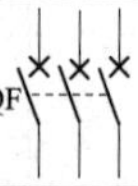 QF
	隔离开关	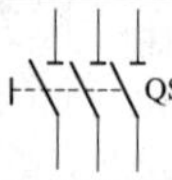 QS
	刀熔开关	 QS
	手动开关	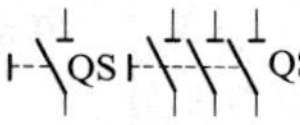 QS　QS
	双投刀开关	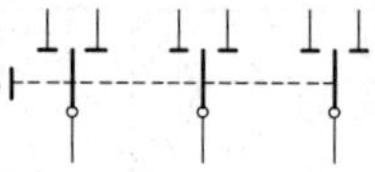 QS
	组合开关旋转开关	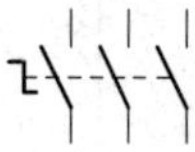 QS
	负荷开关	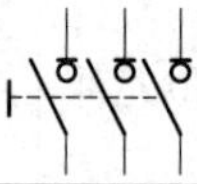 QL
R 电阻器	电阻	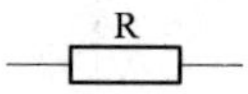 R
	固定抽头电阻	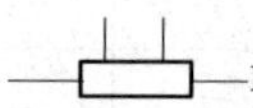 R
	可变电阻	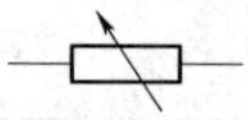 R

分类	名称	图形符号　文字符号
O		（不使用）
P 测量设备，试验设备	电流表	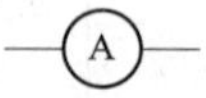 PA
	电压表	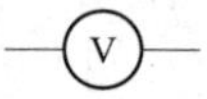 PV
S 控制、记忆、信号电路开关器件选择器	行程开关	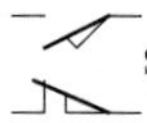 SQ
	压力继电器	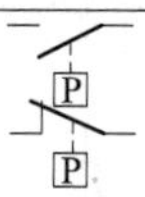 SP
	液位继电器	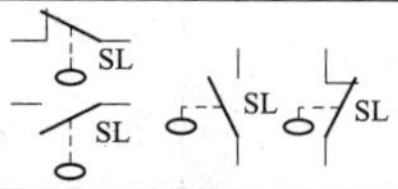 SL
	速度继电器	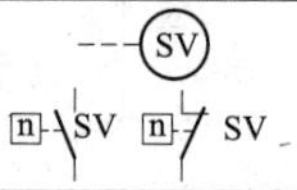 SV
	选择开关	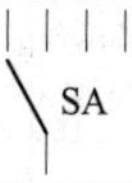 SA
	接近开关	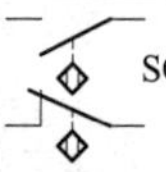 SQ
	万能转换开关，凸轮控制器	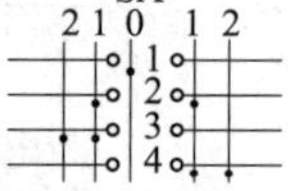 SA
T 变压器互感器	单相变压器	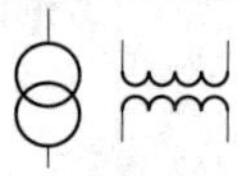 T
	自耦变压器	 T 形式1　形式2
	三相变压器（星形/三角形联结）	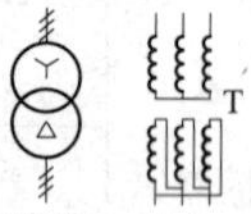 T 形式1　形式2
	电压互感器	电压互感器与变压器图形符号相同，文字符号为 TV
	电流互感器	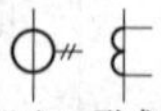 TA 形式1　形式2

续表

分类	名称	图形符号　文字符号
R 电阻器	电位器	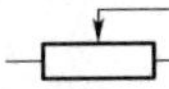 RP
	频敏变阻器	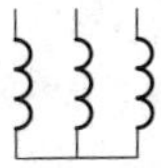 RF
S 控制、记忆、信号电路开关器件选择器	按钮	 SB
	急停按钮	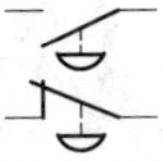 SB
V 电子管晶体管	二极管	 VD
	三极管	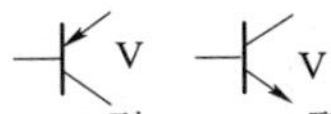 V　V PNP型　NPN型
	晶闸管	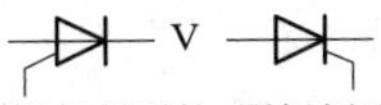 V　V 阳极侧受控　阴极侧受控
W 传输通道，波导，天线	导线，电缆，母线	W
	天线	 W
X 端子插头插座	插头	 XP 优选型　其他型
	插座	 XS 优选型　其他型
	插头插座	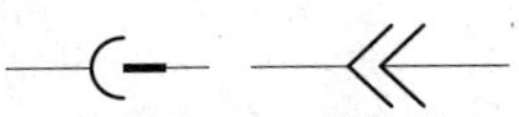 X 优选型　其他型
	连接片	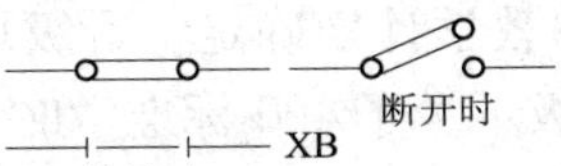 XB 接通时　断开时

分类	名称	图形符号　文字符号
U 调制器变换器	整流器	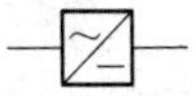 U
	桥式全波整流器	 U
	逆变器	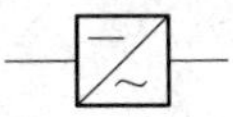 U
	变频器	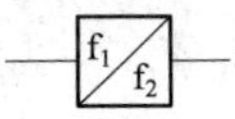 U
Y 电器操作的机械器件	电磁铁	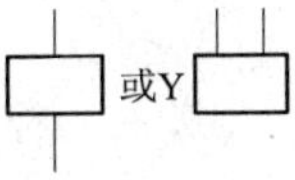 或 Y A
	电磁吸盘	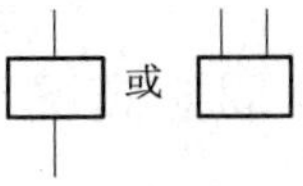 或 YH
	电磁制动器	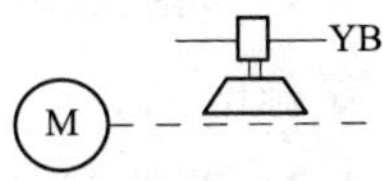 YB
	电磁阀	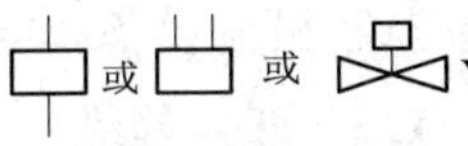 或 或 YV
Z 滤波器、限幅器、均衡器、终端设备	滤波器	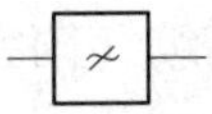 Z
	限幅器	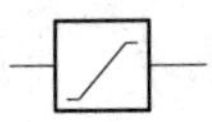 Z
	均衡器	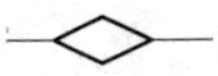 Z

附录B

维修电工国家职业标准（2009年修订）

1. 职业概况

1.1 职业名称

维修电工。

1.2 职业定义

从事机械设备和电气系统线路及器件等的安装、调试、维护、修理的人员。

1.3 职业等级

本职业共设五个等级，分别为：初级（国家职业资格五级）、中级（国家职业资格四级）、高级（国家职业资格三级）、技师（国家职业资格二级）、高级技术（国家职业资格一级）。

1.4 职业环境

室内外，常温。

1.5 职业能力特征

具有一定的学习、理解、观察、判断、推理和计算能力，手指、手臂灵活，动作协调。

1.6 基本文化程度

初中毕业。

1.7 培训要求

1.7.1 培训要求

全日制职业学校教育，根据其培养目标和教学计划确定。晋级培训期限：初级不少于400标准学时；中级不少于400标准学时；高级不少于400标准学时；技师不少于300标准学时；高级技师不少于300标准学时。

1.7.2　培训教师

培训初级、中级、高级的教师应具有本职业技师及以上职业资格证书或相关专业中级及以上专业技术职务任职资格；培训技师的教师应具有本职业高级技师职业资格证书或相关专业高级专业技术职务任职资格；培训高级技师的教师应具有本职业高级技师职业资格证书 2 年以上或相关专业高级专业技术职务任职资格。

1.7.3　培训场地设备

理论知识培训场地应具有可容纳 30 名以上学员的标准教室（配多媒体设备），实训操作培训场地应具备能满足实训要求的实训室，且有相应的维修电工实训设施和必要的仪器仪表、工具。

1.8　鉴定要求

1.8.1　适用对象

从事或准备从事本职业的人员。

1.8.2　申报条件

——初级（具备以下条件之一者）

（1）经本职业初级正规培训达规定标准学时数，并取得结业证书。

（2）在本职业连续见习工作 2 年以上。

（3）本职业学徒期满。

——中级（具备以下条件之一者）

（1）取得本职业初级职业资格证书后，连续从事本职业工作 2 年以上，经本职业中级正规培训达规定标准学时数，并取得结业证书。

（2）取得本职业初级职业资格证书后，连续从事本职业工作 5 年以上。

（3）连续从事本职业工作 7 年以上。

（4）取得经人力资源和社会保障行政部门审核认定的、以中级技能为培养目标的中等及以上职业学校本职业（专业）毕业证书。

——高级（具备以下条件之一者）

（1）取得本职业中级职业资格证书后，连续从事本职业工作 3 年以上，经本职业高级正规培训达规定标准学时数，并取得结业证书。

（2）取得本职业中级职业资格证书后，连续从事本职业工作 7 年以上。

（3）取得高级技工学校或经人力资源和社会保障行政部门审核认定的、以高级技能为培养目标的高等职业学校本职业（专业）毕业证书。

（4）取得本职业中级职业资格证书的大专以上本专业或相关专业毕业生，连续从事本职业工作 2 年以上。

——技师（具备以下条件之一者）

（1）取得本职业高级职业资格证书后，连续从事本职业工作 3 年以上，经本职业技师正规培训达规定标准学时数，并取得结业证书。

（2）取得本职业高级职业资格证书后，连续从事本职业工作 8 年以上。

（3）取得本职业高级职业资格证书的高级技工学校本职业（专业）毕业生和大专以上本专业或相关专业毕业生，连续从事本职业工作满 2 年。

——高级技师（具备以下条件之一者）

（1）取得本职业技师职业资格证书后，连续从事本职业工作3年以上，经本职业高级技师正规培训达规定标准学时数，并取得结业证书。

（2）取得本职业技师职业资格证书后，连续从事本职业工作5年以上。

1.8.3 鉴定方式

分为理论知识考试和技能操作考核。理论知识考试采用闭卷笔试方式，技能操作考核采用现场实际操作方式。理论知识考试和技能操作考核均实行百分制，成绩皆达60分及以上者为合格。技师、高级技师还须进行综合评审。

1.8.4 考评人员与考生配比

理论知识考试考评人员与考生配比为1∶15，每个标准教室不少于2名考评人员；技能操作考核考评员与考生配比1∶5，且不少于3名考评员；综合评审委员不少于5人。

1.8.5 鉴定时间

理论知识考试时间不少于90 min；技能操作考核时间：初级不少于150 min；中级不少于150 min；高级不少于180 min；技师不少于240 min；高级技师不少于240 min；综合评审时间不少于45 min。

1.8.6 鉴定场所设备

理论知识考试在标准教室进行；技能操作考核在具有相应维修电工鉴定设施和必要仪器仪表、工具的场所进行。

2. 基本要求

2.1 职业道德

2.1.1 职业道德基本知识

2.1.2 职业守则

（1）遵守法律、法规和有关规定。

（2）爱岗敬业，具有高度的责任心。

（3）严格执行工作程序、工作规范、工艺文件和安全操作规程。

（4）工作认真负责，团结合作。

（5）爱护设备及工具。

（6）着装整洁，符合规定；保持工作环境清洁有序，文明生产。

2.2 基础知识

2.2.1 电工基础知识

（1）直流电基本知识。

（2）电磁基本知识。

（3）交流电路基本知识。

（4）常用变压器与异步电动机。

（5）常用低压电器。

（6）一般生产设备的基本电气控制电路。

（7）电工读图基本知识。

2.2.2 电子技术基础知识

（1）二极管及其基本应用。

（2）三极管及其基本应用。

（3）整流稳压电路。

2.2.3　常用电工仪器仪表使用知识

（1）电工测量基础知识。

（2）常用电工仪表及其使用。

（3）常用电工仪器及其使用。

2.2.4　常用电工工具、量具使用知识

（1）常用电工工具及其使用。

（2）常用电工量具及其使用。

2.2.5　常用材料选型知识

（1）常用导电材料的分类及应用。

（2）常用绝缘材料的分类及应用。

（3）常用磁性材料的分类及应用。

2.2.6　安全知识

（1）电工安全基本知识。

（2）安全距离、安全色和安全标志等电器安全基本规定。

（3）触电急救和电气消防知识。

（4）电器安全装置。

（5）接地知识。

（6）防雷知识。

（7）安全用具。

（8）电气作业操作规程和安全措施。

2.2.7　其他相关知识

（1）钳工划线钻孔等基础知识。

（2）供电和用电知识。

（3）现场文明生产要求。

（4）环境保护知识。

（5）质量管理知识。

2.2.8　相关法律法规知识

（1）《中华人民共和国劳动合同法》相关知识。

（2）《中华人民共和国电力法》相关知识。

3. 工作要求

本标准对初级、中级、高级、技师和高级技师的技能要求依次递进，高级别涵盖低级别的要求。

3.1 初级

职业功能	工作内容	技能要求	相关知识
一、电器安装和线路敷设	（一）电工仪表及工具选用	1. 能根据工作任务正确选用工具、量具 2. 能根据测量目的和要求选用电工仪表 3. 能使用万用表、兆欧表、电压表、电流表、钳形表、功率表、电能表对电压、电流、电阻、功率、电能等进行测量	1. 旋具、验电器、剥线钳、电工刀等常用工具的用途和使用方法 2. 钢直尺、钢卷尺等常用量具的使用方法 3. 万用表、兆欧表、电压表、电流表、钳形表、功率表、电能表等常用电工仪表的结构与原理 4. 万用表、兆欧表、电压表、电流表、钳形表、功率表、电能表的选用及使用方法
	（二）低压电器及电工材料的选用	1. 能识别常用低压电器的图形符号和文字符号 2. 能识别刀开关、熔断器、断路器、接触器、热继电器、中间继电器、主令电器、漏电保护器、指示灯的规格型号，并了解其用途 3. 能根据规格型号和安全载流量选用电线电缆 4. 能根据使用场合选用电线管、金属线槽、塑料线槽等 5. 能识别低压电缆接头、接线端子	1. 电线电缆分类、性能及应用知识 2. 电工常用线材、管材的基本类型及选用知识 3. 电工辅料的类型及选用知识 4. 常用低压电器的结构、原理及其应用 5. 常用低压电器图形符号和文字符号
	（三）动力、照明及控制电路的安装与配管	1. 能根据安装对象和安装要求确定安装位置 2. 能按规范要求进行低压电器及配电箱的安装 3. 能进行直径 25 mm 以下电线铁管煨弯、固定、穿线 4. 能进行电线保护管、塑料电线管的切割、穿线、连接和敷设 5. 能采用金属线槽、拖链带保护电线电缆	1. 设备、元件的安装规范及注意事项 2. 电线管施工规范 3. 金属线槽、拖链带的施工规范 4. 穿管电线安全载流量计算方法
	（四）动力、照明及控制电路的接线与调试	1. 能选择线号和标注线号 2. 能根据工艺规范进行导线的直线连接和分支连接 3. 能根据线径选择和压接接线端子 4. 能根据规范要求接地 5. 能对导线绝缘进行恢复 6. 能对动力配电线路进行接线及调试 7. 能安装照明装置并对照明线路进行接线与调试 8. 能对三相交流异步电动机的主电路、基本控制电路进行接线与调试	1. 接线工艺要求和规范 2. 单芯导线的一般连接方法 3. 多芯导线的一般连接方法 4. 导线在接线盒内的连接方法 5. 接地接零知识 6. 室内电器布线的要求与方法

续表

职业功能	工作内容	技能要求	相关知识
二、继电控制电路装调维修	（一）低压电器及电动机的拆装维修	1. 能拆装和修理按钮、指示灯、接触器、继电器 2. 能分辨三相交流异步电动机绕组的头尾 3. 能分辨变压器的同名端 4. 能拆装和保养 10 kW 以下三相交流异步电动机	1. 变压器的结构与原理 2. 同名端的概念及判断方法 3. 交流电动机的结构、原理及其应用 4. 低压电器与变压器拆装工艺 5. 电动机绝缘检测方法
	（二）照明等低压线路的维修	1. 能进行线路绝缘测量和接地装置故障排除 2. 能进行照明电路的检查、故障排除 3. 能进行单相电风扇电路的检查、故障排除 4. 能进行插座线路的检查、故障排除 5. 能进行电能表线路的检查、故障排除	1. 荧光灯等照明器具的结构与原理 2. 照明电路的组成及其控制原理 3. 单相、三相有功电能表的结构及原理 4. 单相电风扇结构与原理
	（三）动力控制电路的维修	1. 能进行三相笼形异步电动机起动控制电路的检查、调试、故障排除 2. 能进行三相笼形异步电动机正反转控制电路的检查、调试、故障排除 3. 能进行三相笼形异步电动机多处起动控制电路的检查、调试、故障排除 4. 能进行三相笼形异步电动机Y－△联结起动控制电路的检查、调试、故障排除 5. 能进行三相笼形异步电动机电磁抱闸制动控制电路的检查、调试、故障排除	1. 电气原理图阅读与分析方法 2. 三相笼形异步电动机起动控制电路原理 3. 三相笼形异步电动机正反转控制电路原理 4. 三相笼形异步电动机多处起动控制电路原理 5. 三相笼形异步电动机Y－△联结起动控制电路原理 6. 三相笼形异步电动机电磁抱闸制动控制电路原理
三、基本电子电路装调维修	（一）电子元件的识别	1. 能识别常用电子元器件的图形符号和文字符号 2. 能识别整流、基本放大电路中常用的电阻器、电容器、电感器、二极管、三极管等元器件 3. 能用万用表对上述电子元器件进行检测	1. 常用电子元器件的图形符号和文字符号知识 2. 常用电子元器件的参数 3. 电阻器、电容器、电感器选型手册 4. 二极管、三极管的选型方法
	（二）电子焊接作业	1. 能按焊接对象不同选择合适的焊接工具 2. 能进行焊前处理 3. 能安装焊接主要由电阻器、电容器、二极管、三极管等组成的单面印制电路板 4. 能识别虚焊、假焊	1. 电子焊接工艺知识 2. 电烙铁、焊丝的分类和选择 3. 助焊剂选用知识

续表

职业功能	工作内容	技能要求	相关知识
三、基本电子电路装调维修	（三）电子电路的调试与维修	1. 能进行半波、全波整流稳压电路的调试、测量与维修 2. 能进行基本放大电路的调试、测量与维修 3. 能进行电池充电器电路的调试、测量与维修	1. 半导体器件的特性、工作原理及简单应用 2. 简单直流稳压电路的组成及原理 3. 基本放大电路的组成及原理 4. 电池充电器电路的组成及原理

3.2 中级

职业功能	工作内容	技能要求	相关知识
一、继电控制电路装调维修	（一）低压电器选用	1. 能选用熔断器、断路器、接触器、热继电器、中间继电器、主令电器、指示灯及控制变压器 2. 能选用计数器、压力继电器等器件	1. 常用低压电器的选用方法 2. 计数器、压力继电器的工作原理和选型方法
	（二）继电器、接触器线路装调	1. 能进行三相绕线转子异步电动机起动电路的安装、调试、运行 2. 能进行多台三相交流异步电动机顺序控制电路的安装、调试、运行 3. 能进行三相交流异步电动机位置控制电路的安装、调试、运行 4. 能进行三相交流异步电动机能耗制动、反接制动控制电路的安装、调试、运行	1. 三相绕线转子异步电动机起动电路原理 2. 多台三相交流异步电动机顺序控制电路原理 3. 三相交流异步电动机位置控制电路原理 4. 三相交流异步电动机制动控制电路原理
	（三）机床电气控制电路维修	1. 能进行 M7130 平面磨床类似难度的电气控制电路故障检查、分析及排除 2. 能进行 C6150 车床类似难度的电气控制电路故障检查、分析及排除 3. 能进行 Z3040 摇臂钻床类似难度的电气控制电路故障检查、分析及排除	1. M7130 平面磨床电气控制电路组成、原理及常见故障 2. C6150 车床电气控制电路组成、原理及常见故障 3. Z3040 摇臂钻床电气控制电路组成、原理及常见故障 4. 机床故障现象分析及排除故障的方法

续表

职业功能	工作内容	技能要求	相关知识
二、自动控制电路装调维修	（一）传感器装调	1. 能识别、安装、调整光电开关 2. 能识别、安装、调整接近开关 3. 能识别、安装、调整磁性开关 4. 能识别、安装、调整增量型光电编码器	1. 光电开关、接近开光、磁性开关的工作原理和应用知识 2. 增量型光电编码器的工作原理和应用知识
	（二）可编程控制器控制电路装调	1. 能进行可编程控制器安装接线 2. 能对可编程控制器输入、输出外围线路进行接线 3. 能掌握编程软件或便携式编程器中的任一种方法从可编程控制器中读取程序 4. 能掌握编程软件或便携式编程器中的任一种方法为可编程控制器下载程序 5. 能用基本指令编写和修改三相交流异步电动机正反转、Y－△联结起动控制电路等类似难度程序	1. 可编程控制器的结构与工作原理 2. 从软、硬件方面了解可编程控制器提高抗干扰能力的措施 3. 常用基本指令的含义及其应用 4. 编程软件的主要功能和使用方法 5. 便携式编程器的基本功能及使用方法 6. 可编程控制器输入、输出端的接线规则
	（三）变频器、软起动器的认识和维护	1. 能识别交流变频器、软起动器的操作面板、电源输入端、电源输出端及控制端 2. 能按照交流变频器使用手册对照出错代码，确认故障类型	1. 交流变频器的组成和应用基础知识 2. 软起动器的组成和应用基础知识
三、基本电子电路装调维修	（一）仪表仪器选用	1. 能选用单、双臂电桥并进行测量 2. 能使用信号发生器、示波器对波形的幅值、频率进行测量	1. 单、双臂电桥的结构与使用方法 2. 信号发生器的结构与工作原理 3. 示波器的结构和使用方法
	（二）电子元器件选用	1. 能为稳压电路选用集成电路 2. 能为单相调光、调速电路选用晶闸管	1. 三端稳压集成电路知识 2. 晶闸管的选用方法
	（三）电子线路装调维修	1. 能对应用 78、79 系列三端稳压集成电路的电路进行安装、调试、故障排除 2. 能进行 *RC* 阻容放大电路的安装、调试、故障排除 3. 能进行单相晶闸管整流电路的安装、调试、故障排除 4. 能测绘上述电路各点的波形图	1. 三端稳压集成电路的应用 2. *RC* 阻容放大电路原理 3. 晶闸管、单结晶体管的结构与参数 4. 单结晶体管触发电路原理 5. 单相晶闸管整流电路原理

3.3 高级

职业功能	工作内容	技能要求	相关知识
一、继电控制电路装调维修	（一）继电器、接触器控制电路的分析和测绘	1. 能进行多台三相交流异步电动机控制方案分析与选择 2. 能测绘 T68 镗床、X62W 铣床等类似难度的电气控制电路的位置图、接线图	电气图测绘的步骤和方法
	（二）机床电气控制电路维修	1. 能进行单钩桥式起重机类似难度的电气控制电路故障检查及排除 2. 能进行 X62W 铣床类似难度的电气控制电路故障检查及排除 3. 能进行 T68 镗床类似难度的电器控制电路故障检查及排除	1. 单钩桥式起重机电气控制电路组成、原理及常见故障 2. X62W 铣床电气控制电路组成、原理及常见故障 3. T68 镗床电气控制电路组成、原理及常见故障
二、可编程控制系统装调维修	（一）可编程控制系统读图分析与程序编制	1. 能使用基本指令编写程序 2. 能用可编程控制器控制程序改造原来由继电器组成的控制电路	1. 基本指令表 2. 可编程控制器编程技巧
	（二）可编程控制系统调试	1. 能使用输入、输出器件模拟生产现场的信号进行以基本指令为主的程序调试 2. 能使用编程软件或仿真软件来模拟现场信号进行以基本指令为主的程序调试 3. 能进行以基本指令为主的程序现场调试	1. 用编程软件对程序进行监控与调试的方法 2. 程序错误的纠正步骤与方法
	（三）可编程控制器故障排除	1. 能按可编程控制器面板指示灯及借助编程软件判断可编程控制器的故障 2. 能判别可编程控制器输入、输出模块故障 3. 能排除可编程控制器的各种开关、传感器、执行机构、负载等外围设备故障	1. 可编程控制器硬件故障的类型和解决方法 2. 可编程控制器常见外围故障的类型和解决方法
三、交直流传动系统装调维修	（一）交直流传动系统读图与分析	1. 能读懂交直流传动系统原理图，分析系统组成及各部分的作用 2. 能分析交直流传动系统中各控制单元的工作原理及整个系统的工作原理	1. 自动控制基本知识 2. 直流调速系统原理 3. 交流变频调速系统原理

续表

职业功能	工作内容	技能要求	相关知识
三、交直流传动系统装调维修	（二）交直流传动系统装调	1. 能对直流调速系统进行安装、接线、调试、运行、测量 2. 能对应用交流变频器的调速系统进行安装、接线、调试、运行、测量 3. 能对步进电动机驱动系统进行安装、接线、调试、运行	1. 直流调速装置应用知识 2. 交流变频器应用知识 3. 步进电动机及步进电动机驱动系统应用知识
	（三）交直流传动系统维修	1. 能分析并排除直流调速装置外围主电路的故障 2. 能分析并排除变频器、软起动器外围主电路的故障 3. 能分析并排除步进电动机驱动器主电路的故障	1. 直流调速系统常见故障及解决方法 2. 变频器调速系统常见故障及解决方法 3. 步进电动机驱动器系统常见故障及维修方法
四、应用电子电路调试维修	（一）电子线路读图、测绘、分析	1. 能测绘由运放组成的应用电路 2. 能阅读与分析由分立元器件、运放组成的常用应用电路 3. 能测绘常用的由组合逻辑电路和时序逻辑电路组成的应用电路 4. 能阅读与分析常用的由 555 集成电路组成的应用电路	1. 常用电子单元电路原理 2. 集成运放的线性应用与非线性应用知识 3. 组合逻辑电路原理 4. 时序逻辑电路原理 5. 555 集成电路应用知识 6. 电子电路测绘方法
	（二）电子线路调试	1. 能使用示波器对集成运放的常用电路进行调试并测量电路中的波形 2. 能对移位寄存器的常用电路进行调试并测量电路中的波形 3. 能对计数、译码、显示的常用电路进行调试并测量电路中的波形	1. 集成运放应用电路的常见故障 2. 组合逻辑电路故障排除知识 3. 组合时序逻辑电路故障排除知识
	（三）电子线路维修	1. 能对常用的由分立元器件组成的应用电路的故障进行分析排除 2. 能对常用的由运放组成的应用电路的故障进行分析及排除 3. 能对常用的中小规模集成电路的故障进行分析及排除	1. 集成运放应用电路的常见故障 2. 组合逻辑电路故障排除知识 3. 组合时序逻辑电路故障排除知识

续表

职业功能	工作内容	技能要求	相关知识
四、应用电子电路调试维修	（四）电力电子线路读图、测绘、分析	1. 能测绘分析晶体管触发电路等电子线路并绘出其原理图 2. 能分析三相可控整流电路的组成与工作原理 3. 能绘制三相可控整流主电路与触发电路的工作波形	1. 晶体管触发电路的组成及工作原理 2. 三相半波可控整流电路的组成及工作原理 3. 三相半控桥式整流电路的组成及工作原理 4. 三相全控桥式整流电路的组成及工作原理 5. 三相可控整流电路的计算方法
	（五）电力电子线路装调维修	1. 能使用示波器对三相可控整流电路主电路与触发电路进行调试及波形测量 2. 能对三相可控整流电路主电路与触发电路进行维修	1. 可控整流电路的调试方法 2. 可控整流电路的波形分析知识 3. 晶闸管主电路及触发电路同步方法 4. 集成触发电路的组成与工作原理

3.4 技师

职业功能	工作内容	技能要求	相关知识
一、可编程控制系统装调维修	（一）可编程控制系统分析与编程	1. 能使用功能指令进行程序分析和编程 2. 能对模拟量输入、输出模块等特殊功能模块进行程序分析和编程 3. 能选用和连接触摸屏 4. 能对触摸屏组态画面进行编辑和修改	1. 常用功能指令的功能及使用方法 2. 模拟量输入、输出模块结构和基本单元的连接方法及相关参数的设置 3. 触摸屏的操作步骤和使用方法
	（二）可编程控制系统调试维修	1. 能判断可编程控制器各功能模块故障，并通过更换模块排除故障 2. 能完成触摸屏和可编程控制器之间通信参数的设置	可编程控制器和触摸屏通信规约

续表

职业功能	工作内容	技能要求	相关知识
二、交直流传动及伺服系统调试维修	（一）交直流传动及伺服系统读图分析	1. 能分析转速、电流双闭环直流调速系统电气原理图、接线图 2. 能分析水泵变频器恒压供水装置等类似难度的电气原理图、接线图 3. 能分析交流伺服装置应用电路的电气原理图、接线图	1. 直流调速系统应用知识 2. 变频调速系统应用知识 3. 交流伺服系统应用知识
	（二）交直流传动及伺服系统调试、维修	1. 能对双闭环直流调速系统进行调试、维修 2. 能对变频恒压调速系统进行调试、维修 3. 能对交流伺服系统进行调试、维修	1. 直流调速系统、交流变频调速系统、交流伺服系统的调试方法 2. 直流调速系统、交流变频调速系统、交流伺服系统的常见故障及解决方法
三、应用电子电路调试维修	（一）电子线路读图、测绘、分析	1. 能测绘双面印制电路板的电子线路并绘出其原理图 2. 能测绘集成运放、组合逻辑、时序逻辑综合应用电路	1. N 进制计数器电路的组成与工作原理 2. 数据选择器的组成与工作原理 3. 数据分配器的组成与工作原理 4. 直流放大器及滞回特性比较器的组成与工作原理
	（二）电子线路调试、维修	1. 能对 A/D、D/A 应用电路进行调试 2. 能对移位寄存器型 N 进制计数器的应用电路进行调试	1. A/D、D/A 转换的工作原理 2. 移位寄存器型 N 进制计数器的工作原理
	（三）电力电子线路读图、测绘、分析	1. 能测绘、分析三相变压器的△/Y－11 或Y/Y－12 联结组 2. 能对触发电路与主电路中的波形进行测绘 3. 能对直流斩波电路中的波形进行测绘	1. 三相变压器的联结组 2. 晶闸管电路的同步（定组） 3. 直流斩波电路的工作原理
	（四）电力电子线路调试维修	1. 能根据三相变压器△/Y－11 或Y/Y－12 联结组别号进行接线 2. 能对三相可控直流电路进行调试及波形测量 3. 能对三相可控整流电路的故障进行分析及排除	1. 触发电路与主电路的配合关系 2. 三相可控整流电路原理及故障现象

续表

<table>
<tr><th>职业功能</th><th>工作内容</th><th>技能要求</th><th>相关知识</th></tr>
<tr><td rowspan="2">四、培训与管理</td><td>（一）操作指导</td><td>1. 能指导本职业初级、中级、高级工进行实际操作
2. 能指导本职业初级、中级、高级工撰写工作日志</td><td>1. 技能培训教学的基本方法
2. 技能操作要领总结方法</td></tr>
<tr><td>（二）管理</td><td>1. 能进行电气设备的检修管理
2. 能进行电气设备维护的质量管理</td><td>1. 电气设备检修管理的目的、方法
2. 电气设备维护质量管理知识</td></tr>
</table>

3.5 高级技师

职业功能“二、工业控制网络调试维修”与“三、数控机床电气系统维修”为两模块选一进行考核。

<table>
<tr><th>职业功能</th><th>工作内容</th><th>技能要求</th><th>相关知识</th></tr>
<tr><td rowspan="2">一、电气自动控制系统调试维修</td><td>（一）电气自动控制系统读图、测绘、分析</td><td>1. 能分析工业自动控制系统电气原理图
2. 能按自动控制的要求对常用电气自动控制系统进行测绘，并提出技改方案</td><td>技改方案编写知识</td></tr>
<tr><td>（二）电气自动控制系统调试维修</td><td>1. 能使用可编程控制器的特殊功能模块和相应功能指令编制、修改控制程序
2. 能用可编程控制器、触摸屏、传感器、变频器、伺服系统及其他执行部件组成多功能控制系统，并进行调试及维修
3. 能实现可编程控制器之间、可编程控制器和其他智能设备之间的通信（不含以太网和现场总线）</td><td>1. 可编程控制器与传感器、变频器及其他执行部件之间的综合应用知识
2. 特殊功能模块的结构、工作原理及使用方法
3. 可编程控制器闭环系统的组成和PID控制的实现方法
4. 计算机通信方式与串行通信接口</td></tr>
</table>

续表

职业功能	工作内容	技能要求	相关知识
二、工业控制网络调试维修	（一）工业控制网络系统分析	1. 能分析工厂自动化系统典型现场总线的组成 2. 能分析工厂自动化系统工业以太网络的结构	1. PROFIBUS 等现场总线 2. 工业以太网知识
	（二）工业控制网络调试维修	1. 能根据要求选用通信器件 2. 能采用合适的数据传输介质对网络进行布线和连接 3. 能对工业控制网络上的各节点进行组态及参数配置 4. 能实现网络中各控制节点之间的数据的交换	1. 网络通信的概念 2. 设备级网络通信的硬件配置、通信指令及软件 3. 设备级网络通信的操作步骤，用编程软件进行组态的方法 4. 分布式 I/O 的地址映射
三、数控机床电气系统维修	（一）数控机床电气系统故障诊断	1. 能诊断主轴电气控制线路故障 2. 能诊断伺服外围相关电路故障 3. 能诊断检测电路故障	1. 常用数控系统基本知识 2. 数控系统常见故障类型
	（二）数控机床电气系统故障维修	1. 能排除主轴电气控制线路故障 2. 能排除伺服外围相关电路故障 3. 能排除检测电路故障	1. 主轴系统基本知识 2. 伺服系统组成基本知识 3. 进给系统组成基本知识 4. 检测装置组成基本知识
四、培训与管理	（一）指导和培训	1. 能对本职业初级、中级、高级及技师的技能进行操作指导 2. 能编写讲义	1. 培训教学基本方法 2. 教学方案的编写知识
	（二）技术管理	1. 能根据工作要求编写控制系统的安装工艺、调试方案、验收要求 2. 能提出工艺线路、编程等方面的优化建议 3. 能进行技术改造的成本核算	1. 安装工艺、调试方案大纲编写方法 2. 设备验收书编写方法 3. 项目改造成本核算的主要内容

4. 比重表

4.1 理论知识

项目			初级（%）	中级（%）	高级（%）	技师（%）	高级技师（%）
基本要求	职业道德		5	5	5	5	5
	基础知识		20	15	10	5	5
相关知识	电器安装和线路敷设		30	—	—	—	—
	基本电子电路装调维修		25	20	—	—	—
	继电控制电路装调维修		20	25	15	—	—
	自动控制电路装调维修		—	35	—	—	—
	应用电子电路调试维修		—	—	20	20	—
	可编程控制系统装调维修		—	—	25	30	—
	交直流传动系统装调维修		—	—	25	20	—
	伺服系统调试维修		—	—	—	10	—
	电气自动控制系统调试维修		—	—	—	—	60
	工业控制网络调试维修	二选一	—	—	—	—	20
	数控机床电气系统维修		—	—	—	—	20
其他	培训与管理		—	—	—	10	10
合计			100	100	100	100	100

4.2 技能操作

项目			初级（%）	中级（%）	高级（%）	技师（%）	高级技师（%）
技能要求	电器安装和线路敷设		40	—	—	—	—
	基本电子电路装调维修		30	30	—	—	—
	继电控制电路装调维修		30	35	25	—	—
	自动控制电路装调维修		—	35	—	—	—
	应用电子电路调试维修		—	—	25	20	—
	可编程控制系统装调维修		—	—	25	30	—
	交直流传动系统装调维修		—	—	25	30	—
	伺服系统调试维修		—	—	—	10	—
	电气自动控制系统调试维修		—	—	—	—	60
	工业控制网络调试维修	二选一	—	—	—	—	20
	数控机床电气系统维修		—	—	—	—	20
其他	培训与管理		—	—	—	10	20
合计			100	100	100	100	100

参考文献

[1] 劳动和社会保障部教材办公室．维修电工（基础知识）[M]．北京：中国劳动社会保障出版社，2007.

[2] 赵红顺．常用电气控制设备 [M]．上海：华东师范大学出版社，2008.

[3] 许翏．电气控制与 PLC 应用．4 版 [M]．北京：机械工业出版社，2009.

[4] 朱照红．维修电工基本技能．2 版 [M]．北京：中国劳动社会保障出版社，2009.

[5] 朱平．电工技术实训．2 版 [M]．北京：机械工业出版社，2011.

[6] 许翏．电机与电气控制技术．2 版 [M]．北京：机械工业出版社，2011.

[7] 高玉奎．维修电工手册 [M]．北京：中国电力出版社，2012.

[8] 仲葆文．维修电工（中级）．2 版 [M]．北京：中国劳动社会保障出版社，2012.

[9] 方大千．电机维修实用技术手册 [M]．北京：机械工业出版社，2012.

[10] 韩英歧．电子元器件应用技术手册：元件分册 [M]．北京：中国标准出版社，2012.

[11] 劳动和社会保障部培训就业司、职业技能鉴定中心．国家职业标准汇编：第一分册 [M]．北京：中国劳动社会保障出版社，2010.